高等学校网络空间安全专业系列教材

身份认证技术

高海昌　王　萍　编著

西安电子科技大学出版社

内 容 简 介

本书共 6 章,主要介绍身份认证技术。第 1 章概述了身份认证技术的定义和分类;第 2 章介绍了验证用户记忆的信息与系统预先保存的信息是否一致的技术,如静态文本口令和图形口令;第 3 章介绍了用户持有某个实物(如智能卡、动态口令、USB Key、RFID 设备、二维码/条形码、蓝牙设备等)实现的身份认证;第 4 章介绍了基于用户独特生物特征(如人脸、指纹、语音、掌纹、虹膜、静脉、走路姿态、手写签名等)的身份认证;第 5 章介绍了用于人机区分的验证码和短信验证码;第 6 章介绍了目前研究比较热门的身份认证中的对抗攻击和防御。

本书可作为高等学校计算机科学技术、软件工程、网络安全等专业的本科生和研究生教材,也可作为相关领域研究者的参考书。

图书在版编目(CIP)数据

身份认证技术 / 高海昌,王萍编著.--西安:西安电子科技大学出版社,2024.1
ISBN 978 - 7 - 5606 - 7065 - 2

Ⅰ. ①身… Ⅱ. ①高… ②王… Ⅲ. ①身份认证—机器识别 Ⅳ. ①TP391.4

中国国家版本馆 CIP 数据核字(2023)第 210480 号

策　划　高　樱　明政珠
责任编辑　张　玮
出版发行　西安电子科技大学出版社(西安市太白南路 2 号)
电　话　(029)88202421　88201467　　邮　编　710071
网　址　www.xduph.com　　　　电子邮箱　xdupfxb001@163.com
经　销　新华书店
印刷单位　咸阳华盛印务有限责任公司
版　次　2024 年 1 月第 1 版　2024 年 1 月第 1 次印刷
开　本　787 毫米×1092 毫米　1/16　印张　19
字　数　447 千字
定　价　55.00 元
ISBN 978 - 7 - 5606 - 7065 - 2/TP

XDUP 7367001 - 1

前　言

身份认证广泛应用于日常生活(用物理钥匙开锁、用指纹开智能门锁)、网络服务(电子邮箱、社交网站、电子商务网站)登录、系统认证(个人计算机密码登录、个人手机 PIN 码解锁)等几乎所有需要验证用户身份的场景。身份认证是使用者进入系统的第一道关卡(也是大多数信息系统的唯一关卡),可以防止非法用户假冒合法用户或者非法侵入系统,从而保证信息系统和用户数据的安全。

目前市面上能够找到的关于身份认证的书籍非常少,因此编写一本关于身份认证技术的书是很有必要的。

本书的特点在于结合身份认证技术发展的现状,力求反映最新的技术细节和发展趋势。另外,本书没有涉及关于认证的底层协议和密码技术,因为相关的书籍已经很多。

本书由西安电子科技大学计算机科学与技术学院高海昌教授主编。具体分工为:高海昌负责编写第 1 章;韦依儿负责编写第 2 章;常国沁负责编写第 3 章;戚富琪负责编写第 4 章;王萍负责编写第 5 章;张树栋和周榅怡负责编写第 6 章。另外,肖晨萱、舒超、郭世平、王龙、李博凌、何剑萍、姚舟等协助完成本书的撰写工作,参与完成本书的图表绘制、校正等工作。

身份认证技术一直在持续快速发展,因此本书的内容无法涵盖所有的相关研究,难免存在疏漏。编者希望通过本书激发读者的研究兴趣,共同促进身份认证技术向着更加安全易用的方向发展。如果读者在阅读过程中发现本书有任何不足,恳请批评指正。

编　者

2023 年 5 月

目　录

第1章

概　论

1.1 身份认证的定义和分类

1.1.1 身份认证的定义

　　信息技术的快速发展，使得网络与人们的生活密切相关，而随着互联网应用的普及，一些安全问题逐渐暴露。如图 1.1 所示，在 1993 年彼得·施泰纳所创作的经典漫画中，一条狗告诉它的同伴，没有人知道网络的另一端是一个人还是"狗"在操作。该漫画虽有所夸张，却也生动形象地反映了在互联网上用户身份难以识别的问题。在互联网环境下，用户身份一旦被他人冒用或被非法程序侵占，可能会带来严重的隐私泄露和网络安全问题，如何确保进入系统的用户身份真实合法，身份认证技术由此而生。

图 1.1　用户身份易于伪造

身份认证(或身份验证)是指计算机及网络系统确认操作者身份的过程,也就是证实用户的真实身份与其所声称的身份是否符合的过程。身份认证安全作为移动互联网时代的安全基石是使用者进入系统的第一道关卡(也是大多数信息系统的唯一关卡),可以有效防止非法用户假冒合法用户或者非法侵入系统,从而保证信息系统和用户数据的安全。

身份认证通常包括两个重要环节:用户向系统出示自己的身份证明以及系统核查用户的身份证明。身份认证的本质是,被认证方拥有一些秘密信息,除被认证方自己之外,任何第三方(在有些需要认证权威的方案中,认证权威除外)不能伪造,被认证方能够使认证方相信他确实拥有那些秘密信息,则他的身份就得到了认证。

2016年11月7日,第十二届全国人民代表大会常务委员会第二十四次会议通过了《中华人民共和国网络安全法》,标志着网络空间安全成为信息体系建设的核心。自2020年6月28日以来,《中华人民共和国数据安全法》经历了三次审议与修改,于2021年9月1日正式施行,标志着我国在数据安全领域有法可依,并且为各行业数据安全提供了监管依据。与此同时,酝酿多年的《中华人民共和国个人信息保护法》终于在2021年8月20日出台,奠定了我国网络社会和数字经济的法律基础。身份认证技术是互联网系统保障用户隐私的基本手段。身份认证广泛应用于金融、电子商务、安防等各个领域与行业,作为确定用户资源访问、使用权限的技术手法,对维护系统与数据的安全、防止恶意用户窃取合法用户信息有着举足轻重的意义。

1.1.2　身份认证的分类

作为确认操作者身份合法性的有效机制,身份认证主要可以分为三类:用户知道什么(Something You Know)、用户有什么(Something You Have)和用户是谁(Something You Are)。

1. 用户知道什么

用户知道什么,即验证用户记忆的信息跟系统预先保存的信息是否一致。这类认证使用最多的就是静态文本口令,即由用户自己创建并记住的口令,一般是英文、数字和特殊字符的组合。静态文本口令仍然是目前应用最广泛的认证方式,广泛应用于各类网站登录、系统登录和物理密码锁认证等。静态文本口令方式部署简单,不需要额外的硬件辅助;但其缺点也很明显:简单的口令不安全,复杂的口令不好记。很多用户还存在将一套口令用于自己所有信息系统的问题,很容易被撞库。图形口令是另一种需要认证用户知道什么的认证方式,比如有些安卓手机的图案解锁就是这类。一张图片胜过千言万语,图片中蕴含的信息要比文字丰富,因此理论上具有更大的口令空间。在Windows 8早期的版本中,也曾经使用过图形口令作为用户认证的方式,但是后来由于图形口令的一些难以克服的缺点(比如热点攻击问题),还是取消并退回到传统的静态文本口令认证了。关于这类认证方式的详细内容将在第2章介绍。

2. 用户有什么

用户有什么,即将用户是否持有某个实物(智能卡、USB Key、射频识别(Radio Frequency Identification,RFID)设备、蓝牙设备、动态口令设备等,作为认证的关键条件。这类认证的优点是实物一般难以伪造,安全性相对高一些;但是缺点也很明显,只要用户持有实物,不管他是不是真正的系统用户,都可以通过认证。攻击者可以通过设法伪造或者非法持有实物来攻击认证系统。关于这类认证方式的详细内容将在第 3 章介绍。

3. 用户是谁

用户是谁,即将用户独特的生物特征(人脸、指纹、语音、掌纹、虹膜、静脉、手写签名、走路姿态等)作为认证条件。相对于前两种认证方式,这类认证方式更加安全可靠。因为生物特征具有唯一性,所以这类认证一般应用于一些安全等级要求比较高的场景;但是缺点是一旦用户的生物特征被非法用户恶意窃取伪造,使用这类认证方法的系统就再也不安全或不可使用了。另外,生物认证一般需要相对较高的硬件辅助(指纹扫描仪、虹膜扫描仪等),成本相对较高,阻碍了这类认证方法的普及。关于这类认证方式的详细内容将在第 4 章介绍。

在实际场景中,这三种认证方式可以结合使用。从身份认证需要验证的条件来看,可将身份认证分为单因子认证和多因子认证。单因子认证是指在认证中仅使用以上三种方式中的一种因素,而使用两种及以上(三种)即为多因子认证。从是否使用认证硬件来看,可将身份认证分为软件认证和硬件认证。软件认证是指在认证过程中仅用到系统数据,如口令密码;而硬件认证则需要用户持有特定的硬件,如智能卡。从认证信息来看,身份认证可分为静态认证和动态认证。

除了上述用于验证用户是张三还是李四这种人人区分的场景外,还有一些系统出于防止网络资源被滥用(机器人程序自动注册大量免费账号、发送垃圾邮件、刷票抢票、自动发帖等)的目的,需要进行人机验证,最常见的就是验证码(CAPTCHA,Completely Automated Public Turing test to tell Computers and Humans Apart,区分机器和人类用户的全自动公共图灵测试)。验证码的作用就是阻止机器程序,而所有人类用户都应该可以顺利使用。第 5 章将详细介绍验证码的概念、分类和安全性等。

1.2 身份认证的应用场景

随着数字化时代的到来,身份认证技术已经通过各种应用场景融入我们生活的方方面面,从衣食住行到金融交易,身份认证在多个领域中起到了关键作用。本节将对身份认证的典型应用场景进行介绍。

1. 在线服务与应用程序场景

对于提供在线服务的网站和应用程序,不论是登录过程,还是特定业务的处理过程,往往要求用户通过身份认证方式表明身份。在登录社交媒体与通信工具(微信、QQ、电子邮箱、FaceBook 等)时,用户通常被要求输入用户名和密码来验证其身份。为增加安全性,一些应用还会使用多因素认证,例如向用户发送短信验证码或使用身份认证应用程序确认用户身份。

在涉及交易的场景中,身份认证变得尤为重要,它不仅确保用户可以安全地查看其个人账户和支付信息,还有助于商家减少欺诈和未经授权的交易。当用户使用在线购物软件进行交易时,除事先需要通过用户名密码或其他身份验证方式登录账号外,还可能需要通过生物特征验证，如人脸识别等方式完成支付信息的确认，以确保交易的真实性和支付的安全性。除此以外，当用户尝试修改其账户信息，如密码、电子邮件地址或支付方式时，网站可能会要求额外的身份验证步骤，确保是账户所有者在进行更改；当用户发布评论或反馈时，许多电子商务网站会进行某种形式的身份验证，如图形验证码或短信验证码，以帮助减少虚假评论；当用户联系客服售后时，客服人员通常会要求用户提供账号名称、订单号或其他个人信息，以保护客户信息隐私。为了提供更好的用户体验和确保交易安全，身份认证贯穿于在线购物和电子商务场景的全路径。

云服务也是在线服务与应用程序的重要组成部分，由于它涉及对数据、应用程序和其他关键资源的访问控制，当企业和个人将数据及应用迁移到云中时，保障这些资源的安全性就成为了首要任务，因此，身份认证在云服务领域也至关重要。针对云服务的广泛攻击使得许多提供商现在都要求或推荐使用结合手机短信验证码、身份验证应用程序、物理安全令牌或生物识别在内的多因素认证。对于企业用户，员工可能需要访问多个云应用和服务，云服务提供商允许通过单点登录、身份联邦等更复杂的认证方式完成用户身份确认。除满足登录及资源访问等基本需求外，云服务提供商还提供详细的认证和访问日志，允许组织跟踪谁在什么时候访问了哪些资源，从而利用身份认证技术满足各种合规性要求。

2. 设备及建筑物访问场景

在与物理设备相结合的场景中，身份认证的身影也无处不在。在移动设备解锁中，身份认证是确保只有经授权的用户才能访问设备内容的首要手段。随着技术的发展，移动设备解锁方法已经从简单的 PIN 码发展到了多种高级的身份验证技术。智能手机除通过 PIN 码或密码进行解锁外，还可通过绘制特定的图案实现图案解锁，或利用指纹、面部特征、虹膜或语音进行生物信息识别解锁。此外，基于设备的位置或用户行为模型的智能解锁方式也可被用于移动设备解锁场景。

近年来，随着物联网设备数量的增长，确保这些设备的身份和与之交互的实体都是可靠的变得尤为重要。物联网涉及数十亿的设备、传感器和其他节点，这些节点互相连接并经常传输数据。身份认证的应用在物联网场景中可以确保每个设备都是可信任的，数据传输是安全的，系统不受恶意实体的侵入。身份认证贯穿物联网应用的全生命周期，除了在用户尝试访问物联网设备或与其互动时，需要通过用户名密码或生物识别方式进行用户身份认证，物理设备加入物联网时也需要对物理设备进行认证，物联网设备在与远程云服务或数据中心通信时同样需要进行身份认证以确保数据发送到正确且受信任的位置。物联网的复杂性和分散性意味着身份认证策略必须既灵活又强大。不当的身份认证措施可能导致数据泄露、设备篡改或其他安全事件，这些都可能对个人、企业和整个社会造成重大损害。因此，身份认证在物联网安全中是中心问题。

身份认证在建筑物和设施的物理访问场景中也起到了保障安全性和确保正确人员进入特定区域的作用。在办公室、车库和其他需要安全访问的场所中，识别卡、生物特征识别、数字密码等身份认证方式被用于解锁门禁；在安全门禁或后勤入口等场所中，可能有摄像头与安全人员连接的视频监控与远程验证；在共享办公空间或现代住宅中，可通过智能锁使用 Wi-Fi 或蓝牙技术进行远程解锁、时间限制段访问或临时密码生成。

3. 公共服务与金融交易场景

除上述场景，在政府服务或金融交易等特殊场景中，也需要通过身份认证确定用户资格和权限。许多国家现在都使用含有微芯片的电子身份证和护照，这些芯片存储了持卡人的基本信息和生物识别数据，如指纹或面部扫描。通过这种方式，边境检查站可以快速、准确地验证旅客身份。现使用的驾驶执照通常带有条形码或二维码，其中包含了驾驶者的详细信息。此外，某些地区的驾驶执照也集成了 RFID 或微芯片技术，在需要进行车主验证的场景中，通过驾驶证即可快速实现身份认证。

在银行和金融领域，身份认证是确保交易安全、防范欺诈和维护客户信任的关键部分。例如，许多银行的移动应用允许用户使用指纹、面部识别或声纹等生物识别作为登录方法。某些银行会为其客户提供一个物理的安全令牌，可生成一次性密码，客户在执行高风险交易或登录时使用这个密码就能完成身份认证。一些银行会设置交易报警和确认，当账户发生超出预定金额的交易时，客户会收到短信或电子邮件提醒，需要通过信息完成身份认证并确认该交易。随着技术的进步和金融欺诈手段的不断变化，银行和金融机构不断地采纳和测试新的身份认证方法，上述实例只是冰山一角，面向不同应用场景的身份认证具有多样性和复杂性。

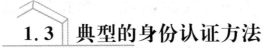

1.3 典型的身份认证方法

身份认证技术作为网络空间安全"看门人"，是鉴别网络系统中用户身份的重要手段。随着网络技术的不断发展，身份认证从传统的物理身份凭证过渡到了硬件认证、生物认证等多元化的认证方法。目前典型的身份认证方法主要有账号/密码、智能卡、生物特征及验证码等。

1. 账号/密码

账号/密码模式是目前大多数网络系统使用的身份认证方法，通过用户拥有的密码与系统中的密码进行匹配来确认用户的合法性。通常使用的密码都是静态密码，是用户自己设定的，除非用户主动进行更改否则密码一直保持不变。为了提升静态密码的安全性，一些系统会要求用户定期对密码进行修改，但是这会增加静态密码在使用和管理上的难度，容易造成密码遗忘。尽管账号/密码模式存在很多的安全性及可用性问题，同时大量的新型身份认证技术也被不断提出，但是在可部署性方面这些替代方案均劣于账号/密码模式。基于账号/密码模式的身份认证方式凭借其简单易用、成本低、容易更改等特点仍然是互联网中最主要的身份认证方式。

2. 智能卡

智能卡是一种应用极为广泛的个人安全器件，通过其内含芯片的不可复制性来保证用户身份不被冒用，具有成本低、携带方便等优点，因此广泛应用于银行、通信、交通以及门禁等各个领域。然而，在认证的过程中，由于从智能卡中读取的信息仍然是静态的，通过内存扫描或者网络监听等技术可以进行攻击，从而获取到用户的身份信息，因此智能卡仍存在一定的安全隐患。

3. 生物特征

在古代，依据身体固有的独一无二的体貌特征(如手臂长度、手掌大小、断指、胎记等)来识别个人身份。随着人工智能技术的不断发展,基于人的生物特征的身份认证技术逐渐成为目前网络空间安全的研究重点。由于生物特征具有唯一性与稳定性,基本不可能被复制仿冒,因此在身份识别方面其应用更加安全、可靠。但是目前基于生物特征的身份认证受限于生物识别技术,这类技术方案复杂程度大,成本也相对较高,因此基于生物特征的身份认证尚未得到广泛推广,仅在金融、公安、司法等部门作为辅助手段予以使用。目前,随着技术的不断革新,指纹、人脸等生物特征已应用于考勤、支付等系统中。

4. 验证码

验证码是一种区分用户是计算机还是人的全自动程序,是维护网络空间安全的重要屏障之一。验证码可以有效防止攻击者恶意破解密码以及刷票、灌水等恶意行为,还能有效防止某些恶意用户对特定用户或网站使用暴力破解等方式进行不断的非法攻击。验证码具有安全性高、易部署、易操作、易维护、成本低等优点,因此广泛应用于网络系统中。

1.4　身份认证中的安全威胁

身份认证技术随着科技的迅猛发展、人类生活方式的逐步改变以及社会商业模式的不断变化也在不断进行着变革,认证技术需要适应新时代的新需求。身份认证技术在不断革新的过程中面临着各种各样的挑战与威胁,目前的身份认证技术中存在的安全威胁主要包含以下几类。

1. 攻击威胁

为了获取用户信息,攻击者通常会针对不同的身份认证技术进行攻击,从而带来安全威胁。对于口令密码来说,用户在设定密码的时候通常会选择一些自己熟悉的数字编号,如身份证号、生日、电话号码等。攻击者如果事先获取到一定量的用户个人信息,就可以通过穷举、猜测、遍历等方式来推断用户的口令。同时,攻击者还可能进行一些欺骗攻击,例如,在一些网络系统终端构建一个假的注册界面,在用户不知情的情况下输入账号和密码进行记录,以盗取口令,或者冒充管理人员以及用 AI 生成亲属人脸信息来骗取用户的信息与口令。

2. 信息泄露风险

除了存在口令被复制、盗取等安全威胁,在用户认证的过程中也存在一定的安全威胁,导致用户信息的泄露,如肩窥攻击、网络窃听攻击、重放攻击等。同时,对于口令和一些基于硬件的身份认证机制存在遗忘、丢失的可能性,一旦遗失就会造成信息的泄露。深度学习技术的不断发展促使生物认证技术不断普及,在认证过程中如果保护不当还会导致人脸、指纹、声纹等个人信息遭到一定程度的泄露,恶意用户可以利用泄露的生物特征进行网络诈骗等非法活动。

3. 人工智能相关安全

随着新型技术的不断崛起与人工智能的不断普及,人工智能技术在为身份认证技术带来创新的同时也存在一些巨大的安全隐患。首先,基于大数据和人工智能技术的新型身份认证技术的安全性与易用性难以平衡,出色的识别效果必然带来高昂的部署成本。其次,训练良好的人工智能模型需要海量数据作为支撑,例如人的生物特征,本身就是一种非常私人化的身体数据,属于隐私范畴,一旦模型受到成员推理攻击导致训练数据泄露就会造成隐私信息的泄露。最后,人工智能模型本身还存在一定的缺陷,容易受到对抗样本攻击、模型反演攻击等,这会导致身份认证系统认证失效、网络空间失去安全屏障、安全性能难以保证等问题。

第 2 章

用户知道什么

用户知道什么，即利用用户所知的信息进行验证码匹配，其代表性方式即口令认证。基于口令的身份认证是身份认证中最常用的手段，因其开销小、使用便捷，故成为目前使用最广泛的身份认证方式。本章将详细介绍目前最常见的两种口令形式：静态文本口令和图形口令。

2.1 静态文本口令

自 20 世纪 90 年代互联网进入千家万户以来，互联网服务（如电子商务、社交网络）蓬勃发展，账号和密码成为互联网世界里保护用户信息安全最重要的手段之一。目前大多数网络系统所使用的最简单的访问控制方法，也是通过口令的匹配来确认用户的合法性的。系统为每一个合法用户建立一个 ID/PW（账号/密码）对，当用户登录系统时，提示用户输入自己的账号和密码，系统通过核对用户输入的账号和密码与系统内已有的合法用户的 ID/PW 是否匹配来验证用户的身份。

"账号＋密码"身份验证方式中提及的口令即为静态文本口令，是由用户自己设定的一串静态数据。静态文本口令一旦设定，除非用户更改，否则将保持不变。这也成为静态文本口令的缺点，比如容易遭受偷窥、猜测、字典攻击、暴力破解、窃取、监听、重放攻击、木马攻击等。另一方面，由于许多用户为了防止忘记口令密码，经常采用生日、电话号码等容易记忆但也容易被猜测的字符串作为口令，或者把口令记录在一个自认为安全的地方，这样很容易造成口令密码的泄露。为了从一定程度上提高静态文本口令的安全性，用户可以定期对口令密码进行更改，但是这又会导致静态文本口令在使用和管理上的困难，特别是当一个用户有几个甚至几十个密码需要处理时，非常容易造成口令记错或者口令遗忘等问题，而且很难要求所有的用户都能够严格执行定期修改口令密码的操作。

1979 年，Morris 和 Thompson[1]在他们的论文里开创性地分析了 3289 个真实的用户口令，发现 86%的口令属于普通字典，33%的口令可以在 5 分钟内检索出来。后续大量研究表明，除了选择单词作为静态文本口令外，用户常常将单词进行简单变换，以满足网站口令设置策略的要求。比如"123abc"可以满足"字母＋数字"的策略要求。此外，中文国民口令多为纯数字，而英文国民的口令则多含字母，这体现了语言对口令行为的影响。高达1.01％～10.44％的用户会选择最流行的 10 个口令，这意味着攻击者只要尝试 10 个最流行的口令，就能获得 1.01％～10.44％的攻击成功率。

《我国公众网络安全意识调查报告（2015）》显示，在被调查人员中定期更换密码的仅占18.36％，而遇到问题才更换密码的有 64.59％，从来不更换密码的有 17.05％。同时报告还指出，公众多账户使用同一密码的情况高达 75.93％（见图 2.1）。多账户使用同一密码更容易遭到黑客攻击，因为黑客可以通过防御性较弱的网站获取密码信息，再登录到账户中进行信息窃取。调查显示，我国超七成被调查者存在多账号使用同一密码的问题，特别是青少年多账号使用同一密码的比例高达 82.39％。

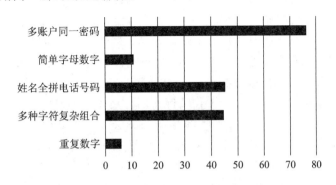

图 2.1　公众静态文本口令设置情况[2]

静态文本口令的不足之处主要表现为以下几点：

（1）静态文本口令的易用性和安全性互相排斥，两者不能兼顾，简单容易记忆的口令安全性弱，复杂的静态口令安全性高却不易记忆和维护；

（2）静态文本口令的安全性低，容易遭受各种形式的安全攻击；

（3）静态文本口令的风险成本高，一旦泄密将可能造成最大程度的损失，而且在发生损失以前，用户通常不知道口令已经泄露；

（4）静态文本口令的使用和维护不便，特别是一个用户有几个甚至十几个静态口令需要使用和维护时，静态口令遗忘以及遗忘以后所进行的挂失、重置等操作通常需要花费较多的时间和精力，为静态口令的正常使用带来了影响。

静态文本口令认证技术在面临网络攻击时显得非常脆弱。为了提高静态文本口令认证系统的安全性，一些系统对用户的口令管理设置了一定的限制，例如：限制口令的长度和内容；要求定期更换口令；要求用户在固定时间段内登录；要求用户在固定设备上登录；不允许多人共享一个用户名和口令；等等。

尽管静态文本口令存在众多的安全性及可用性问题，同时也有大量的新型身份认证技术被提出，这些替代方案有的在安全性方面优于静态文本口令，有的在可用性方面胜过静态文本口令，但几乎都在可部署性上劣于静态文本口令。

静态文本口令在系统安全性许可范围内简单易用，认证过程中不需要其他的辅助设备，成本低，容易更改，因而通用性较强。静态文本口令是目前应用最为广泛的认证方式之一，并且在未来一段时间内，仍将作为身份认证的一项重要手段。

2.1.1　文本口令生成策略和生成方法

1. 文本口令生成策略

文本口令通常被应用在各种网站和手机应用的身份认证中。以网站作为研究对象，可以发现现有网站采用的文本口令策略通常是对口令的长度（口令的位数）和字符类型（大写字母、小写字母、数字、特殊符号）提出要求[3-5]。为了帮助用户创建强口令，已经有许多文本口令生成策略被提出，常见的有助记符口令策略、随机口令策略、动态口令策略、网站常用策略等。

1) 助记符口令策略

助记符口令策略致力于帮助用户创建易于记忆且难以破解的口令，通常是采取某种容易记忆的方式设置口令，如通过一个句子、一个数学公式、一个键盘位置组合的变形表达来帮助记忆，具有口令安全性强且容易记忆的特点。例如，有人提出了 PaychoPass 方法，该方法依赖于心理练习，可以通过思考一个动作序列来创建、记忆和回忆口令。后来有人通过暴力分析和字典攻击分析的方法概述了 PsychoPass 方法的弱点，并提出了一种解决方案，该解决方案通过将 Shift 和 Ait-GR 按键密钥与其他密钥结合使用来生成强口令，并且在密钥之间必须相距 1～2 个字符距离。Optiwords 就是一种助记符策略，可以帮助用户在键盘上绘制线条作为"口令图"，然后以一定顺序选择图形上的字符作为最终口令，该策略在安全性和可记忆性方面表现良好。助记口令的强度分为四种：SenSub（Sentence substitution）、KbCg（Keyboard change）、UsForm（Using a formula）和 SpIn（Special character insertion）。SenSub 随机选择一个容易记住的句子，用字母、数字、特殊字符或单词代替句子中的每个单词，并将它们组合成一个密码；KbCg 选择一个容易记忆的基本密码，通过基本密码移动键盘左上、右上、左下或右下的一个或多个键作为密码；UsForm 选择一个公式和一些数字，根据公式列出一个方程，并根据方程以某种代换的方式组成密码；SpIn 选择一个容易记忆的基本密码，在基本密码的任意位置插入特殊字符，形成自己的密码。研究发现，在未知攻击的情形（攻击者不知道用户遵循的口令创建策略）中，4 种助记口令显示的口令强度高于对照组（178 个常见口令数据集和 phpBB 口令数据集），其中 UsForm 的口令分布安全性是最强的。正确使用 SenSub 策略可以在已知攻击的情况下创建更强的口令（攻击者知道用户遵循的口令创建策略）。

2) 随机口令策略

随机口令策略利用随机性来确保口令的安全性，但是用户在记忆时存在很大的困难。随机口令策略通常是系统为用户随机生成安全性较高的口令，没有考虑用户的记忆问题。若用户为了方便记忆口令，借用记事本等记录工具，则会带来另外的安全隐患。因此，随机口令策略不具备很好的可用性，通常与其他口令策略结合使用。

3) 动态口令策略

动态口令策略又称"自适应口令生成策略"，即系统在用户创建口令时动态地改变口令的创建要求。尽管用户在创建口令时遵循严格的口令策略，但是口令仍然面临猜测攻击的威胁。为了解决这些问题，一些研究人员将注意力转向了增加口令数据库的多样性，这使得动态口令策略出现在人们的视野中。动态口令策略并不意味着用户创建的口令会动态更改，而是在不同用户创建口令时会动态更改创建口令的要求。为了保证口令集中的口令多样化，当系统中一定数量的用户创建了某同一模式的口令时，系统要求该模式在之后不能被使用，即在此刻之后注册的用户将被禁止创建该模式的口令。这种做法有效提高了口令数据库的多样性，但却会给后注册的用户带来很大的压力和极大的不便。

4）网站常用策略

网站常用策略已经深入人们的日常生活，是一种通常只对口令长度和字符类型组成作出要求的策略。为了帮助现有网站采用更安全合理的策略，郭亚军等人使用从网站泄露的真实口令，对现有网站中采用较多的几种口令策略的安全性进行了研究。研究表明，多数网站采用 basic6 策略（口令必须至少包含 6 个字符）和 2class6 策略（口令必须至少包含 6 个字符并包含 2 个或更多字符类型），但这些策略不能很好地帮助用户创建强口令。现有的许多网站都要求使用 3class8 策略（口令必须至少包含 8 个字符并包含 3 个或更多字符类型），但是用户对口令策略的接受程度通常与要求的数量呈负相关。网站的要求越多、越难，用户的接受程度就越低。

2. 文本口令生成方法

除了上述传统口令生成策略外，基于不同数学算法模型的口令生成方法主要包括以下几种。

1）基于 PCFG 模型的口令生成方法

概率上下文无关文法（Probabilistic Context Free Grammar，PCFG）模型有 4 种结构：简单结构（Simple Structure）、基本结构（Base Structure）、预处理结构（Pre-Terminal Structure）和终端结构（Terminal Structure）[6-7]。在一条口令中，用 L 表示只由字母组成的字符串，D 表示只由数字组成的字符串，S 表示只由可打印的特殊字符组成的字符串。对于口令"Password432!!"，根据 PCFG 模型的描述，简单结构表示为"LDS"，基本结构表示为"$L_8 D_3 S_2$"，预处理结构填充基本结构中的 D、S 表示为"$L_8$432!!"，终端结构填充预处理结构中的 L 表示为"Password432!!"。PCFG 包含模型训练和口令生成两个阶段，设文法的起始变量为 S，产生一条口令的过程如下：

$$S \rightarrow Base \rightarrow Structure \rightarrow Terminal$$

如图 2.2 所示，训练阶段的目的是根据训练集统计得到两个概率表 Σ_1 与 Σ_2，表中数据根据概率递减排序。

根据训练阶段得到的两个概率表，可得生成口令集中一条口令"Zhang432…"的概率计算过程为

$$P(\text{Zhang432}\cdots) = P(S \rightarrow L_5 D_3 \sim S_2) \times P(L_5 \rightarrow \text{Zhang}) \times (D_3 \rightarrow 432) \times (S_2 \rightarrow \cdots)$$

口令生成阶段即利用 Σ_1 与 Σ_2 实现根据概率从高到低输出所有可能的口令。

2）基于马尔可夫链模型的口令生成方法

第一个使用马尔可夫链模型（Markov Chain Model）进行口令生成的方法在 2005 年 CCS 信息安全国际会议上由 Narayanan 与 Shmatikov 提出[9]。马尔可夫链模型根据马尔可夫过程中每个顺序状态的相关参数是否可知，可分为马尔可夫链和隐式马尔可夫模型（Hidden Markov Model，HMM）。马尔可夫链用于描述系统状态的转换过程。对于马尔可夫链的每一个动作，系统将根据所有可选动作的概率进行选择，从而实现从一个状态到另一个状态的转变，当然也可以选择保持当前状态。隐式马尔可夫模型是一种统计模型，与

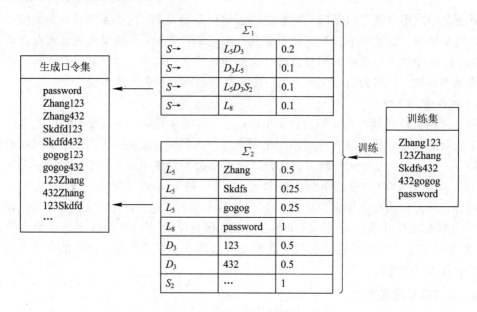

图 2.2　PCFG 过程示例[8]

马尔可夫链模型最大的差别在于状态间转变的部分参数不可知，因此常用来描述一个含有未知参数的马尔可夫过程。隐式马尔可夫模型的重点是利用可观察到的参数来确定该过程的隐含参数，然后利用这些参数对模型作进一步的分析。在一般的马尔可夫链模型中，系统状态对于观察者来说都是直接可见的，状态间的转移概率便是模型的全部参数；而在隐式马尔可夫模型中，系统状态并不是直接可见的，而受状态影响的某些变量却是可见的。

在处理序列与口令时，大多使用 n 阶($n \geq 2$)马尔可夫链，即当前状态的概率只与其前 $n-1$ 个状态相关。该方法也分为模型训练和口令生成两个阶段。首先为每条口令设定起始符和终止符，然后在口令生成阶段利用条件概率表生成一个概率递减的口令字典。

3）基于神经网络的口令生成方法

尽管基于 PCFG 与马尔可夫链模型的口令生成方法在实践中取得了一定的成效，但一些固有的缺陷使其很难继续发展。学者们开始探索与开发不局限于单一规则的、更加智能化的方法，神经网络的学习能力、泛化能力以及对大规模数据集的处理能力使口令生成方法迈入了一个新阶段。一种基于神经网络的 Melicher 口令生成方法被提出，该算法的设想是口令与文本两种数据类型的相似性程度很高，且口令创建与文本生成的过程在理论上都很大程度依赖一个客观事实：当前生成的元素取决于字符串中之前所生成的元素[10-11]。该方法使用长短期记忆神经网络(Long Short Term Memory，LSTM)生成口令，网络的预测值取决于其前文字符。例如，对于口令"bad"，前文字符为"ba"，预测值为"d"，如图 2.3 所示。口令生成阶段与马尔可夫链模型相似，不同的是，训练完成后的模型理论上可以生成无限多条口令，所以生成口令时，给定一个阈值，若口令概率低于此阈值，则舍弃该口令。在利用神经网络模型生成口令时，采用改进的波束搜索(深度优先和广度优先遍历的组合)枚举概率高于给定阈值的所有可能的密码。另外，可以通过过滤那些不需要的口令(如违反目标口令策略的口令)来抑制这些口令的生成，然后根据口令的概率对口令进行排序。使用波束搜索是因为广度优先的内存需求无法扩展，并且与深度优先搜索相比，它使用户能够更好地利用 GPU 并行处理能力。

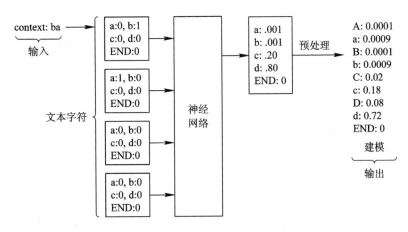

图 2.3　Melicher 神经网络预测示例[8]

2.1.2　生成文本口令字典

　　口令字典就是用来穷举用户口令的字典文件，只有字典中包含将要预测的口令时才有可能将口令破解成功。但如果要囊括所有可能的口令，那么字典文件会变得极其庞大，更有可能超过硬件所能承载的极限，即使能够破解口令，也要耗费很长的时间，这种研究根本没有意义。生成一个包含可能口令的字典才是提高字典攻击效率和成功率的重要途径。可以使用长短期记忆神经网络模型学习用户编写口令的习惯，生成一定数量的口令并制作出一个高效的口令字典来提高破解的效率和成功率。

1. 口令字典的生成方法

　　使用长短期记忆神经网络模型的口令字典生成方法可以分为三个阶段：对训练文本进行预处理的阶段、对训练口令集进行学习的阶段和建立口令字典的阶段。

　　(1) 对训练文本进行预处理的阶段。在对训练文本进行预处理的过程中，加入自然语言处理规则对文本进行筛查，可以有针对性地去除某种类型的口令。首先可去掉目标网站不支持的口令类型，其次去掉规则简单的口令类型，然后去掉包含中文或乱码的口令，最终将得到的结果保存到集合中得到训练口令集。

　　(2) 对训练口令集进行学习的阶段。对训练口令集进行学习，主要是使用长短期记忆神经网络模型对训练文本进行训练。为了提取训练口令集中口令的组成规则和概率分布，可学习其中口令的结构特征，将训练结果记忆下来。首先将口令拆分成字符建立索引，然后构造口令组成序列，最后将索引序列标号向量矩阵化，导入建立的长短期记忆神经网络进行学习训练。

　　(3) 建立口令字典的阶段。长短期记忆神经网络进行多次训练之后，可以产生候选口令，组成口令字典。首先导入预测目标信息，实验在训练口令集中随机挑选一组口令作为目标信息进行口令预测；然后根据预测得到的索引标号进行概率取样，将结果还原为口令；最后将产生的口令去除重复项目后保存到集合中返回给口令字典。

　　生成口令字典的方法如图 2.4 所示。

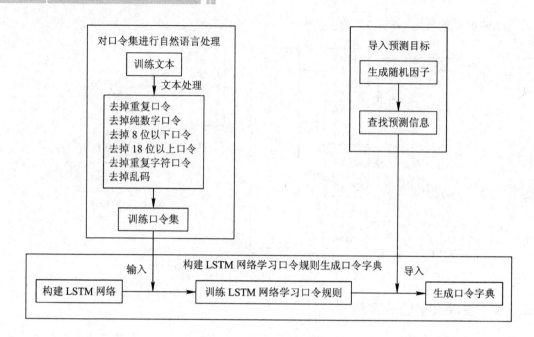

图 2.4   生成口令字典的方法[10]

2. 口令字典的分析

LSTM 网络模型训练 500 次，获取 6000 个口令，在去除重复项目后，最终生成一个含 3235 个口令的口令字典。其中含有纯数字口令 12 个，约占总数的 0.4%，都以 8 位生日数字组成；纯英文口令 1117 个，约占总数的 34.5%；由数字＋英文字母组合的口令 43 个，约占总数的 1.3%；由英文字母＋数字组合的口令 1494 个，约占总数的 46.2%；含有符号的口令 7 个，约占总数的 0.2%；其余 562 个口令为英文字母和数字的混合组合，约占总数的 17.4%。

训练口令集中有纯英文口令 12024 个，约占总数的 24.0%；由数字＋英文字母组合的口令 6615 个，约占总数的 13.2%；由英文字母＋数字组合的口令 28386 个，约占总数的 56.8%；含有符号的口令 927 个，约占总数的 1.9%；其余 2048 个口令为英文字母和数字的混合组合，约占总数的 4.1%。

生成的口令字典与训练口令集进行比较，出现了训练口令集中没有的纯数字口令，而纯英文字母的口令所占的比例也增加了，这是因为训练口令集中英文字母与英文字母、数字与数字连接的概率要远远大于英文字母与数字连接的概率。LSTM 网络在训练过程中，把英文字母与生日组合的口令识别成了两个部分，而在后续的记忆继承和继续学习过程中，仍有一部分节点记录的规则未转变过来。这种情况可以通过对训练文本进行更加细致的分词，同时花费更多的时间对 LSTM 网络进行继续训练，来逐渐完善训练结果。而数字＋英文字母组合的口令和含有符号的口令都减少为原来的 1/10 左右，这是由于一个口令中符号很少，仅有一两个字符是符号，而数字放在口令开头的情况中数字位数也较少，英文字母所占的比例更大，因此 LSTM 网络进行学习的时候，会将概率更大的情况记得更牢。这种情况可以提供更多的样本作为训练口令集交给 LSTM 网络进行学习训练。英文字母＋数字组合的口令和英文字母与数字的混合组合的口令结构相近，在生成的口令字典和训练口令集中，二者加起来占口令总数的比例并没有明显变化。

2.1.3　文本口令强度评估的方法与应用

当前，互联网服务商一般采用为注册用户提供服务的模式，要求用户进行在线注册，注册用户名和设定密码。虽然目前已经出现并应用了指纹和人脸等生物特征信息的认证加密方式，但使用文本口令仍是互联网服务商所采用的主要加密方式。在文本口令的加密方式下，很多用户会偏向于采用容易记忆的信息作为口令，如姓名、身份证号、出生年月、手机号码等。尤其在一定的区域内互联网用户存在着区域性口令设置的普遍性特征，比如中国互联网用户普遍习惯以"姓名缩写＋出生年月"和"123456"等简单数字的组合作为密码口令。

一方面，互联网用户更多的是考虑方便记忆等因素，普遍使用较为容易的数字组合和字母组合来设计口令，从而形成了非常容易被破解而导致注册用户信息泄露的弱口令；另一方面，客观因素限制用户使用较为复杂的口令，如互联网服务商设定的口令有一定的字符限制，一般为 6～8 位；也有区域文化特征的因素影响，如中国互联网用户设计的字母组合一般和姓名挂钩。在这种情况下，就需要互联网服务商加强对口令的评估和保护，文本口令强度评估工具也就应运而生了。

1. 文本口令强度评估及其主要方法

文本口令强度评估是计算机安全领域的重要研究方向，对于保护互联网用户的信息安全具有重要的作用[12-13]。随着我国近年来互联网技术的飞速发展和智能手机的普及，我国互联网普及程度不断提高，中国互联网络信息中心第 51 次《中国互联网络发展状况统计报告》数据显示，截至 2022 年 12 月，我国网民规模达 10.67 亿，互联网普及率达 75.6%。因此，在我国互联网逐渐普及的背景下，我国的网络信息安全尤其是互联网用户的信息安全值得重视。

1）文本口令强度评估

文本口令强度评估是保障互联网用户信息安全的一个主动防御性工具。它的工作流程可以用图 2.5 进行说明。在注册互联网用户、提交信息并设计口令密码之后，密码会提交给互联网服务商进行文本口令强度的检查和评估，如果密码设计达到预先设定的强度等级（如密码强度等级为中等），而该用户密码低于预先设定的强度等级，就返回信息要求互联网用户重新设计密码直到通过为止。口令强度评估工具（Password Strength Meter，PSM）就是上述流程中提供文本口令强度检查和评估的软件，它会按照图 2.5 所示的流程进行算法设计并提供给互联网服务商使用，从而对互联网用户进行主动保护。

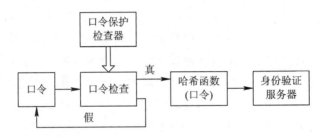

图 2.5　文本口令强度评估工作流程图[14]

2) 文本口令强度评估的主要算法

从当前世界较为通行的口令强度评估工具的算法来看,大致上有 4 种主要方法:基于信息熵的算法、基于特征匹配的算法、基于概率语言模型的算法和基于神经网络的算法。

(1) 基于信息熵的算法。熵是物理化学学科中用来表示分子状态混乱程度的物理量,也是描述分子混乱程度的计量方式。1948 年,信息论之父香农提出使用信息熵的概念对信息源的不确定性进行测度,从而开启了对信息熵的研究。1985 年,美国国防部推出的口令管理指南提出基于信息熵算法,通过口令的猜测空间评估口令的强度。2006 年,美国国家标准与技术研究院也提出了类似建议。通过信息熵计算口令强度的基本原理是:设定口令长度为 N,口令字符种类为 $|\Sigma|$,那么口令的猜测空间就是 $N|\Sigma|$,进而得到信息熵的对数形式 $S = |\Sigma|\log N$。基于信息熵算法开发的口令强度评估工具主要是 NIST PSM,其核心是依据字符长度和字符种类进行基础判断。与其类似,Microsoft、Twitter、Google 等公司使用的口令强度评估工具也主要采用基于信息熵的算法。但是,由于基于信息熵算法的口令强度评估工具是测度随机生成的口令,而现实中的口令往往是互联网用户设定的,而且具有一定规则,因此这类口令强度评估工具的实用性较低。

(2) 基于特征匹配的算法。特征匹配算法的原理相对简单,即预先对某一类口令种类赋予权重,如字母序列、键盘序列等,之后对互联网用户提交的口令进行特征值检测,依据检测到的每一类口令类型赋予其一定的权重,最后加总得到用户口令的强弱程度,并赋予一定的分值。目前,基于特征匹配算法的口令强度评估工具主要有 Zxcvbn、KeePass等。基于特征匹配算法的口令强度评估工具开发和使用都相对较容易,但是缺点也显而易见,即无法对未纳入口令强度评估工具开发者的口令类型进行评估。

(3) 基于概率语言模型的算法。近年来,全球各大网站建设了大量口令数据库,这些数据库为口令强度评估提供了强大的研究基础。在此基础上,口令研究专家建立了基于概率语言模型算法的口令强度评估方法。基于概率语言模型的评估方法主要分为基于模板的口令模型(其主要基于概率上下文无关文法)和基于全串的口令模型(其主要基于马尔可夫链模型)两类算法。基于模板的口令模型研究口令的结构性特征,从而计算不同结构出现的概率,进而对用户口令出现概率进行评估,主要基于概率上下文无关文法。基于概率上下文无关文法的口令强度评估方法的基本原理是:首先通过统计和研究真实口令数据库的结构性特征,分析口令所存在的分段式特征以及建立概率上下文无关文法模型;然后针对用户口令计算概率,并用概率值计算信息熵,从而判断用户口令的强度值。马特维尔、苏迪希尔·阿贾瓦尔等学者就曾在 2009 年用此方法建立了口令字典,并取得了较好的实验评估效果。基于全串的口令模型和基于模板的口令模型相反,其首先计算现有数据库中口令的整体性概率,再对用户口令进行概率计算而提出评估结果,其中基于马尔可夫链模型是其主要代表。马尔可夫链描述的是具有马尔可夫性质的离散时间随机过程,模型结论是在给定当前知识或信息的情况下,预测将来与过去的信息无相关性。基于马尔可夫链模型的口令强度评估的原理是首先基于现有的口令数据库,通过选择自适应的马尔可夫链模型阶数,从而计算出整体口令出现的概率,然后对用户提交的口令进行评估。从当前的研究现状来看,基于模板的口令模型和基于全串的口令模型均要优于基于信息熵方法和基于特征匹配方法。但是,在实际应用上,基于概率语言模型要远远低于前两种,主要原因是基础口令数据库(已经存在的用户口令数据库)难以获取并且维护成本高。

(4)基于神经网络的算法。近年来,随着人工智能的快速发展,神经网络方法得到了广泛应用,在口令强度评估工具中也得到了一定应用[15-16]。神经网络也称为连接模型,是通过模仿动物神经网络行为特征,依靠模型中大量节点之间相互连接的关系,进行分布式并行信息处理的数学算法模型[17]。基于神经网络的算法能够有效避免基于概率语言模型对于基础口令数据库的依赖,但目前这个方法仍处于探索之中,未能得到普遍应用。

2. 文本口令强度评估方法的应用

从当前世界较为通行的口令强度评估方法来看,基于信息熵方法、基于特征匹配方法、基于概率语言模型方法和基于神经网络方法各自存在着的优势和劣势。互联网服务商往往会根据自身的条件和基础进行选择,主要以前 3 种为主。

必须认识到,在互联网用户的口令设计中往往存在区域性特征,而且特征非常明显。依据已经泄露的用户口令统计情况来看,用户口令存在以下几个非常明显的特征: ① 用户口令往往和用户的个人信息密切相关,如出生日期、身份证(社保账号)、姓名等;② 用户口令存在区域性特征,如中国互联网用户口令特征;③ 用户口令往往存在结构性特征,如姓名＋生日或姓名＋身份证(社保账号)等;④ 用户在不同数据库中往往使用同一口令,以及其他特征等。

因此,从互联网服务商的角度来说,出于对文本口令强度评估工具的开发和维护等因素的考虑,建议中国地区的用户口令评估使用基于特征匹配的方法,基于此方法开发的用户口令评估强度工具即能满足一般性需要。而对于已经积累了大量用户口令的较为大型的互联网服务商,使用基于概率语言模型的方法则更为合适,并能提升评估效果。

近年来,随着我国互联网公司的不断发展壮大,已经出现了一批采用指纹和人脸等生物特征信息认证加密方式的应用,如支付宝等。这种生物特征信息认证加密方式可能是未来互联网服务商加密方式的重要发展方向。但同时,我国还存在着大量的中小型互联网服务商,这类企业对文本口令强度评估工具的开发和使用有着巨大的需求。因此,在当前我国互联网飞速发展的同时,仍须加强对文本口令强度评估方法和工具的研究与开发,以保障我国互联网用户的信息安全。

随着我国互联网普及程度的不断提高,互联网用户的信息安全需要得到足够重视。当前,应重点发展基于特征匹配的方法和基于概率语言模型的方法,并加大基于这两种方法的评估工具开发。

2.1.4　文本口令设置偏好分析

通过对大量已泄露的真实文本口令进行统计分析,可以有助于了解用户创建文本口令的隐藏特征。在考虑用户偏好的基础上提出增强口令安全的口令生成策略,可以保证策略的可用性。本节将从网站口令策略设置、用户创建口令的偏好分析几个方面介绍文本口令设置的偏好。

1. 网站口令策略设置的偏好分析

随着信息技术的发展，人们的生活已经越来越信息化，各种应用网站层出不穷，要使用这些应用往往需要进行身份认证，而身份认证方式大多使用文本口令。然而不同的应用对于不同的人来说重要性不同，这可能影响到用户设置口令的方式，比如对于经常使用邮箱却不怎么玩游戏的人来说，邮箱账户口令非常重要，游戏账户口令不太重要；也可能因为应用本身不涉及隐私或财产威胁而对安全性要求不高，从而在设置口令创建规则时，降低了对用户的要求，如导航类网站。

以网站为例，表 2.1 列出了部分国内外网站当前使用的文本口令生成策略及网站类型。虽然不同类型的网站对用户的要求不尽相同，但是大都限制了口令最低长度，现在大部分网站建议用户创建至少包含字母、数字、特殊符号中两种字符类型，部分网站将字符类型划分得更明晰，区分了大小写字母。相比采用 basic6（口令要求长度 6 位以上）、2class6（口令要求长度 6 位以上，包含字母、数字、特殊符号中两种以上字符类型）策略，采用更为严格的口令策略要求 2class8（口令要求长度 8 位以上，包含字母、数字、特殊符号中两种以上字符类型）、3class8（口令要求长度 8 位以上，包含字母、数字、特殊符号中 3 种以上字符类型）策略的网站中，占比最多的为互联网技术网站，其次是购物网站。在购物网站中，"淘宝"对用户登录口令设置的要求略低一些，可能因为其交易支付涉及其他应用支付口令，需要第三方口令也输入正确；而"京东"和"苏宁易购"都支持货到付款，且都支持开通应用自身特有的支付方式，如"京东"的白条、"苏宁"的易付宝等，所以它们对于口令的要求更为严格。

表 2.1　部分国内外网站当前使用的文本口令生成策略及网站类型

网站	网站类型	口令长度要求	口令组成结构要求
Rockyou	图片、相册	至少 6 个字符	无要求
搜狗	导航	6～16 个字符	无要求
Linkedin	社交	至少 6 个字符	无要求
网易	技术	6～16 个字符	区分大小写
猫扑网	移动新媒体	6～20 个字符	字母/数字/符号的组合
新浪微博	社交	6～16 个字符字母	字母、数字或异常符号，字母区分大小写
天涯社区	社交	至少 6 个字符	数字和字母的组合
12306	购票系统	6～20 个字符	字母、数字或符号
淘宝	购物	6～20 个字符	英文字母、数字或符号（除空格），且字母、数字和标点符号至少包含两种
百度	技术	8～14 个字符	字母、数字和标点符号的组合，不允许有空格中文

续表

网站	网站类型	口令长度要求	口令组成结构要求
苏宁易购	购物	8～20 个字符	字母、数字和符号中两种以上的组合
京东	购物	8～20 个字符	数字/字母/数字的组合
Microsoft	技术	最少 8 个字符	区分大小写，无其他要求
Google	技术	8 个或更多字符	字母、数字和符号的组合
多玩网	科技	至少 8 个字符	需包含大小写字母和数字
CSDN	技术交流	11～20 个字符	数字和字母的组合
Github	技术交流	8～15 个字符	包含数字和小写字母

2. 用户创建口令的偏好分析

1）数据集

系统给出的要求越少时，用户可能越能随心所欲地创建符合自己心意的口令。为了分析用户自愿选择口令策略的倾向，本节从表 2.1 所列的网站中选择了 3 个不同类型的国内外网站所泄露的公开口令集作为分析对象。这 3 个网站分别为网易（互联网技术）、12306（中国铁路用户服务中心网站）和 Rockyou（美国免费图片、相册制作网站）。数据集的基本信息如表 2.2 所示。

表 2.2　数 据 集 信 息

网站名	网　　址	数据量/条	语言
网易	https://www.163.com/	559 103	中文
12306	https://www.12306.cn/	130 618	中文
Rockyou	http://www.rockyou.com/	1 048 575	英文

2）口令出现频率分析

口令数据集中出现频率较高的口令被称为常用口令。通过对表 2.2 中 3 个网站的口令文本内容进行统计，表 2.3 中列出了频率排名前 20 的口令文本、口令数量以及在口令数据集中所占的百分比，表中国内用户使用频率最高的 20 个口令大致可以分为纯数字序列（如"123456""111111""123123""123321"）、情感内涵（如"5201314"谐音"我爱你一生一世""1314520""woaini1314""7758521"谐音"亲亲我吧我爱你"）、简单的字母和数字拼接（如"a123456""123456a""qq123456"）以及键盘模式（如"1qaz2wsx""1q2w3e4r"）几类；国外用户使用频率最高的口令大致可以分为纯数字序列（如"123456""12345""123456789""1234567""12345678""111111"）、简单单词短语（如"password""princess""rockyou""monkey"）、情感内涵（如"iloveyou""babygirl""lovely"）以及常见人名（如"Nicole""Daniel""Michael""Jessica"）。最国际化的口令是"123456"和"111111"，最国际化的口令类型是纯数字序列类型和包含情感内涵类型。

表 2.3　数据集中使用频率排名前 20 的口令

网易			12306			Rockyou		
口令	数量	所占百分比	口令	数量	所占百分比	口令	数量	所占百分比
123456	4971	0.89%	123456	388	0.30%	123456	11408	1.09%
123456789	1542	0.28%	a123456	281	0.22%	12345	3109	0.30%
111111	932	0.17%	123456a	166	0.13%	123456789	3062	0.29%
5201314	686	0.12%	5201314	161	0.12%	password	2282	0.22%
123123	666	0.12%	111111	155	0.12%	iloveyou	1940	0.19%
a123456	523	0.09%	woaini1314	137	0.10%	princess	1270	0.12%
000000	421	0.08%	qq123456	100	0.08%	1234567	863	0.08%
7758521	334	0.06%	123123	98	0.08%	rockyou	844	0.07%
123456a	290	0.05%	000000	96	0.07%	12345678	770	0.07%
123321	258	0.05%	1qaz2wsx	95	0.07%	abc123	645	0.06%
1314520	247	0.04%	1q2w3e4r	84	0.06%	nicole	602	0.06%
woaini1314	242	0.04%	qwe123	79	0.06%	daniel	598	0.06%
qq123456	238	0.04%	7758521	76	0.06%	babygirl	597	0.06%
12345678	210	0.04%	123qwe	68	0.05%	lovely	581	0.06%
31415926	172	0.03%	a123123	62	0.05%	michael	572	0.05%
woaini	160	0.03%	123456aa	56	0.04%	monkey	559	0.05%
5211314	158	0.03%	woaini520	55	0.04%	jessica	550	0.05%
1qaz2wsx	154	0.03%	100200	52	0.04%	ashley	542	0.05%
100200	152	0.03%	1314520	52	0.04%	qwerty	536	0.05%
a123456789	152	0.03%	woaini	52	0.04%	11111	536	0.05%

3）口令长度分布

对口令的长度进行要求，是保障口令强度的基础。一般网站会对口令的最低强度进行限制，如口令长度不得低于 6 位。在图 2.6 中依然统计到了低于 6 位的不符合该网站现在所采用策略的口令，这可能是因为口令集泄露后，随着时间的推移，网站改变了其采用的口令生成策略。从表 2.4 和图 2.6 中可以看出网站"12306"的口令中位长度最长，达到 9 个字符，其口令长度集中分布在 6~10 个字符；"网易"的口令长度分布跨度更广，口令长度集中分布在 6~11 个字符；"Rockyou"口令长度集中分布在 6~9 个字符之间，其中长度为 6 个字符的口令超过整个口令集的 1/3，其口令长度中位数最小，为 7 个字符。表 2.4 中国内网站口令平均长度都略长于国外网站。

表 2.4　数据集中口令长度

数据集	平均长度	中位长度（中位线）
网易	8.470	8
12306	8.525	9
Rockyou	7.115	7

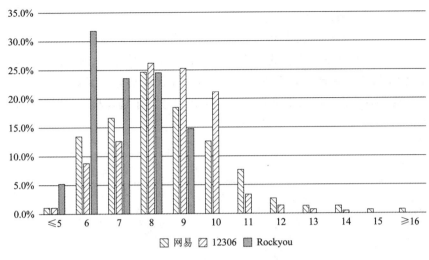

图 2.6　口令长度分布[2]

4) 口令组成类型分析

口令根据其字符组成可以分为不同类型。不同的用户倾向的口令字符组合类型可能不同，本节将口令组成类型分为 7 种：纯数字类型、纯字母类型、纯符号类型、数字＋字母组合类型(不分先后，口令同时包含且仅包含数字和字母)、数字＋符号类型(由数字和符号组成的口令)、字母＋符号类型(由字母和符号组成的口令)和字母＋数字＋特殊符号组合类型(包含字母、数字、特殊符号 3 种字符类型的口令)。本节根据用户选择的字符组合的频率对用户的口令组成类型倾向作了分析。从图 2.7 中可以发现，3 个数据集中使用最多的 3 种口令类型都是纯数字类型、纯字母类型和数字＋字母类型，其中"网易"数据集使用最多的是纯数字类型(55.05%)，"12306"使用最多的是数字＋字母类型(75.7%)，"Rockyou"使用最多的是纯字母类型(45.86%)，这可能与用户的母语有关。用户习惯用字母和数字组成口令，其中国外用户使用特殊符号组成口令的比例比国内用户多。

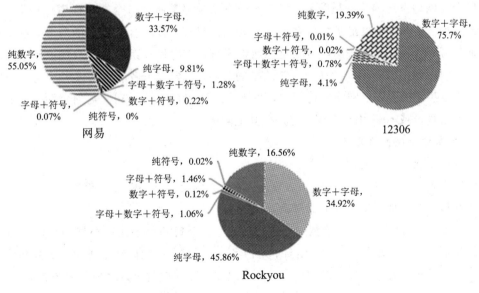

图 2.7　数据集口令组成类型[2]

5）用户选择文本口令策略的偏好

过于严格的口令策略可能会引起用户反感，为了分析用户愿意接受的最严格的策略，本节对用户自主创建的口令所符合的最严策略作出了统计。统计规则为：如果口令 m 符合策略 a 和策略 b，且策略 b 要求＞策略 a 要求，则将口令 m 划分至策略 b 内。从图 2.8 中可以看出，用户愿意接受的最严格策略是 2class8，用户倾向于选择单一字符的口令和包含两种字符类型的口令。

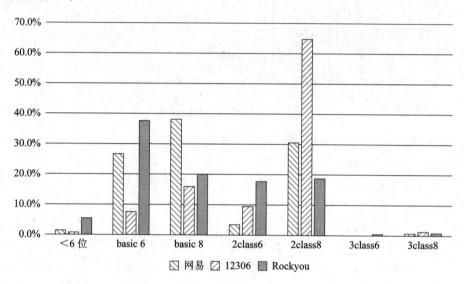

图 2.8　策略占比[2]

2.1.5　文本口令的攻击与保护

1. 文本口令攻击的分类与口令猜测方法

口令是网络系统的第一道防线。当前的网络系统都是通过口令来验证用户身份、实施访问控制的。文本口令攻击是指黑客以口令为攻击目标，破解合法用户的口令，或避开口令验证过程，然后冒充合法用户潜入目标网络系统，夺取目标系统控制权的过程。攻击者攻击目标时常常把破译用户的口令作为攻击的开始。只要攻击者能猜测或者确定用户的口令，他就能获得机器或者网络的访问权，并能访问到用户能访问到的任何资源。如果这个用户有域管理员或 root 用户权限，将是极其危险的。

1）文本口令攻击的分类

文本口令攻击主要有以下几类：

（1）社会工程（social engineering）攻击：通过人际交往这一非技术手段以欺骗、套取的方式来获得口令。避免此类攻击的对策是加强用户意识。

（2）猜测攻击：使用口令猜测程序进行攻击。口令猜测程序往往根据用户定义口令的习惯猜测用户口令，如名字缩写、生日、宠物名、部门名等。在详细了解用户的社会背景之后，黑客可以列举出几百种可能的口令，并在很短的时间内就可以完成猜测攻击。

（3）字典攻击：如果猜测攻击不成功，入侵者会继续扩大攻击范围，对所有英文单词进行尝试，程序将按序取出一个又一个的单词，进行一次又一次尝试，直到成功。据有的传媒报道，对于一个有 8 万个英文单词的集合来说，入侵者不到一分半钟就可试完。所以，如果用户的口令不太长或口令是单词、短语，那么很快就会被破译出来。

(4) 穷举攻击：如果字典攻击仍然不能够成功，入侵者一般从长度为 1 的口令开始，按长度递增方式尝试攻击。由于人们往往偏爱简单易记的口令，穷举攻击的成功率很高。如果每千分之一秒检查一个口令，那么 86% 的口令可以在一周内被破译出来。

(5) 混合攻击：结合了字典攻击和穷举攻击，先字典攻击，再暴力攻击。

避免以上四类攻击的对策是加强口令策略。

(6) 直接破解系统口令文件：当所有的攻击都不能奏效时，入侵者会寻找目标主机的安全漏洞和薄弱环节，伺机偷走存放系统口令的文件，然后破译加密的口令，以便冒充合法用户访问这台主机。

(7) 网络嗅探(sniffer)攻击：通过嗅探器在局域网内嗅探明文传输的口令字符串。避免此类攻击的对策是网络传输采用加密传输的方式进行。

(8) 键盘记录攻击：在目标系统中安装键盘记录后门，记录操作员输入的口令字符串，如很多间谍软件、木马等都可能盗取用户的口令。

(9) 其他攻击方式：如中间人攻击、重放攻击、生日攻击、时间攻击等。

避免以上几类攻击的对策是加强用户安全意识，采用安全的密码系统，注意系统安全，避免感染间谍软件、木马等恶意程序。

目前，口令猜测攻击是攻击者用来破解或者恢复口令强有力的手段。攻击者通过一些简单或者复杂的方法尝试获取用户的明文口令，以此获得目标系统或者账户的访问权限，进而达成窃取用户数据等目的。口令猜测攻击算法的本质是生成用于猜测的口令集合。早期口令猜测攻击算法的研究由于缺少充足的数据作为支撑，没有严密的理论体系，比如利用精心设计的字典或采用独特的猜测规则，这类方法缺乏系统性和理论性，猜测效果往往具有极大的偶然性。随着自然语言处理(Natural Language Processing，NLP)技术的发展，研究人员开始将一些自然语言处理思想运用到口令猜测攻击算法之中，通过对已泄露口令进行分析，逐步形成了基于概率模型的口令猜测攻击算法。另一方面，随着深度学习技术在计算机科学领域的广泛应用，基于生成式对抗网络、长短期记忆网络(LSTM)等神经网络的口令猜测方法也相继被提出[17-20]。

2) 口令猜测方法

常见的口令猜测方法有以下几种：

(1) 基于马尔可夫模型的口令猜测方法。

1913 年，俄国数学家 Andrei A. Markov 提出马尔可夫模型(Markov Model)，主要用于对随机变化系统进行建模。作为一种统计模型，马尔可夫模型已经广泛应用在语音识别、词性自动标注、音字转换、概率文法等自然语言处理领域，在口令猜测攻击中，该模型可以用来描述口令的字符序列分布。2005 年，Narayanan 和 Shmatikov[9] 首次将自然语言中所使用的马尔可夫链引入口令猜测，极大地缩小了所需搜索的口令空间，同时通过对口令集合进行分析得到口令中字符的分布规律，进而利用零阶和一阶马尔可夫链，并结合有限状态机对生成的口令进行过滤，使生成的口令更加符合用户的使用习惯。

基于概率模型的口令猜测算法主要通过对口令训练集的分析，利用统计不同口令结构出现的频率作为对应口令结构的概率，进而依据得到的概率作为口令猜测集生成的依据。具体地，在预处理阶段，基于马尔可夫模型的口令猜测方法需要使用训练集来获得每个字符出现的条件概率，该算法假设用户在设置口令时，由首至尾依次进行。由此可将用户设置口令的过程看作一个马尔可夫过程，进而可以将一条口令看作一条马尔可夫链，利用马尔可夫链的特性分析字符间的联系，并对口令中的字符按照出现的位置进行概率统计。在生成阶段，依据上述方法从训练集中统计计算得到要生成的候选口令概率，并按照概率值从高到低的顺序来生成候选口令。这是因为在概率方法中，候选口令的概率越高，意味着它的各个部分在训练集中出现的频率越高，也就意味着它越有可能被用户作为真实的口令。因此，口令猜测方法会优先生成这样的口令来和目标口令进行比较。在实际的代码实现上，可以利用优先队列（Priority Queue）按照概率降序来生成候选口令。但是对于马尔可夫模型来说，优先队列却不是最好的选择，这是因为马尔可夫模型在生成过程中产生的中间规则比较多，使用优先队列时对内存的占用会不断增长，最终对内存产生巨大的消耗。

Ma 等人提出了一种优化算法来解决上述问题，他们利用统计语言中最常用的马尔可夫链技术对口令结构进行评估，并使用不同的平滑处理技术，如拉普拉斯平滑、古德-图灵平滑，处理马尔可夫链阶数的选择，通过不断地选择临界值来生成概率大于该临界值且小于上一次临界值的口令，并舍弃概率过小的口令。随后，M. Dürmuth 等人[20]在此基础上提出了有序马尔可夫枚举器（Ordered Markov ENumerator，OMEN），显著提高了口令猜测的生成速度。

（2）基于概率上下文无关文法的口令猜测算法。

2009 年，Weir 等人[21]提出了基于概率上下文无关文法（Probabilistic Context Free Grammar，PCFG）的口令猜测攻击算法。该算法原理类似于 PCFG 在自然语言处理领域的应用。算法思想主要是假设不同种类的字符组成的字符结构在口令中是相互独立的，并且在口令中出现的概率是不同的。因此，通过分析口令集得到不同口令结构以及组成口令的子串结构的概率分布，然后按照所得字符结构的概率，以降序顺序使用不同字符结构进行填充，生成猜测口令集。通过使用概率降序对口令进行猜测，从而实现在有限的猜测次数下猜测出尽可能多的口令的目的。

该算法同样分为训练阶段和生成阶段两部分。在训练部分，目的是根据训练数据建立概率模型。首先，算法先对口令结构进行预处理，该算法会根据组成口令的字符种类不同，将组成口令的结构划分为字母段 L、数字段 D 和特殊字符段 S，并依照这 3 种结构对口令进行切分，形成相应的语法结构。然后统计口令集中所有的口令结构，将口令根据最终口令结构进行划分，进而对口令结构中的不同字段进行统计分析。经过口令结构预处理，除了可以从口令训练集中得到一个口令结构的集合外，还可以得到由口令结构中的字母段、数字段、特殊字符段所构成的集合。最后利用预处理得到的口令结构构建概率语法规则。

经过对口令训练集中口令的结构进行分析，可以得到大量的预终端结构，同时字母段 L、数字段 D 和特殊字符段 S 中也会包含字符串。如果使用这些字符串对口令结构中的对应位置进行替换，消耗的时间成本就会极高。因此，基于 PCFG 的口令猜测攻击算法提供了以下两种思路：

① 侧重算法生成口令的高效性，只考虑预终端结构的概率排序，将口令结构中需要填充的字母段部分的候选字符串视为概率相同。利用额外收集到的字典文件，对于任一预终端结构，从字典文件中选取对应长度的字母串进行填充。这种方法可以快速生成大量的猜测口令，但是在一定程度上牺牲了口令的字母段在算法中的作用。

② 使用统计得到字母段文件对预终端结构进行填充。这种方法通过训练口令集中字母段部分的统计概率，在一定程度上增强了算法的有效性，但通常训练得到的字母段空间较小，导致生成的口令猜测集合覆盖口令空间较小，且普适性较差。

因此，基于 PCFG 的口令猜测攻击算法往往结合两种方法：先使用第二种方法生成一定数量的猜测口令，然后使用第一种方法对生成的口令猜测集合进行补充。

在生成阶段，算法会根据概率语法规则生成猜测口令。与基于马尔可夫模型的口令猜测方法一样，基于概率上下文无关文法的口令猜测方法也是利用降序排列的概率来生成用于猜测的口令的。

（3）基于生成式对抗网络的口令猜测方法。

由于不同口令集合的用户对象的生活经历、文化背景等存在不可避免的差异，因此导致口令集合的特征也存在着明显的差异。相比基于概率模型的口令猜测算法，基于神经网络的口令猜测算法中随着生成的口令猜测集数量的增加，口令猜测集中的唯一口令数量会不断地增加。此外，基于概率模型的口令猜测算法生成的口令局限于从口令训练集分析得到的口令结构，相对而言，基于神经网络的口令猜测算法可以生成一些不那么"精确"的口令，因此生成的口令猜测集在未参与训练的口令集上的表现要普遍优于基于概率模型的口令猜测算法生成的口令猜测集。

2016 年，Melicher[22]首次将神经网络引入口令猜测领域，该算法主要利用循环神经网络擅长解决序列生成问题的特点，将其应用于口令猜测领域。虽然上述口令猜测算法在实践中效果很好，但是由于该算法构建口令模型时需要对口令集合进行特定的训练，因此很难将其扩展到更广泛的口令集合中。

2017 年，Hitaj 等人[23]提出的首个基于生成对抗网络（Generative Adversarial Network，GAN）的口令猜测攻击模型 Pass GAN 很好地解决了这一问题。其中，GAN 是 Goodfellow 等人提出的一个通过对抗过程利用判别模型的评估结果改进生成模型的新框架。生成对抗网络的初衷是通过提取真实数据的特征，从而得到"以假乱真"的生成数据。该模型的思想受到博弈论中的二人零和博弈（two-player game）的启发。在生成对抗网络中，这两个参与博弈的角色会分别由生成模型（generative model）和判别模型（discriminative model）充当。两个模型都是接收输入然后输出。生成模型 G 用于捕捉样本数据的分布，输入一个噪声，输出一个逼真的样本。判别模型 D 的用途类似一个二分类器，评估一个样本来自训练数据（而非生成数据）的概率，进而判断样本的真假。Pass GAN 是基于生成对抗网络的口令猜测攻击算法，使用 IWGAN（Improved Wasserstein GAN）作为其构建基础。IWGAN 是 GAN 网络研究领域中最早且最稳定的用于生成文本的方法之一，残差网络（Residual Network，ResNet）是 IWGAN 的核心组件。Pass GAN 的框架如图 2.9 所示。在训练过程中，判别模型 D 处理训练数据集中的口令以及生成模型 G 生成的口令样本。基于 D 的反馈，G 对其参数进行微调，用以生成与训练样本分布相似的口令样本。一旦训练过程完成，就可以使用 G 生成猜测口令。

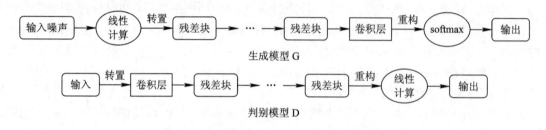

图 2.9 Pass GAN 框架[23]

此外，为了解决 GAN 模型中离散输出的问题，基于 Text GAN 的口令猜测模型被提出，该模型主要是基于文本摘要生成模型 Text GAN 构建的，以 LSTM 作为 GAN 的生成模型，以 CNN(Convolutional Neural Network，卷积神经网络)作为 GAN 的判别模型，并使用光滑近似(Smooth Approximation)的思想逼近生成模型 LSTM 的输出，从而解决离散导致的梯度不可导问题。与原始 GAN 模型的目标函数不同，该模型优化函数采用的是特征提取(Feature Matching)方法，并使用多种训练手段来改善模型的收敛性。

（4）基于随机森林的口令猜测方法。

口令的缺点在于易失性。正是由于口令的任意性，用户需要记忆自己的口令，否则忘记口令后只能通过烦琐的重设流程重新设置。为了保证口令的可用性，用户倾向于选取便于记忆的口令，但这一行为会导致口令强度减弱。因为口令猜测攻击便是利用用户这一脆弱行为，通过一些统计上的规律进行口令猜测的，易于记忆的口令通常也是易于猜测的口令。如何评判口令的强度，以及在保证可用性的情况下如何选取口令可以使得强度更高，是用户使用口令猜测最为关心的问题。同时现有技术中的口令猜测算法在评估口令强度的准确性或稳定性上存在一定缺陷，需要提出更为合理的技术方案，以解决现有技术中存在的技术问题。

为了克服上述内容中提到的现有技术存在的缺陷，汪定等人[24]提出了基于随机森林的口令猜测方法和系统，旨在通过使用随机森林模型拟合口令猜测模型生成猜测口令并给出该口令的概率大小，以克服原始 Markov 模型由于模型拟合原理导致的容易过拟合的问题。

具体地，使用随机森林拟合口令猜测模型，通过把口令猜测生成的问题看作是多分类问题，把口令中每个字符看作是类别，字符前若干长度的前缀特征作为特征向量，即通过随机森林拟合这个多分类问题。随机森林拟合的样本是前缀特征和相应字符类别，每次划分时考虑前缀特征中使样本分裂后基尼不纯度最小的特征作为划分规则，将满足相同规则的样本划分到同一个叶子节点中。叶子节点中的样本由于满足一组划分规则，因此可以认为是相似的样本，字符类别的分布也可以认为是相似的。训练后，随机森林拟合出多棵决策树，每棵决策树由多组划分规则和包含相似样本的叶子节点构成。

（5）参数化混合口令猜测方法。

迄今为止，基于文本口令的身份认证仍是保护用户个人信息和在线财产的最流行方式之一。尽管近年来研究人员提出了各种身份认证方法，如基于指纹或手势的身份认证，但因口令易用和低成本的显著优势，互联网用户仍倾向于使用文本口令。

研究人员也因此提出了多种数据驱动的口令猜测方法，如上述基于概率上下文无关文法(PCFG)、基于马尔可夫模型的口令猜测方法和基于长短期记忆网络方法(LSTM)的口令猜测方法,并致力于优化这些猜测方法。这些方法能够以更小的猜测数猜中特定类型的口令,约定使用每条口令被不同方法猜中所需要的最小猜测数作为评估该口令安全性的保守指标(称为 Min_auto)。这样的保守指标完美地结合了不同方法的猜测优势,可以看作是多方法混合猜测的理想上界。

虽然这些方法具备不同的猜测优势,但是在实际的猜测场景中,实现 Min_auto 的猜测效果需要的猜测数是单一方法的多倍,且不同方法会生成大量重复的猜测口令,严重浪费了计算资源。为了在实际猜测的场景中减少计算资源的浪费,并在有限的猜测数内最大化地利用不同方法的猜测优势,韩伟力等[25]学者提出了一个通用的参数化混合口令猜测的框架。该框架可以混合不同数据驱动方法的猜测优势以生成更高效的猜测集,它由模型剪枝和最优猜测数分配两部分构成。模型剪枝可以确保框架中的每个方法仅生成自身擅长猜测的口令,从而避免与其他方法生成重复口令;而理论证明最优的猜测数分配方案可以确保不同方法生成指定猜测数的口令时,框架的整体猜测效率将达到最优。参数化混合口令猜测的框架如图 2.10 所示。

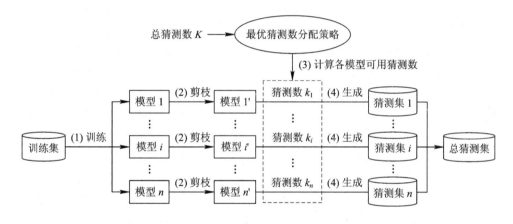

图 2.10　参数化混合口令猜测的框架[25]

2. 文本口令保护

身份认证是确保信息系统安全的第一道防线,自 20 世纪 70 年代计算机诞生以来,尽管口令存在众多的安全性和可用性缺陷,大量的新型认证技术陆续被提出,但由于口令具有简单易用、成本低廉、容易更改等特性,口令始终是应用最为广泛的身份认证方法之一。但同时,口令认证也被认为是最弱的一种身份认证技术,面临着诸多威胁。

基于文本口令的口令认证过程面临的威胁大致可以分为三类:

第一类是针对用户和口令输入界面的威胁,称之为用户端威胁。例如,某人通过越过其他人的肩膀观察其按键动作或者偷看计算机屏幕上显示的数据而造成的肩窥攻击,以及上述提到的多种猜测攻击等。

第二类是从网络上发起和针对网络传输的威胁,称之为网络威胁。例如,通过监听网络流量来捕获用户向设备中的认证程序正发送的口令的被称为嗅探的被动网络攻击,以及攻击者复制认证过程的数据并在其他时候重复使用这些数据来认证的重放攻击等。

第三类是针对设备上存储的口令文件的威胁,称之为设备端威胁。例如彩虹表攻击,即攻击者事先制作一张包含所有口令和对应哈希值的表，然后使用口令文件中的哈希值反查这张表从而获得口令；又例如逆向固件攻击，攻击者通过反向编译设备固件中的口令认证部分来找出可绕过认证的漏洞或者硬编码口令。

口令有强弱之分，弱口令一般长度很短，低于6个字符，或者口令结构简单，仅仅包含1种或者2种字符类且排列有规律。强口令则一般长度不低于8个字符，包含至少3种字符类且排列无规律。通常，强口令难以记忆，容易被遗忘，所以用户会选择容易记忆的弱口令，导致口令很容易被破解。同时有很多用户喜欢重用口令。

总体来说，用户的弱口令行为主要体现在以下几个方面：

(1) 用户的倾向性口令构造模式。用户倾向于用特定的模式来构造口令，这种构造模式可能与其所处文化环境、语言特点有关，并且具有群体特征。这些线索可以帮助攻击者缩小口令猜测范围，提高攻击效率。

(2) 口令重用。面对大量需要管理的账号，口令重用是很多用户常见的做法。口令重用可以使得攻击者在获得已知用户口令的情况下，提取用户口令的构造特征，从而推测用户的未知口令。

(3) 基于个人信息构造口令。为了便于记忆，用户在构造口令时往往会掺入个人相关信息。攻击者可以结合已知的用户信息和相关口令构造模型来猜测用户口令。

Das 等人[2]首次对跨站点的口令的安全性进行了分析并且提出了一个跨站点口令猜测算法。他们的研究发现43%的用户直接跨站点重用口令，还有很多用户在不同的站点之间对他们的口令进行了小的修改，然而这些修改有着相同的特征，知道这些特征之后就可以提高猜测效率。Das 等人提出的跨站点猜测算法能够在少于10次的尝试中破解大约10%不同的口令对，在少于100次的尝试中破解大约30%不同的口令对。Han 等人[26]研究了最新的站内口令重用和跨站点口令重用情况。他们通过中国 CSDN、Tianya、Duduniu 和7k7k 等四大网站收集了大约7000万个真实口令，获得了大约460万个在同一个网站或不同的网站上拥有多个账户的不同用户。他们的研究发现，对于在单个网站上拥有多个账户的用户，他们中大约59.72%的人重复使用口令；而对于在多个网站上拥有多个账户的用户，他们中大约(33.16±8.91)%的人重复使用口令。重用口令有很大的安全隐患，如果某个用户在多个系统上的登录口令相同，那么，当该用户在某一个系统上的登录口令被破解时，他在其他系统上的登录口令也会相应地被破解，攻击者可以根据破解的一个口令获得多个系统的访问权限，导致用户丢失存储在不同系统中的信息，从而给用户造成更多的损失。

通过以上分析可知，用户的弱口令行为是造成口令安全风险的主要原因，同时系统（或网络应用）中脆弱的口令生成策略和口令强度评估机制也为攻击者成功攻击创造了条件。

因此，针对文本口令的保护可以从以下几个方面进行：

(1) 增强用户的安全意识。增强用户的安全意识是提高口令认证安全和保护口令的一个不容忽视的基础环节。首先，用户在设置口令时，应当警惕并且避免常见的弱口令，比如123456、abcd1234等；其次，用户应为不同的账户设置不同的文本口令，防止一种口令泄露，造成全盘损失，对于已经被泄露的口令，可能已经在黑客的口令字典里，用户应避免使用；最后，用户应该妥善保管账户的口令并对口令定期进行修改，从而降低口令泄露的风险[27]。

（2）加强弱口令检测识别。除了上述用户口令安全使用要求外，计算机自动识别并避免弱口令是文本口令保护中至关重要的一个环节。一个良好的口令强度评估器也可以帮助用户避免使用弱口令，从而帮助用户创建更安全的口令。所谓口令强度评估器，指的是口令管理者部署在网站等客户端上的、用于检测用户输入的口令强度的工具，其主要功能是返回用户所输入口令的安全强度。目前，KeePass[28]和 Zxcvbn[29]是工业界主流口令强度评估器中表现较突出的两个，FuzzyPSM[30]、PCFG-based[31]和 Markov-based PSM[32]是学术界中较先进的 3 个口令强度评估算法，NIST entropy[33]是标准组织界影响力最大的口令强度评估器[34]。根据不同口令强度评估器中不同的设计思想，可以将这些口令强度评估器分为基于规则[35]、基于模式检测[28-29]和基于攻击算法[30,32]三大类。

基于规则的口令强度评估器是现在互联网上使用最为广泛的口令强度评估器。这类评估器仅根据口令长度和口令所包含的字符类型来判断口令的强度。例如：在新建和修改账号时，计算机系统会设置机制对账号口令的复杂度进行检查，保证随机生成的口令长度不低于 6 个字符，人为设置的口令长度不低于 8 个字符，口令中要包含大小写字母、数字、特殊符号中的两种或两种以上，同时对口令显示弱、中、强 3 个安全等级，以引导用户设置复杂度更高的口令，口令的安全等级根据口令的长度、包含的字符种类等因素来确定。这类口令强度评估器虽然应用简单，但是也有着非常明显的缺陷，即评估结果不准确，容易误判，可能会出现高估弱口令和低估强口令的情况。

基于模式检测的口令强度评估器的中心思想是通过检测口令是否含有固定模式的子段来判断口令的强度。这些固定模式主要包括：① 顺序模式，如 123456、abcdefg 等；② 键盘模式，如 qweasd、qazwsx、zxcvbn 等；③ 常见语义模式，如日期、姓名等；④ 字典模式，即字典中收集了常用的口令。如果口令中没有出现这些固定模式的子段就会被判断为一个强口令，这类口令强度评估器的缺点在于没有自适应性，可能会出现遗漏弱模式，造成高估弱口令的情况。

基于攻击算法的口令强度评估器的中心思想是通过攻击算法对口令进行破解，根据口令对攻击算法的抵抗能力来判断口令的强度。与基于规则和基于攻击算法的口令强度评估器相比，基于攻击算法的口令强度评估器最能反映出口令的真实强度。但是不同的口令对于不同攻击算法的抵抗能力不同，同一个口令，采用不同的攻击算法，所得到的口令强度也可能不同，因此选择一个合适的攻击算法很重要。

（3）提升口令传输与存储保护技术。在弱口令识别的基础上，有人提出统计口令中出现频率最高的口令作为弱口令集上传到服务器上以避免它们，但上传口令的过程会带来很大的安全隐患，因此并不可行。为了避免上传口令集带来的安全隐患，学者们开始研究使用差分隐私、安全多方计算等密码学技术来保障口令在传输和存储时的安全性。

Blocki 等人[36]基于用户选择的口令数据集生成频率列表，并利用抽样算法发布扰动后的口令频率列表。但由于需要将用户的全频率列表作为输入，使得服务器可以获知所有用户的口令信息，失去了对用户口令隐私的保护。Bassily 等人[37]在本地模型中设计了新的有效协议，用户首先使用一个随机器 Q 来决定是否要将自己的真实口令随机对应口令空间中的某一个，然后再将处理后的结果上传至服务器进行聚合统计，实现对用户口令的差分隐私保护。但该隐私保护仅取决于 Q 的随机性，恶意用户联合起来试图降低某个"流行"

口令的统计次数,这是可以做到的。Chan 等人[38]提出改进,针对本地差分隐私模型中的隐私保护程度,进一步给出了近似精度的下界值。但是这些协议在存在恶意服务器或者恶意用户联盟的对抗性设置中,其安全性将难以保障。为此,Naor 等人[13]提出的一种具有强抗干扰能力的多方计算协议,不需泄露口令明文就可以计算出口令中出现频率较高的弱口令,即可以在不损害用户口令隐私的同时识别高频率出现的弱口令,且识别结果具有一定的防篡改能力。具体来说,他们利用安全两方计算使得服务器可以秘密地收集系统中用户的口令,进行使用频次统计,并将过于流行的口令列入黑名单,以此作为过滤器防止单个弱口令被用来威胁一大群用户。此外,他们在黑名单中应用了差分隐私,以此抵御因黑名单发布而造成的隐私泄露,实现了对口令强度的客观评价,确保了口令强度的可测量性,并且实现了动态更新,具有很高的灵活性。但是,由于采用了安全两方计算,这些方案也存在着通信成本高、计算延迟长等缺点。

2.2　图　形　口　令

为了克服静态文本口令固有的缺点,近年来研究人员提出了图形口令的概念。许多认知学和心理学的研究结果表明,人类对于图形的记忆能力要比对文本内容的记忆能力强很多,并且这种能力是一种与生俱来的技能,与人的文化背景、教育程度以及智力水平没有直接的关系。图形口令正是根据人们对图形的记忆优于对文本的记忆的特点提出的一种新型的身份认证技术。与文本口令不同的是,图形口令使用图形作为认证媒介,用户不用记忆复杂的文本字符串,而是通过用户对图形的点击、识别或重现来进行身份认证。此外,图形口令能够提供比文本口令更强的安全性[39]。

根据口令的不同记忆任务及输入方式,现有的图形口令机制可大体分为三类:基于无提示回忆(Recall-based)的图形口令机制、基于有提示回忆(Cued Recall-based)的图形口令机制和基于识别(Recognition-based)的图形口令机制[40-42]。

2.2.1　基于无提示回忆的图形口令机制

基于无提示回忆的图形口令机制又称为基于绘制的图形口令机制(Drawmetric System),这是因为基于无提示回忆的图形口令机制通常要求用户在注册阶段绘制一幅自由图形作为其口令。认证时,用户需要回忆并重绘出其设置的口令图形。

这类认证机制的主要优点是理论口令空间很大,可以有效地防止暴力攻击,具有很高的安全性。但是使用这类机制必须为用户提供额外的手写输入设备,或者用户必须能够熟练操作鼠标进行绘图;并且,有关的记忆研究表明在没有任何提示的前提下回忆某些东西会是一件很困难的事情[43]。下面将详细介绍几种典型的无提示回忆图形口令机制。

1. DAS 机制

DAS(Draw A Secret)图形口令认证机制是基于无提示回忆的图形口令机制中最为典型的一种,是 Jermyn 等人于 1999 年在 USENIX 安全年会上提出的[44]。在这种机制中,要求用户使用鼠标或手写笔直接在一定的网格界面上画一幅简单的图画。这幅画由一个连续的笔画或几个笔画组成,笔画之间用"笔画"隔开,允许用户在一个网格界面上设置和重现自己的口令。由于 DAS 口令是画出来的，因此该机制不依赖于任何字母和数字，不受语言限制。DAS 机制是基于图形重绘方式这类图形口令机制的基础，现存的 BDAS 机制、Grid-Selection 机制、Pass-Go 机制等都是以 DAS 机制为基础或受到其启发而发展起来的。

　　DAS 提供一个 $N \times N$ 的二维网格组成的绘画区域，每一个网格均对应一个二维坐标 (x, y)，且满足 $(x, y) \in [1, N] \times [1, N]$。用户需要在这个网格上自由绘制图形来创建口令，主要操作分为两种：画线操作和提笔操作。用户在绘制过程中，笔画所穿过网格的坐标将不断被记录并形成一组有序的坐标序列；当用户进行提笔操作时 DAS 将产生特殊的坐标 $(N+1, N+1)$ 来标识此事件。图 2.11 给出了一个在 4×4 的网格上绘制的图形口令，该图形口令被编码为 $(2, 2)$，$(2, 2)$，$(3, 3)$，$(3, 2)$，$(2, 2)$，$(1, 6)$，$(5, 5)$，其中 $(5, 5)$ 表示用户的提笔操作。用户的一笔绘画指的是用户自一次落笔开始至提笔操作发生所完成的图形，按照上述的编码规则，用户的一笔绘画将会形成以抬笔事件作为结尾的坐标序列。用户进行认证时，只需凭记忆再次画出图形，如果所画图形与注册的图形具有相同的编码序列，则认证通过，否则认证失败。用户所画的图形口令通常会由若干笔绘图组成，那么整个图形口令对应的编码串将由组成该图形的所有笔绘图所对应的编码串按照先后次序顺序连接而成。很显然，不同笔画的编码以坐标 $(G+1, G+1)$ 分隔开来。整个图形口令的长度为各笔绘图的长度之和。

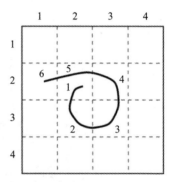

图 2.11　DAS 图形口令机制[44]

　　DAS 机制通过记录用户绘画图形穿越网格的坐标构造图形编码，但是某些图形无法利用此规则进行精确的编码，比如绘画靠近网格线或穿越网格线交叉点等情况。在这些情况下，DAS 将不能确定图形线条所在位置具体属于哪一个网格，不能形成确定的编码。此外，即使接受此类情况，用户在重现过程中也会遇到很大困难。因此，DAS 机制采取了以下的约束来限制用户的绘画过程：① 用户所画线条不能过分靠近网格线或与网格线重合；② 用户所画线条不能过分靠近或穿越网格线的交叉点。

　　用户完成图形口令的设定后，不仅需要记忆设定图形的形状，而且需要记忆整个图形的绘画过程和图形所在的具体位置。在进行认证登录时，用户需要凭记忆再次画出图形，即用户需要在同样的网格落笔，以相同的顺序穿越相同的网格，最终在相同的网格处进行提笔操作。DAS 机制将比较两图形的编码串，如果编码串相同，那么认为两图形相同，用户为合法用户；否则，认为两次图形输入不同，用户为非法用户。

　　DAS 机制理论上拥有文本口令无法与之媲美的口令空间。因为 DAS 口令是画出来的，所以该机制不依赖于任何字母和数字，不受语言限制。然而，DAS 机制内在图形绘制规则的限制给用户带来了记忆负担。这些规则致使用户倾向于绘制简短的、对称的图形作为口令，这大大缩小了 DAS 的有效口令空间，降低了安全性。尽管多年的相关研究已经证实，人类在图形方面的认知和重现能力比纯文本要强很多，使用图形作为口令可以很大程度地降低用户的记忆负担，但由于 DAS 机制认证规则严格，致使用户仍需记忆大量信息，因此 DAS 图形口令远不如设想的那样出色。

2. Grid Selection 机制

　　2004 年颁布的一项调查显示，用户倾向于设置可预测的密码，但这样容易受到字典攻击[45]。调查显示，约 86％的密码是居中或近似居中的，45％的密码是完全对称的，从而大大减少了有效的密码空间。随后，Thorpe 等人提出了图形字典的概念[45]，用于研究暴力攻击的可能性。他们的研究结果证实，用户倾向于设置某些类型的密码，这可能使字典攻击更容易。Thorpe 进一步研究了笔画数和密码长度对 DAS 密码空间大小的影响。结果表明，与增加其他参数相比，增加网格大小以增加密码空间提供的安全回报较少。

为了扩大 DAS 的有效口令空间，Grid Selection 网格选择认证方式被提出。它由绘图网格和 DAS 密码两部分组成。在这种认证方式下，用户需要首先从一个精密的网格上选择一个矩形绘画区，然后在放大的绘画区里按照 DAS 中的规则创建和输入口令，如图 2.12 所示。虽然网格的选择增加了密码空间，但是用户必须记住所选区域的位置，这增加了记忆的难度。

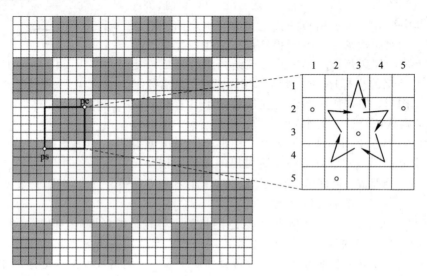

图 2.12   Grid Selection 图形口令机制[45]

3. Multi-Grid 机制

为了减轻用户倾向于在 DAS 中绘制中心或对称的线和形状而容易受到猜测攻击，且口令集中于网格中心减小了机制的有效口令空间这种中心效应，Multi-Grid[46]机制提出。它是一种使用不均匀单元大小的 DAS 机制的改进版本，该机制提供了多种不规则的网格模板，用户可以按习惯从预定义的多网格模板中选择一个网格，然后在网格上绘制图片，最终的网格可以由几个内部网

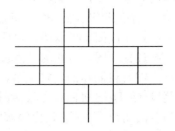

图 2.13   Multi-Grid 图形口令机制[46]

格组成，如图 2.13 所示。Multi-Grid 希望借此来引导用户设置复杂的、非对称的图形口令，同时也可以有效地帮助用户记忆口令，增加了暴力攻击的难度。实验结果表明，这样的改进在减轻中心效应上取得了一些成效。虽然提供不同的网格模板增加了暴力攻击的难度，但是用户倾向于选择某些模板又可能带来新的问题。

4. BDAS 机制

BDAS 机制是 Dunphy 等人[47]为了解决使用 DAS 时用户倾向于设置简单口令的问题而提出的图形口令机制，它通过在 DAS 的网格上加入背景图像的方式来改善 DAS 的性能

（如图 2.14 所示）。当背景图像有很强的引导意义
时，能够在很大程度上引导用户设置复杂的口令，
认证阶段也能帮助用户回忆。从安全的角度来看，
背景图像引起用户偏向性的问题很重要。这些问题
存在于原始的 DAS 图形口令方案中，其中用户倾向
于在他们的图纸中加入关于轴（或中心）的对称性。
当开始绘制一个对称的图像时，用户必须选择一个
"锚"点或区域来设计他们的密码。由于 DAS 的用户
已经倾向于创建仅受绘图网格影响的密码，因此选
择不会引入基于内容偏见的图像非常重要。最理想
的背景图像应包含许多用户感兴趣的区域，并且内

图 2.14　BDAS 图形口令机制[47]

容丰富。每个观看这类图像的人可能对不同的部分感兴趣。这将增加用户创建密码的多样
性，并使预测特定背景图像将如何影响用户变得更加困难。而针对特定背景图像发现的任
何趋势都将使攻击者能够拼凑出可能响应的图形词典。

　　实验结果证明，人们在有图像背景的网格上确实更倾向于设置一些复杂的口令，导致
弱 DAS 密码的其他可预测特征（如全局对称性和在绘图网格内居中等）也被减少，因此能
够获得较好的安全保障。背景图像还提高了密码的记忆性。尽管在背景图像的帮助下，人
们必须记住比使用 DAS 的人复杂得多的密码，但相关研究显示在密码创建后 5 分钟和 1
周进行的测试中，前者的回忆成功率与后者不相上下。如果选用一些非对称的背景图像，
也能够避免在纯粹的 DAS 机制下使用一些不太安全的对称性图形作为口令的弊端。但实
验结果同时也显示，用户需要培训才能很好地掌握背景图像的使用。在用户身份验证和密
钥生成方面，BDAS 比 DAS 更有效。BDAS 最令人兴奋的特性是，通过简单增强机制复杂
度后，其可用性和安全性得到了显著提升。

　　BDAS 在很大程度上依赖于用户的艺术细胞，其通用性受到质疑，而且在对背景图像
的选择上也有严格的要求。例如，具有很多细节的图片有利于引导用户选择适当的点作为
参考来设置口令，而很少细节的图片则对用户的引导或回忆帮助很少，甚至会妨碍用户口
令的设置。另外，当允许用户自己设置背景图片时，很容易降低口令空间。因为很多用户
从图库中选择的图片属于同类型的，并会设置相似的口令；而不允许用户自己设置背景图
片时，又使得攻击者很容易根据已有的背景建立字典，从而进行攻击。

5. QDAS 机制

　　图形口令方案的一个潜在缺点是，与传统的字母数字文本密码相比，它们更容易受到
肩窥攻击。在 Jermyn 等人提出的 Drawa-Secret 方案的基础上，QDAS 机制[48]（如图 2.15
所示）将固定的网格扩展为动态的变形网格来隐藏用户设置口令的过程，利用用户笔画和
密码之间的定性映射和动态网格来混淆用户密码的属性并鼓励他们使用密码的不同表面特
点实现，使得该机制可以在一定程度上抵御肩窥攻击。此外，QDAS 机制还采用了另外一
种笔画与口令序列对应的关系，放松了 DAS 机制对用户绘画的限制，只要求用户记忆起
始网格的编号以及笔画的方向（上、下、左或右），允许与原始信息有一定范围的偏差，以
降低用户的记忆负担，且促使用户设置强口令。

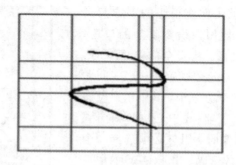

图 2.15　QDAS 图形口令机制[48]

QDAS 图形网格最初类似于典型的 DAS 网格，但是 QDAS 中的每个单元格都使用整数索引进行显式注释，并且采用一种新的方法来对每一笔画进行编码。原始编码由其起始单元格和笔画相对于网格的定性方向变化序列组成。QDAS 采用基于手写笔的输入，用户必须创建他们认为可以记住的笔画序列。此外，QDAS 还必须使用不同的图形选择技术以增强口令的安全性。与 DAS 类似，编码和相应的自由格式图像之间存在一对多关系。QDAS 引入了两个区别于 DAS 的组件：笔画的定性空间描述和动态网格转换的使用。用户在 DAS 中创建的每一个单元都是对其秘密的重要贡献。身份验证依赖于用户以正确的顺序重新创建每个单元格。但通过笔画的定性空间描述和动态网格转换的使用，QDAS 的不同之处在于，它使用户能够偏离其秘密的文字空间定义。此外，QDAS 使用动态网格转换来屏蔽正在进行的创建密码的过程，并提供一定程度的防止肩窥攻击。这种抗肩窥攻击能力是短时记忆的薄弱和网格变换隐藏了有用的笔画信息造成的。创建笔画时，起始单元格的参考号和笔画的方向变化顺序是重要的属性。这些信息在屏幕上显示的时间越长，攻击者将其记录在内存中的时间就越长。

然而，DAS 中不允许笔画穿过网格交叉点的限制在 QDAS 中仍然存在，动态网格也可能带来新的问题。

6. Pass-Go 机制

Hai Tao 受到围棋的启发提出了 Pass-Go 机制[49]，Pass-Go 机制也是对 DAS 机制的一种改进，但它不是单纯地对网格和背景进行了改造，而是将口令的设置方式作了相应的改变，其目的是改善 DAS 的可用性。Pass-Go 机制是一种基于网格的方案，要求用户选择（或触摸）交叉点作为输入密码的一种方式。因此，坐标系指的是交点矩阵，而不是 DAS 中的单元格。该机制的提出者 Hai Tao 将用户的口令设置在网格线的交叉点上而不是像 DAS 那样设置在网格的内部，如图 2.16(a)所示。由于网格结构更精细，且允许对角线移动和选择不同参数的笔画颜色，Pass-Go 具有比 DAS 更大的理论密码空间，它保留了 DAS 大部分的优点并且能够得到更高的安全性和更良好的可用性。在 DAS 中显示输入设备实际移动的轨迹，而在 Pass-Go 中，点和线指示器显示与输入轨迹最接近的交叉点和网格线，当选择（或单击）一个交叉点时，会出现一个点指示器，当连续触摸两个或更多交叉点（通过拖动输入设备）时，会出现一个线指示器。指示器的厚度和图案可进行优化，为用户提供最佳的视觉感知效果。与 DAS 中每次出现的痕迹略有不同，Pass-Go 密码总是由不变的指示器识别，这将反复影响用户的大脑，从而加快记忆过程。Pass-Go 使用类似围棋游戏的参考辅助机制，使用小圆点帮助用户记忆，并且引入了阴影单元格，以提高可用性、记忆性和可伸缩性。同时 Pass-Go 未采用 DAS 中的 5×5 网格，而采用 9×9 网格，更容易被用户接受。

调查表明，在 Pass-Go 机制中，用户更倾向于绘制比 DAS 机制更复杂的图形作为口令，这样就带来了一个极大的口令空间；而且用户的使用也更加简单便捷。但是，用户在正式使用之前，需要经过一定的训练才能很好地掌握使用方法。

此外，这类图形口令机制开始应用于商业产品中。Google 公司于 2008 年推出了一个与 Pass-Go 机制类似的手机解锁机制[50]，应用于 Android 手机。如图 2.16(b)所示，Android 系统登录是通过在 3×3 的 9 点矩阵上画线进行的。用户设计的口令可以是由若干个点组成一条连续的线，下次解除手机锁定画面的时候，只要按照正确的顺序画出线即可。这种机制也是基于用户自己画一个口令的原理，但是又跟传统的自由画口令不一样。通过为用户定义一些辅助规则，使得用户在两次口令输入之间没有相似度比较的问题，要么完全一致，要么完全不一致。考虑画线的起点、方向和线段长度这三个因素，如果一个点不能被使用两次的话，则在 3×3 的 9 点矩阵上画线的所有可能路径有 500 种左右。这对于手机这种对安全性要求不是很高的系统，也基本够用了。Microsoft 公司于 2012 推出了应用于 Windows 8 系统的图形口令机制[51]。用户首先选择一张图片，然后在该图片上绘制一系列手势(gesture)，手势包括圆、直线和点。这些手势的任意组合组成了用户的口令。这两种机制表明，应用于商业产品中的图形口令机制必须容易记忆、使用简单，且其应用的系统对安全性的要求不高。

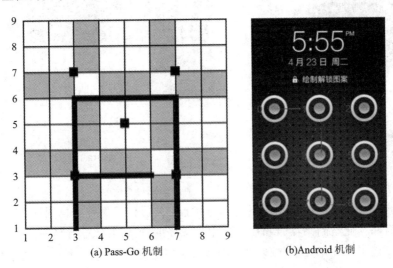

(a) Pass-Go 机制　　　　　　(b)Android 机制

图 2.16　Pass-Go[49]和 Android 机制[50]

7. BPG 机制和 MGBPG 机制

Background Pass-Go 机制[52]简称 BPG 机制，是一种类似于 BDAS 的改进版图形口令机制。如图 2.17(a)所示，它在 Pass-Go 中加入了背景图像，以帮助用户记忆密码，降低猜测攻击的成功率。BPG 机制也是一种基于网格的图像背景算法，与 DAS 不同，BPG 需要用户选择(或触摸)交叉点，而不是单元格，作为输入密码的一种方式。因此，坐标系是指交叉点的矩阵，而不是 DAS 中的单元格。BPG 和 Pass-Go 的主要区别在于，BPG 的背景与用户选择的图像重叠，其目的是帮助用户记住他们的密码，以便他们能够记住从哪里开始输入密码，或者图像背景的哪些部分包含他们的密码。用户不必记住密码的坐标对，而是通过回想之前点击过的图像背景的哪一部分作为密码，可以更好地记住密码，同时该机制中的网格为他们的位置点提供了更好的准确性。由于交叉点实际上是一个没有面积的点，BPG 机制通过调节敏感区域来建立容错机制。敏感区域是指每个交叉口周围的区域。设置此敏感区域的原因是允许用户点击特定容错区域内的交点。敏感区域也对用户与输入设备的交互敏感。因此，单击敏感区域内的任意点将被视为与单击完全对应的交叉点相同，即单击正确交叉点周围敏感区域内的任意点也将被视为点击交叉点成功。敏感区域的形状和大小可以预先定义。BPG 还解决了 Pass-Go 中不可见的敏感区问题。为了简化输入密码的过程，BPG 中的敏感区域将使用用户选择的颜色突出显示，使用户看起来更明显，从而使敏感区域的边界对用户来说是可见的。BPG 使用与 Pass-Go 中相同的访问功能，用户可以根据自己的喜好自由绘制形状，其指标的工作方式与 Pass-Go 中的情况相同。

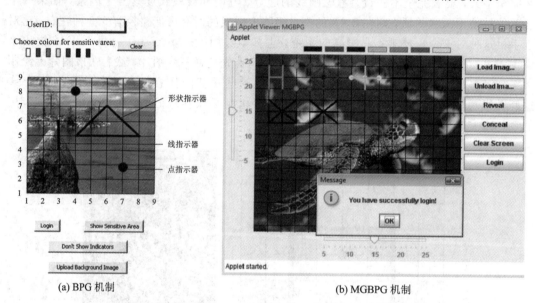

(a) BPG 机制　　　　　　　　　　　　(b) MGBPG 机制

图 2.17　两种改进版 Pass-Go 图形口令机制[52-53]

　　BPG 机制保留了 Pass-Go 机制的大部分优点，并提供了更好的可用性。BPG 不需要额外的处理能力和存储空间来存储和检索由用户选择的背景图像。这背后的原因是用户选择的成像背景仅用于帮助用户记住他/她的密码，或者更准确地说，是所选指示器的实际位置。因此，这有助于提高图形密码的可用性，并且避免了系统进行不必要的前后处理和降低存储利用率。

　　之后，受到 Multi-Grid DAS、Pass-Go 和 BPG 的启发，Multi-Grid Background Pass-Go 机制(简称 MGBPG 机制)被提出[53]，如图 2.17(b)所示。在 MGBPG 中，用户可以选择个性化的背景图像和网格线缩放来降低记忆性。MGBPG 与 BPG 的主要区别在于，MGBPG 的背景可以叠加到用户可以选择的图像上，同时，它增加了额外的网格线缩放功能，便于用户更好地记住自己的密码，这样他们就能够通过使用网格线缩放来更准确地定位和记住背景图像特定部分的密码起点和形状。无须记住密码的坐标对，用户可以通过回想起他们点击或绘制的背景图像的哪一部分和特定的网格坐标比例来更好地记住他们的密码。在认证方面，用户仍然需要识别正确的颜色代码以及用户已经设置的指示器的正确顺序，然后他/她才能进入系统。然而，在令人难忘的密码和更高安全级别的密码使用之间找到平衡的问题仍然是 MGBPG 面临的最大挑战。MGBPG 的未来研究方向主要是如何在密码复杂性和更高的安全性之间找到平衡。

8. YAGP 机制

针对 DAS 机制存在用户体验度低和记忆性差的问题，Gao 等人提出了一种基于 DAS 的新机制——YAGP(Yet Another Graphical Password)机制[54]。YAGP 和 DAS 的主要区别在于软匹配，引入了笔画框、图像框、趋势象限、相似度等概念来描述图像的软匹配特征。在软匹配中减少了严格的用户输入规则，提高了可用性，因此具有明显优势。YAGP 中的绘画网格更为精细，如图 2.18 所示，因此获得了比 DAS 更大的口令空间，同时高密度网格也有效地引导了用户设置长度较长的口令，增加了机制的安全性。YAGP 机制放宽了对绘制规则的限制，使得用户绘制的口令更能体现个性化特色，并且记忆性也有很大改善。同时，YAGP 采用三重配准过程创建多模板，提高了特征提取的准确性和记忆性。但是该机制忽略了笔画间相对位置的关系，会造成系统误判。

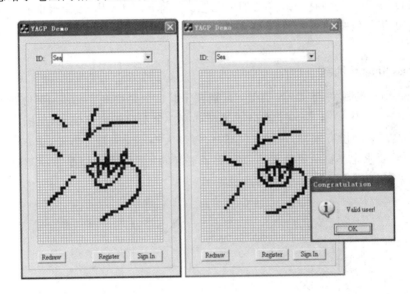

图 2.18 YAGP 图形口令机制[54]

在 YAGP 中，笔画的编码规则类似于 DAS，使用邻区的概念对笔画进行编码。在 YAGP 中，每个网格(除了界面边缘的网格)有 8 个邻居，而 DAS 只有 4 个，YAGP 与 DAS 不同之处在于引入了趋势象限的概念。密码图像的形状很大程度上受用户个性的影响。例如，不同的人在网格画布上绘制相同的字母"Q"时可能会有不同的笔画样式。使用趋势象限比较不同笔画的趋势，能够更加准确地区分用户密码。密码中的趋势象限顺序和笔画位置是密码难以模仿的重要特征。此外，考虑到 DAS 机制的缺点，YAGP 放宽了用户提取其密码时对每个落笔位置的严格限制。这一策略确保了用户不必记住每一笔画开始的确切网格单元，并带来了更好的记忆性和可用性。然而，任何两个笔画之间的关系对于身份验证仍然非常重要，不能被忽视。

YAGP 在字典攻击上存在一些潜在的安全问题。使用比 DAS 更为密集的栅格也有副作用，不擅长绘画的人会简单地使用他们的签名作为密码，这可以极大地减少密码空间。

9. Passdoodle 机制

Goldberg 等人提出了一种名为"Passdoodle"的技术[55]。这种技术由手写设计或文本组成，通常用触控笔绘制到灵敏的触摸屏上。Passdoodle 机制允许用户在没有网格的绘画区域上绘制一个涂鸦图形作为口令，如图 2.19 所示。口令图形可以由多种颜色绘制；每个口令都

图 2.19　Passdoodle 机制[55]

必须至少包含两笔，并且可以位于屏幕的任何位置。Passdoodle 机制使用了比 DAS 机制更为复杂的匹配过程，并且采用三种方法来识别不同的口令图形：图形在网格上的分布、绘画速度和图形形状的相似度。Passdoodle 的局限性是：用户被其他用户绘制的涂鸦所吸引，经常输入其他用户的登录详细信息，只是为了看到与他们自己不同的一组涂鸦。Passdoodle 旨在提供足够的安全性、可用性、记忆性和跨设备的互操作性。自由形式的涂鸦可以提供更大的安全性，也可以让用户具有创造性。Passdoodle 中使用的背景图像通过提供提示和减少用户的内存负载来增加记忆性。目前 Passdoodle 已经被证明是一种可用的安全系统，由于其较高的安全性与可用性，故成为很有前途的身份认证方案和密码保护系统。

10. Pass Shapes 机制

Pass Shapes 机制[56]与 DAS 类似，区别在于其口令是由 8 个相隔 45°角的笔画组成的几何图形（见图 2.20(a)），每一个方向的笔画都有一个对应的内部编码（见图 2.20(b)）。登录时，由于绘制区域没有网格，因此口令的位置和大小不受限制。另外，Pass Shapes 机制对用户的绘画要求也不高。虽然该机制提供了更好的可记忆性，但是每一笔只有 8 个方向可供选择，极大地减小了其口令空间。

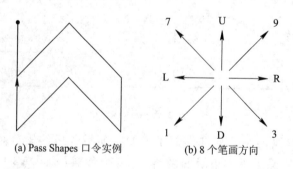

(a) Pass Shapes 口令实例　　　(b) 8 个笔画方向

图 2.20　Pass Shapes 机制[56]

2.2.2　基于有提示回忆的图形口令机制

基于有提示回忆的图形口令机制[57]一般为用户提供一张背景图片，要求用户通过鼠标或者手写输入设备选择背景图片上的某些位置形成一个点击序列作为用户的口令，具有操作简单、口令空间大的优点。该类机制中判断一次点击操作是否成功，是通过定义点击位置距离注册口令时设定的可选区域中心位置的偏差值来实现的。对点击偏差区域的选取将直接影响到这类机制的安全性和可用性，但是通常情况下，偏差区域定义大了，会造成

口令空间减小，降低机制的安全性；偏差区域定义小了，用户会很难选中可选区域进而很难通过身份验证，降低机制的可用性。下面将详细介绍几种典型的基于有提示回忆的图形口令机制。

1. Pass Points 机制

Pass Points 机制[58]是基于有提示回忆图形口令机制的代表性机制，也是该类机制中被研究最为广泛和深入的机制。它改进了 V-GO 机制对图片选择的限制，使得任何图片，包括自定义图片都可以作为背景图片供用户选择。用户需要点击其希望作为口令的区域并记住点击顺序即可完成注册。由于用户点击时只能点击一个像素点，所以系统会以用户点击的像素点为中心，为用户设置一个一定阈值大小的正方形区域作为其口令区域，如图2.21所示，黑框旁的数字为用户的点击顺序。在认证阶段，用户只需按顺序重新点击其口令区域即可，系统将用户点击时的偏差值与区域阈值进行比较，若偏差值在阈值范围内，则系统认为其选中了口令区域。

图 2.21　Pass Points 图形口令机制[58]

Pass Points 机制最主要的优点就是口令空间大，能有效地抵御试探性攻击。Pass Points 机制中不需要预定义物品的边界，而是利用用户点击区域的偏差值来决定选择区域。此外，Pass Points 机制对图片的选择和点击区域都没有限制，任何图片都能作为背景供用户选择，用户可以随意顺序选择图片中的一些点作为其口令区域，因此机制的可用性也大大提高。然而，Pass Points 机制不能防止肩窥攻击，偷窥者只要观察用户的一次登录，便能获取用户的全部点击位置和顺序；用户如果选择信息量较少或信息相对集中的图片，则会更倾向于选择内容丰富的区域作为口令区域，这样就会带来较为严重的热点问题。因为用户在点选区域的时候，都会有选择热点区域的倾向，如果图片中的热点较少，攻击者就比较容易根据热点进行猜测攻击。所以，在该机制中，图片的选十分重要，并且需要采取其他措施预防热点攻击。此外，用户更倾向于选择符合特定点击模式的点，使安全性大打折扣。

与字母数字密码相比，Pass Points 具有较大的密码空间安全优势和相近的可用性。与

Blonder 风格的图形密码和基于识别的图形密码（如 Passfaces[59]）相比，Pass Points 在密码空间方面也具有优势。

随后，Suo 提出了一种基于 Pass Points 的抵御肩窥攻击的方案[60]。在登录过程中，图像中除了一个小焦点区域外均比较模糊。用户通过键盘输入 Y(yes)或 N(no)，或使用鼠标右、左按键，以指示点击点在焦点区域内，如图 2.22 所示。这个过程重复 5～10 次。但是这个方案如果点击点太少，就很容易被攻击者猜测。

图 2.22　Suo 的图形口令方案[60]

2. Blonder 机制

图形口令的概念最初是由 Blonder 于 1996 年提出的[61]。其实现机制为：注册时在可视设备上给用户提供一张预定义的图片，认证时用户只有按照一定的顺序选择多个预定义的位置才能访问限制系统，如图 2.23(a)所示。

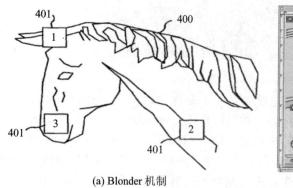

(a) Blonder 机制

(b) V-GO 机制

图 2.23　Blonder 和 V-GO 图形口令机制[61-62]

该机制相比较于传统的文本口令的主要优点如下：

(1) 用户对图形的记忆要强于对文本的记忆，尤其是当用户选择了对自己有意义的图形的时候，口令更容易记忆，即使用户一时想不起来，只需看到图形，也可以根据图形上的某些信息来帮助自己回忆。

(2) 该机制的口令空间比文本口令大。例如，用户从一张 3 cm×3 cm 的图片上有序地选择 3 个区域，每个区域大小为 1/4 cm×1/4 cm(定义口令的过程中，选择区域的个数不少于 2 个，大小不超过图片大小的 10%)。这样，用户的可能选择有 13651680 种，口令空间数量级为 107。相比较而言，对于标准键盘可以提供的 95 个字符，从中选择 3 个字符组成的口令，其可能的输入为 857375 种，口令空间数量级为 105。

(3) 此口令机制相对于生物测定技术来说，实现起来成本较低。另外，现有的很多系统已经提供了触摸屏、鼠标、书写板等输入设备，图形口令机制只需利用即可，无须额外添加。

Blonder 机制的主要问题是用户在背景图片上点击的位置受到严格限制。在口令空间合理的情况下，如果选择区域定义得比较小，由于没有边界提示，很容易导致用户选错区域；相反，如果选择区域定义得较大，口令空间又太小，则导致口令机制安全性不高。在可用性方面，Blonder 机制的背景图片必须是简单的人工图片，图片信息量很少，并且需要人工预定义口令区域的位置和大小，这增加了用户操作的难度；在安全性方面，用户定义的口令位置少且相对明确，使得口令空间较小，且试探性攻击的成功率较高。然而，Blonder 机制作为第一个被提出的图形口令，为图形口令作为一种新型的身份认证方式打开了大门，其意义和地位是不可动摇的。

3. V-GO 机制

V-GO 机制是 Passlogix 公司提供的一个商业化的安全解决方案[62](见图 2.23(b))，其基本思路来自 Blonder 的图形口令机制。此机制向用户提供含有若干日常生活物品的图片，每个物品都有一个不可见的预定义边界，系统根据这些物品的边界定义来响应鼠标的点击事件，进而进行用户认证。在具体实现中，用户需要正确地按照一定的顺序选择图片上的多个不同的物品，才能访问系统。

和 Blonder 机制相比，V-GO 机制在一定程度上提高了机制的可用性，但其有一个主要缺点，就是在图片上预定义的选择区域很少，极大地减小了口令空间。如果要保证安全性，就需要用户选择很多个物品，对用户记忆和认证过程都造成了负担。另外，根据物品的形状来预定义选择区域，将使很多实际图片都不能满足该机制的需要，只有类似于卡通图片的才比较符合要求，这样的限制降低了整个认证系统的性能。

4. CCP 与 PCCP 机制

CCP(Cued Click Points)机制[63]主要是针对 Pass Points 机制进行的一种改进。用户在每张图片中只能选择一个口令区域，根据用户所点击的区域，系统通过一个确定性函数获取并跳转到下一张图片，如图 2.24 所示。系统要求用户在连续的五张背景图片中分别选择五个口令区域以完成注册。虽然 CCP 机制消除了 Pass Points 中的模式问题，但热点问题依然存在。PCCP(Persuasive Cued Click Points)机制[64]主要是在 CCP 的基础上诱导用户选择更加随机的口令。它的功能和界面与 CCP 基本相同，不同之处在于用户注册时只能在系统显示的亮色小视窗内选择口令区域，如图 2.25 所示。登录时，系统正常显示图片。这种机制使不同用户设置的口令随机性更强，也使得热点问题进一步减少。然而，不管是 CCP 还是 PCCP 都未能克服不防肩窥这一缺点，只要攻击者获取了登录过程或登录点击序列，用户口令就会被攻破。

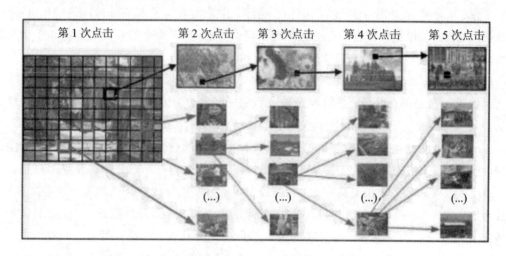

图 2.24 CCP 机制图片关联方式[63]

图 2.25 PCCP 机制注册界面[64]

2.2.3 基于识别的图形口令机制

基于识别的图形口令机制通常为用户提供一个图片库，用户从中选择若干张图片作为口令图片；认证时要求用户能够从一组图片中识别出其口令图片。基于识别的图形口令机制通常都能提供较好的可用性和记忆性，但是，这类机制只能在界面上显示一定数量的图片供用户识别，因此口令空间有限，难以抵御机器的暴力攻击，并且大部分基于识别的图形口令机制都采用直接选中口令图片的方式输入口令，当用户点击口令图片时，口令图片就直接暴露出来，使其毫无抵御肩窥攻击的能力。

1. Passfaces 机制

基于识别的图形口令机制中研究最多的是 Real User 公司开发的基于人脸的图形口令系统 Passfaces 机制[59]（见图 2.26(a)），其出发点是用户对人脸的识别能力比对一般图片的强，且这样的识别跟年龄、教育程度以及智力水平关系都不大。在 Passfaces 机制推出之初，用户只能从标准图片库中选择若干张人脸图片作为口令。在认证阶段，3×3 矩形网格界面上每次显示 9 张人脸图片，其中有 1 张是口令图片。要成功通过认证，用户需要从中选出其口令图片，而且一次认证可能包含多轮认证。Passfaces 机制图片库中的图片每一年都在不断更新，目前已经允许用户在图片库中添加自定义的图片。

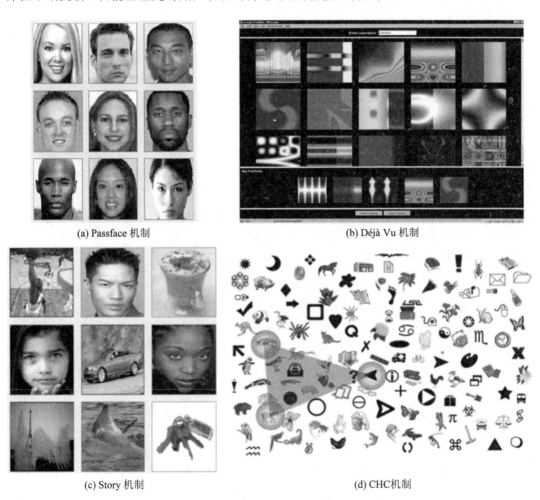

(a) Passface 机制 (b) Déjà Vu 机制

(c) Story 机制 (d) CHC机制

图 2.26　几种基于识别的图形口令机制[59, 65-67]

Passfaces 机制采用人脸作为口令图片，提高了用户对口令的记忆性，3×3 网格矩阵的界面设计也满足了用户查找速度快、认证时间短的要求。但是 Passfaces 机制也有其天生的缺陷：用户在使用 Passfaces 的时候，无论大人小孩都喜欢选择长相漂亮的人脸作为口令；此外，人们总是倾向于选择与自己同一种族、同一肤色的脸孔，这些因素都会导致口令的可预测性漏洞。Passfaces 机制允许用户上传自定义图片，这样虽然增大了口令空间，但是又从另一个方面泄露了口令图片。因为在通常情况下，用户会选择自己上传的图片作为口令图片，比如家人、好友或自己喜欢的明星，而这些图片一般是不会出现在其他用户系统中的，因此攻击者很容易分析出用户的自定义图片，进而成功登录系统。

2. Déjà Vu 机制

Déjà Vu 机制[65]是最早的基于图片识别的图形口令机制，它利用哈希函数生成的随机艺术图形替代传统的文本字符来进行用户身份验证，如图 2.26(b)所示。在注册阶段，用户从程序随机生成的一组图片中选取若干张作为口令图片；在认证阶段，用户必须正确地从系统提供的图片中选取出口令图片才能完成登录，且系统设置的登录过程可能包括不止一次这样的验证。Déjà Vu 机制采用的随机图片均由数学公式生成，不占存储空间，同时不易于记录、不易于告诉他人，从而增强了用户口令的安全性。但是由种子生成的艺术图形过于随机抽象，是否有利于用户的识别和记忆受到了质疑。另外该机制认证过程需要的时间较长并且口令空间也很有限。

3. Story 机制

Story 机制[66]是在 Passfaces 的基础上提出的，它要求用户从所给图片中选择几张图片组成一个故事，强调了用户选择口令图片的顺序（见图 2.26(c)）。该机制很好地解决了用户在使用 Passfaces 时偏向于选择同一个种族或者异性图片等的弊端，并且能够暗示用户选择多张无规律的口令图片。由于每个人的故事自由度很大，攻击者很难预测口令图片之间的规律，提高了系统的安全性。但是如果用户在使用该机制时并没有"编故事"，而是利用图片内容来帮助记忆图片的选择顺序，那么用户的记忆负担就会大大增加。

4. CHC 机制

以上所述的图形口令机制都存在容易被偷窥的弊端，CHC(Convex Hull Click)则是一种能防止肩窥攻击的机制，最初由 Sobrado 等人于 2002 年提出[67]，之后又被进一步改进[68]。用户在认证时，首先要从界面上找到自己的口令图标，然后点击由这些口令图标组成的凸多边形内的任意一个图标即可，如图 2.26(d)所示，进行多轮这样的认证可以减小试探性攻击成功的概率。

由于用户在登录过程中，点击的图片并非口令图片，因此即使肩窥者看见用户的认证过程，也无法知道用户真正的口令图片。此外，由于每次认证界面上显示的图片及其位置是变化的，该机制可以有效抵御重放攻击。所谓重放攻击就是攻击者发送一个目的主机已经接收过的包，来达到欺骗系统的目的，比如点击之前合法用户点击的图片来通过认证。在图形口令领域里，CHC 机制堪称是有效抵御肩窥攻击的典范。然而，一些用户行为很容易使得口令图片暴露给肩窥者，导致该机制在防肩窥性能上大打折扣甚至完全丧失该功能。比如为了提高登录的速度和成功率，用户可能使用手指或者笔之类的工具在屏幕上画出口令图片围成的凸多边形。

CHC 的最大缺点在于可用性较差，用户登录时间长。比如在 Wiedenbeck 等人的可用性实验中，每轮认证的平均时间长达 10.97 s，平均登录时间长达 71.66 s[68]。导致登录时间长的主要原因是认证界面上图片数量多，查找口令图片费时，并且一次登录包括多轮认证。此外，由于图片数量太大，用户很难从中快速地找到口令图片，从而使验证速度变慢。同时由于凸多边形的几条边是存在于想象中的，因此很难界定点击图标是否在多边形内，且在单轮认证时，如果口令图标所包含的凸多边形很大，试探性攻击的成功率就会很高。由此可见，CHC 机制的可用性需要进一步提高。

5. ColorLogin 机制

ColorLogin 机制[69]首次考虑了图片的背景颜色这一因素，加快了用户查找图片的速度。在注册阶段，用户根据安全需求从 3～5 种颜色中选择一种颜色作为自己口令图片的背景色，然后从以该颜色为背景色的图片集中选择若干张图片(至少 3 张)作为口令图片。在认证阶段，系统随机抽取 2 张口令图片和若干张非口令图片，并依据背景色划分为 $G \times G$ 的图片阵列，最后以该阵列为单位形成颜色交错排列的认证界面。图 2.27(a)给出了该机制在最低安全级别下的认证界面。在每轮认证中，用户需要从自己选择的背景颜色区域中找到自己的口令图片，然后点击该图片所在行上的任意一个图片。用户点击后，系统会屏蔽所点击的那一行，以此来保护用户的口令，如图 2.27(b)所示。

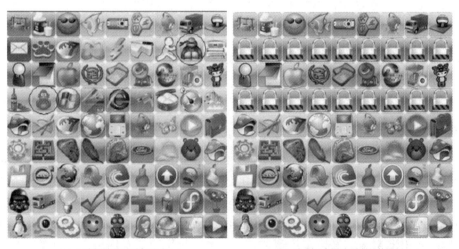

(a) 口令图片的伪随机分布　　　　　　　(b) 选中口令图片所在行的图例

图 2.27　ColorLogin 机制[69]

由于该机制采用了冗余间接的输入方式，即点击口令图片所在行上的任意一个图片，并及时屏蔽用户所选的那行图片，就可以增加肩窥者需要肩窥的信息量和破解难度。此外，ColorLogin 机制首次考虑了图片背景颜色这一因素，从表面上看记忆颜色给用户增加了额外负担，但实际上颜色可以使用户更容易回想起口令图片。另外，针对依据背景颜色进行分区显示的认证界面，颜色的使用可以缩小合法用户查看图片的数量，使其只需查看所选颜色的那些图片，从而加快了用户查找口令图片的速度。然而，颜色在提高用户可用性的同时也带来了安全方面的隐患，一旦用户选择的颜色信息泄露，口令空间将急剧下降，导致用户口令容易遭受暴力攻击。

2.2.4 混合型的图形口令机制

现有的混合型图形口令机制可以分为三类：图形口令与文本口令结合、三种基本类型的图形口令结合以及图形口令与其他技术(如生物认证)结合。通常混合型的图形口令机制都是为了解决某种问题而提出来的，例如防止肩窥攻击、减轻用户记忆负担等。

1. 图形口令与文本口令结合

Man 等人于 2003 年提出了另外一种用于防止肩窥的图形口令机制 Pass-objects[70]。该机制的原理是每个口令图标都有几个变种，如图 2.28(a)所示，而且每个变种都有唯一的编号。整个登录过程包括多轮认证，在每轮认证中，用户需要从系统显示的一堆图标中找出口令图标并识别出当前的变种形式，然后输入口令图标相对于屏幕中眼睛的位置编码和当前口令图标变种的编号。图 2.28(b)给出了该机制的一个认证界面，图中标出了屏幕中的眼睛和 4 个口令图片变种。认证时，用户需要输入图标所对应的编号，而不是通过鼠标直接点击图标来进行，所以此机制可以有效地防止肩窥。不过这个机制有一个很大的缺点：即使编号是有提示意义的，用户仍然不容易记忆一个 16 位编号，因此该机制的实用性会很差。Hong 等人随后扩展了该算法，允许用户自定义编号。虽然如此，该机制仍需要用户记忆一串文本字符，摆脱不了文本口令的缺点。

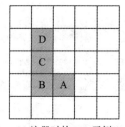 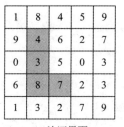

(a) 注册时的 PIP 示例   (b) 认证界面

图 2.28   Gr IDsure 机制[71]

Gr IDsure 机制[71]是一种把图形口令和 PIN 密码结合起来的防肩窥机制。注册时用户要在一个 5×5 的空白网格上选择一个包含 4 个网格的模式(称为 PIP)，并记住组成该 PIP 的各网格的选择顺序。验证时，系统会随机显示由数字 0～9 填充的 5×5 的网格，用户只需按序输入与 PIP 对应的网格中出现的数字。由于每次验证时网格中出现的数字是变化的，因此用户每次输入的数字串也是不同的。与传统的 PIN 密码相比，Gr IDsure 机制不会遭受肩窥攻击和屏幕捕获攻击，这使得该机制应用于公共场合成为可能。然而，由于记忆的限制，用户可能会记错 PIP 的确切位置和网格的顺序，这个问题可以通过将网格用阴影或颜色填充来解决。

2. 三种基本类型的图形口令结合

CDS(Come from DAS and Story)机制[72]的设计思路来源于 DAS 和 Story，它将图片识别与手动绘画相结合，是可以应用于掌上电脑等手持设备的一款图形口令机制。CDS 的注册方式与 Story 基本相同，需要用户在图片库中顺序选择若干张图片作为口令图片并记住选择的顺序，同时提醒用户构造一个故事来帮助记忆。认证时，认证界面中的图片经过了淡化处理并且图片显示位置随机，用户需要从实线方框开始，按照顺序画线通过自己的口令图片，最后在虚线方框中停止，即可完成认证，认证时所画的线必须一笔完成，中间不能间断。由于系统对认证界面中的图片做了淡化处理，对用户所画的线做了去尾处理，所以具有很好的防肩窥性能，且操作很简单，易于被用户接受。但因为 CDS 的设计初衷就是针对掌上电脑等手持移动设备，所以图片库中的图片数量较少(共 24 张图片)，使得用户的口令空间较小，如图 2.29(a)所示。

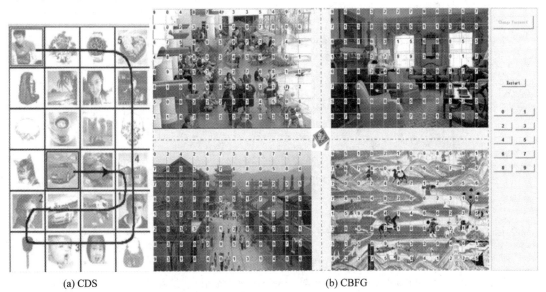

(a) CDS　　　　　　　　　　　　(b) CBFG

图 2.29　基本类型的图形口令结合[72-73]

CBFG(Click Buttons according to Figures in Grids)机制[73]设置了口令的基本原理，并引入了图片识别的思想，如图 2.29(b)所示。它保留了 Pass Points 机制口令空间大的优点，同时采用了多幅背景图片，并将背景图片划分为 $M \times N$ 网格矩阵作为用户的备选口令区域，使得用户更倾向于设置较为复杂的口令，从而在一定程度上降低了热点问题。认证时，系统在每个网格区域中随机分配一个 0～9 的数字，用户通过连续点击口令网格区域中数字所对应的按钮来完成口令的输入，使得该机制具有抵御肩窥攻击的性能。用户无须记忆口令区域的顺序，从而减轻了用户的记忆负担。在用户口令中包含口令起始图标并在认证时生成尾部随机数，使用户信息在认证过程中得到了有效的保护，首次使防肩窥的图形口令机制真正具有防止交叉分析攻击的性能。但是，CBFG 机制的认证时间相对较长，并且输入时的随机性很强，虽然该机制有了很好的防肩窥性能，但抵御试探性暴力攻击的能力并不是很出色。

3. 图形口令与其他技术结合

Pass Hands 机制[74]首次将基于手部特征的生物认证引入到图形口令的范畴中。该机制的实现方式和 Passfaces 机制类似，采用经过预处理的手部图片来代替 Passfaces 中的人脸图片，如图 2.30 所示。注册时，用户只需上传符合要求的手部图片，系统会对图片进行子图分割和纹线增强等预处理操作。认证时，界面上会有一个示意图标注出一个具体位置，用户只需对照自己手上的相应位置并选出自己的那张图片即可。由于用户的口令是其"随身携带的"掌纹和指节纹，因此用户不需要记忆口令，并且随着使用次数的增加，用户登录所用的时间将会越来越少。然而，和其他的图形口令相比，Pass Hands 机制的可用性不高，因为用户对比图片的过程比识别图片耗时，导致登录时间较长。

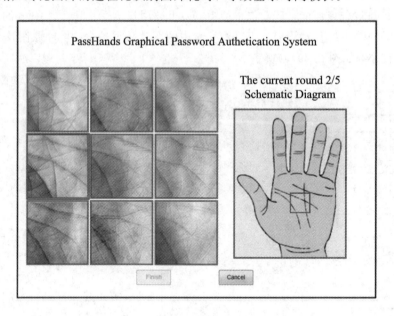

图 2.30 Pass Hands 机制[74]

CGP(using CAPTCHA in Graphical Password)机制[75]是将基于识别的图形口令与 CAPTCHA 结合的一种机制，CAPTCHA(Completely Automated Public Turing test to tell Computers and Human Apart)即"公开地全自动区分计算机与人类的图灵测试"，也被称为验证码。在注册阶段，用户从系统的图片库中选择 K 张作为自己的口令图片，并且分别设置每张图片的口令位。在认证阶段，界面为一个 $G \times M$ 的网格矩阵，用户需找到自己的口令图片，并在口令框中输入口令图片对应的验证码中口令位上的字符。CGP 机制的口令空间很大，能有效地抵御暴力攻击；由于引进了 CAPTCHA，使得纯粹的计算机程序攻击代价很大；此外，由于每次认证时的验证码都是随机生成的，用户每次输入的字符均不相同，使该机制具有防肩窥性能。但是，用户不但需要记忆图片还要记忆图片的口令位，使得用户记忆负担增大；验证码的识别性不是很高也带来了很多验证码识别导致的错误；该机制不能防止交叉分析攻击。

本章主要介绍了现存的三种基本类型的图形口令机制和混合型的图形口令制，并且根据各机制的特点分别分析了它们的优点和不足。基于无提示回忆的图形口令机制在理论上口令空间很大，具有很高的安全性，但是在编码方面存在弊端，在防肩窥方面也有不足。基于有提示回忆的图形口令机制具有操作简单、口令空间大的优点，但是始终存在不能防止肩窥攻击以及热点等安全性问题。基于识别的图形口令机制通常都能提供较好的可用性和记忆性，但是这类机制口令空间有限，难以抵御机器的暴力攻击，也没有抵御肩窥攻击的性能。由于三种基本类型的图形口令机制发展都还不完善，因此将各类机制的原理及其他技术结合起来便成为了图形口令发展的新趋势。混合型的图形口令机制虽然也各自存在着问题，但是它们的设计新颖，且在可用性和安全性上都有了一定的改进。

参 考 文 献

［1］　MORRIS R, THOMPSON K. Password security：A case history[J]. Communications of the ACM, 1979, 22 (11)：594-597.

［2］　DAS A, BONNEAU J, CAESAR M, et al. The tangled web of password reuse[C]//NDSS, 2014, 14(2014)：23-26.

［3］　WRIGHT N, PATRICK A S, BIDDLE R. Do you see your password? Applying recognition to textual passwords. In Proceedings of the Eighth Symposium on Usable Privacy and Security,2012：1-14.

［4］　AGRAWAL S, ANSARI A Z, UMAR M S. Multimedia graphical grid based text password authentication：For advanced users. In 2016 Thirteenth International Conference on Wireless and Optical Communications Networks（WOCN）, 2016：1-5.

［5］　MENG W, LI W, JIANG L,et al. On multiple password interference of touch screen patterns and text passwords. In Proceedings of the 2016 CHI Conference on Human Factors in Computing Systems, 2016：4818-4822.

［6］　HAN W, XU M, ZHANG J, et al. TransPCFG：Transferring the Grammars From Short Passwords to Guess Long Passwords Effectively[J]. IEEE Transactions on Information Forensics and Security, 2020(99)：1-1.

［7］　HRANICK R, LUKÁ ZOBAL, RYAV O, et al. Distributed PCFG Password Cracking[C]. 2020.

［8］　张艺. 口令安全技术研究[D]. 青岛：青岛大学, 2020.

［9］　NARAYANAN A, SHMATIKOV V. Fast Dictionary Attacks on Passwords Using Time-Space Tradeoff[C]// Proceedings of the 12th ACM Conference on Computer and Communications Security, CCS 2005, Alexandria, VA, USA, November 7－11, 2005. ACM, 2005.

［10］　黄祖桓. 基于长短期记忆神经网络的口令字典生成方法研究[D] 长春：吉林大学,2018.

［11］　HOCHREITER S, SCHMIDHUBER J. LSTM can solve hard long time lag problems[J]. Advances in neural information processing systems, 1996, 9.

［12］　王滨,刘贤刚,陈学明,等. 物联网智能联网设备口令保护技术研究[J]. 信息安全研究, 2020, 6 (7)：5.

［13］　NAOR M , PINKAS B , RONEN E . How to (not) Share a Password：Privacy Preserving Protocols for Finding Heavy Hitters with Adversarial Behavior[C]// the 2019 ACM SIGSAC Conference. ACM, 2019.

［14］　孔祥乾,邵文武. 文本口令强度评估工具的方法与应用[J]. 信息与电脑, 2019,21(21)：3.

［15］　MELICHER W, UR B, SEGRETI S M, et al. Fast, lean, and accurate：modeling password guessability using neural networks[C]// USENIX Security Symposium. USENIX Association, 2016.

［16］　NEMBRINI S, NIG I, WRIGHT M N. The revival of the Gini importance? ［J］. Bioinformatics (Oxford, England), 34(21)：3711-3718.

［17］　KUSNER M J, HERNÁNDEZ-LOBATO J M. Gans for sequences of discrete elements with the gumbel-softmax distribution[J]. arXiv preprint arXiv：1611. 04051, 2016.

［18］　ZHANG Y, GAN Z, CARIN L. Generating text via adversarial training[C]//NIPS workshop on Adversarial Training, 2016, 21：21-32.

［19］　YU L, ZHANG W, WANG J, et al. Seqgan：Sequence generative adversarial nets with policy gradient[C]//Proceedings of the AAAI conference on artificial intelligence, 2017, 31(1).

［20］　DÜRMUTH M, ANGELSTORF F, CASTELLUCCIA C,et al. OMEN：Faster Password Guessing

Using an Ordered Markov Enumerator[C]// Engineering Secure Software and Systems. Springer, Cham, 2015.

[21] WEIR M, AGGARWAL S, DE MEDEIROS B, et al. Password cracking using probabilistic context-free grammars[C]//2009 30th IEEE Symposium on Security and Privacy. IEEE, 2009: 391-405.

[22] MELICHER W, UR B, SEGRETI S M, et al. Fast, lean, and accurate: Modeling password guessability using neural networks[C]//25th USENIX Security Symposium (USENIX Security 16), 2016: 175-191.

[23] HITAJ B, GASTI P, ATENIESE G, et al. Passgan: A deep learning approach for password guessing[C]//International conference on applied cryptography and network security. Springer, Cham, 2019: 217-237.

[24] 吉庆兵, 汪定, 张熙哲, 等. 基于随机森林的口令猜测方法和系统[P]. 中国专利: CN112487411A, 2021-03-12.

[25] 韩伟力, 张俊杰, 徐铭. 一种参数化混合模型的口令猜测方法[P]. 中国专利: CN112861113B, 2022-05-20.

[26] HAN W, MEMBER, IEEE, et al. Shadow Attacks based on Password Reuses: A Quantitative Empirical View[J]. IEEE Transactions on Dependable and Secure Computing, 2018, 15(2): 309-320.

[27] 金诚. 隐私保护的弱口令监测与发布技术研究[D]. 西安: 电子科技大学, 2022. DOI: 10.27005/d. cnki. gdzku. 2022.003211.

[28] REICH D. Detail on the quality/strength estimation in keepass [EB/OL], [2012-04-10]. https:// keepass. info/help/kb/pw_quality_est. html

[29] WHEELER D L. zxcvbn: Low-Budget Password Strength Estimation. [C]// USENIX Security Symposium, 2016.

[30] WANG D, HE D, CHENG H, et al. fuzzyPSM: A new password strength meter using fuzzy probabilistic context-free grammars[C]//2016 46th Annual IEEE/IFIP International Conference on Dependable Systems and Networks (DSN). IEEE, 2016: 595-606.

[31] HOUSHMAND S, AGGARWAL S. Building better passwords using probabilistic techniques[C]// Proceedings of the 28th Annual Computer Security Applications Conference, 2012.

[32] CASTELLUCCIA C, DURMUTH M, PERITO D. Adaptive password-strength meters from markov models[C]//Proc NDSS, 2012.

[33] DAVIS C, GANESAN R. BApasswd: A new proactive password checker. In Proceedings of the National Computer Security Conference'93, the 16th NIST/NSA conference, 1993: 1-15.

[34] BURR W E, DODSON D F, NEWTON E M, et al. Electronic authentication guideline, 2004.

[35] CARNAVALET DE, CARNE DE, MANNAN M. A large-scale evaluation of high-impact password strength meters[J]. ACM Transactions on Information and System Security (TISSEC), 2015, 18 (1): 1-32.

[36] BLOCKI J, DATTA A, BONNEAU J. Differentially private password frequency lists[J]. Cryptology ePrint Archive, 2016.

[37] BASSILY R, SMITH A. Local, private, efficient protocols for succinct histograms[C]//Proceedings of the forty-seventh annual ACM symposium on Theory of computing, 2015: 127-135.

[38] CHAN H, SHI E, SONG D. Optimal lower bound for differentially private multi-party aggregation[C]// European Symposium on Algorithms. Springer, Berlin, Heidelberg, 2012: 277-288.

[39] GAO H, JIA W, YE F, et al. A survey on the use of graphical passwords in security[J]. J.

Softw. , 2013, 8(7): 1678-1698.

[40] 邱金花. 图形口令若干问题的研究[D]. 西安: 西安电子科技大学, 2013.

[41] BIDDLE R, CHIASSON S, VAN OORSCHOT P C. Graphical passwords: Learning from the first generation[J]. Ottawa, Canada: School of Computer Science, Carleton University, 2009.

[42] SUO X, ZHU Y, OWEN G S. Graphical passwords: A survey[C]//21st Annual Computer Security Applications Conference (ACSAC'05). IEEE, 2005: 463-472.

[43] CRAIK F I M, MCDOWD J M. Age differences in recall and recognition[J]. Journal of Experimental Psychology: Learning, Memory, and Cognition, 1987, 13(3): 474-479.

[44] JERMYN I, MAYER A, MONROSE F, et al. The design and analysis of graphical passwords [C]//8th USENIX Security Symposium (USENIX Security 99), 1999.

[45] THORPE J, VAN OORSCHOT P C. Graphical Dictionaries and the Memorable Space of Graphical Passwords[C]//USENIX Security Symposium, 2004: 135-150.

[46] CHALKIAS K, ALEXIADIS A, STEPHANIDES G. A multi-grid graphical password scheme [C]//Proceedings of the Sixth International Conference on Artificial Intelligence and Digital Communications,2006: 80-90.

[47] DUNPHY P, YAN J. Do background images improve" draw a secret" graphical passwords? [C]// Proceedings of the 14th ACM conference on Computer and communications security, 2007: 36-47.

[48] LIN D, DUNPHY P, OLIVIER P, et al. Graphical passwords & qualitative spatial relations[C]// Proceedings of the 3rd Symposium on Usable Privacy and Security,2007: 161-162.

[49] TAO H. Pass-Go, a new graphical password scheme[D]. University of Ottawa (Canada), 2006.

[50] Android, http://beust. com/weblog/archives/000497. html. Last accessed in January, 2013.

[51] Signing in with a picture password, in Building Windows 8 in the MSDN Blogs, http://blogs. msdn. com/b/b8/archive/2011/12/16/signing-in-with-a-picture-password. aspx. Last accessed in January, 2013.

[52] POR L Y, LIM X T, SU M T, et al. The design and implementation of background Pass-Go scheme towards security threats[J]. WSEAS Transactions on Information Science and Applications, 2008, 5 (6): 943-952.

[53] POR L Y, LIM X T. MultiGrid Background Pass-Go[J]. WSEAS Transactions on Information Science and Applications, 2008, 5(7).

[54] GAO H, GUO X, CHEN X, et al. Yagp: Yet another graphical password strategy[C]. In 2008 Annual computer security applications conference (ACSAC). IEEE,2008: 121-129.

[55] VARENHORST C, KLEEK M V, RUDOLPH L. Passdoodles: A lightweight authentication method[J]. Research Science Institute, 2004: 1-11.

[56] WEISS R, DE LUCA A. PassShapes: utilizing stroke based authentication to increase password memorability[C]//Proceedings of the 5th Nordic conference on Human-computer interaction: building bridges, 2008: 383-392.

[57] GAO H, LIU N, LI K, et al. Usability and security of the recall-based graphical password schemes [C]//2013 IEEE 10th International Conference on High Performance Computing and Communications & 2013 IEEE International Conference on Embedded and Ubiquitous Computing. IEEE, 2013: 2237-2244.

[58] WIEDENBECK S, WATERS J, BIRGET J C, et al. Pass Points: design and longitudinal evaluation of a graphical password system. International Journal of Human-Computer Studies, 2005, 63(1-2): 102-127.

[59] Passfaces. http://www. realuser. com, site accessed on June 16, 2008.

[60] SUO X . A Design and Analysis of Graphical Password，2006.

[61] BLONDER G E. Graphical passwords, in Lucent Technologies, Inc. , Murray Hill, NJ, U. S. Patent 5559961, Ed. United States, 1996.

[62] V-GO, http://www. passlogix. com/. Last accessed in January, 2013.

[63] BISKUP J , J LÓPEZ. Graphical Password Authentication Using Cued Click Points[C]// Proceedings of the 12th European conference on Research in Computer Security. Springer Berlin Heidelberg, 2007.

[64] CHIASSON S, FORGET A, BIDDLE R, et al. Influencing users towards better passwords: persuasive cued click-points[J]. People and Computers XXII Culture, Creativity, Interaction 22, 2008: 121-130.

[65] DHAMIJA R . DEJA VU : A User Study Using Images for Authentication[C]// 9th USENIX Security Symposium, 2002.

[66] DAVIS D, MONROSE F, REITER M K. On user choice in graphical password schemes[C]// USENIX security symposium, 2004, 13(2004): 11-11.

[67] WIEDENBECK S, WATERS J, SOBRADO L, et al. Design and evaluation of a shoulder-surfing resistant graphical password scheme[C]//Proceedings of the working conference on Advanced visual interfaces, 2006: 177-184.

[68] SOBRADOL. AND BIRGET J. C. , Graphical passwords. http://rutgersscholar. rutgers. edu/volume04/ sobrbirg/sobrbirg. htm, The Rutgers Scholar, An Electronic Bulletin for Undergraduate Research, 2002, vol. 4.

[69] GAO H , LIU X , WANG S , et al. Design and Analysis of a Graphical Password Scheme[C]// Innovative Computing, Information and Control (ICICIC), 2009 Fourth International Conference on, 2010.

[70] MAN S, HONG D, MATTHEWS M M . A Shoulder-Surfing Resistant Graphical Password Scheme-WIW[C]// International Conference on Security &· Management. DBLP, 2003.

[71] BROSTOFF S , INGLESANT P, SASSE M A . Evaluating the usability and security of a graphical one-time PIN system [C]// Bcs Interaction Specialist Group Conference. British Computer Society, 2010.

[72] GAO H , REN Z , CHANG X , et al. A New Graphical Password Scheme Resistant to Shoulder-Surfing: IEEE Computer Society, 10. 1109/CW. 2010. 34[P], 2013.

[73] LIU X , QIU J , MA L, et al. A Novel Cued-recall Graphical Password Scheme[C]// Sixth International Conference on Image &· Graphics. IEEE Computer Society, 2011.

[74] GAO H, MA L , QIU J , et al. Exploration of a hand-based graphical password scheme[C]// International Conference on Security of Information &· Networks. ACM, 2011.

[75] GAO H , LIU X , WANG S , et al. A new graphical password scheme against spyware by using CAPTCHA[C]// Proceedings of the 5th Symposium on Usable Privacy and Security. ACM, 2009.

第 3 章

用户有什么

　　身份认证的对象不同，认证手段也有所不同，可根据用户所拥有的东西来证明其身份，即"用户有什么"。

　　随着互联网的不断发展与规模的日益壮大，单纯使用账号密码来保障用户身份安全的认证方式已经不能满足用户以及网络对安全的需求。为了进一步提高账号密码的安全性，采用双因子认证（Two-factor Authentication，2FA）的身份认证方式开始逐渐应用与普及，其中双因子认证是指用户需要提供密码和另一个认证因子（如硬件），或者至少提供两个认证因子（代替密码），才能访问网站、应用程序或网络。硬件认证是双因子身份认证的重要方法之一，主要包含六个常用工具，即智能卡（Smart Card）、动态文本口令、通用串行总线密钥（Universal Serial Bus Key，USB Key）、射频识别（Radio Frequency Identification，RFID）设备、二维码/条形码以及蓝牙设备。用户可以使用这些工具进行身份认证，核验用户身份。本章将对目前几种常见的硬件认证工具进行详细介绍。

3.1　智　能　卡

　　智能卡是一种应用极为广泛的个人安全器件，是内嵌微型芯片的集成电路卡（Integrated Circuit Card，IC Card），一般由专门的厂商通过专门的设备进行生产，是一种不可复制的硬件，各种银行卡、电卡、手机的用户身份识别模块（Subscriber Identity Module，SIM）卡都属于智能卡。

　　智能卡自身就是一个功能齐备的计算机，它有自己的内存和微处理器，该微处理器具备数据读取和写入能力，也允许对智能卡上的数据进行访问和更改。从安全的角度来看，智能卡技术通过提供安全的验证机制来保护持卡人的信息，由合法用户随身携带。登录时必须将智能卡插入专用的读卡器读取其中的信息，以验证用户的身份。

3.1.1　智能卡的发展

　　智能卡最初是磁卡的替代产品，发明于 20 世纪 80 年代初，当时用户应用的绝大多数都还是磁卡。但是，由于磁卡存储容量小，信息易于读取，因此具有极高的可伪造性、可擦除性及可模拟性等特征，使得磁卡的安全性能大大降低，无法适应电子货币及其他应用的客观需要，并且磁卡也不能作为多用途卡使用。因此，多用途的智能卡应运而生，智能卡能够把生活中单项使用的各种生活缴费、购物储值以及身份卡片融为一体，只要一卡在手，便能买到各类物品、得到各种服务并且进行有效的身份认证，智能卡设计的目的在于如何提高卡片的使用功能及其安全性能。

　　20 世纪 90 年代，微电子技术的蓬勃发展带动了以计算机技术和集成电路为核心的智能卡的迅速崛起。智能卡可以克服磁卡的弱点，具有容量大、计算功能强、安全性能高等一系列优点，为电子货币、身份认证提供了更可靠和更安全的服务。因此，智能卡在世界范围内都有着迅速的发展，并在银行、通信、服务、医疗、军事、安全、门禁、交通等各个领域得到了广泛的研究与应用。计算机技术的不断发展也造成了网络安全问题的不断涌现，与此同时电子政务、电子商务也成为网络时代的新型应用领域，用户对网络安全问题也更加重视，智能卡在这个基础上有了更广泛的应用与发展空间，其推广与应用也成为了保障更安全的身份认证的有效措施之一，针对智能卡的身份认证技术的研究与实验也越来越受到国家的重视。

　　虽然智能卡行业只是信息技术行业中的一个小分支，但智能卡作为支付和身份认证的工具却广泛应用于各个领域，在基于互联网的网上银行、网上证券等领域也得到了大规模使用。随着社会和经济的迅速发展，智能卡以成本低、携带方便等优点，在社会各领域广泛应用且快速发展。

3.1.2　智能卡的分类

　　智能卡的划分可以从狭义和广义两种角度进行，通常狭义的智能卡是指中央处理器（Central Processing Unit，CPU）卡，而广义的是指 IC 卡[1]。其中，CPU 卡通俗地讲就是指芯片内含有一个微处理器的卡片，IC 卡上的金属片就是 CPU 卡；对于 IC 卡来说，还可以按照嵌入芯片类型、操作模式、数据传输方式和卡的应用领域进行更细致的分类。

1. 按嵌入芯片类型分类

智能卡按嵌入芯片的类型可以分为存储卡、逻辑加密卡和 CPU 卡。

1）存储卡

存储卡内芯片是由电可擦除、可编程、只读存储器（Electrically Erasable Programmable Read-only Memory，EPROM）、地址译码电路和指令译码电路组成的。存储卡属于被动型卡，仅有数据存储功能，没有数据处理能力，同时存储卡本身不提供硬件加密功能，只能存储通过系统加密过的数据，很容易被破解。这类卡存储具有使用方便、开发应用简单、价格便宜的特点，但由于其本身不具备信息保密功能，一般用于存放不需要保密的信息，因此也只能用于保密性要求不高的应用场合。

2）逻辑加密卡

逻辑加密卡的卡内芯片存储区增加了控制逻辑的功能，并且在访问存储区之前还需要进行密码核对，只有密码正确，才能进行信息存取操作，如果连续几次密码都验证错误，卡片将会自动锁死成为死卡，以保障用户的信息安全。逻辑加密卡也是一种被动型卡，这类卡片的信息保密性较好，且价格相对便宜，但存储量相对较小。逻辑加密卡在一定程度上保护着智能卡和卡中数据的安全，但只存在于低层次的防护，无法有效防止恶意的攻击。同时，逻辑加密卡的密码一般通过明文进行传递和验证，很容易被破解，所以逻辑加密卡一般用于需要进行简单保密要求的场合。

3）CPU 卡

CPU 卡的芯片内部包含微处理器单元（CPU）、存储单元和输入/输出接口单元，其中存储单元可以是随机存取存储器（Random Access Memory，RAM）、只读存储器（Read-Only Memory，ROM）和 EEPROM，卡内嵌入的芯片相当于一个特殊类型的单片机，带有算法单元和操作系统。CPU 管理信息的加/解密和传输，严格防范非法访问卡内信息，一旦发现数次非法访问，将锁死相应的信息区。由于 CPU 卡有存储容量大、处理能力强、信息存储安全等特性，因此被广泛用于信息安全性要求特别高的场合，也是 IC 卡的主要发展方向。

2. 操作模式方式分类

智能卡按照操作模式可以分为接触式 IC 卡、非接触式 IC 卡及混合卡。

1）接触式 IC 卡

接触式 IC 卡是通过 IC 卡读写设备的触点与 IC 卡的触点接触进行数据读写的。

2）非接触式 IC 卡

非接触式 IC 卡与 IC 卡读写设备无电路接触，它是通过非接触式的读写技术进行读写操作（如光或无线技术）的，其内嵌芯片除了包含 CPU、逻辑单元、存储单元外，还增加了射频收发电路。国际标准 ISO 10536 系列阐述了对非接触式 IC 卡的规定。该类卡一般用在使用频繁、信息量相对较少、可靠性要求相对较高的场合。

3）混合卡

混合卡包含两种类型：一种是将接触式 IC 卡与非接触式 IC 卡组合到一张卡片中，操作独立，但可以共用 CPU 和存储空间；另一种是将 IC 芯片和磁卡同时做在一张卡片上。

3. 数据传输方式的分类

智能卡按照数据传输方式可以分为串行 IC 卡和并行 IC。

1）串行 IC 卡

串行 IC 卡与外界进行数据交换时数据流按照串行方式输入输出，电极触点较少，一般为 6 个或 8 个。因此串行 IC 卡接口简单、使用方便。

2）并行 IC 卡

并行 IC 卡与外界进行数据交换时采用数据流并行方式，有较多的电极触点，一般在28～68 之间。并行 IC 卡主要具有两方面的好处：一是数据交换速度提高，二是相同条件下存储容量可以显著增加。

4. 按卡的应用领域分类

智能卡按卡的应用领域可分为金融卡和非金融卡。

1）金融卡

金融卡即银行卡，还可以细分为信用卡和储蓄卡两种类型。前者用于消费支付，可按预先设定额度透支资金；后者可作为电子钱包或者电子存折，但不能透支。

2）非金融卡

非金融卡也称为非银行卡，涉及范围十分广泛，实际包含金融卡之外的所有领域，诸如电信卡、社保卡和公交卡等。

除此之外，目前还出现了超级智能卡与光卡。超级智能卡具有微处理器（Micro Processor Unit，MPU）和存储器，并装有键盘、液晶显示器和电源，有的卡上还具有指纹识别装置等。超级智能卡功能强大，除了有计时、计算机汇率换算等功能之外，还可以存储个人身份信息、医疗信息、旅行数据以及电话号码等，主要用于高端应用。光卡（Optical Card）是由半导体激光材料组成的，能够储存记录并再生大量信息，通常用于制作"电子病例"。光卡根据记录方式可分为 Canon 型和 Delta 型。光卡具有体积小、便于随身携带、不易磨损、数据安全可靠、存储容量大、抗干扰性强、不易被更改、保密性强和价格相对便宜等特点。

3.1.3 智能卡的结构

智能卡（IC 卡）的规格是有统一标准的，需要遵循相关的国际标准，即 ISO 7810[2]。一般智能卡是一个塑料的长方形卡，它的尺寸是从通用磁卡演化而来的，有些 IC 卡上还贴有磁条，可以和磁卡兼容。

IC 卡一般在卡片的左上角封装芯片，并在芯片上覆盖有 6 或 8 个触点用来与外部设备进行通信，每个触点的尺寸和位置应满足相关国际标准中的规定，且触点位于 IC 卡的正面，其下面为凸起字符，印有一些发卡及用户信息，背面有磁条，如图 3.1 所示。

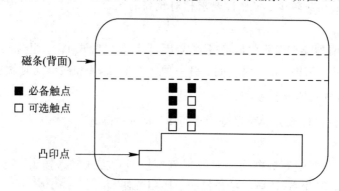

磁条(背面)
■ 必备触点
□ 可选触点
凸印点

图 3.1　智能卡示意图

除了符合标准的物理结构之外，为了保证智能卡的正常使用及其安全性能，一个完整的 IC 卡还要包含以下几个组成部分：IC 卡卡片、读卡器以及适应各种场景的应用程序。

1. IC 卡卡片

智能卡卡片内包含了芯片、软件、数据等几个组成部分,其中芯片技术是智能卡的硬件系统,也是智能卡的核心技术之一。芯片主要由 CPU、存储器以及其他外设接口组成。一般智能卡所使用的芯片可以分为通用芯片和专用芯片两大类,其中通用芯片是普通的集成电路芯片,比较适合于初期对安全性要求不高的智能卡应用;而专用芯片是专门为智能卡而设计、制造的芯片,这种芯片符合目前 IC 卡的 ISO 国际标准,具有较高的安全性。与此同时,专用芯片按照卡芯的不同还可以分为存储器芯片和微处理器芯片两大类,其中带安全逻辑的存储器芯片和带有加密运算的微控制器芯片在智能卡中使用得最为普遍,这两种常见芯片的典型逻辑结构见图 3.2 和图 3.3。

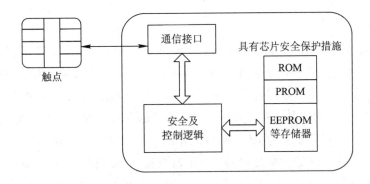

图 3.2　带安全逻辑的存储器芯片逻辑结构

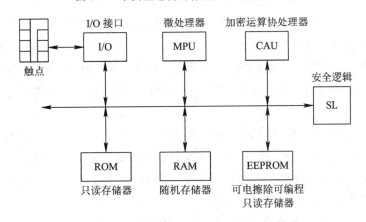

图 3.3　带加密运算的微控制芯片逻辑结构

卡内操作系统(Card Operating System,COS)技术是智能卡的另一核心技术,不同于常见的操作系统,COS 通常是根据某种智能卡的特点及其应用范围而特定开发的。

COS 的安全性是通过密码算法来保证的,密码算法可以详细地划分为单密钥算法和双密钥算法。数据加密标准(Data Encryption Standard,DES)是单密钥算法中比较经典的算法之一,它是一种对称密钥,在 20 世纪 70 年代中期由美国 IBM 公司设计,并且被美国国家标准局(National Standards Institute,NBS)公布为数据加密标准的一种分组加密算法。

在 DES 中数据以 64 bit 分组进行加密,密钥长度为 56 bit,加密算法经过一系列的步骤把 64 bit 的输入变换成 64 bit 的输出,解密过程中使用同样的步骤和同样的密钥。而 RSA 是由美国麻省理工学院的 Ron Rivest、Adi Shamir、Leonard Adleman 三人于 1977 年提出的一种非对称分组密码算法(RSA 就是他们三人姓氏开头字母),属于双密钥密码算法,它的安全性是基于大整数因子分解的困难性,而大整数因子分解问题是数学上的著名难题,至今没有有效的方法予以解决,因此可以确保 RSA 算法的安全性。RSA 算法是公钥系统中最具有典型意义的方法。

持卡人、智能卡和接口设备之间的相互认证以及数据的加密都可以采用密码算法来实现。同时,智能卡基本上都带有支持密码的硬件协处理器,因此在性能上会比软件实现的性能要高。

2. 读卡器

读卡器是对 IC 卡操作的直接设备。根据 IC 卡操作模式的不同,读卡器可以分为接触式读卡器、非接触式读卡器以及混合读卡器等不同形式。一般来说读卡器包括了读卡头和设备驱动,读卡器和卡片的接口需满足一定的国际规范(接触式 IC 卡,遵循 ISO 7816 接口标准;非接触式 IC 卡读卡器,遵循 ISO 14443 接口标准),标准读卡器一般是通用的。

为了使用卡片,还需要有与 IC 卡配合工作的接口设备(Interface Device,IFD),或者称为读写设备。IFD 可以是由微处理器、显示器与输入/输出(Input/Output,I/O)接口组成的独立设备,该接口设备通过 IC 卡上的 8 个触点向 IC 卡提供电源,并与 IC 卡进行相互的信息交换。IFD 也可以是一个简单的接口电路,IC 卡通过该电路与通用微机相连接。

无论是磁卡或 IC 卡,在卡上能存储的信息总是有限的,因此大部分信息需要存放在接口设备或计算机中。当使用信用卡进行购物时,如果在允许透支范围内,则可以先取走商品,事后再结算;如需一大笔款,则需经过银行确认,授权于商店后才能取走商品。由于银行、发放信用卡的公司以及商店不在同一处,因此需要经过通信线路和主机联系才能实现上述过程。

目前,IC 卡的触点和 IC 卡之间的接触方式大体有滑动式和下压式两种。其中滑动式卡座对 IC 卡触点的磨损较大,且 IC 卡的读写设备设计如果不合理,就很容易损坏 IC 卡,而一个设计良好的下压式卡座则几乎不会对 IC 卡的触点造成损坏,对 IC 卡具有较好的保护作用,可以延长 IC 卡的使用寿命。

当然,由于下压式卡座设计复杂、零部件多、加工精密,其价格要高出滑动式卡座许多。

3. 应用程序

应用程序是应用逻辑控制的核心,由于不同应用所对应的程序规模、运行方式不同,其应用程序的形式也有很大区别。对于独立的脱机应用,应用程序一般较小,逻辑结构比较简单,程序可以安装在读卡器等设备上,不需要额外增加个人计算机(Personal Computer,PC)等辅助设备。对于一些复杂的应用,应用程序一般在 PC 平台上运行,有些还需要联网和后台主机进行交互。此外,一般的 IC 卡应用,最终的结果数据都需要进行汇总和分析，尤其是涉及消费的金融应用，后台系统极为关键。一个基于卡片的应用在 IC 卡内的表现形式分为软件和数据两个部分。软件就是代码，通常是应用逻辑控制在卡内的表现形式。数据通常是应用的核心，既包含一般的用户个人信息，也包含一些重要的用户资料，如账户密码、资金情况等。根据应用中包含的软件、数据情况，应用可以分为如下三种不同情况：

（1）只有数据的应用。这类应用通常将卡片作为一种安全数据的载体，只需要为卡片提供基本的操作，不需要额外的逻辑控制在卡内完成。

（2）只有代码的应用。这类应用相对来说比较少，一种情况是将卡片作为一种逻辑控制的载体，起到逻辑钥匙的作用；另外一种情况是卡片内置特殊的算法流程，如加密算法、签名算法等，起到安全计算的作用。

（3）既包含数据又包含代码的应用。这类应用是最多、最普遍的，如金融卡、加油卡、社保卡等。其对卡片的要求也相对较高，不仅要在卡内保存应用数据，还要放置相应的逻辑控制代码。

3.1.4　智能卡安全

信息安全至少应该具有以下五个方面的特性[3]：

（1）机密性：防止未经过授权的信息获取。

（2）完整性：防止未经授权的信息更改。

（3）可获取性：防止未经授权的信息截流，也就是防止在信息传播过程中的非法截取。

（4）真实性：通过一系列的技术手段验证信息的真实性。

（5）持久性：信息长时间保存的可靠性、准确性。

智能卡不仅具有大的存储容量，而且其安全性能也是其他种类的卡所无法比拟的，确切地说，智能卡所用到安全技术就是基于信息安全的五个特性提出与实施的。

1. 智能卡安全体系

智能卡 COS 的一个重要部分是安全体系的实现，COS 安全体系为用户提供了较高的安全属性和安全机制，这也是智能卡能够迅速发展并流行起来的重要原因之一。智能卡的安全性能主要由 COS 的各个安全模块组成，这些模块包含底层加密算法实现、系统安全服务以及应用安全管理和控制等，这些模块的设计与实现关系到对卡片内数据对象的访问控制、对智能卡的识别以及对智能卡中信息的保密机制与核实方式的选择。智能卡安全体系结构可以详细划分为以下部分：

（1）智能卡的安全状态。智能卡的安全状态是指智能卡当前所处的安全级别状态，通常可以分为全局安全状态、特定文件安全状态和特定命令安全状态三种安全级别。安全状态是在智能卡完成一定操作或处理某些命令之后得到的，智能卡在进行复位、安全报文检测、鉴别命令等操作时均会影响到智能卡的安全状态。

（2）智能卡的安全属性。智能卡的安全属性定义了对数据执行命令操作时所需要满足的条件，包括文件访问安全属性和命令安全属性。文件访问安全属性包括允许的操作类型以及操作时需要满足的安全条件。命令安全属性主要由具体命令来定义和实现，包括命令报文和命令数据域的安全控制，比如对于公钥密码中的私钥等重要数据，智能卡不能通过明文的方式与外界进行信息传递。

（3）智能卡的安全机制。智能卡的安全机制安全状态、安全属性紧密联系在一起。安全机制可视为安全状态在实现状态转移时所采用的方法和手段。安全机制指定了智能卡中和安全相关的元素，例如，在卡内完成信息安全传递等命令时，其中的执行操作类型、密码算法等都属于安全机制。一种安全状态经过数据鉴别、密码鉴别、数据加密等一系列操作手段后将转移到另一种安全状态，并将这种安全状态和某种安全属性进行比较，如果一致，那么就代表可以执行该安全属性中对应的命令操作，否则就无法执行相关命令，这就是智能卡 COS 安全体系的基本工作原理。

2. 智能卡攻击技术

智能卡较好的存储能力和计算能力，使其得到了日益广泛的应用，然而，一些恶意用户利用智能卡技术上的漏洞对其进行攻击，进而降低了整个应用系统的安全性。智能卡中存在的主要威胁以及目前广泛使用的攻击技术主要包括以下几种类型：

（1）网络数据流截取。在用户使用智能卡进行交易的过程中，被恶意的第三方通过各种方法截获数据流。攻击者可以根据信息源主机、目标主机、服务协议端口等信息简单过滤掉不关心的数据，再将感兴趣的数据发送给更高层的应用程序进行分析，从而得到用户的隐私信息。

（2）木马窃听。如果用户电脑遭受到了病毒或木马的攻击，电脑就可能会被监听，故用户在进行交易的过程中，其交易信息会被木马记录，与用户相关的隐私信息，如交易密码等就有被盗的风险。

（3）穷举攻击。穷举攻击亦称"暴力破解"，即对用户密码进行逐个推算，直到找出真正的密码为止的一种攻击方式。攻击者一般会使用有意义的数字作为密码来不断尝试持卡人的密码，如果持卡人的密码是未经过改动的初始密码或一个特殊、容易被分析的数字，则密码很容易被攻击者穷举出来。

（4）网络钓鱼。网络钓鱼是恶意第三方通过大量发送声称来自银行或其他知名机构的欺骗性垃圾邮件，意图引诱收信人给出敏感信息的一种攻击方式。如果第三方假冒银行或交易的网站，用户在没有认真辨别的情况下很容易上当从而泄露自己的隐私信息。

3. 智能卡身份认证

智能卡具有自己的微处理器，这些芯片具备存储功能和信息处理功能，同时，智能卡内可存储安全控制软件及有关用户的个人化参数和数据，外部应用程序不能直接访问这些数据，这样，智能卡中个人化的参数数据从硬件上就实现了保密性。

智能卡的身份认证方式是一种双因子的认证方式（个人身份识别＋智能卡），除了智能卡本身以外，还需要对用户的个人身份进行验证才能鉴别持卡人是否为该卡的合法使用者。这种认证方式可以既不担心智能卡的丢失，又不担心个人身份识别号（Personal Identification Number，PIN）的泄露。用户和服务器之间需要取得相互的身份信任，因此在二者之间需要建立共享密钥，并存储于服务器端数据库中，而用户密钥则存储于智能卡的文件系统中。

用户使用智能卡作为访问系统资源的唯一标识，当发起身份认证请求时，用户插入智能卡后，专用的读卡器获得该用户的个人化资料，再和服务器中存储的用户信息进行比较,从而实现双方的身份认证。智能卡在身份认证中起通行令牌的作用,由于其具有保密程度高、可靠性强、携带方便、技术简单等特点,所以身份识别方式更有效、更安全、更便捷。智能卡技术将成为用户接入和用户身份认证等安全需求的首选技术。用户可以从持有认证执照的可信发行者手里取得智能卡安全设备,也可从其他公共密钥密码安全方案发行者那里获得,以避免卡片在被盗或遗失时被人冒用。

由于无线传感器网络大多无法访问且有时会部署在恶劣环境中,因此用户身份验证成为授权外部用户并保护系统安全和隐私免受恶意攻击或侵害的重要安全机制。2011 年,Fan 等人[4]提出了第一个基于智能卡的密码认证方案和分层无线传感器网络的单向哈希函数,声称可以防止多种类型的安全攻击,如智能卡安全漏洞、离线密码猜测、重放和冒充攻击。Xue 等人[5]提出了另一种使用智能卡的无线传感器网络的简单用户认证和密钥协商方案。

3.1.5　智能卡的技术原理

基于智能卡的身份认证结合了基于秘密信息和信任物体的实现方式,利用智能卡的信息存储和数据计算的能力,能够实现软/硬件的对称、非对称加/解密算法,并能存储用户个人信息、密钥、数字证书等秘密数据。认证服务器和智能卡客户端之间按照一定的协议和操作来完成用户身份认证的过程。基于智能卡的身份认证方法结合了密码技术以及实物对用户的身份认证技术,不再需要远程服务器存储用户的口令等信息,减轻了服务器维护口令表所产生的负担,也降低了口令表被盗的风险。

智能卡中密码技术是保证信息系统安全的一种最重要的安全技术。在开放的网络环境中需要一种机制使消息的接收者能够验证消息确实是来自所声称的消息源,而且在传输过程中没有受到未授权的修改。对抗消息的未授权修改可由数据完整性服务来提供。数据完整性服务主要由消息认证码和数字签名两种技术来实现,而这两种技术都需使用杂凑函数。

智能卡中的软件通常是应用逻辑在卡内的表现形式,在 CPU 卡中就是 COS。智能卡的安全性在于 COS 中对密码算法的使用。比如持卡人在卡终端上使用卡片,为了保护业主和持卡人双方的利益,应用系统中可设置双向认证过程,终端方面要检查卡片是否合法,卡片方面也要检查终端是否合法,这种检查过程称作认证,而在认证过程中就可以使用密码算法。智能卡对终端的认证步骤为:智能卡把一组随机数传送给终端,同时保存这组随机数,终端对随机数进行加密,把密文传送给智能卡,智能卡对密文进行解密,把得到的结果和保存的随机数进行比较,若一致,则可认定终端是合法的,否则认定终端是非法的。这里面的机制是:合法的终端中有认证所用的密钥,并与智能卡互相认证并通过,而非法的终端没有得到授权,不知道认证密钥,认证不会通过。

对于智能卡的认证,需要在每个认证端添加读卡设备,这样增加了硬件成本,相较于口令认证来说并不方便和易行。智能卡提供硬件保护措施和加密算法,可以利用这些功能加强安全性能。例如,可以把智能卡设置成用户只能得到加密后的某个秘密信息,从而防止秘密信息的泄露。

1. 智能卡的硬件技术

智能卡用的芯片是一种特殊的集成电路芯片,芯片的自身应用环境要求它必须体积小的同时还要保证有好的安全性。智能卡用芯片的安全性是智能卡安全性的基础,在智能卡芯片设计阶段就提供完善的安全保护措施是必要的。

典型的芯片探测方法有以下几种：

（1）通过扫描电子显微镜对存储器或芯片内部其他逻辑直接进行分析读取。

（2）通过测试探头读取存储器内容。

（3）通过从外部无法获取的接口直接对存储器或处理器进行数据存储，再激活卡用芯片测试功能。

（4）监测智能卡在不同工作状态下芯片辐射、频率变化的情况。

（5）打开芯片对其内部结构进行剖析。

基于以上典型芯片探测方法的分析，智能卡用芯片的安全技术要从物理层面防止以上攻击，使其受攻击的可能性减至最小。物理保护的实施强度以实施物理攻击者所耗费的时间、精力、经费、与其获得的效益等作为标准。

具体实施反物理攻击的典型方法有以下几种：

（1）通过烧断熔丝，使测试功能不可再激活。测试功能是智能卡芯片制造商提供的对卡用芯片进行全面检测的功能，对智能卡用芯片具有较大的可操作性，如果能使测试功能不再被激活将大大提高智能卡用芯片的安全性。

（2）高低电压的检测。攻击者通过物理手段对芯片的物理特征进行窥探（如利用电压、时钟、能量辐射等），会发生电压的变化，通过高低电压的检测可以防御物理攻击。

（3）低时钟工作频率的检测。

（4）防止地址和数据总线的截取。

（5）逻辑实施对物理存储器的保护，即存取密码等。

（6）总线和存储器的物理保护层。

值得注意的是，不同种类、不同应用的智能卡用芯片所采用的安全技术也是不同的。主要从以下两方面来决定卡用芯片所采用安全技术的级别。

一是性价比。从某种意义上讲，智能卡用芯片的安全技术是一种硬件冗余技术，如存储器保护逻辑、加密解密运算协处理器等。这必将提高智能卡用芯片的设计与生产成本。所以，生产某种卡用芯片时需要根据其将来的应用领域技术情况、应用特点等优化选择各种安全技术措施，目的就是为了提高产品的性能价格比、增强产品的市场竞争能力。

二是相对安全性。智能卡的安全性以蓄意攻击者所耗费的时间、精力、经费等无法与其获得的效益相比作为标准。同时，如果受到攻击则应使系统应用部门以及持卡人的损失减到最小。随着电子技术等的不断发展，智能卡用芯片的安全技术必将越来越完善、丰富、可靠。

2. 智能卡卡基安全技术

制作智能卡的塑料片材称为卡基材料，目前通用的卡基材料一般都具有抗高温形变、抗应力开裂、表面硬度较高、刚性和韧性较高、耐水、耐腐蚀等特征，还要确保容易印刷。智能卡卡基上也有以下安全措施：

（1）荧光安全图像印刷技术。该技术难度较大，在紫外线下可见，是目前国际上用在有价票证等方面的较为通用的防伪技术。

（2）微线条技术。微线条表面上用肉眼观察就是一段直线，其实由一系列很小的具有一定安全标识意义的字母、数字序列组成，仅放大之后才可以读取并且普通技术不能复制。

（3）激光雕刻签名技术。激光雕刻签名技术就是利用激光的能量将有关的字母、数字、图形等签名信息直接"雕刻"进智能卡卡基中,而不像普通印刷技术那样仅仅将有关信息印刷在卡的表面。一旦利用激光雕刻签名技术,若要更改则只有破坏卡基才可能实现。这种方式主要用于智能卡的防伪识伪。

(4) 激光雕刻可触目向量字符。激光雕刻可触目向量字符与激光雕刻签名原理相同,只是雕刻的内容为向量字符。

(5) 激光雕刻图像。激光雕刻图像是指将持卡人的个人照片以不同灰度完全印刷嵌入卡基内,伪造照片或图像灰度图将永久性损坏该卡片。

(6) 安全背景结构。这个措施类似于银行发票或纸币上的回纹图案。

以上几种在智能卡卡基的制作、印刷等过程中所采用的安全技术是国际上较为常用的典型技术。

3.1.6　智能卡的未来发展趋势

智能卡为解决安全问题中的身份认证提供了一个高效的方案,将基于秘密信息的身份认证和基于物理安全性的身份认证结合起来。随着芯片计算能力的不断提高,卡内操作系统的功能也越来越强,使得更先进的加密算法可以应用于智能卡中,进一步提高了其安全性能。同时,随着深度学习技术的快速发展,生物识别技术也逐渐趋于成熟,生物特征与智能卡的结合也能进一步提高认证的安全性,这将成为未来的研究重点与发展方向。结合实际应用,智能卡将逐步向多技术智能卡发展,成为真正意义上的"一卡通",保证门禁、考勤、就餐和购物等多重功能的身份安全认证。

虽然智能卡认证通过智能卡的硬件不可复制性来保证用户身份不会被仿冒,但是由于每次从智能卡中读取的数据是静态的,恶意攻击者还是有可能通过内存扫描或网络监听等技术手段截取到用户的身份验证信息,因此这种认证方式依然存在安全隐患。

3.2 　动态口令认证

基于口令的认证方式是一种较为常用的认证技术,通常口令包括动态口令和静态口令。动态口令一般不需要用户记忆口令,而是依赖于用户所拥有的设备(动态口令牌、口令卡等),属于"用户有什么"这一类;而静态口令一般需要用户记忆口令,属于"用户知道什么"这一类。目前常用的口令认证机制大都是基于静态口令的,系统根据用户输入的口令(长期有效)和自己维护的口令表进行匹配来判断用户身份的合法性。静态口令认证机制是最简单的一种口令认证方法,因其便捷性与低成本而得到了广泛的使用,但这种身份认证方式存在严重的安全问题,容易受到重放攻击、网络窃听攻击及猜测攻击等恶意攻击。针对静态口令认证机制在安全方面的脆弱性,为了避免静态口令认证机制带来的安全隐患,研究口令认证的学者提出了动态口令认证技术以保护重要的网络系统资源,动态口令认证也逐渐成为了口令认证的主流技术。

顾名思义,动态口令是指用户每次登录系统的口令是动态变化的,每个口令只使用一次,因而也叫一次性口令(One Time Password, OTP),"一次一密"的特点可以有效保证用户身份的安全性。动态口令认证机制在产生验证信息的时候加入了不确定因素，即每次登录过程中网络传送的数据包都不同，从而提高了用户登录时的安全性。值得注意的是加入的不确定因素可以是用户登录的时间或者用户登录的次数等。动态口令认证技术被认为是能够最有效解决用户身份认证的方式之一。

3.2.1　动态口令认证的发展现状

计算机与物联网技术的不断发展使得人与网络的关系越来越密切，而计算机技术的发展必须和身份认证技术相辅相成，动态口令认证作为身份认证的主要方法也在这个背景下蓬勃发展。

20世纪80年代初，贝尔实验室的Lamport博士基于哈希函数算法首次提出了一种生成动态口令的方法，该方法的思路是用户每次登录时发送给服务器的口令都会改变。1991年，贝尔实验室在Lamport提出的动态口令认证的基础上提出了应答模式的身份认证系统，该系统利用DES加密算法开发出了较为成熟的动态口令系统S/KEY[6]。S/KEY口令的生成主要依靠一个口令生成器（即令牌），令牌通常是一种独立于终端的、授权用户可随身携带的、信用片或钥匙链大小的器件，并且令牌本身可使用PIN来保护。

为了进一步提升动态口令的安全性能，研究人员还提出了安全性能更好的基于信息摘要算法（Message Digest 4，MD4）和MD5的动态口令身份认证方式。然而，最初的动态口令认证采用的是挑战/应答模式，这需要用户和服务器的双向交流，便导致了在该模式下动态口令存在通信时间较长的问题。为了解决这个问题，研究人员研发出了基于RSA的系统，该系统在一定程度上延长了加密的时间，方便了用户的使用，也推动了动态口令认证的进一步发展。

在2000年以前，动态口令方案的实施都依靠动态口令卡，但是随着使用人数的不断增加，对口令卡的维护成为了亟待解决的难题。动态口令卡算法在加载到每一个口令卡的时候就被固定，一旦遭到破译就有可能被冒用，同时口令卡电池寿命较短，使用起来也相对麻烦。为了解决口令卡带来的上述问题，部分企业研发出口令钥匙，然而口令钥匙的出现只是解决了口令卡电池寿命的问题，口令卡存在的其他弊端依然没有消失。为此，研究人员发明了依附于网络的动态口令的传送方法，即移动口令。移动口令是指利用手机、电脑、平板等网络设备作为动态口令的载体代替以前作为载体的口令卡或者口令令牌。移动口令的出现为用户身份认证提供了极大的便利，也进一步加强了以S/KEY为代表的动态口令认证方案的推广与使用。

S/KEY方案的产生还存在动态口令个数受哈希链长度的限制等缺陷，研究人员通过设计各种新结构的哈希链[7-8]，在解决长度问题的基础上，使动态口令具有开销小、可扩展性强以及抵御各种攻击的功能特性。同时，随着二维码技术的不断发展，动态口令还与二维码技术进行了一定结合[9]，不仅提升了安全性能，还实现了离线认证。动态口令认证也随着技术的革新不断朝着安全性高、使用难度系数低、多技术领域结合的目标前进。

3.2.2　动态口令认证的分类

1. 动态口令卡

动态口令卡是根据特定算法生成不可预测的随机数字组合，每个口令只能使用一次，以保证用户安全。

银行的口令卡相当于一种动态的电子银行密码,是保护客户资金不受损失的一道防线。这种口令组合是动态变化的,使用者每次使用时输入的口令都不一样,交易结束后口令立即失效,从而杜绝了不法分子通过窃取客户密码来盗窃资金,保障了电子银行安全。银行口令卡示例如图 3.4 所示。

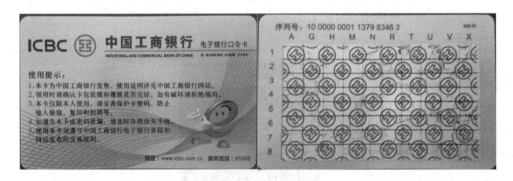

图 3.4　银行口令卡示例

中国工商银行的口令卡上有横纵坐标,对应的有数字。客户在使用电子银行(包括网上银行或电话银行)进行对外转账、客对商(Business-to-Consumer,B2C)购物、缴费等支付交易时,电子银行系统会随机给出一组口令卡坐标,客户根据坐标从卡片中找到口令组合并输入到电子银行系统。只有当口令组合输入正确时,客户才能完成相关交易。

中国建设银行(简称"建行")的动态口令不以矩阵的形式呈现,而是覆盖了 30 个不同的口令。启用动态口令卡后,在通过网上银行办理转账汇款、缴费支付、网上支付等交易时需按顺序输入动态口令卡上的密码,每个密码只可以使用一次,用于进行交易确认。使用建行的口令卡需要注意的是,用完 29 次就不能再使用了,第 30 次须前往银行更换卡片,由于其缺乏便利性,目前这类动态口令已经很少使用。

另外,一些省市对普通高等学校招生(高考)也引入了动态口令卡这种工具,如图 3.5 所示。其主要功能是用于查询成绩、填报志愿、查询录取结果等,考生动态口令卡有随机生成的 64 个密码,密码采用覆膜覆盖以防止泄密,考生使用时,每次刮开一条对应的密码,根据"××省教育考试院"网站上要求的动态口令填写。

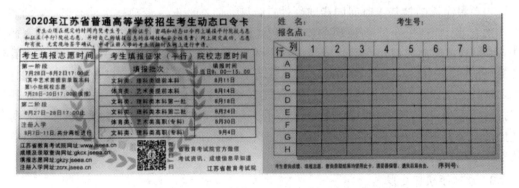

图 3.5　高等学校招生考试动态口令卡

2. 硬件口令牌

动态口令通常通过一种称为令牌的专用硬件来生成，称其为硬件口令牌。硬件口令牌是一种采用内置电源、存储器、密码计算芯片和显示屏的设备，具有使用便利、安全性高等特点。同时动态口令认证系统通过使用口令牌产生无法猜测和复制的动态口令接入系统，保证了接入远程系统的终端用户确实为授权实体，有效地保护了信息系统的安全性，大大降低了非法访问的风险，如图 3.6 所示。

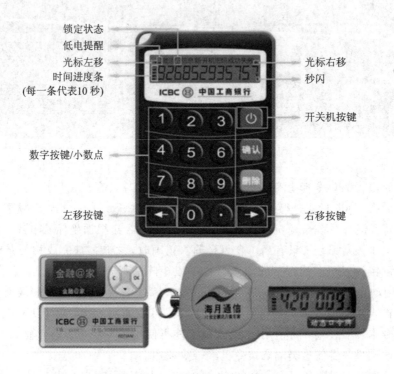

图 3.6　硬件口令牌示例

硬件口令牌通常是独立于终端的、授权用户可随身携带的、信用片或钥匙链大小的器件，并且口令牌本身可使用 PIN 来保护。一些双因子身份认证系统后台可以设置错误尝试次数，比如 3 次，当输入错误超过 3 次时，就会锁定当前账号。

当前最主流的是基于时间同步的硬件口令牌，它 30～60 s 变换一次动态口令，动态口令一次有效，能产生 6 位/8 位动态数字。硬件口令牌中的密码生成芯片运行专门的密码算法，根据当前时间或使用次数生成当前口令并显示在显示屏上。远程系统采用相同的算法计算当前的有效口令。用户使用时只需要将动态口令牌上显示的当前口令输入客户端计算机，即可实现身份认证。因为每次使用的口令必须由口令牌动态产生，而且只有合法用户才持有该硬件，所以只要通过口令验证就可以认为该用户的身份是可靠的。由于用户每次使用的口令都不相同，即使黑客截获了某一次登录时使用的口令，也无法利用这个口令来仿冒合法用户的身份。

3. 动态手机口令牌

动态手机口令牌也称移动口令，是用来生成动态口令的手机客户端软件，即软件口令牌。动态手机口令牌如图 3.7 所示。

图 3.7　动态手机口令牌

　　利用动态口令与手机(或者其他移动设备)绑定进行身份认证,与硬件口令牌相同都是客户端自己生成动态口令,直接发给服务端认证。通常动态手机口令牌也是基于时间同步的原理,每隔 60 s 产生一个随机 6 位动态密码。在生成动态口令牌的过程中,不会产生通信及费用,不存在通信信道被截取的可能性。手机作为动态口令生成的载体,欠费和无信号对其不产生任何影响。由于动态手机口令牌具有高安全性、成本低、不易丢失、容易获取等优势,因此应用也十分广泛。

3.2.3　动态口令认证的原理

　　动态(一次)口令认证机制的主要原理是:在登录过程中加入不确定因素,使每次登录过程中所得到的密码都不相同,以提高登录过程的安全性。每次的口令是 3 个因子按一定算法计算得到的结果,这 3 个因子分别是种子(Seed)、迭代值(Iteration)和秘密通行短语。它们之间应具备一种相同的"认证器件",该认证器件实际上由某种算法的硬件或软件实现,它的作用是生成一次性口令。一次性口令的认证模式根据不确定因素的不同,分为以下几种模式:时间同步模式、事件同步模式和挑战应答模式。

1. 时间同步模式

　　时间同步模式是以时间作为变量,每个用户都持有相应的时间同步令牌(Token),令牌内置时钟、种子密钥与加密算法。时间同步令牌根据当前时间种子密钥每分钟动态生成一个一次性口令。用户需要访问系统时,将令牌生成的动态口令传送到认证服务器。服务器通过其种子密钥副本当前时间计算出所期望的输出值,用于对用户进行验证,如果动态口令与服务器计算的值相匹配,则验证通过。

　　时间同步模式的关键与难点在于认证服务器和令牌的时钟要保持同步,这样在同一时钟内两者才能计算出相同的动态口令。由于该模式以时间作为变量,因此客户端设备必须具有时钟,从而对设备精度要求高,其成本也高,并且从技术上很难保证用户的时间同步令牌在时间上与认证服务器严格同步;同步机制复杂,认证效率较低,数据在网络上传输和处理存在一定的延迟,当时间误差超过允许值时,对正常用户的登录往往造成身份认证失败；设备耗电量大，使用寿命短；应用模式单一，很难支持双向认证及"数字签名"等应用需求。

2. 事件同步模式

事件同步模式又称为 Lamport 模式或哈希链（Hash Chain）模式，该模式是以事件（次数/序列数）作为变量。在初始化阶段选取一个口令 PW、一个迭代次数 n 以及一个单向散列函数 F，计算 $Y = F_n(PW)$，其中 $F_n()$ 表示进行 n 次散列运算，并把 Y 和 n 的值存储到服务器上。使用客户端计算 $Y' = Fn-1(PW)$ 的值，再提交给服务器。服务器计算 $Z = F(Y')$，并且将 Z 值同服务器上保存的 Y 值进行比较。如果 $Z = Y$，则验证成功，然后用 Y' 的值取代服务器上的值，同时 Y' 的值递减 1。

口令为一个单向的前后相关的序列，系统只需要记录第 n 个口令。用户用第 $n-1$ 个口令登录时，系统用单向算法计算出第 n 个，令与自己保存的第 n 个口令匹配，以判断用户的合法性。由于 n 是有限的，用户登录 n 次后必须重新初始化口令序列。

由于这一模式与应用逻辑相吻合，均以次数为计算单位，因此客户端设备设计要求简单，甚至可以不使用运算设备。但其安全性依赖于单向散列函数 F，不宜在分布式的网络环境下使用。与此同时，以事件同步模式进行用户身份认证时，还需要进行多次散列运算，并且由于迭代次数是有限的，每隔一段时间还需要重新初始化系统，这就导致服务器的额外开销比较大。现在的设计优化了这一部分，可以为客户印制动态口令表，预先完成散列运算，以降低成本，也可以结合客户端设备的设计特点，满足丰富的应用需求。

3. 挑战应答模式

挑战应答模式又可以称作挑战/应答（异步）认证模式。该模式以挑战数作为变量，每个用户同样需要持有相应的挑战/应答口令牌，口令牌内置种子密钥加密算法。用户在访问系统时，服务器随机生成一个挑战数据，并将挑战数据发送给用户，用户将收到的挑战数据手工输入挑战/应答口令牌中，挑战/应答口令牌利用内置的种子密钥加密算法计算出相应的应答数据，用户再将应答数据上传给服务器。服务器根据该用户存储的种子密钥加密算法计算出相应的应答数据，再和用户上传的应答数据进行比较来实施认证。该模式可以保证很高的安全性，是目前最可靠有效的认证模式。

由于挑战数是由认证系统提出的，客户端设备输入挑战数后将产生应答数，因此基于挑战应答模式的应用可以设计得较为丰富，支持不同的应用需求。但由于运算需要，客户端需特殊硬件（挑战/应答口令牌）的支持，设备必须具备运算功能，这增加了该模式的实现成本，使认证步骤复杂，且对应用系统的改造工作量大。与此同时，用户的身份识别文件（Identity Document，ID）直接在网络上明文传输，攻击者可很容易地截获它，留下了安全隐患，同时也无法抵抗来自服务器端的假冒攻击。

3.2.4　动态口令认证的安全评估

1. 动态口令的优缺点

动态口令的优越性使其在各个领域得到了广泛的应用。首先，在动态性方面动态口令具有极大的优势，可以在不同时刻使用不同的口令，并且每个口令使用完都失效。其次，由于口令是随机的，每个口令可能存在 100 万种以上的变化方式，同时结合口令一次性的特点，有效防止了暴力破解的可能性。最后，动态口令具有操作方便、体积小、成本低等优点，可以随身携带，没有记忆口令的烦恼，即使口令丢失也能及时发现补办。最重要的是动态口令的特点使其安全性能大大提升，即使攻击者成功截获了某一次登录时使用的口令，也无法利用这个口令来仿冒合法用户的身份，从而有效保证了用户的身份安全。

虽然动态口令具有众多优点，但是仍存在一定的缺陷。首先，动态口令受一些场景的限制，如果手机没电或者无法使用手机，软件口令牌就无法正常使用；其次是受技术的限制，如果用户终端与远程系统的时间或登录次数不能保持良好的同步，就可能发生授权用户无法登录的问题；最后是受用户体验感的限制，有些口令为了增加安全性而将密钥长度设置较长，使得终端用户每次登录时都需要输入一长串无规律的密码，使用起来较为不便。

2. 动态口令认证的安全分析

当动态口令面对不同安全性攻击时，需要通过技术手段对攻击进行抵御，只有了解动态口令认证可能遇到何种攻击并分析其攻击原理才能进行有效的安全防御，从而保证用户的身份认证安全。

（1）一次性口令生成算法破解攻击。

一次性口令生成算法破解攻击可以从两个角度入手，一是从硬件中得到令牌密钥，二是通过算法分析进行密钥破解。

对于从硬件中得到令牌密钥，由于令牌密钥固化在芯片中，要读取密钥的前提条件是已经获得了令牌。如果令牌被非法用户所得，合法用户大概率已经注销了该令牌，解密得到的令牌密钥也就因此失效。为了避免这种攻击，动态口令提供方需要为用户提供令牌挂失注销等服务，一旦存在用户丢失令牌的情况，就可以将令牌挂失，让系统停用该令牌的所有功能。在挂失的同时，用户还需要提供一些在注册时保留的其他个人信息，以进一步保证安全。

对于通过算法分析进行密钥破解的攻击方式，主要是对生成动态口令的加密算法进行研究。通常生成动态口令的加密算法使用的是 RC5（Rivest Cipher 5）分组密码算法，对口令加密算法攻击的可能性取决于 RC5 算法的抗攻击强度。因为 RC5 是基于字进行加密的，每一个字含有 2 个字节，通常字节的可选值为 16、32 和 64。假设在动态口令系统中采用的加密密钥为 16 字节，穷举密钥方法还不能进行有效的攻击。因此，对口令进行加密其实很难通过算法分析进行破解，同时假设口令加密轮数为 16 轮（当使用 RSA 算法时，对分组为 64 比特的口令推荐的加密轮数为 12 轮），其加密时间大约为几百毫秒，速度很快，能够满足动态口令的实时需求。

（2）窃听攻击与重放攻击。

基于动态口令的特性，由于网络上传输的都是已加密并经过转换的文本（数字），因此在网络上对加密文本进行窃听攻击就没有任何意义了，进一步证明了动态口令的安全性。

重放攻击比较有针对性，根据动态口令的技术原理，基于时间同步的动态口令认证系统容易受到重放攻击；而基于事件同步的动态口令认证系统每认证成功一次都需要更新服务器端的计数器值，重放攻击则是无效的。

（3）假服务器攻击。

假服务器攻击是指在用户认证数据包还未到达认证服务器之前，通过修改用户的认证数据包进行攻击,使数据包的网际互联协议(Internet Protocol,IP)地址指向攻击者所在的IP地址。所有的动态口令认证系统都存在这样的威胁,因此需要结合其他的方式来防止或告警,以提高动态口令的安全性。如利用安全套接层(Secure Sockets Layer,SSL)协议对传输过程进行加密以保证口令传输的安全。

3.3　USB Key 认证技术

　　USB Key 这个概念最早是由加密锁厂家提出来的,加密锁是用来防止软件盗版的硬件产品。所谓的加密锁是指能够让安装在计算机内的应用程序脱离加密锁硬件后无法运行,以此来达到保护软件不被盗版的目的。随着网络应用的不断深入和应用软件销售模式的改变,未来的软件用户可能不需要购买软件在本地计算机上安装运行,而是将要处理的数据通过网络上传到专门运行该软件服务的应用服务器上处理,再通过网络取得数据处理的结果,软件开发商通过提供该应用服务收取软件费用。这个时候,软件厂商面临的问题就不再是如何防止本地软件被复制,而是如何确认网络用户的身份和用户数据的安全。于是加密锁厂商提出了 USB Key 的概念,用于识别用户身份。

　　USB Key 又名智能电子密码钥匙,是一种 USB 接口的硬件身份认证设备,它内置单片机或智能卡芯片,具有一定的存储空间,可以存储用户的私钥以及数字证书,利用 USB Key 内置的公钥算法可以实现对用户身份的认证,保障用户安全。基于 USB Key 的身份认证方式结合了现代密码学技术、智能卡技术和 USB 技术,属于强双因子认证模式。USB Key 以其安全可靠的认证方式、小巧便捷的外观设计以及简单易用的特性而广泛应用于银行的网络交易中,是大多数国内银行采用的客户端解决方案。USB Key 可用来存放代表用户唯一身份的数字证书和用户私钥,如图 3.8 所示。

图 3.8　USB Key 示例

　　从安全的角度考虑,每一个 USB Key 都带有 PIN 码,这样 USB Key 的硬件与 PIN 码就构成了身份认证的双因子。假设用户不慎丢失了 USB Key,只要恶意用户无法获取该硬件的 PIN 码,就无法冒充合法用户的身份;即便是用户的 PIN 码泄露,只要 USB Key 硬件没有丢失,也可以保证用户的身份不被恶意用户冒充。

　　USB Key 的认证方式通常采用的是动态文本口令。动态口令技术让用户的密码按照时间或使用次数发生动态变化,并且每个密码只在规定时间范围内使用一次。不同于单独的动态口令技术,USB Key 在认证服务器上采用了和动态令牌相同的密码算法,用户只需要将动态令牌上显示的当前密码输入到服务器端就可以完成对用户身份的验证。由于令牌只有合法用户才能拥有且每次必须输入令牌产生的动态密码，恶意用户很难获取到有效的信息，因而无法冒用用户的身份。但是，如果用户将用户名和口令告诉其他人，计算机也将给予那个人以访问权限。

银行系统在 2003 年推出了获得国家专利的客户证书 USB Key——U盾，作为银行办理网上银行业务的高安全级别工具。它的外形类似于 U 盘，功能又像一面盾牌，可用来时刻保护网上银行的资金安全。U盾是网上银行电子签名和数字认证的工具，它内置微型智能卡处理器，通常采用 64 位非对称密钥算法对网上数据进行加密、解密和数字签名，确保网上交易的保密性、真实性、完整性和不可否认性。

U盾作为移动数字证书，存放着每一位银行客户个人的数字证书，但不可读取。同样，银行的服务器端也记录着客户的数字证书。当客户尝试进行网上交易时，银行会向其发送由时间字串、地址字串、交易信息字串、防重放攻击字串组合在一起进行加密后得到的字串 A。客户的 U 盾将根据客户的个人证书对字串 A 进行不可逆运算得到字串 B，并将字串 B 发送给银行，银行端也同时进行该不可逆运算。如果银行的运算结果和客户的运算结果一致便认为客户是合法用户，交易就可以顺利完成；如果结果不一致则被认为不合法，便会交易失败。理论上，不同的字串 A 不会得出相同的字串 B，即一个字串 A 对应唯一的字串 B，但是字串 B 和字串 A 无法得出数字证书，而 U 盾具有不可读取性，所以任何人都无法获得数字证书。同时，银行每次都会发送不同的防重放字串（随机字串）和时间字串，所以当一次交易完成后，刚发出的字串 B 便不再有效。因此，理论上 U 盾几乎是绝对安全的，其发生伪造的概率大约为 $\frac{1}{2^{80}}$。

3.3.1 USB Key 的发展

1. 第一代 USB Key

第一代 USB Key 是由一块内置安全系统芯片、电子数字证书与签名密钥构成的，其中安全芯片的作用是对 USB Key 进行安全扫描；数字证书与网站证书共同作用以保障用户的登录安全；签名密钥是每一个 USB Key 特有的，其唯一性可以逐步提升安全防护。

USB Key 以便捷性作为其设计理念，结合公钥基础设施（Public Key Infrastructure，PKI）技术，携带存储密文的数字证书，使用 1024 位非对称加密密钥对网上的数据进行加解密，用以保障网上交易的安全性与真实性。PKI 技术的结合使 USB Key 的应用领域从仅确认用户身份到可以使用数字证书的所有领域。由于 USB Key 本身作为密钥的存储机构，其自身的硬件结构决定了用户只能通过厂商编程接口访问数据，这就保证了保存在 USB Key 中的数字证书无法被复制，并且每一个 USB Key 都带有 PIN 码保护，这样 USB Key 的硬件和 PIN 码就构成了可以使用证书的两个必要因子。

第一代 USB Key 存在以下局限性：

（1）用户只能通过计算机屏幕获取交易详情，故存在一定的被攻击的风险；

（2）没有危险预警功能，不会在用户进行操作的时候进行针对性的提示，加大了非法用户远程控制的可能性；

（3）若病毒和木马将 USB Key 虚拟至计算机，则可以进行网上交易。

2. 第二代 USB Key

虽然第一代 USB Key 已经可以算是相对成熟的安全产品，但是随着攻击手段的不断增加，第一代 USB Key 仍存在一定的安全隐患。这些安全问题通常是由于客户端的脆弱性造成的，与 USB Key 的设计理念相关性不大。但是为了完全解决不可信网络环境下的网上交易安全问题，在第一代 USB Key 的基础上增加了显示与按键的功能，进一步提高了网上银行交易的安全性。

第二代 USB Key 以"基于可参与性的网络可信交易理论"为基础，提出了操作控制列表技术(Operation Control List，OCL)，该技术从硬件认证设备端入手，考虑了已有应用环境的兼容性与便利性，避免了造成平台及交易环境的改变，解决了终端交易环境不安全所带来的"交易伪造"和"交易劫持"问题，因而得到了产业界和各商业银行的广泛认可和支持。随着产业链的逐渐成熟，产品成本的不断降低，第二代 USB Key 已经在各种金融机构的网上银行中广泛使用，并成功消除了交易过程中用户操作存在的安全隐患。

3. 第三代 USB Key

随着 PKI 的不断发展与普及，具有 PKI 功能的金融 IC 卡也开始发行，这使得在金融 IC 卡中实现数字证书应用在技术上成为可能。第三代 USB Key 集成了第二代 USB Key、智能卡读写器和多应用金融 IC 卡的功能并逐渐成为了业界关注的热点。

具体来说，第三代 USB Key 是指带有智能卡芯片的 USB Key，它可以通过内置的智能卡芯片在 USB Key 内部硬件实现 DES/3DES、RSA 等加解密运算，并支持 USB Key 内生成 RSA 密钥对，杜绝了密钥在客户端内存中出现的可能性，大大提高了安全性并解决了以下问题：

(1) 存储型的 USB Key 受其硬件功能的限制，仅能实现简单的数据算法，在 PKI 中广泛使用的对称和非对称加密算法只能在 PC 的中间件上运行，黑客可能会截取内存中的密钥；

(2) 智能卡运算能力不断提高，实现了可以运行加密算法的智能卡，但与电脑连接的方式不够便利。

4. USB Key 的分类

目前市场上的 USB Key 按照硬件芯片的不同可以分为使用智能卡芯片的和不使用智能卡芯片的两种；按照 CPU 是否内置加密算法又可以分为带算法的和不带算法的 USB Key。一般我们把不带加密算法的 USB Key 称为存储型 USB Key，带加密算法的则称为加密型 USB Key。

3.3.2　USB Key 的认证方式

USB Key 与动态文本口令均采用"一次一密"的方式，虽然安全性得到了保证，但是一旦存在硬件与服务器的延时就可能导致时间和次数的不一致，造成用户身份验证失败。与此同时，为了提升动态密码的安全性，设置的密码长度相对较长且是无意义的，一旦输入错误就可能导致多次验证，用户体验感与便捷性会受到影响。

USB Key 的硬件中包含存储设备，因此加/解密算法都在内部进行，这样保证了密钥不会出现在服务器的内存中，有效避免了恶意用户获取到用户密钥的可能性，其主要身份认证有两种模式：基于冲击响应的认证模式和基于 PKI 体系的认证模式。基于 PKI 体系的认证模式需要获取权威数字证书认证中心（Certificate Authority，CA）机构签发的数字证书，并且需要建立 CA 服务器。相比较而言，基于冲击响应认证模式的实现更简单有效，可以保证用户身份不被仿冒，但无法保证认证过程中数据的网络传输安全。基于 PKI 体系的认证模式在保证用户身份安全的同时还兼顾了数据传输安全。

1. 基于冲击响应的认证模式

所谓冲击响应模式，就是在服务端的数据库中和 USB Key 的硬件中均保存用户密钥信息，用户在系统登录表单中输入 User PIN 信息，在浏览器中使用 JavaScript 脚本语言进行用户 PIN 码验证。这一步操作相当于用户登录了 USB Key 硬件，同时获得了 USB Key 的读取权利，验证通过后即可读取 USB Key 硬件中的用户密钥信息，再把从 USB Key 中读到的用户密钥信息发送到服务器端，与数据库中保存的用户密钥信息进行比较，进而完成用户身份认证过程，其流程如图 3.9 所示。

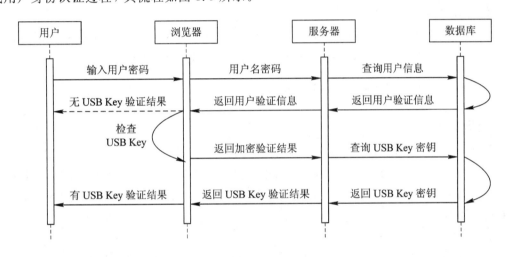

图 3.9　基于冲击响应的认证模式基本流程

2. 基于 PKI 体系的认证模式

PKI 是一种遵循标准的利用公钥理论和技术建立的提供安全服务的基础设施，它能利用一对互相匹配的密钥进行数据的加密、解密，即使用一个密钥进行分析加密，使用另一个配对的密钥进行解密。PKI 的建立以及应用于信息安全服务，有效地保证了网络通信应用中的机密性、真实性、完整性、不可否认性等安全问题。

一个典型的 PKI 系统是由证书授权机构（CA，Certificate Authority，其作用是为用户产生证书）、注册机构、数字证书注册中心（RA，Registration Authority，其作用是接收用户的证书申请和审核）、证书发布系统以及 PKI 策略、软硬件系统、PKI 应用组成的。PKI 体系通过采用加密算法构建了一套完整的流程，CA 为系统内每个合法用户办理一个网上身份认证，有效地保障了数字证书持有人的身份安全，结合 USB Key 可以保障数字证书无法复制。只有 USB Key 的持有人才可以对数字证书进行操作，这样对身份认证过程中的安全性有了很大的保障。同时，USB Key 的方便可靠结合 PKI 完善的数据保护机制，使得基于 PKI 体系的认证模式的 USB Key 成为了最主要的认证模式。

引入 PKI 安全体系，是在 PKI 基础之上以数字证书的形式解决公钥信息的存储表示问题，通过把要传输的数字信息进行加密和签名处理，保证信息传输的机密性、真实性、完整性和不可否认性。同时使用硬件 USB Key，通过该 USB Key 中的存储空间存储用户的私钥、会话密钥和数字证书等机密数据，并且该硬件保证用户的私钥不可导出，这样既可以充分保证私钥等机密信息的安全性，又可以提升 USB Key 的安全性能。

服务器端验证用户身份并传输数据的通信流程如下：

（1）客户端通过确认按钮，将信息 A（用户名、密码等）发送给服务器；

（2）服务器收到信息 A 后，将信息 A、当前系统时间、随机码序列（防止重放攻击）形成的数据 B 保存在服务器上，并通过服务器的加密函数将上述信息以客户公钥加密的方式加密成数据 C 发送给客户端；

（3）当客户端收到该加密数据 C 后，用自己的私钥进行解密，再用服务器公钥加密后，形成数据 D 发送给服务器；

（4）服务器收到数据 D 后，用自己的私钥解密，并与服务器上原先保存的数据 B 进行比对，若完全一致，则服务器认为请求者是合法用户，允许用户的登录操作。

3.3.3　USB Key 的安全性分析

1. 安全性能评估

使用 USB Key 可以保障数字证书无法被复制，所有密钥运算在 USB Key 中实现，用户密钥不在计算机内存中出现也不在网络中传播，只有 USB Key 的持有人才能够对数字证书进行操作。同时，USB Key 具有安全可靠、便于携带、使用方便、成本低廉的优点，从而保证了其应用过程的安全性。

1）硬件 PIN 码保护

USB Key 采用了以物理介质为基础的个人客户证书，建立了基于公钥 PKI 技术的个人证书认证体系（PIN 码）。黑客需要同时取得用户的 USB Key 硬件以及用户的 PIN 码，才可以登录系统。即使用户的 PIN 码泄露，只要 USB Key 没有丢失，合法用户的身份就不会被仿冒；即使用户的 USB Key 丢失，只要其他人不知道用户的 PIN 码，也是无法假冒合法用户身份的。

2）安全的密钥存放

USB Key 的密钥存储于内部的智能芯片中，用户无法从外部直接读取，对密钥文件的读写和修改都必须由 USB Key 内部的 CPU 调用相应的程序文件来进行，从而保证通过 USB Key 的外部接口没有任何一条指令能对密钥区的内容进行读取、修改、更新和删除，这样使得黑客无法利用非法程序修改密钥。

3）双密钥密码体制

为了提高交易的安全，USB Key 采用了双密钥密码体制保证安全性。在 USB Key 初始化的时候，先将密码算法程序烧制在 ROM 中，然后通过产生公私密钥对的程序生成一对公私密钥，公私密钥产生后，公钥可以导出到 USB Key 外，私钥则存储于密钥区，不允许外部访问。进行数字签名以及非对称解密运算时，凡是有私钥参与的密码运算只在芯片内部完成，全程私钥可以不用导出 USB Key 介质，从而保证以 USB Key 为存储介质的数字证书认证在安全性上无懈可击。

4）硬件实现加密算法

USB Key 内置 CPU 或智能卡芯片，可以实现数据摘要、数据加/解密和签名的各种算法，加/解密运算均在 USB Key 内进行，这样就可以保证用户密钥不会出现在计算机内存中。

2. 安全风险及其对应防御

网络的复杂化、多用户、跨域共享等特点，对密码服务造成了极大的安全风险，有可能面临以下攻击：

(1) 内部攻击。内部攻击主要由密码服务平台中注册的合法用户的不合法操作所引起，即用户以合法身份登录到密码服务平台后攻击破坏其他用户信息。内部攻击的防御也相对简单，在用户身份验证通过后，根据该用户 ID 通过查找访问控制策略来赋予其相应的权限，此举可以对其他人的敏感信息及数据进行有效的隔离。

(2) 外部攻击。假设以下事件通过外部攻击非法登录密码服务平台：A 为获得登录权限的 USB Key 设备，B 为获取 USB Key 的 PIN 码，C 为登录的用户 ID，D 为非法登录密码服务平台。其中，A、B、C 互为独立的事件，则非法登录密码服务平台的概率为 $P(D)=P(A) \times P(B) \times P(C)$。显然，非法登录密码服务平台的概率要比普通的登录方式小很多。同时每一个 USB Key 都设有不同长短的 PIN 码来保护，且 PIN 码一旦输入错误次数超过设定的上限，USB Key 将会自动锁死并限制其再次输入，必须由初始化的管理员才可以解锁。

(3) 重放攻击。重放攻击(Replay Attack，RA)又称回放攻击，在身份认证过程中比较常见且危害性较大，攻击者首先截获认证请求信息，然后将截获的信息发送给目的主机，以此来达到欺骗服务器认证系统的目的[11]。

(4) 抗中间人攻击。中间人攻击(Man In The Middle attack，MITM)是一种间接入侵攻击行为，通常指的是用户 A 和认证服务器 B 在进行认证时存在着攻击者 D，D 在中间进行转发消息，攻击者 D 不仅可以窃听 A 和 B 的通信内容，而且还可以篡改 A 和 B 的通信内容，但是认证双方却都不知道[12]。利用 SM2 椭圆曲线公钥加解密算法结合 SM3 算法对用户 ID 做哈希运算可以有效地防止中间人攻击和消息替换，以防止中间人攻击。其中，椭圆曲线公钥算法由于其在椭圆曲线上计算点群离散数的指数级复杂度远高于 RSA 的亚指数级，并且计算量小、速度快等特点非常适合在 USB Key 这种小型设备中使用。

(5) 选择密文和密钥猜测攻击。选择密文攻击是指攻击者掌握对解密机的访问权限，可以选择密文进行解密。具体来说，通过选择对攻击有利的特定密文及其对应的明文来求解密钥，或从截获的密文求解相应明文的密码分析方法。密钥推测攻击实际上是一种暴力破解的方法，即通过媒体存取控制(MAC，Media Access Control)地址来反向推导出密钥。但由于 USB Key 和密码服务平台每次认证都会生成不同的密钥对来实现"一次一密"，从而可以有效地避免选择密文和密钥猜测攻击。

3.4　RFID

　　无线射频识别(RFID)可利用无线射频方式进行对象识别与数据交换,以实现对所需物体的识别,是一种非物理性接触、低成本、低功耗的新兴自动识别技术,也是应用最广泛的自动识别(Auto-ID)技术之一。其基本原理为,利用射频信号通过空间耦合以及反射的传输性,实现无接触信息传递和物体自动识别的功能[13]。RFID具有识别距离远、携带信息大、可移植性强、环境局限性小、使用寿命长、安全性好等优势,因此常结合身份认证技术中的双因子认证技术以及RFID设备自身特点来实现安全性能较高的身份认证系统。

　　将密码技术应用于认证RFID系统中各通信方的身份在已有的RFID安全认证协议中非常常见,这也是众多研究者研究的重点。RFID具有扫描快速、体积小、抗污染能力强、数据容量大、可重复使用、无屏障阅读、安全性高等特点,在提高计算机用户信息的安全性方面有较大优势。

　　RFID的基本前端系统一般由三个部分组成,即电子标签或雷达收发器、接收器或阅读器以及服务器,其结构如图3.10所示。

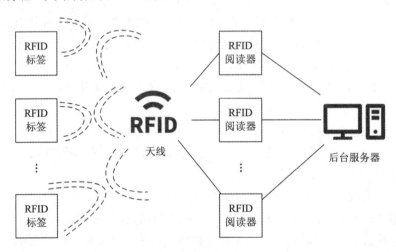

图 3.10　RFID 系统的主要构成

　　其中电子标签又称为射频标签、应答器、数据载体;阅读器又称为读出装置、扫描器、通信器、读写器(取决于电子标签是否可以无线改写数据)。电子标签与阅读器之间通过耦合元件实现射频信号的空间(无接触)耦合,以及在耦合通道内,根据时序关系,实现能量的传递、数据的交换。服务器存储所有标签的身份标识和相关信息,并负责标签的防伪认证、数据加解密、信息更新等数据计算操作。

　　RFID标签存储目标物体的信息及唯一身份识别码,作为数据载体,RFID标签可存储的信息量大,且不容易被涂抹或撕破,因此相比于条形码,RFID标签的安全性更高。

　　RFID系统的基本工作流程如下[14]:

　　(1)阅读器发送一定频率的射频信号。

（2）当电子标签进入到阅读器所工作的区域时，电子标签能够产生足够使其工作的感应电流，并进行工作。

（3）电子标签将通过内置天线将其自身的信息进行发送。

（4）阅读器将会接收到来自电子标签发送的信号。

（5）阅读器会将信号传送到内部处理。

（6）阅读器会对接收到的信号进行解调解码，接着送到高层系统进行相关的操作处理。

（7）系统高层根据相对应的逻辑运算判断该电子标签是否合法。

（8）系统高层针对不同的反馈回复做出相应的处理，并发出指令信号，控制执行机构进行下一步的动作。

3.4.1　RFID 的发展

RFID 技术在国内外已经是非常成熟的技术，并且已经广泛应用于工业自动化、商业自动化、交通运输控制管理等众多领域，如门禁管理、供应链管理、防伪防盗、图书管理与资产追踪、交通管理、重要设备管理、军队装备物资全资可视化（全资可视化系统为有关决策和管理人员及时提供物资供应线上的资源的位置、运动和状态的准确信息，以确定部队、人员、设备和供应品的状况）等领域。

RFID 的出现可以追溯到 20 世纪 30 年代，无线电技术和射频技术已经发明并广泛应用，雷达的改进和成功应用催生了 RFID 的产生，其采用与无线电广播相同的原理来发射和接收数据。由于功率、反射范围、数据容量等不同因素，导致雷达等部件存在很多变体，这样可以根据不同的特点与应用范畴设计不同的 RFID 系统。

1941—1950 年：1948 年哈里·斯托克曼发表的"利用反射功率的通信"奠定了射频识别 RFID 的理论基础，RFID 直接继承了雷达的概念。

1951—1960 年：早期 RFID 技术的探索主要处于实验室实验研究阶段，系统组件昂贵且巨大，集成电路、微处理器和编程语言的快速发展，为 RFID 技术的进一步推广和部署奠定了基础。

1961—1970 年：RFID 技术的理论得到了发展，开始了一些应用尝试。Sensormatic 等公司开始推广稍微不那么复杂的 RFID 系统商用，主要用于电子物品监控。这种早期的商业 RFID 系统比较容易构建与维护，称为 1-bit 标签系统，但是这种系统缺少大的数据容量，只能检测目标是否在场而不能区分被标识目标之间的差距。

1971—1980 年：RFID 技术与产品研发处于一个大发展时期，各种 RFID 技术测试得到加速，出现了一些最早的 RFID 应用。例如，基于 IC 的 RFID 系统开始在制造与运输等行业得以开发和研究，该系统具有可读写存储器，可以识别更远距离并有更快的识别速度。但是这些系统还都是针对公司的应用进行专门的设计，没有相关的标准和功率的规范管理。

1981—1990 年：RFID 技术及产品进入商业应用阶段，各种规模应用开始出现。道路电子收费系统在欧美等国家的广泛应用，使得 RFID 系统拥有了更完善的访问控制特征，收费系统集成了支付功能，成为了集成 RFID 系统应用的开始。这些广泛的应用也促使了各个公司开始注意 RFID 系统之间的标准化问题，统一的运行频率与通信协议推进了

RFID 系统的自动识别技术得到更广泛的应用。与此同时，RFID 钥匙由于其较强的数据存储与处理能力，个性化且灵活的操作，作为访问控制和物理安全手段开始试图取代传统的访问控制机制。

1991—2000 年：RFID 技术标准化问题日趋得到重视，RFID 产品得到广泛应用，逐渐成为人们生活中的一部分。同时，多个全球性的 RFID 标准和技术联盟纷纷出现，这些组织主要在标签技术、频率、数据标准、传输和接口协议、网络与运营管理等方面尝试构建全球统一的标准。

2001 年至今。标准化问题日趋为人们所重视，RFID 产品种类更加丰富，有源电子标签、无源电子标签及半无源电子标签均得到发展，电子标签成本不断降低，规模应用行业逐步扩大。

随着 RFID 技术理论的丰富与完善，单芯片电子标签、多电子标签识读、无线可读可写、无源电子标签的远距离识别、适应高速移动物体等 RFID 技术正在成为现实。

3.4.2　RFID 的分类

RFID 按照不同的工作频率主要可以划分为低频(125～134 kHz)、高频(13.56 MHz)、超高频(860～915 MHz)和微波(2.4～5.0 GHz)等范围。

1. 低频 RFID

低频 RFID 主要应用于畜牧业管理系统、汽车防盗和无钥匙开门系统、马拉松赛跑系统、自动停车场收费系统、车辆管理系统、自动加油系统、酒店门锁系统、门禁和安全管理系统等场合。

该频段的波长约为 2500 m，除了金属材料外，一般低频 RFID 能够穿过任意材料并且不会降低读取距离，工作在低频的频率读写器没有任何特殊的许可限制。虽然低频 RFID 的磁场区域下降很快，但是能够产生相对均匀的读写区域。相对于其他频段的 RFID，该频段的数据传输速率比较慢。

2. 高频 RFID

高频 RFID 主要应用于图书管理系统、服装生产线及其物流系统、三表预收费系统、酒店门锁系统、大型会议人员通道系统、固定资产的管理系统、医药物流系统、智能货架管理系统等场合。

该频率的波长约为 22 m，该波长可以穿过除金属材料外的大多数材料，这是由于金属材料会降低读取距离，因此感应器需要离开金属一段距离。感应器一般以电子标签的形式呈现。在该频率下，由阅读器发送射频能量形成的磁场区域范围会随着能量快速下降而缩减，在一定程度上将影响标签读写速度，但能够产生相对均匀的读写区域，使其仍然能够正常运行。此外，高频 RFID 系统具有防止读取冲突的特性，可以同时读取多个电子标签，因此可以把某些数据信息写入标签中以便进行标签与阅读器之间的数据交换。相比于低频 RFID，高频 RFID 的数据传输速率更快，价格更低，且没有其他特殊限制。因此，高频 RFID 在全球都得到认可。

3. 超高频 RFID

超高频 RFID 主要应用于供应链、生产线自动化、航空包裹、集装箱、铁路包裹、后勤管理系统等的管理应用。

对于该频段，全球的定义不是很一致，欧洲和部分亚洲地区将其定义为 868 MHz，北美定义为 902～905 MHz，日本定义为 950～956 MHz。该频段长度约为 30 cm，超高频的电子标签几乎可以穿过所有材料，由于高频的电波不能穿过特别是水、灰尘、雾等悬浮颗粒的材料，因此与高频的电子标签相比，超高频不需要和金属材料分离就可以进行较好的传输。超高频的电子标签的天线一般是长条和标签状，可以设计为线性和圆极化以满足不同应用的需求。相较于其他频段，超高频具有较好的读取距离和较高的数据传输速率，可以在很短的时间读取大量的电子标签，但是由于阅读器发送射频能量形成的磁场区域能量下降的速度不稳定，因此对读取区域很难进行定义。它整体的频宽胜于其他工业科学医学 (ISM，Industrial Scientific Medical)频段(即国际电信联盟《无线电规则》定义的指定无线电频段)，这就提高了整体数据传输速率，同时，该频段允许系统共存使其使用范围更广。2.4 GHz 无线电和天线的体积相当小，因此产品体积也更小。

3.4.3　RFID 的优势

1. 抗干扰性超强

RFID 最突出的优点就是非接触式识别，可以在急剧恶劣的环境下工作，并且穿透力极强。

2. 标签数据容量大

RFID 标签的数据容量可以根据用户的需求扩充到 10 KB，远远高于二维码 2725 个字符的容量。

3. 支持动态操作

RFID 的标签数据可以利用编程进行动态的修改，也可以进行动态追踪和监控。

4. 使用寿命长

RFID 标签不易被破坏，使用时间长。

5. 防冲突

在频率解读器的有效识别范围内，RFID 可以同时读取多个标签进行识别，而不会导致读取标签冲突。

6. 安全性高

RFID 标签可以以任何形式附加在产品上，用于对标签数据加密，以提高其安全性。

7. 识别速度快

RFID 标签在解读器的有效识别范围内获取到数据的速度可达毫秒级。

RFID 技术发展到今天，除具有以上优势外也会存在一些缺陷。例如，超高频频段的技术应用还不够广泛和成熟，相关产品价格昂贵、稳定性不高。在安全方面，RFID 很容易被伪造、窃听、破解、截获和复制，也更容易被攻击。

3.4.4　RFID 安全问题

随着物联网的迅猛发展，作为其应用过程的四大环节(标识、感知、处理、信息传送)

中标识环节的关键技术——RFID 技术，也得到进一步的发展与更加广泛的应用，但同时其安全问题也日益凸显。比如，在物联网中，传感网络的建设要求任何与人息息相关的物品都要预先嵌入 RFID 标签，但是，不是每个人都能接受自己周围的生活物品甚至包括自身在内都要时刻受到监控这样一种状态。这就涉及个人隐私权的问题。

相关的研究表明，RFID 系统存在严重的安全问题。Counterpane Internet Security 公司的首席技术官(CTO)Bruce Schneier(布鲁斯•施奈尔)曾指出，RFID 芯片与一台无屏幕和键盘的微型电脑相差无异，同时这块芯片可以与外界进行联系，但外界却是不安全的。RSA Security Inc 研发中心的首席科学家 Burt Kaliski(巴特•卡里斯基)曾说道："RFID 在标签、网络或者数据层面都有可能出现安全隐患。"Salil Pradhan 是惠普实验室 RFID 技术的 CTO(首席技术官)，他曾针对 RFID 系统潜在的安全问题的严重性做过一个非常形象的比喻[15]：用"在城市街道上行驶"来相比条形码技术，用"在高速公路上行驶"来相比RFID 技术，而在高速公路上行驶的危险性远远大过在城市街道行驶，以此凸显后者安全问题的严重性。

根据 RFID 系统的组成与工作流程可以发现，RFID 的安全威胁主要来自两个方面：一是标签自身的安全问题，二是信息传输的安全问题。

标签自身的安全问题体现在：RFID 系统中标签本身受成本、体积、工艺以及供电方式等因素限制，存储容量与可编程能力有限，因而它很难具备保证自身信息足够安全的能力，面临着自身信息被窃听、破解、截获与复制的安全威胁。此外，标签的安全问题还包括携带标签的物品与人被跟踪。

信息传输的安全问题主要来自系统以下三部分之间的通信链路：

(1) 读写器与标签之间的无线信道在赋予二者通信自由的同时，也带来一些不安全因素，如通信内容容易被窃听、更改以及通信双方身份可能被假冒等；

(2) 读写器与后端服务器通信的过程中，来自传统网络的安全问题给系统与保存在数据库中的数据信息带来威胁，因此 RFID 系统的不安全节点问题就变得比计算机网络更频繁、更严峻。

(3) RFID 系统还可能受到来自读写器的安全威胁，在读写器中，除了中间件能够完成数据筛选、时间过滤和功能管理，只提供了用户业务接口，而未提供让用户自行提升安全性能的接口。

针对 RFID 系统所存在的不安全节点，典型的安全攻击可以分为以下几种行为。

(1) 非法访问攻击：攻击者采用未授权的读写器获取某些合法标签上的信息进行攻击。

(2) 拒绝服务(DoS, Denial of Service)攻击：攻击者不断发送信息，让标签或读写器发生错误，导致用户会话信息被阻塞。通常采用双向认证的方法来解决 DoS 攻击问题，避免攻击造成严重后果，使 RFID 系统可以恢复到工作状态[16]。

(3) 物理攻击：攻击者通过去除标签的封装或干扰电磁，获取标签内存储的信息或窃听总线得到用户的敏感信息。一般使用 kill 命令、主动干扰、静电屏蔽等方式来抵抗此攻击[17]。

(4) 跟踪攻击：攻击者利用测试仪器向标签发送命令，探测标签反射的应答信息，然后利用探测到的信号对标签所标识的物品进行跟踪、监视。

（5）窃听攻击：RFID 系统通信过程中，攻击者通过窃听读写器与标签之间的通信信息来获取标签上的敏感信息。

（6）伪造攻击：攻击者使用窃听到的标签发送的信号，仿制能够发送相同信号的标签来标识伪造的商品等，从而达到非法目的。

（7）重放攻击：也称回放攻击、重传攻击。攻击者通过非法途径截取读写器和标签两者之间的通信信息；通过重发截获的信息，企图获得读写器的认证而实现自己的非法目的。

（8）前向保密性攻击：前向保密性（Forward Secrecy，FS）是密码学中通信协议的安全属性，即长期使用的主密钥泄漏不会导致过去的会话密钥泄漏。攻击者利用此安全属性进行攻击被称为前向保密性攻击。

（9）去同步化攻击：为了对抗重放攻击，标签和云服务器可以在每个认证过程中进行信息更新。如果攻击者在会话期间截获重要通信信息，则标签和云服务器之间的更新可能不一致，进而在下一次认证中，合法标签将无法被阅读器识别，导致认证失败。

（10）并行会话攻击：攻击者可能通过窃听标签发送给阅读器的认证消息，在收到标签的回复后，主动让阅读器来识别自己并发送开始窃听到的回复，然后攻击者把阅读器的回复再发送给阅读器，这样就完成了一个完整会话，并成功验证身份。

RFID 系统所面临的安全攻击，除上述列举的几种攻击行为外，还存在有预言攻击、交叉攻击、代数攻击等攻击行为。随着技术的发展，针对 RFID 系统的攻击手段会越来越多，攻击能力也会不断增强。

基于以上所述 RFID 可能存在的安全问题，考虑 RFID 系统需要加密和身份认证的安全要求，针对 RFID 系统面临的几种典型安全攻击行为与 RFID 安全问题来源进行分析，想要解决 RFID 安全问题，首先要重视信息安全系统的第一道屏障——身份认证。身份认证的任务是识别、验证信息系统中用户身份的合法性和真实性[18]。如果能够保证 RFID 系统中参与通信的各方均拥有合法身份，那么就能保证 RFID 系统工作环境的安全，即能够确保：① 敏感的信息不会传送给非法用户；② RFID 标签不会对非法读写器开放；③ 后端服务器也不会为非法读写器和非法标签提供服务。因此，研究设计更加完备、更加安全的 RFID 身份认证协议是 RFID 系统正常工作的前提和保证。

3.4.5　基于 RFID 的身份认证

RFID 认证技术中安全与隐私问题变得尤为重要，基于密码算法的 RFID 安全认证协议逐渐成为研究热点，以此保障 RFID 系统的安全。

1. RFID 认证方案的安全性

1）相互认证性

阅读器可以通过标签发送的信息认证合法标签的身份，标签也可以以通过阅读器的回复验证合法阅读器的身份[19]。

2）不可追踪性

不可追踪性也可以称为不可区分性。攻击者不能确认当前的标签是否是他曾经见过的标签，同时也不能获得该标签对应的位置及隐私信息。

3）抗重放攻击

重放攻击即攻击者将之前窃取到的信息重新发送给阅读器，以实现对其假冒身份的验证。RFID 认证方案中的重放攻击可分为三类，即标签重放攻击、阅读器重放攻击和服务器重放攻击。RFID 系统在面临重放攻击时，通常可以在 RFID 标签发送信息时包含一次性的随机数、报文中添加一个逐步递增的整数（流水号）、使用公钥加密和签名以及采用防重放攻击的专用芯片等方法来抵抗重放攻击。

4）抗模拟攻击

模拟攻击即攻击者通过窃取标签和阅读器之前的会话，并获得相对应的信息，根据相对应的信息重放或篡改信息以模拟标签身份，以通过阅读器对其模拟身份的验证。RFID 认证方案中的模拟攻击可分为三类，即标签模拟攻击、阅读器模拟攻击和服务器模拟攻击。针对模拟攻击，可以将 RFID 标签放在保护盒内，用于防止标签被篡改或读取，也可以将 RFID 标签设置为特定频率以防止攻击者使用不同频率进行攻击，还可以使用访问控制、数据审计等方法来抵抗模拟攻击。

5）前向安全性

攻击者不能通过所窃取的信息，猜测出当前对话或者与之前窃取的信息对应起来，这样就不能对 RFID 系统的安全构成威胁[20]。

6）匿名性

攻击者不能得到标签和阅读器加密的身份信息或者对应的秘密信息，也就不能知道标签和阅读器所对应的真实身份信息，从而保证标签和阅读器的隐私性和匿名性。

基于 RFID 的身份认证受到了广大研究学者的广泛关注。2006 年，Tuyls 与 Batina[21]提出了首个基于椭圆曲线密码学（ECC，Ellipse Curve Cryptography）算法的 RFID 认证协议，该协议采用 Schnorr 协议[22]，以防止被动攻击和伪造攻击。2007 年，Batina 等人[23]采用 Okamoto 识别协议[24]实现了基于公钥 ECC 的 RFID 认证方法，将其用以防止主动攻击。2008 年，Lee 等人[25]提出了一种新的基于随机访问控制（EC-RAC）的认证协议 ECDLP，将其用来解决位置跟踪等安全问题。

2. 基于 RFID 的身份认证技术

1）基于物理方法的机制

基于物理方法的 RFID 安全机制包括 kill/sleep 指令机制、阻塞标签法等。物理安全机制往往需要额外的设备辅助和资源消耗，且易对标签造成不可逆的损伤，具有局限性，因此目前的研究更多集中于密码安全机制。

2）基于密码技术的 RFID 身份认证

将密码技术应用于 RFID 系统各通信方的身份认证，成为了已有的 RFID 安全认证协议的研究重点，并吸引了众多研究者。

（1）Hash 类协议。

随着时间的推移与 RFID 应用环境的变化，经典 Hash 类协议及其改进协议的种类越来越多。

① Hash-Lock 协议。Hash-Lock 协议中使用了替代思想来防止信息泄露和追踪攻击，使用 meta ID 代替标签真实 ID，但是 meta ID 是始终不变的，经无线信道（不安全）明文传送标签真实 ID（协议中的一个步骤），假冒攻击和重传攻击能够对本协议发起有效攻击。

② 随机化 Hash-Lock 协议。随机化 Hash-Lock 协议在 Hash-Lock 协议的基础上引进了一个随机数，当后端服务器对标签的认证通过后，由于读写器通过无线信道将标签标识传送给标签或使用的明文，因此仍无法躲避追踪攻击。同时，协议每次处理标签请求认证时都要求服务器发送所有标签的信息，二者间通信量此时会急剧增大。

③ Hash Chain 协议。Hash Chain 协议是一个单向的身份认证，标签针对读写器的询问，每一次应答中 ID 交换的信息都不相同，这会导致存在 N 个标签时，后端服务器每识别一个 ID 就要进行 N 次 ID 搜索，计算开销过大。

④ 基于 Hash 的 ID 变化协议。基于 Hash 的 ID 变化协议与 Hash Chain 协议类似，也是通过对读写器进行询问，引入随机数实现对标签的动态刷新，末次应答号也会进行更新，从一定程度上防御了重传攻击和追踪攻击，但仍然存在数据库同步安全隐患。

⑤ 分布式 RFID 询问-应答协议。分布式 RFID 询问-应答协议适用于分布式数据库环境，是询问-应答双向认证协议的典型，在每次认证过程中标签需要进行两次 Hash 运算，因此需要将函数模块和随机数发生器集成到标签的电路中去，标签的成本也随之增加，但是目前该协议没有发现明显的安全漏洞。

⑥ LCAP 协议。LCAP(链路汇聚控制协议，Link Aggregation Control Protocol)也是询问-应答协议双向认证的协议，在协议执行完成后会对标签的 ID 进行更新。由于 LCAP 协议不能在分布式数据环境中使用，因此和基于 Hash 的 ID 变化协议一样存在数据同步时的安全隐患。

（2）Kerberos 协议。

Kerberos 协议主要用于计算机网络的身份认证，具有单点登录(SSO，Single Sign On)的特点，即用户输入一次身份验证信息就可以依据此次认证所获得的票据(Ticket-granting Ticket)访问多个服务。Kerberos 协议在每个客户端与服务器之间都建立了共享密钥，因此，该协议的安全性相对较高。但是该协议相比 Hash 类协议虽然提升了 RFID 系统的安全性能，但并不完备，且成本高，不适合多标签的情况。

3）基于硬件信息的 RFID 身份认证

基于硬件信息的认证方式是最新发展起来的，它是通过计算机或者通信设备本身的唯一硬件特征来标识用户身份，安全性能较高。这种身份认证方式认证快速，将其与现有的 RFID 系统、互联网系统等整合起来也相对简单、易于实现，且它本身是相对独立的系统，实现复杂度由具体应用的环境决定。不过，有的学者指出仅靠硬件信息来识别用户身份，安全性并不是很高，需要将此技术与其他认证方式或技术相结合、拓展。

3.5 二维条码

条码(或条形码)技术是目前生产、生活中广为使用的一种物件标识技术。条码是一种可印刷的机器语言，以规则排列的图形符号来表示数据以进行自动识别。条码早在 20 世纪40 年代就诞生了，经过不断的发展到 70 年代得到了实际的应用，现在条码技术已经普遍应用于世界各个国家和地区，其应用领域也越来越广泛。目前条码识别技术已经很完善了，读取识别的错误率约为百万分之一，是一种可靠性高、输入快速、准确性高、成本低、应用面广的身份认证技术。常见的条码是将线条与空白按照一定的编码规则组合起来的符号，用以代表一定的字母、数字等资料。在进行辨识的时候，使用条码阅读机扫描得到一组反射光信号，此信号经光电转换后变为一组与线条、空白相对应的电子信号，经解码后还原为相应的文字/数字，再传入计算机。此种条码因为只在水平方向上携带信息，所以被称为一维条码。

二维条码在一维条码的基础上，可在两个方向上进行编码和解码。二维条码的外形使用某种特定的几何形状，在其内部按一定规律在二维方向上排布的黑白相间的图形标记，以记录数据符号信息。这种方式极大地增大了编码的容量，很好地解决了一维条码容量不足和编码加密机制过于简单的问题，从而增强了加密功能并拓展了它的应用范围。

二给条码技术是身份认证中常用的技术手段，它是将信息转换为图形表示的技术。通过图像的标准化和规格化将身份信息存储到二维码中，可使用机器自动读取识别以进行用户的身份认证。

3.5.1　二维条码简介

条码最初是以一维条码形式出现的，一维条码至今仍广泛应用于商品、物流等领域。然而，一维条码虽然提高了资料收集与处理的速度，但由于受到资料容量的限制，仅能标识物品，而不能描述物品，并且无法脱离数据库而运行。另外，一维条码也无法表示多国文字、图像等信息，而目前技术的飞速发展迫切要求用条形码在有限的几何空间内表示更多的信息，因此，20世纪90年代二维条码被提出，逐渐发展并得到越来越广泛的应用[26]。

二维条码(简称二维码)的产生是为了使相同面积的图像包含更多信息，1987年David Allais博士提出一种称为Code 49的二维条码。Code 49是把一维条码的长度截短并按行进行堆积，形成一种多行连续型长度可变的条码。Code 49具有信息容量大和使用灵活等优点，开拓了条形码设计的新形式，为之后更多的条形码设计提供了思路。如今已经有众多的二维条码投入到实际应用中，其中在近几年来移动设备中应用最广泛的是矩阵式二维条码QR(Quick Response)Code，各种类型的二维码如图3.11所示。

图 3.11　二维条码示例

3.5.2　二维条码的分类

按照原理和类型进行分类，二维条码主要可以分为堆叠式/行排式、矩阵式和邮政码。

1. 堆叠式/行排式二维码

堆叠式/行排式二维码又称堆积式二维码或层排式二维码，其编码原理建立在一维条码的基础之上，按需要堆积成两行或多行。它在编码设计、校验原理、识读方式等方面继承了一维条码的一些特点，识读设备与条码印刷与一维条码技术兼容。但由于行数的增加，需要对行进行判定，其译码算法与软件也不完全相同于一维条码。有代表性的行排式二维码有 Code 16K、Code 49、PDF417、MicroPDF417 等，下面以 PDF417 码为例对堆叠式/行排式二维码进行详细的介绍。

PDF417 码的发明人是留美华人王寅君博士。其中 PDF(Portable Data File)意为"便携数据文件"。因为组成条码的每一个码字都是由 4 个条和 4 个空格构成的，而 4 个条和 4 个空的宽度加起来总共是 17 个模块，所以被称为 PDF417 码。目前在二维码国际表中，PDF417 主要是预备应用于运输包裹和商品资料标签，我国也于 1998 年制定了 PDF417 码的国家标准(GB/T 17172 — 1997)[27]。

PDF417 码的容量较大，除了可将人的姓名、单位、地址、电话等基本资料进行编码外，还可以录入人体的一些特征，如将指纹、虹膜、人脸等个人信息记录储存在条码中，这样可以实现证件资料的自动输入，防止证件的伪造。英美等国家将 PDF417 码使用在执照年审、车辆罚款年检等实际应用场景中，其中美国还将其应用于身份证、驾照等证件上，中国香港的居民在回归后新发放的特区护照上也使用了 PDF417 码。

同时，PDF417 码是一个公开码，属于一个开放的条码系统，用户使用时无须付费。每个条码可以包含 3~90 行内容，每一行都需要包含 5 个部分，从左起分别为起始部分、左标区、资料区、右标区和终止部分，其中每一个资料区可以存储 1~30 个字元资料。除了起始码和结束码之外，左标区、资料区和右标区的组成字元皆可称为码字，每一个码字由 17 个模块所构成，每一个码字又可分成 4 线条(或黑线)及 4 空白(或白线)，每个线条至多不能超过 6 个模块宽。PDF417 码的字符集包括所有 128 个字符，可表示数字、字母或二进制数据，也可表示汉字，其本身就可以存储大量的数据，因此不需要连接数据库。PDF417 码的纠错能力分为 9 级，级别越高，纠正能力越强，其错误复原率最高可达 50%。由于这种纠错功能，使得污损的 PDF417 码也可以被正确读识。

2. 矩阵式二维码

矩阵式二维码(又称棋盘式二维码)是在一个矩形空间通过黑、白像素在矩阵中的不同分布进行编码。在矩阵相应元素位置上，用点(方点、圆点或其他形状)的出现表示二进制"1"，点的不出现表示二进制的"0"，点的排列组合确定了矩阵式二维码所代表的意义。矩阵式二维码是建立在计算机图像处理技术、组合编码原理等基础上的一种新型图形符号自动识读处理码制。具有代表性的矩阵式二维码有 Code One、Maxicode、QR Code、Data Matrix、Hanxin Code、Grid Matrix 等，下面以最常见的 QR Code、Maxicode 和 Data Matrix 为例对矩阵式二维码进行详细的介绍。

QR Code(Quick Response Code，也称 QR 码)是由日本 DENSO 公司于 1994 年研制的一种矩阵二维码符号。其具有识读速度快、可全方位识读、使用码用特定的数据压缩模式表示中国汉字和日本汉字等优点，获得了广泛的应用。因为它可以有效地表示中国汉字，所以在中国被广泛使用，我国也已经制定了 QR 码的国家标准(GB/T 18284—2000)[28]。

QR 码的符号具有 40 种规格，从版本 1、版本 2 直到版本 40。版本 1 的规格为 21×21 模块，版本 2 为 25×25 模块。每一个版本符号的长和高比上一版本均增加 4 个模块，即版本 40 的规格为 177×177 模块。QR 码的定位图形包括 3 个相同形状的探测图像，分别位于符号的左上角、右上角和左下角，每一个图像可以看作是 3 个重叠的同心正方形，分别为 7×7 的深色模块、5×5 的浅色模块和 3×3 的深色模块。同时，在每个位置探测图形和编码区域之间有宽度为一个模块的分隔符，全部由浅色模块组成。水平和垂直定位图形分别为一个模块宽的一行和一列，由深色和浅色模块交替组成，其开始与结尾都是深色模块。水平定位图形位于上部的两个位置探测图形之间，符号的第 6 行；垂直定位图形位于左侧的两个位置探测图形之间，符号的第 6 列。它们的作用是确定符号的密度和版本，并提供决定模块坐标的基准位置。

QR 码的校正图形同样由 3 个同心正方形重叠组成，分别是一个 5×5 的深色模块、一个 3×3 的浅色模块以及位于中心的一个深色模块。校正图形的位置、数量视符号的版本号而定，版本 2 以上的 QR 码均有校正图形，用来校正可能出现的形变，以辅助识别大型的 QR 码。其余的条形码区域是包括格式信息、数据码字、纠错码字的编码区域。

近年来，QR 码被大量应用于移动互联网中，尤其是在线下载、链接服务、信息推广等领域，用户可以通过移动终端内置的扫码器进行 QR 码扫描，以跳转到相关应用的下载地址进行下载，或者是通过 QR 码跳转到相关服务的统一资源定位(URL, Uniform Resource Locator)地址。许多商家还将自己的信息编码到 QR 码中，将 QR 码打印到杂志或者海报上，以推广自己的商品。在电子商务领域，QR 码也同样占据了重要地位，线上线下的扫码支付，扫码领取优惠券、电影票等方式屡见不鲜，未来 QR 码还将继续在移动互联网领域扮演重要角色。

Maxicode 也称为 USS-Maxicode(Uniform Symbology Specification-Maxicode)，是美国知名的 UPS (United Parcel Service) 快递公司为了能达到高速扫描的目的而专门研发的一种二维码。UPS 在 1992 年推出了 UPS Code，1996 年美国自动辨识协会（AIMUSA）指定了统一的符号规格，称为 Maxicode。Maxicode 是一种中等容量、尺寸固定的矩阵式二维码，由紧密相连的六边形模块和位于符号中央位置的定位图形所组成。Maxicode 是特别为高速扫描而设计的，主要应用于包裹搜寻和追踪。

从外观来看，Maxicode 由位于符号中央的三个等间距同心圆环定位图形及其周围六边形蜂巢式结构的模块组所组成，这种排列方式使得 Maxicode 可以从任意方向快速扫描。每个 Maxicode 共有 884 个六边形模块，分成 33 层围绕着中心的定位圆环，每一层交替由 30 个或 29 个模块组成。在这 884 个模块中有 18 个模块作为方向标志，分成 6 组，位于中心定位图形的附近，主要作用是确定条形码的方向，另外还有 2 个模块未使用，其余 864 个模块用来保存信息，其中包括实际数据和纠错字符。每个 Maxicode 符号四周含有空白的静区(条码符号周围必须有空白区域，以确保条码符号在任何情况下都能被正确地扫描和识读)，该空白静区通常在条码符号四周外延至少 0.76 mm 处，Maxicode 包括空白静区在内的固定尺寸为 28.14 mm×26.91 mm。

Data Matrix 原名 Datacode，由美国国际资料公司（International Data Matrix，ID Matrix)于 1989 年发明。Data Matrix 也是一种矩阵式二维码，其发明的目的是在较小的条形码标签上存入更多的资料。Data Matrix 的最小尺寸是目前所有条形码中最小的，尤其特别适合作为小零件的标识，以及直接印刷在实体上。

Data Matrix 又可以分为旧版本与新版本 ECC200 两种类型，其中旧版本具有多种不同等级的错误纠正功能，而 ECC200 则是通过里德–所罗门（Reed-Solomon，RS）演算法产生多项式来计算出错误纠正码。旧版本的符号有奇数行与奇数列，外观为一个方形矩阵，尺寸范围从 9×9 模块到 49×49 模块不等。ECC200 符号有偶数行与偶数列，有些符号是正方形，尺寸从 10×10 至 144×144，还有一些是长方形，尺寸范围从 8×18 模块至16×48 模块。旧版本和 ECC200 符号的最主要区别在于右上角方格颜色的深浅。

Data Matrix 可以编码的字符包括全部的 ASCII（American Standard Code for Information Interchange）字符以及扩充的 ASCII 字符，共 256 个字符，最大可以容纳 255 个文本资料，3166 个数字资料。

Data Matrix 的外观是一个由许多小方格组成的正方形或长方形符号。每个 Data Matrix 符号由规则排列的方形模块构成的资料区组成，资料区的四周被定位图形所包围，定位图形的四周则由空白区包围，资料区再以排位图形进行分隔。由于 Data Matrix 最少只需要读取资料的 20% 就可以进行精确辨识，因此比较适合应用在条形码容易受损的场所，例如将 Data Matrix 印在暴露于高热、化学清洁剂等特殊环境的零件上。

Data Matrix 的尺寸可任意调整，最大可到 14 平方英寸（1 英寸=2.54 cm），最小可到 0.0002平方英寸，最小尺寸也是目前一维、二维条码中最小的，因此特别适合印在电路板这种小零组件上。另一方面，大多数条形码的大小与编入资料的量有绝对的关系，但是 Data Matrix 的尺寸与其编入的资料量却是相互独立的。总体来说，Data Matrix 的尺寸比较灵活。

3. 邮政码

邮政码采用不同长度的条码进行编码，主要用于邮件编码，如 Postnet、BPO 4-State。

3.5.3 二维条码纠错码

二维条码的自动纠错功能是通过对其存储信息进行纠错编码来实现的，当二维条码存在部分信息缺损、变形或被误识时，纠错码可以利用获取的部分信息来还原二维条码中的正确信息。里德–所罗门（RS）编码就是常用的纠错码之一[29]，又称里所码。

这里以 RS 码为例介绍纠错码的原理。RS 码是一种形式比较特殊的循环码，属于非二元 BCH（Bose-Chaudhuri-Hocquenghem）码的一个重要子类，是一类最大距离可分码。RS 码基于有限域（如伽罗华域）理论。在发送端发送信息之前，首先通过纠错编码器计算要发送的数据信息相应的纠错码，并把纠错信息中标记为冗余校验的信息和数据信息一起组合为纠错码。接收端在收到这些纠错码之后，通过纠错编码器不仅能自动地发现信息中包含的错误，而且能自动地纠正信息在传输过程中出现的错误，这种系统属于前向纠错系统。待编码的数据以 n 个信息码元作为一段，编码器把这 n 个信息元按照 Reed-Solomon 算法产生长为 r 的校验码，最终输出长为 $L=n+r$ 的码字，其编码格式如图 3.12 所示。

图 3.12　RS 码

设 a 为伽罗华域 GF(q)（以素数 q 为模的整数剩余类构成的 q 阶有限域）中的一个本原域元素，在任何一个 GF(q) 中都可以找到一个本原元 a。能纠正 t 个错误的本原 RS 码的生成多项式为

$$g(x) = (x-a)(x-a^2)(x-a^3) \cdots (x-a^{2t})$$
$$= g_0 + g_1 x + g_2 x^2 + \cdots + g_{2t-1} x^{2t-1} + x^{2t} \tag{3.1}$$

式中，$g_i (i=0, 1, 2, \cdots, 2t-1)$ 是 GF(q) 域中的元素；a 为 GF(q) 域的本原元。

若原始信息多项式为

$$d(x) = d_0 + d_1 x + d_2 x^2 + \cdots + d_{n-1} x^{n-1} \tag{3.2}$$

则进行 RS 编码后的表达式为

$$v(x) = x^{2t} d(x) + x^{2t} d(x) \bmod g(x) \tag{3.3}$$

其中，$x^{2t} d(x)$ 是原始数据码；$x^{2t} d(x) \bmod g(x)$ 是纠错码，添加在原始数据码的后面。

对编码原理进行分析，RS 编码实际上是将待发送的 n 位码元 $d(x)$ 转换为可被 $g(x)$ 除尽的 $n+r$ 个码元多项式 $v(x)$，所以解码的时候用接收到的数据去除 $g(x)$，若传输过程中没有错误，则余数为零，否则余数不为零。

RS 码译码的实质就是对接收到的码字进行运算，依次来确定信息码与监督码是否符合既定的编码规则，同时尽快对传输过程中出现的一些差错进行纠正。

设经过 RS 编码后的码字为 $v(x)$，用公式表示为

$$v(x) = v_0 + v_1 x + v_2 x^2 + \cdots + v_{n-1} x^{n-1} \tag{3.4}$$

在传输过程中，若传输出现一定的错误，则传输结束时的序列变为

$$r(x) = r_0 + r_1 x + r_2 x^2 + \cdots + r_{n-1} x^{n-1} \tag{3.5}$$

若传输错误为 $e(x)$，则 $v(x) = r(x) + e(x)$。

为了编译一个纠 t 重码的 RS 码，需要解一个 $2t$ 重的伴随式，RS 的具体译码步骤如下：

（1）计算伴随式；

（2）从伴随式计算差错定位多项式；

（3）求解差错定位多项式的根，其中根的倒数就是差错的位置；

（4）根据差错的位置来计算错误值；

（5）根据确定的差错位置和差错值，构造一个错误多项式，该多项式的系数与错误的位置和值对应；

（6）将接收到的包含错误码字的多项式与错误多项式进行相加（减）的运算，进行纠错处理，获得正确的码字。

在 RS 的译码过程中，若需要纠错的 t 数值较大，则直接求解方程组的计算难度和计算成本都会增加。为了提高计算效率，提出了一些快速译码方法，如彼德森直接算法、伯利坎普算法和 Peterson-Gorenstein-Zierler 算法都是常用于 RS 译码的经典算法。

3.5.4　基于二维条码的身份认证

1. 身份认证系统设计

基于二维条码的身份认证系统是目前较为常见的身份认证方式之一，其目的是实现安全、快捷的身份认证。它使用图形化的方式存储信息，对信息内容进行了加密和隐藏，并

利用其本身自动纠错的能力，保证了信息在被破坏、干扰的情况下依然能被读取。二维条码也可以有效地由机器进行识别，使其可以应用于各种自动系统。

基于二维条码的身份认证系统主要由客户端和服务器端构成，其中智能手机作为客户端由用户持有，身份认证服务器端由身份认证服务器、存储用户认证信息的数据库以及实现认证结果的模块组成。蓝牙通信也经常被应用于二维条码的身份认证，利用其短距离无线传输技术与方便灵活的使用，取代了不可靠的无线传输，不仅保证了安全性，还增加了认证系统的易用性。

因此，基于二维条码的身份认证需要满足以下功能：

（1）可以使用动态密码但无须专有的设备；

（2）使用无线传输但是能够防御窃取攻击。

智能手机的快速发展使其可以很好地满足这两种功能，结合智能手机的二维条码的身份认证开始逐渐普及。无须像 USB Key 那样携带额外的口令生成工具，二维条码可以利用手机所拥有的蓝牙功能实现无线传输。智能手机拥有屏幕和摄像头等显示图形与采集图形的设备，可以随时进行信息认证，大大降低了认证信息被窃取的可能性。

对于显示在手机上的认证信息也需要满足一定的条件：

（1）具有标准的形式以便于识别；

（2）可以包含和表示复杂的认证信息；

（3）能够进行信息隐藏，便于机器直接读取而不便于人进行阅读。

二维条码的特性可以满足以上所有的要求，于是成为了认证信息的最好载体。先将认证信息编码为二维条码，再将二维条码显示于手机屏幕上，然后由图像采集设备进行扫描并解码，最后获得认证信息，整个认证过程是便捷、安全且稳定的。

整体的基于二维条码的身份认证系统设计需要构建客户端系统和服务器端系统，主要可以分为以下几个模块：

（1）服务器端蓝牙通信模块，其主要功能是建立与客户端的蓝牙连接，接收客户端发送给手机的国际移动设备识别码（IMEI，International Mobile Equipment Identity）并查询其可用性。同时，将 IMEI 发送给动态密码管理模块以获取动态密码，然后将动态密码发送到客户端。

（2）客户端蓝牙通信模块，其主要功能是建立与服务器端的蓝牙连接，即向服务器端发送手机的 IMEI 号以及接收服务器端发送的动态密码。

（3）动态密码管理模块，其主要功能是接收 IMEI 并随机产生一串动态密码，将产生的动态密码和 IMEI 一起存入访问信息并标记为"活跃"，若长时间未进行验证则重新标记信息为"失效"。

（4）二维条码生成模块，其主要功能是将动态密码和 IMEI 进行连接，并使用加密算法进行加密，将加密后的信息生成二维条码图像。

（5）二维条码显示模块。

（6）二维条码图像采集模块，其主要功能是控制摄像头进行数据采集并回传数据到二维条码识别读取模块。

（7）二维条码识别读取模块，其主要功能是从采集的二维条码中提取有效信息，对信息进行解码以获取认证信息，并将认证信息传输给用户身份认证模块。

（8）用户身份认证模块，访问记录状态为"活跃"的 IMEI 号，进行查询并获取用户密码；使用密码对认证信息进行解码，如果解码的结果是动态密码和 IMEI 的组合则验证成功，并标记"认证成功"，否则继续尝试其他未验证的认证记录，如果其余均无法验证，则本次验证失败。

其中服务器端蓝牙通信模块、二维条码生成模块与二维条码显示模块属于客户端的模块，其他属于服务器端的主要模块，在实际应用中可以根据需求进行适当的调整。

2. 身份认证系统安全性分析

作为一个身份认证系统，安全性是其核心问题。基于二维条码的身份认证系统的安全机制主要包含以下几个方面：

（1）最终的安全信息通过显示在手机屏幕上的二条维码传递。由于手机屏幕相对较小，并且手机屏幕是定向的摄像头展示，不易被攻击者截取；又因为二维条码图样十分复杂，如果攻击者距离较远，根本无法获得清晰、完整、足以识别的二维条码图像，并且凭人工无法识别与读取条码所包含的信息，所以最终认证信息的传输信道是封闭且安全的。

（2）在蓝牙设备进行连接的过程中，使用个人 ID 码（PIN 码）进行口令-应答方式的认证，当双方的 PIN 码一致时才能够能建立蓝牙连接。PIN 码在用户注册时被存储到用户的智能手机上，若手机没有此 PIN 码，则其他蓝牙设备无法与身份认证服务器建立连接。

（3）分别存储在智能手机与用户信息数据库的用户密码使用 MD5 等加密方法进行加密，此信息无法逆向还原为密码原文，即便使用碰撞算法也需要多次尝试。

（4）用户每次连接均会由认证服务器随机产生一个动态密钥，每次产生的动态密钥均不相同，此动态密钥与本次认证相对应。若认证失败或持续一段时间认证仍未成功，则此动态密钥失效。这样便防止了攻击者使用重放攻击或碰撞算法攻击的可能。

（5）动态密码在编码为二维条码之前，与手机本身的全球唯一编号 IMEI 号相结合，作为认证信息，若要进一步提高安全机制，则可以选择与 SIM 卡的编号进行结合。这样就可以保证每一个动态码与合法用户连接一一对应，有效防止了伪装攻击的可能性。

（6）认证信息在被编码为二维条码之前，首先被经过加密处理的用户密码进行加密。这样即使二维码图样被截获并且识读，也无法获得用户的认证信息。同时，认证服务器可以用数据库中存储的经过加密的用户密码对二维条码所包含的信息进行解码，从而获得认证信息。

基于二维条码的身份认证系统包含这些安全机制，保证了认证过程中的信息安全，进一步提高了认证系统的安全性。基于二维条码的身份认证系统具有一定的普适性，可以应用于各种领域与场合，但是在稳定性与效率等方面还可以根据实际需求进行优化。

3.6 基于蓝牙的身份认证

蓝牙技术是一种无线数据和语音通信开放的全球规范，它是基于低成本的近距离无线连接技术，可为固定和移动设备建立近距离的无线连接。蓝牙作为一个标准接口已配置于许多电子产品之上，如手机、笔记本电脑、个人数字助理、数码相机、打印机、车载系统及键盘鼠标等。但蓝牙技术具有本身功耗较大和传输距离范围偏小的缺点，导致基于蓝牙技术的应用受到限制，从而无法很好地解决身份认证安全问题。

蓝牙技术从 1998 年 5 月到现在的发展过程中，经历了若干次标准的变化和技术的革新。2010 年 7 月 7 日，蓝牙技术联盟(Bluetooth SIG)宣布正式采纳蓝牙 4.0 核心规范(Bluetooth Core Specification Version 4.0)，从 4.0 版本开始，蓝牙传输技术有了很大的提升，其中最重要的变化就是 BLE(Bluetooth Low Energy)低功耗功能，提出了低功耗蓝牙、传统蓝牙和高速蓝牙三种模式。而 5.0 版本蓝牙技术则彻底打开了物联网时代的大门，基础传输速率上限为 24 Mb/s，是 4.2LE 版本的 4 倍。同时，在低功耗模式下 5.0 版本具备更快更远的传输能力，传输速率是蓝牙 4.0 的 2 倍(速度上限为 2 Mb/s)，有效传输距离是蓝牙4.0的 4 倍(理论上 300 m)，详细内容如表 3.1 所示。

表 3.1　不同蓝牙版本对比

蓝牙版本	发布时间	最大传输速度	传输距离
1.0	1998 年	723.1 kb/s	10 m
1.1	2002 年	810 Kb/s	10 m
2.0+EDR	2004 年	2.1 Mb/s	10 m
3.0+HS	2009 年	24 Mb/s	10 m
4.0	2010 年	24 Mb/s	50 m
5.0	2016 年	48 Mb/s	300 m

蓝牙技术在短距离无线传输领域的快速发展，以及蓝牙链路层独特的认证和加密机制，不仅为基于蓝牙技术的应用提供了有效的安全保障，也为基于蓝牙的身份认证技术提供了可能性，结合手机上的蓝牙模块进行身份验证正成为一种流行趋势。

3.6.1　蓝牙的特点

蓝牙设备简化了设备与设备之间、设备与网络之间的通信，使数据传输更加快捷高效。蓝牙模块可以被植入到各种设备(比如手机、耳机、手表、汽车等)中，由此得到了广泛的应用，这都与蓝牙技术的特点密不可分。那么这些特点对身份认证又有怎样的影响呢？

1. 射频特性与数据传输

蓝牙属于无线传输，为了适应大多数人群的使用，蓝牙技术选择对全世界公开的 2.4 GHz频段作为工作频段。蓝牙技术还可以很好地支持数据和语音的传输，其中针对语音的传输属于重点。为了实现异步传输与同步语音的实时传输，蓝牙采用了多种数据交换技术，还提供了一台设备能同时和多台设备进行通信的功能。

2. 开放性

蓝牙技术无线通信的规范是公开的，任何厂家都可用来生产蓝牙模块，只要能通过 SIG 的质量检测和兼容性检测，产品就可以顺利进入市场，并没有其他限制。

3. 功率

蓝牙有活动、呼叫、保持和休眠四种状态，在保持和休眠状态的时候因为不工作，所以几乎不消耗功率[30]。同时，蓝牙的传输距离相对较短，因此蓝牙消耗的功率是很低的。

4. 价格

蓝牙技术具有简单易用且抗干扰能力强的优点，因此对蓝牙技术的需求巨大，与蓝牙技术相关的产品日益增多，在供需关系的引导下，蓝牙产品的价格逐渐减降，应用也越来越广泛。

5. 鉴权和加密

蓝牙鉴权和加密是蓝牙模块最突出的特点之一。在蓝牙配对过程中采用特定的鉴权方法来识别用户，进行第二次连接的时候蓝牙便会自动连接，为用户提供了极大的便利。同时蓝牙信道是加密的，密钥是由上层应用程序进行管理的，从而保证了传输数据的安全性。

6. 辐射

电子产品的防辐射问题一直备受关注，辐射问题切实关系到人的身体健康。蓝牙也是有辐射的，但辐射量可以忽略不计，蓝牙的辐射量为 1 mV，与其他带有辐射的设备相比，是微波炉使用功率的百万分之一，是电话的千分之一，能被人体吸收的部分就更少了，因此不用担心会对身体造成影响。

3.6.2　蓝牙协议

蓝牙协议是蓝牙通信规范的核心部分，蓝牙协议规定了蓝牙设备的定位、之间的互连操作以及如何建立连接交换数据，从而可以在蓝牙设备之间进行无缝交互式应用。了解协议的功能与作用可以设计更合理的身份认证系统。下面从蓝牙协议栈结构出发，重点说明几个关键协议层的功能作用，其结构如图 3.13 所示。

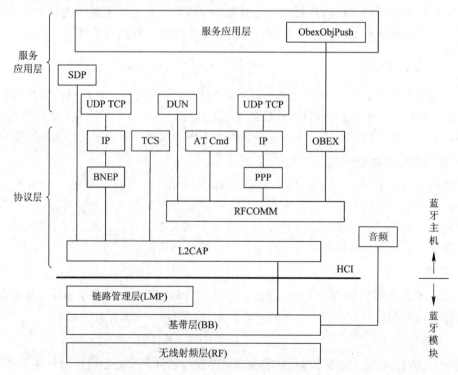

图 3.13　蓝牙协议栈结构图

　　蓝牙的协议内容很多，但是并非每一种蓝牙应用都需要使用全部协议，蓝牙协议结构主要包含蓝牙模块与蓝牙主机，其中蓝牙模块部分包含一个主机控制器（Host Controller，HC），用于解释从主机接收到的信息，并负责将收集到的蓝牙模块各部分状态信息传送给主机。

　　蓝牙协议中最为核心的协议有无线射频（Radio，RF）层协议、基带（Bsaeband，BB）层协议、链路管理层协议（Link Manager Protocol，LMP）、主机控制器接口层（Host Controller Interface，HCI）协议、逻辑链路控制与适配协议（Logical Link Control and Adaptation Protocol，L2CAP）、服务发现协议（Service Discovery Protocol，SDP）和串口仿真协议（Radio Frequency Communication，RFCOMM）。其中 RF、BB、LMP 与 HCI 在蓝牙芯片层，属于蓝牙模块部分，一般以硬件和固件的形式提供；L2CAP 与 SDP 在协议栈，在蓝牙主机部分运行，一般以软件形式出现。

　　RF 层的作用是将本地蓝牙数据通过射频发送给远端设备，并且通过射频接收来自远端蓝牙设备的数据，是蓝牙规范定义的最底层。

　　BB 层的作用是进行射频信号与数字或语音信号的相互转化，该层的链路控制器负责执行链路级的操作，在多个分组存在的期间可响应来自高层管理的命令。一旦高层管理命令建立起一条链路，通信双方的链路控制器将对分组进行管理，并维护已经建立的链路。蓝牙基带还提供了同步面向连接（Synchronous Connection-Oriented Link，SCO）和异步面向连接（Asynchronous Connection-Oriented Link，ACL）两种连接方式，分别用于传输音频和数据信号。BB 层和 RF 层共同组成了蓝牙物理层。

　　LMP 层负责管理蓝牙设备之间的通信，以实现链路的建立、验证、链路配置等操作[31]，在协议栈中具有重要地位。LMP 层将来自上层的命令转化为基带层的操作，主要包括三个功能：处理控制并协商基带分组的大小，满足特定的服务质量；链路管理和安全管理，包括链路的建立、关闭与配置，设备的配对认证、密钥管理及通信加密等；维护并管理设备收发功率以及微微网中各设备的状态。

　　HCI 层位于蓝牙模块与蓝牙主机之间，芯片层面的 HCI 负责把协议栈的数据做处理，转换为芯片内部动作，并且接收远端的数据，为高层协议访问基带控制器、链路管理器及状态控制寄存器等硬件提供统一命令，是蓝牙协议实现时软硬件之间的接口。HCI 的功能部件一般可分为传输固件、驱动器和传输层三个部分。传输固件位于蓝牙模块的 Flash 存储器和操作模块的主机控制器中，固件主要内容有：中断向量表、堆栈设计、初始化程序和蓝牙处理程序。驱动器位于蓝牙主机内，也就是协议结构中的 HCI 软件驱动部分。当某个事件触发时，通过执行通信协议与主机控制器交换指令和事件，控制器通过事件方式通知主机，主机则接收该事件的异步通知并做出相应的处理。传输层即实际的物理接口，作为 HCI 接口的实际物理实体，位于 HCI 固件和 HCI 驱动的中间层，提供可靠的数据传输，它具有向主机控制器发送指令、数据以及从主机控制器接收指令和数据的能力。

　　蓝牙主机部分运行的主要协议包括 L2CAP、SDP、RFCOMM、蓝牙网络封装协议（Bluetooth Network Encapsulation Protocol，BNEP）和对象交换协议（Object Exchange，OBEX）等。

　　L2CAP 协议位于主机中，将上层数据通过多路复用传送到两台设备的 ACL 链路上，为高层协议提供可靠的数据流和控制流传输，它允许高层协议收发数据的长度为 64 K 字节。因为基带不能够识别全部高层协议的类型标志，所以位于基带上层的逻辑链路控制适配层必须支持识别不同的高层协议以实现协议复用。多路复用通过信道标识符（CID，Channel Identifier）和协议服务多路复用器（PSM，Protocol Service，Multiplexer）来实现，当远程设备需要通过 L2CAP 协议使用高层协议时，需请求一个特定的 PSM 连接并分配一个特定的 CID，一个 PSM 可以对应多个 CID。由于基带定义的空中数据包大小被限定在一定的范围，因此来自上层的较大数据到达逻辑链路控制适配层后，必须通过 L2CAP 层进行重新封装成多个小型基带数据包，以适应空中传输规则。相反地，当基带接收到空中数据包并传输到逻辑链路的控制适配层后，需要将数据包重组成一个较大的逻辑链路控制适配层数据包，再传输到上层协议。

SDP 协议是所有蓝牙应用模式的基础，其作用是为上层应用层给出一种机制，该机制能发现网络中的可用协议，并解释这些可用协议的特征。SDP 协议是一种客户机/服务器结构的协议，以蓝牙应用为中心，为本地设备维护一个服务数据库，应用程序负责将可用的服务注册到该数据库中并及时更新，其他设备可以查询此数据库，找出可用的服务并利用库中的信息连接到该服务。

RFCOMM 协议用于射频通信，该协议可以依据 ETSI0710 串口方针协议，通过在L2CAP 协议上仿真 RS-232 串口中各信号的状态与设置方法，提供与有线串口一致的通信接口，蓝牙设备能在无线传输中通过在单独链路上以多路复用的串行通信方式实现对传输控制协议/网际协议（Transmission Control Protocol/Internet Protocol，TCP/IP）、点对点协议（Point to Point Protocol，PPP）、无线应用通信协议（Wireless Application Protocol，WAP）和 OBEX 等高层协议的支持。

除了上述核心协议之外，蓝牙技术中还包含一些可选协议为蓝牙的广泛应用提供了便利。OBEX 协议通过红外互操作规范在 RFCOMM 中引入该协议，使用简单的"PUT"和"GET"命令实现在不同的设备、不同的平台之间方便、高效地交换信息，并且具有支持设备广泛的特性，如 PC、掌上电脑、摄像头、计算器、手环及运动手表等。BNEP 与 PPP 分别基于 L2CAP 和 RFCOMM，实现了对 TCP/IP 等网络协议的封装，为设备之间的连接与通信提供了良好的途径。

3.6.3　蓝牙的安全机制

蓝牙无线通信安全机制包含五个不同的功能模块：配对、绑定、设备鉴权、加密和消息完整性。其中，配对是指创建一个或多个共享安全码的过程；绑定是指通过保存配对中创建的安全码来形成可信设备对以进行连接；设备鉴权用于验证两台设备是否拥有共同的安全码；加密是为了消息保密；消息完整性是为了有效防止消息伪造。

随着蓝牙安全架构的演化及其应用的发展，形成了相应的安全要求与安全机制，允许用户根据应用业务的特点制定相应的安全策略。

1. 链路层安全机制

蓝牙链路层安全机制是指在收到连接建立请求后，由本地设备发起的配对、鉴权和加密的方法和过程。蓝牙 SIG 规范在基带与 LMP 层协议部分对该机制进行了详细描述。链路层安全机制使用四个实体来提供安全功能：蓝牙设备地址、鉴权密钥、加密密钥、随机数，其中设备地址是蓝牙设备的唯一标识符，发起加密的设备产生加密密钥和伪随机数，在配对过程中产生鉴权密钥。

　　蓝牙连接的首要步骤是进行设备认证，即蓝牙设备建立连接时验证双方共享链路密钥的过程，如果共享链路密钥已存在，采用 LMP 认证过程，否则进行 LMP 配对。其中"共享链路密钥已存在"是指在此次认证前建立的链路密钥已存放在连接设备的存储器中，配对只需双方设备键入或设置相同的 PIN 码或一方输入对方固定的 PIN 码即可。

　　如果蓝牙通信设备双方未曾配对或链路密钥丢失，这两个设备则需执行完整的安全通信过程。首先验证方向申请方发送一个随机数，双方用此随机数、申请方的蓝牙设备地址和各自 PIN 码作为输入，由 E_{22} 算法生成一个初始密钥，然后利用初始密钥与交换后的随机数和地址作为参数，利用 E_{21} 生成单元密钥，或者再通过验证方与申请方交换角色生成联合密钥。初始密钥和主单元密钥属于临时链路密钥，在目前的对话结束后不再使用，而单元密钥和组合密钥属于半永久密钥，在目前的对话结束后仍然可以使用。其中 E_{21} 与 E_{22} 是通过基于 SAFER ＋（Secure And Fast Encryption Routine ＋）的自定义算法来实现的，SAFER ＋是对原有的 SAFER 加密算法进行的改进，于 1998 年提出，是以高级加密标准（Advanced Encryption Standard，AES）的候选算法进行提交的，它的位块大小是 128 位。

　　链路密钥生成之后需要进行双向认证，由发起认证的一方作为"验证方"执行设备认证过程，然后验证方与请求方交换主从角色，再次执行认证过程。

2. 服务层安全措施

　　每种蓝牙应用都是依据一个或几个协议子集的描述来实现的，协议子集描述了如何以互操作的方式使用协议。蓝牙技术在安全方面具体体现在通用存取协议子集上，将设备根据不同的提供方式、不同程度的保护措施划分为无安全级、服务级安全、链路级安全和安全简单配对策略（Secure Simple Pairing，SSP）4 种安全模式。

　　无安全级是指安全功能（认证和加密）从未启动，因此设备和连接容易受到攻击。实际上，这种模式下的蓝牙设备是"不分敌我的"，并且不采用任何机制来阻止其他蓝牙设备建立连接。如果远程设备发起配对、认证或加密请求，则无安全级设备将接受该请求而不加任何认证。

　　服务级安全模式可以在链路建立之后但在逻辑信道建立之前启动安全过程，即在 L2CAP 层建立链路后才开启安全过程。在服务级安全模式下，本地安全管理器控制对特定服务的访问，不同的设备按信任层次可以分为可信设备、不可信设备和未知设备。访问控制以及与其他协议和设备用户的接口由单独的集中式安全管理器维护。此策略可以为具有不同安全需求并并行运行的应用程序定义不同的安全策略和信任级别来限制访问，可以在不对其他服务进行访问的情况下授予访问某些服务的权限。服务应用最高的安全层次就是同时采取认证、加密和授权。其中，授权过程是通过认证确定了设备身份后，由用户确认其是否为允许访问该服务的可信设备，并对应地标记为可信或不可信。只有可信设备才能通过该服务访问本地蓝牙设备内部的信息资源，但不能实现对访问细节的控制。

　　链路级安全模式是指蓝牙设备是在 LMP 层链路完全建立之前启动安全过程，蓝牙设备为设备的所有连接进行配对、授权、认证和加密。因此，在进行认证、加密和授权之前，甚至不能进行蓝牙服务的发现，一旦设备经过身份认证，服务级别授权通常不会被链路级安全模式下的设备执行（即不需要在每次访问特定服务时都进行单独的服务级别授权）。当经过身份验证的远程设备在不了解本地设备所有者的情况下使用蓝牙服务时，服务级授权应被执行以防止"认证滥用"。

SSP 在链路密钥生成时，椭圆曲线（Elliptic Curve Diffie-Hellman，ECDH）密钥协议取代了过时的密钥协议。

3.6.4　蓝牙安全威胁

1. PIN 码威胁

PIN 码是蓝牙配对的时候输入的身份验证码，蓝牙在认证配对过程中会生成一个链路密钥（Link key）。链路密钥用于蓝牙之间的身份认证鉴权，也是加密密钥（Encryption Key）的主要参数。生成链路密钥的其他参数很容易被直接获取，PIN 码是最后一道防护，如果抓包蓝牙设备配对的数据包，通过恶意软件爆破 PIN 码后，蓝牙的整个加密认证体系就被摧毁了。

2. 身份伪造

蓝牙 MAC 地址（Media Access Control Address）是蓝牙唯一的设备地址，攻击者可以通过修改自身的设备地址来伪造身份，或者通过扫描附近的蓝牙设备，把自己的地址修改成与另一个设备一模一样的地址，完成身份克隆。完成身份伪造后再结合中继攻击或鉴权DOS（Disk Operating System）攻击即可实现对蓝牙设备的攻击。

3. 中继攻击

蓝牙传输范围是有限的，如果使用蓝牙信号增强的设备，尽可能扩大蓝牙的传输范围，一旦被蓝牙解锁设备感受到蓝牙电波的存在就可能触发设备解锁。虽然这类攻击对场景的限制非常严格，但因当前大多数设备都没有对这个问题做出防范，故仍存在安全问题。

4. 拒绝服务攻击

拒绝服务攻击是指攻击者想办法让目标机器停止提供服务，是黑客常用的攻击手段之一。其实对网络带宽进行的消耗性攻击只是拒绝服务攻击的一小部分，只要能够对目标造成麻烦，使某些服务被暂停甚至主机死机，就属于拒绝服务攻击，如鉴权 DOS 攻击。

每次鉴权失败是有间隔时间的，如果出现连续的错误，下一次连接配对等待的时间就会增加。攻击者可以修改设备 MAC 地址，伪装成发起方尝试连接目标设备，故意失败多次，从而使间隔时间不断增大，当其达到一个最大值时，真正的设备也将无法进行连接。

5. 中间人攻击

中间人攻击是一种"间接"的入侵攻击，这种攻击模式是通过各种技术手段将受入侵者控制的一台计算机虚拟放置在网络连接中的两台通信计算机之间，同时欺骗两个设备使其以为是正常通信。但其实中间人不仅可以知晓双方传递的信息还可以对信息进行修改，从而破坏蓝牙设备的连接配对。

3.6.5　蓝牙身份认证的应用

蓝牙身份认证将用户认证与设备认证过程相结合，为进一步的访问控制提供了可靠的身份依据，并取得了广泛的应用，如图 3.14 所示。

图 3.14　蓝牙身份认证应用示例

1. 数字钥匙

数字钥匙由于其便捷性、共享性以及安全性而被广泛使用于各大汽车品牌,根据钥匙和车辆之间的不同距离,由远到近,可分别实现舒适迎宾、无钥匙进入和无钥匙启动等功能。数据钥匙的实现主要依赖蓝牙定位和超宽带(Ultra Wide Band,UWB)定位两种技术。蓝牙定位的原理主要是基于蓝牙的信号场强指示(Received Signal Strength Indicator,RSSI),其基本趋势是,离得越近,场强值越大,离得越远,场强值越小,但远距离感知精度还是较差,需要结合 UWB 实现精准定位。UWB 也叫超宽带技术,是一种使用 1 GHz以上频率宽带的无线载波通信技术。该技术采用飞行时间测距,信号发射出去后,接收端通过接收到的信息计算飞行时间,进而推算出飞行距离,实现精准的测距,抗干扰性也较强。

2. 蓝牙智能门锁

蓝牙智能门锁通过蓝牙技术,借助智能手机以及配套的应用,直接通过手机开门。蓝牙智能门锁的主要优势是可以实现门锁管理及远程授权开门。由蓝牙模块接收来自手机或智能手环的信号,单片机(控制核心)收到指令开始工作。如果蓝牙连接正确,则门控锁电路的继电器动作控制门锁打开,同时指示灯点亮,延时一段时间后电子锁本身的电路工作,自己吸合。如果蓝牙密码错误,则连接不上,不能控制蓝牙模块,从而实现门禁。

3. 智能手表/手环解锁设备

智能手表/手环可以在一定范围内无须用户手动输入图形或者数字密码来解锁手机、PAD 或者笔记本电脑。微软 Windows 10 上的配合设备框架(Companion Device Framework,CDF)就是用于提高用户的认证体验,特别在缺少摄像头或指纹识别器的计算机上无法进行 Windows Hello 时,CDF 仍可以让这些设备不需要输入数字密码便可带来更好的解锁系统姿势。在采用 CDF 的解锁设定时,系统会在额外的硬件设备(如闪存盘、手环)上存储有哈希运算消息认证码(Hash-based Message Authentication Code,HMAC)密钥,用户在登录 Windows 10 时,系统会要求获取这条唯一的密钥。解锁手机的原理与解锁计算机略微不同,在点亮屏幕后,手机的蓝牙会以一定的时间单位不停地向外发射确认信息,当智能手表/手环收到手机发送的确认信息后,会反馈一个信息给手机,手机收到后会根据反馈时间来确认手环是否在有效距离内,如果是则解锁屏幕,否则不解锁屏幕。

参 考 文 献

[1] 凡思琼.基于智能卡的身份认证方案的研究[D].上海：上海交通大学，2015.

[2] (德)兰柯，埃芬.智能卡大全：智能卡的结构功能应用[M].3版.王卓人，等编译.北京：电子工业版社，2002.

[3] 吴凡.智能卡身份认证技术研究与实现[D].厦门大学，2008.

[4] FAN R, HE D, PAN X, et al. An efficient and dos-resistant user authentication scheme for two-tiered wireless sensor networks[J]. Journal of Zhejiang University SCIENCE, 2011, 12 (7): 550-560.

[5] XUE K, MA C, HONG P, et al. A temporal-credential-based mutual authentication and key agreement scheme for wireless sensor networks[J]. Journal of Network and Computer Applications, 2012(36): 316-323.

[6] HALLER N. The s/key one-time password system[C]. In Proceedings of the Internet Society Symposium on Network and Distributed Systems, 1995: 151-157.

[7] ELDEFRAWY M H, KHAN M K, ALGHATHBAR K, et al. Broadcast authentication for wireless sensor networks using nested hashing and the Chinese remainder theorem[J]. Sensors (Basel), 2010; 10(9):8683-95.

[8] HU Y C, JAKOBSSON M, PERRIG A. Efficient constructions for One-way Hash Chains, Applied Cryptography and Network Security – ACNS 2005[J]. Lecture Notes in Computer Science (LNCS) 3531. Springer-Verlag, 2005: 423-41.

[9] KOGAN D, MANOHAR N, BONEH D. T/Key: Second-Factor Authentication From Secure Hash Chains[J]. CCS, 2017: 983-999.

[10] 邓婧.基于 OTP 技术的网上银行安全身份认证应用研究[D].北京:对外经济贸易大学，2005.

[11] 刘会议.移动互联网中身份认证技术的研究[D].山东大学，2014.

[12] 陈康康.面向云存储的身份认证机制和数据共享方法的研究[D].北京邮电大学，2015.

[13] 彭杨，蒋长兵.物联网技术与应用基础[M].北京:中国物资出版社，2011.

[14] 杨槐.无线通信技术[M].重庆:重庆大学出版社，2015.

[15] RFID 的安全性与 RPS 系统.[EB/OL]. http://www.morlab.com/news/hyzx/1670.html:摩尔实验室，2011.

[16] 葛云峰.基于 RFID 的轻量级安全认证协议的文献综述[J].网络安全技术与应用，2020，236(8): 19-22.

[17] 甘勇，许允倩，贺蕾，等.RFID 系统的安全及隐私综述[J].网络安全技术与应用，2015，180(12): 69-71.

[18] 周栋淞，杨洁，谭平嶂，等.身份认证技术及其发展趋势[J].通信技术，2009(10): 183-185.

[19] DEURSEN T V. Attacks on RFID Protocols[J]. Information Security Theory & Practice Smart Devices, 2008, 310: 1-56.

[20] PHAN C W, WU J, OUAFI K, et al. Privacy Analysis of Forward and Backward Untraceable RFID Authentication Schemes[J]. Wireless Personal Communications, 2011, 61(1): 69-81.

[21] TUYLS P, BATINA L. RFID-tags for anti-counterfeiting[C]// Topics in Cryptology-CT-RSA 2006, The Cryptographers' Track at the RSA Conference 2006, San Jose, February 13-17, 2006. Berlin, Heidelberg: Springer, 2006: 115-131.

[22]　SCHNORR C P. Efficient signature generation by smart cards[J]. Journal of Cryptography, 1991, 4(3): 161-174.

[23]　BATINA L, GUAJARDO J, KERINS T, et al. Public-key cryptography for RFID-tags[C]//Fifth Annual IEEE International Conference on Pervasive Computing and Communications Workshops (PerComW'07), New York, March 19-23, 2007. Los Alamitos, CA: IEEE Computer Society, 2008: 217-222.

[24]　OKAMOTO T. Provably secure and practical identification schemes and corresponding signature schemes[C]// Advances in Cryptology-CRYPTO'92, Santa Barbara, California, August 16-20, 1992. Berlin, Heidelberg: Springer, 1992: 31-53.

[25]　LEE Y K, BATINA L, VERBAUWHEDE I. EC-RAC (ECDLP Based Randomized Access Control): provably secure RFID authentication protocol[C]//Proceedings of the 2008 IEEE International Conference on RFID, Las Vegas, April 16-17, 2008. Piscataway, NJ: IEEE, 2008: 97-104.

[26]　窦勤颖, 姚青. 条码技术的发展及其应用[J]. 计算机工程与科学, 2003, 25(05): 50-52.

[27]　国家技术监督局四一七条码[M]. 北京: 中国标准出版社, 1998.

[28]　张成海, 郭卫华. QR Code 二维码[M]. 北京: 中国标准出版社, 2000.

[29]　刘雨龙. 移动互联网环境下基于二维码的安全认证及应用研究[D]. 重庆邮电大学, 2016.

[30]　钱志鸿, 刘丹. 蓝牙技术数据传输综述[J]. 通信学报, 2012, 33(4): 143-151.

[31]　Bluetooth SIG. Specification of the Bluetooth system: Core Package version 2.1 + EDR [S][EB/OL]. Availablefrom http://www.bluetooth.com, July, 2007.

第4章

用 户 是 谁

　　生活在一个高度信息化的社会，越来越多的人察觉到信息保护的重要性，身份认证已经渗透到人们生活的各个方面，金融、电子商务、网络安全、门禁安全等无一不需要可靠的身份认证。随着互联网技术的发展，传统的密码验证，如数字密码、字符密码以及数字字符的组合密码逐渐无法满足用户对于隐私保护的要求。因此，人们对更可靠、更方便的身份鉴别方法的需求越来越迫切。利用用户本身所具有的生物特征来进行认证的方式应运而生，相比传统认证手段，生物认证对于每个用户来说都是独一无二的，具有可靠的身份信息。常见的生物认证包括人脸识别、指纹识别、语音识别、手写签名特征识别、掌纹识别、虹膜识别、静脉识别、走路姿态识别，等等。

4.1　人 脸 识 别

　　人脸作为生物识别的一个重要特征，在档案管理系统、安全验证系统、公安系统的罪犯追踪、视频监控等方面有着很广阔的应用前景。其采集手段十分简单、方便、隐蔽，使用者也不会因为隐私等问题而产生抗拒心理，已经广泛用于公安部门的罪犯追踪、普通的身份验证和鉴别系统等应用场景。人脸识别在计算机视觉领域中的应用最为广泛，在绝大多数的视觉场景中均可作为一种可靠的身份认证手段。

4.1.1　基本概念与应用背景

1. 基本概念

　　人脸识别就其一般性的应用场景来区分，常常被分为两类：一是身份识别，也就是识别图片中的人脸，并将其正确分类，通俗地说就是这张人脸属于数据库中的哪一个人；二是身份验证，将待检测人脸图片和数据库中存放的已知身份信息的人的脸部图片进行一一比对，判断这一对图片是不是同一个用户。这两项看似有所区别，但是其实质上是类似的，需要解决的目标都是将人脸图片转化为可区分的人脸特征向量，然后利用这些特征向量来完成人脸识别和分类。

虽然基于传统图像处理的人脸识别方法的研究已经取得了丰硕的成果，但是随着实际应用场景的多样化和场景条件的复杂化，这些方法在实际应用中多多少少依然会受到这些复杂的自然条件的影响和限制，这使得人脸识别技术在实际应用中受到了挑战。例如，人脸是一个三维的非刚性物体，不同的姿态、不同的表情以及不同的光源会使人脸在图像上显示出多种多样的变化；是否戴眼镜、是否戴口罩、不同的发型等，都会对识别效果产生很大的影响。

与其他生物特征识别技术相比，人脸识别在可用性方面具有独特的技术优势，这主要体现在：

（1）可以隐蔽操作，尤其适用于安全监控。这一特点适用于解决重要的安全问题、犯罪监控与网上抓逃等应用，这是指纹、虹膜、视网膜等其他人体生物特征识别不能比拟的。

（2）非接触式采集没有侵犯性，容易被接受。这一特点不会对用户造成生理上的伤害，也比较符合一般用户的习惯，容易被大多数用户接受。

（3）具有方便、快捷、强大的事后追踪能力。基于人脸的身份认证系统可以在事件发生的同时记录并保存当事人的人脸图像，从而可以确保系统具有良好的事后追踪能力。例如，人脸识别用于考勤系统时，管理人员可以方便地对代打卡进行事后监控与追踪，这是其他生物特征识别不具备的性质（一般人不具备指纹、虹膜鉴别能力）。

（4）图像采集设备成本低。目前，中低档的 USB CCD/CMOS 摄像头的价格已经非常低廉，基本成为标准的外设，极大地扩展了其使用空间。另外，数码相机、数码摄像机和照片扫描仪等摄像设备在普通家庭的日益普及进一步增加了其可用性。

（5）更符合人类的识别习惯，可交互性强。例如，对于指纹、虹膜等识别系统，一般用户进行识别往往是无能为力的，而对于人脸来说，授权用户进行交互可以大大提高系统的可靠性和可用性。

当然，人脸作为生物特征识别技术也有其固有的缺陷，这主要体现在：

（1）人脸特征稳定性较差。尽管面部通常不会发生根本性的变化（整容、毁容、故意伪装外），但是人脸有极强可塑性的三维柔性皮肤表面，会随着表情、年龄等的变化而发生变化，皮肤的特性会随着年龄、妆容乃至整容、意外伤害等发生很大变化。

（2）可靠性、安全性较低。尽管不同个体的人脸各不相同，但人类的面孔总体是相似的，而且地球上人口如此众多，以至于很多人的面孔之间的差别是非常微妙的，因而在技术上实现安全可靠的认证是相当有难度的。

（3）图像采集受各种外界条件的影响较大。图像的摄制过程决定了人脸图像识别系统必须要面对不同的光照条件、视角、距离变化等非常困难的视觉问题，这些成像因素会极大影响人脸图像的表现，从而使得识别性能不够稳定。

上述这些缺点也使得人脸识别成为一个非常困难的挑战性课题，尤其是在用户不配合、非理想采集条件下，更成为目前的热点问题。目前市面上优秀的人脸识别系统也只能在用户比较配合、采集条件比较理想的情况下才可以基本满足一般应用的要求[1-2]。当然，随着技术的进步，这些问题应该可以逐步解决，从而使得自动人脸识别技术能够更好地满足公众的期望。

2. 应用背景

现如今，随着计算机视觉的相关理论与应用研究的快速发展，计算机视觉技术在日常生活中应用的优越性也日益突显出来。用计算机对图像进行识别，是计算机从相关的视频或图像序列中提取出相应的特征，从而让计算机"理解"图像的内容并能正确分类的技术。安防意识的提升也让人们对于公共以及个人的安全需求不断提升，使得计算机视觉在人脸识别、人脸检测等方面有了很高的应用价值。图 4.1 展示了人脸识别的场景应用。

(a) 门禁身份认证　　　　　　　　　(b) 面容支付

图 4.1　人脸识别应用场景

按照应用领域进行划分，人脸识别的应用领域相当广泛，主要有以下几方面：

(1) 公共安全：包括公安刑侦追逃、罪犯识别、边防安全检查等。

(2) 信息安全：包括计算机和网络的登录、文件的加密和解密等。

(3) 政府职能：包括电子政务、户籍管理、社会福利和保险等。

(4) 商业企业：包括电子商务、电子货币和支付、考勤等。

(5) 场所进出：包括军事机要部门、金融机构的门禁控制和进出管理等。

(6) 证件鉴别：包括身份证、护照、学历证明的真伪鉴别等。

3. 人脸识别系统

一个完整的人脸识别系统如图 4.2 所示。人脸的生物特征具有总体结构相似性和局部结构差异性，因此需要通过人脸检测过程提取人脸区域，将人脸从背景图案中分离出来，为后续提取人脸差异性特征提供基础。传统的人脸检测方法主要依靠人脸的结构特征、肤色特征来进行检测。最近兴起的基于深度学习的人脸检测方法，相对于传统方法不仅耗时缩短，且准确率得到有效提升。对分离出来的人脸进行人脸识别，是一个对规范化的人脸图像进行特征提取和对比辨识的过程，目的是得到图像中人脸的身份。

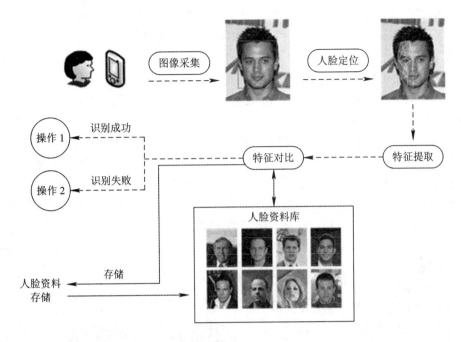

图 4.2　人脸识别系统

4. 人眼视觉对自动人脸识别的启示

（1）人脸识别是不是一个特定的过程[3]。

人类的人脸识别机制是否完全不同于其他一般物体的识别，人类大脑皮层中是否存在专用的人脸识别功能区，这是很多研究人员长期争论不休的焦点问题之一。有学者认为，人脸识别与其他物体的识别没有区别，均使用相同的识别机制，人类大脑皮层中也不存在专门的人脸识别功能区，因此建议人脸识别系统需要更强调识别框架的研究。而更多的研究人员则认为人脸识别是一个特殊的过程，由专门对应的大脑皮层完成人脸这种特殊对象的识别。该论点最有力的证据是"人脸识别能力缺失症"患者的存在，患有此症的人可以正常识别其他物体，甚至可以正确识别鼻子、眼睛和嘴巴等人脸器官，但就是不能认出熟悉的人脸，于是有理由怀疑其人脸识别功能区遭到了破坏，因而建议人脸识别系统需要利用人脸对象的特定领域知识以便达到更加可靠、鲁棒的识别。实际上，目前不少人脸识别系统都利用了人脸模式的特定领域先验知识，形成了特定的识别机制。

（2）全局特征与局部特征孰轻孰重。

全局特征主要包括人脸的肤色特征（如白皙、黝黑）、总体轮廓（如圆脸、鸭蛋脸、方脸、长脸等）以及面部五官的分布特征。局部特征则主要指面部五官的特点，如浓眉、丹凤眼、鹰钩鼻、香肠嘴、八字须、尖下巴等，以及面部的一些奇异特征，如黑痣、胎记、伤痕等。一种被广泛接受的观点认为：全局特征和局部特征对于识别都是必要的，但是全局特征一般用来进行粗略的匹配，局部特征则提供更为精细的确认。但是，如果存在独特的局部特征（如刀疤、黑痣等），则这些局部特征优先被用来确定身份。

（3）面部特征对识别的重要性分析[3]。

不同的面部区域对人脸识别的重要性是不同的。一般认为面部轮廓、眼睛和嘴巴等特征对人脸识别更重要，人脸的上半区域对识别的意义明显比下半区域更重要。发型的变化对人脸识别同样也是重要的，但是发型是可变的且变化的幅度会比较大，尤其是对于年轻人群体和女性群体，因此一般来说，发型不能作为人脸识别的特征来使用。另外，正脸和侧脸情况下，五官的重要性是明显不一样的，在侧脸情况下，鼻子对识别的重要性要高于其他特征，这主要是因为在侧脸人像中鼻子区域包含了若干个关键的特征点。因此，对于人脸识别系统的分类器而言，不同的面部区域应该对最终的识别结果有不同的贡献率。

（4）异族人脸识别困难现象。

很多黄种人都有这样的体会，见到足够多的白种人之前，区分不同的白种人往往是比较困难的，这也就揭示了人脸识别中经常存在的异族人脸识别困难现象。这说明了人类的人脸识别能力（至少其中一部分）很可能是后天学习来的，但即使是这样，对于训练集中的样本差异较大的异族人脸，仍然不能做到完美识别。这说明作为先验知识的载体的训练集的特性在其中起到了重要作用。对于人脸识别系统而言，这涉及识别算法的适应性和泛化能力问题，一方面需要尽可能大的训练集，另一方面也需要训练集必须具有较大的覆盖能力，以便最终得到的识别算法不至于只能用于特定类型的人脸识别。

（5）人物面部漫画的启示。

人物漫画是我们经常能够看到的，图 4.3 给出了几张漫画头像。不难看出，漫画刻意夸大了人脸中最为突出的个性化特征，这些特征进一步加深了我们对于人物面部特征的认知，从而使我们更容易记住这些人脸。人脸识别系统应该强调提取"与众不同"的个性化特征，比如最直接的做法可能就是提取偏离平均脸的特征，而基于线性判别分析的人脸

图 4.3　漫画头像[4]

识别系统往往尽可能提取不同人脸之间的差异用于最终的识别。

（6）性别和年龄对识别性能的影响。

多项研究表明，女性的识别要比男性的识别更加困难，一般认为这与女性更多的习惯化妆有关，另外，女性老化速度较快也可能是一个原因，而男性则很少化妆，而且老化的速度也相比女性要缓慢[2]。除此以外，年轻人的识别要比老年人的识别更难，这也与年轻人会较常打扮、改变发型以及他们的生理心理变化较多有一定关系，而老年人则相对稳定。

（7）频域特征与人脸识别的关系[3]。

有研究表明，不同空间频段信息对于识别的贡献和作用是不同的。例如，要完成性别的识别，低频信息往往已经足够了，而如果要区分不同人之间的微妙差别，高频分量的作用就更大。不难理解，低频分量其实更多的是对人脸图像总体分布特征的描述，而高频分量则对应局部的细节变化。例如，要想保留某人面部上一颗痣的信息，低频分量是无能为力的，必须保留足够的高频分量才可以。这些结论对于构建不同任务的人脸识别系统具有重要的借鉴意义。

（8）光照变化与人脸识别。

光照变化会大大改变人脸图像的质量，进而影响人脸识别性能[5-7]。实际上，人们很早就意识到背光环境下的拍摄得到的人脸图像是难以辨别的。而最近的研究则进一步表明：

对于下方光源照明的人脸存在识别困难[2]。这很可能与很难见到这类人脸模式因而对其学习不足有关。

上述人类视觉识别系统的特性或多或少都对自动人脸识别系统的研究提供了一定的指导意义，甚至直接影响了很多自动人脸识别系统的原理和流程。

5. 人脸识别系统设计需要注意的问题

一个实用的人脸识别系统能否有良好的识别性能主要依赖于核心识别算法的性能，但是系统设计是否合适同样在很大程度上影响应用系统的性能，良好的系统设计可能会取得事半功倍的效果，不当的系统设计则会葬送核心识别算法的前途。

1）现场环境设计与改造

人脸识别系统只有在限定条件下才能取得最佳的识别效果，因此在条件允许的情况下，必须认真设计应用系统的现场环境，必要时应对现场环境进行改造。

（1）系统应用时段内光照条件应尽量一致，尤其要尽量保证系统注册原型图像的采集条件与系统运行时的图像采集条件一致。这对于完全通过人造光源照明的应用现场而言是比较容易做到的，但对于人造光源与自然环境光源混合照明的现场来说，保持全天候 24 小时照明条件尽量一致并非易事，必要的时候要通过人造光源进行补偿，以便消除这些影响。

（2）避免逆光、测光、高光和曝光不足。逆光、测光、高光和曝光不足对于现有的多数人脸识别系统而言都是灾难性的，在这些光线条件比较极端的情况下，很多系统甚至无法检测到人脸的存在。因此，除非万不得已，应尽量避免极端光线条件。例如，尽量不要将摄像装置对准室外、窗户等，必要的时候需要通过反光板、毛玻璃等反光设备进行补偿，以便消除逆光、侧光、曝光不足等问题。

2）摄像设备选择与安装

摄像设备是人脸识别系统的"眼睛"，其采样得到的人脸图像的质量和属性在很大程度上决定了人脸识别系统的最终性能，需要慎重挑选，并进行合适的安装。

（1）摄像设备的选择。目前主流的摄像设备主要采用 CCD 和 CMOS 图像传感器，如图 4.4 所示。对于多数应用而言，应该尽量选用价格低廉的 CCD 摄像头，尽量避免选用价格高但成像质量提升小的 CMOS 摄像设备；另外，对于需要在较暗的环境下工作的应用而言，应该选择最小照明度小的产品。除非有相应的形变矫正策略，否则都应尽量使用标准焦距镜头，

图 4.4　图像传感器[8]

避免采用形变较大的广角甚至鱼眼镜头。这主要是因为人脸识别算法开发和模型训练所采用的图像多数是标准镜头摄制的，鱼眼镜头带来的形变会导致识别模型的失效。但对于一些用户不会配合的场合，使用具有变焦镜头的摄像设备可能是非常有必要的。例如，可以在检测到人脸比较小的情况下，自动变焦镜头以摄取分辨率更高的人脸图像用于识别。

对于需要在自然环境光源条件下、全天候运行的应用系统而言，具备自动光圈、白平衡和增益功能的摄像设备是必要的。自动光圈和增益调整功能使得应用系统可以根据输入

图像的明暗程度调节光圈或增益以避免过度曝光或者欠曝光；而白平衡功能则可以抵挡外界环境光源带来的色温变化，从而适应不同肤色的群体。

（2）摄像设备的安装。设备应尽量保证正面视角图像。现有的人脸识别算法的姿态鲁棒性较差，因此设备的安装应该尽量保证用户能够基本面对镜头。对于固定摄像机的场合而言，身高不同会导致视角的变化过大，可以考虑放置多个不同位置的摄像设备，在识别时对多路识别结果进行融合。人与摄像设备的距离依赖镜头的焦距情况，一般应该保证人脸位于图像的中央位置，且人脸在图像中占比要适中，不能太大也不能太小，人脸离得过近会出现严重的桶形失真。

（3）摄像设备的一致性。由于不同的摄像设备具有不同的内部参数，因此不同的设备摄制的图像会有很多隐含的差别，会在一定程度上影响人脸识别系统的性能。因此，如果能保证训练模型的图像、系统注册的图像和现场识别的图像的采集设备是统一的，识别效果就会有更大程度的保障。

3）增强人脸检测功能

人脸检测技术日臻成熟，对多数用户比较配合的应用系统而言，现有的人脸检测算法已经实现了很高的检测率，可以保证应用系统的需求。但是在很多室外应用场景下，尤其是在光照条件比较极端的情况下，如光线刺眼的中午和没有光源的夜晚，检测系统的性能会下降很多。这种场景下，可以现场重新进行学习，在现场采集典型的人脸图像，加入原有的训练集，重新训练检测模型，从而提高系统对新环境的适应能力。

4）活体判断问题

对于门禁等需要高安全系数的应用来说，活体判断（判断输入是"照片"还是真实的活体人脸）是必需的。可以设置人机交互的内容，例如要求摄像头前的用户进行眨眼、嘴部张合、转动头部等动作，系统可以依据人脸五官状态的变化情况来区分是真实的人脸还是照片[9]。人机交互需要用户的配合，而视差分析则无须用户配合。这种策略下，可以平行放置两个摄像头，计算检测到的人脸区域内的视差情况，据此给出人脸区域表面点距离摄像头光心的距离，从而可以根据距离的分布区分当前输入的是照片还是真实人脸。

5）选择合适的原型图像

对于有些应用系统而言，如犯罪库照片检索系统、敏感任务实时监控系统等用户不会主动配合的场合，每个待识别人脸的原型图像是通过其他途径获得的，通常只有少量甚至是一幅图像；而对门禁、考勤等用户需要配合的系统而言，用户是愿意配合的，原型图像可以在用户注册时现场采集，对于这类系统而言，选择合适的原型图像是非常关键的。选择原型图像时需考虑以下几方面：

（1）原型图像的数量。一般而言，较多的原型图像可以使识别模型具有更强的内插能力，从而提高系统的识别性能。但如果人脸显示模型和算法不够理想，原型图像增多就会在一定程度上加大模型学习特征的难度，同时还会使系统的空间、时间复杂度上升，用户注册时间、识别时间也相应增加，从而引起系统的可用性下降。因此，原型图像的数量依据具体应用场景应控制在 3～10 幅。

（2）原型图像的性质。如果可能，多幅原型图像应该覆盖不同的变化条件，比如不同的表情、一定程度的姿态变化、不同的摄像角度等。但需要注意的是，如果核心算法不具备姿态估计和校正能力，那么加入姿态变化过大的原型图像可能会适得其反。

（3）原型图像的有效性。对于实用的人脸识别系统而言，需人脸检测、面部特征定位难以保证 100％的正确率，如果要避免用户手工修改这一耗时而不方便的程序，系统必须具备自动的原型图像有效性测试功能。

（4）原型图像的差异性。两幅非常相似的原型图像对识别性能的贡献是非常微弱的。如前所述，自动采集注册原型图像往往又是必需的，如果不加入相应的控制策略，很容易采集到连续多幅非常相似、对识别性能毫无意义的原型图像。最简单的策略就是对每一幅新加入的原型图像都与该人脸的其他人脸图像进行匹配，只有相似度差别超过一定阈值且有效的原型图像才会被加入。

6）识别模型更新与在线学习

对于很多可以良好控制的应用而言，例如门禁系统或考勤系统，定期或者不定期地根据前一阶段的系统运行记录更新识别模型是提高识别系统性能的捷径之一，具体包括以下几方面：

（1）重新训练。将全部原型图像集及其记录的“测试集”加入训练集，重新训练识别模型，并相应地更新所有原型图像的人脸特征表示。这种模型更新对于系统性能的提升效果通常是最有效的。

（2）基于增量学习的识别模型更新。重新训练固然有效，但是代价很大不经济，需要保留全部历史的训练集，相比而言，增量学习法是一种更为经济有效的方法。

（3）更新原型图像集。更新原型图像集的意义在于可以在一定程度上解决老化问题，尤其是对于需要长期运行的门禁和考勤系统，无论是短期老化还是长期老化，都可以通过更新原型图像集来解决。

（4）自动在线学习。以上 3 种模型更新策略需要一定的脱机交互工作，而自动在线学习是对识别模型进行联机更新的方法，其最理想的模式是根据尽可能少的用户交互过程进行全自动的模型更新。

4.1.2　人脸预处理

人脸检测主要包括两个方面：人脸检测和人脸特征点检测。人脸检测主要检测图像中是否含有人脸，可将人脸从图像中裁剪出来，清除背景、噪声等无关因素，并且将不同大小的人脸调整为规范大小，如图 4.5 所示。人脸特征点检测主要是在人脸检测的基础上继续检测人脸的 5 个特征点，分别为眼瞳（左眼和右眼）、鼻子和嘴角（左嘴角和右嘴角）。通过特征点定位可以对检测到的人脸进行归一化。

图 4.5　人脸检测[10]

在这一过程中，主要的难点有两方面，一方面是人脸内在的变化，另一方面是环境外在条件的影响。人脸内在的变化是指人脸具有相当复杂的细节变化，包括：① 不同的外貌，如脸型、肤色等；② 不同的表情，如眼、嘴的开与闭等；③ 人脸的遮挡，如眼镜、头发和头部饰物以及其他外部物体等。环境外在条件的影响包括：① 成像角度的不同造成人脸的多姿态，如平面内旋转、深度旋转以及上下旋转，其中深度旋转影响较大；② 光照的影响，如图像中的亮度、对比度的变化和阴影等；③ 图像的成像条件，如摄像设备的焦距、成像距离、图像获得的途径等。

1. 人脸对齐

MTCNN[11]（Multi-Task Convolutional Neural Network，多任务卷积神经网络）将人脸区域检测和人脸关键点检测组合在一起。该模型主要采用了 3 个级联的网络，采用候选框加分类器的思想，进行快速高效的人脸检测。这 3 个级联的网络分别是快速生成候选窗口的 P-Net、进行高精度候选窗口过滤选择的 R-Net 和生成最终边界框与人脸关键点的 O-Net，如图 4.6 所示。

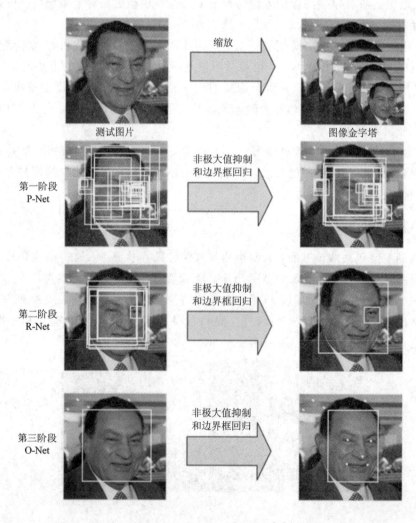

图 4.6　MTCNN 网络结构[11]

P-Net 为候选网络，是级联网络的第一层，主要作用是得到候选人脸的区域和这些区域边框的回归向量，并利用非极大值抑制算法对高度重叠的候选人脸框进行合并。

R-Net 为完善网络，通过对第一层网络候选的人脸区域进行详细分析，细化这些候选框，利用边界框回归算法和非极大值抑制算法删除错误的人脸候选框。

O-Net 为输出网络，结构与 R-Net 结构相似，该网络对候选人脸框添加了更多的监督，对候选框的筛选更加严格。除候选人脸框外，网络输出了 5 个人脸特征点。

2. 人脸归一化

非受限条件下的人脸通常会呈现出各种姿态、大小和方向，加大了后续网络的训练难度。人脸归一化即利用几何归一化将不同尺寸或旋转角度的人脸统一处理为规范的人脸图像，使深度学习可以对其进行更有效的学习，从而提升模型效果。常用的归一化操作包括仿射变换和最小二乘法。

仿射变换能够对二维图像进行线性变换和平移变换。通过线性变换，可以对人脸进行旋转和缩放。通过平移变换，可将人脸平移到图片中央，固定人脸位置。典型的仿射变换包括平移、缩放和以原点为中心的旋转变换。

要想使用仿射变换对图像进行归一化处理，首先需要求解旋转矩阵的值。最小二乘法是一种利用仿射变换进行参数估计的典型方法。

实际上，不同算法、不同模型的归一化方法不尽相同，一定程度上还取决于人脸数据集的特点与质量。有的人脸数据集进行了简单的裁剪工作，并未执行人脸校正操作，导致部分人脸图像都存在旋转问题。而有的人脸数据集提前对人脸图像进行了较为完善的预处理操作，对人脸进行定位之后还进行了对齐操作，所有人脸图像保持相同的大小。在这种情况下，标准的人脸模板和模板人脸特征点会让预处理的过程更加便捷[12-13]。

4.1.3　特征融合

该流程利用基础模型提取对应的预处理图像，获得基础特征。对基础模型提取的基础特征进行预处理后，进行融合即可得到组合特征，作为后续深度神经网络的输入。特征融合的流程如图 4.7 所示。

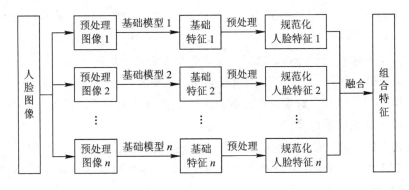

图 4.7　特征融合流程图

卷积神经网络是一种分层结构，网络在最后几层通常为全连接层。全连接层有两个作用：将学习到的原始特征表示映射到各个隐语义节点，这有利于对样本的分类；全连接层参数占整个网络参数的 80% 左右，通过将高维特征转化成低维特征，不仅可以保留有用的信息，还可以降低网络复杂度。因此，在卷积神经网络中，最后的人脸特征信息一般是由全连接层表示的。

不同模型提取的人脸特征维数相差很大，若仅仅简单地将不同模型的基础特征合并起来，则数据维度将急剧增加，且各个模型之间的贡献占比也不平衡，因此需要对维数高的基础特征进行降维。经过降维，不仅可以获得维数更低的组合特征，网络训练时间也会大大降低。如果降维得当，还可以获得更好的组合特征。

1. 特征提取

常见的人脸图像特征包括灰度特征、形状特征和纹理特征。多个人脸图像的平均就是一个简单的人脸模板，同时，人脸的眉、眼、嘴、前额、鼻梁、下颌、脸颊等区域的灰度值较高，因而人脸具有特定的灰度分布特征。对人脸区域进行水平和垂直方向的灰度投影，根据极小值点的位置即可得到眼、鼻、嘴等各自所处的区域。因此，基于灰度特征建立人脸模板可以检测人脸。从人脸子器官的形状和相互位置关系出发，提取人脸特征。人脸轮廓、眉毛轮廓、嘴唇轮廓、鼻侧线等可以近似视为椭圆、弧线、线段组合等简单的几何单元。与灰度特征相比，形状特征对光照变化具有一定的鲁棒性。可以利用低通滤波器选择一个频段，然后根据形态学的知识设定一系列的阈值以找出眼睛、嘴巴等区域，最后依照以上位置检测出人脸。人脸具有对称性，一般正面人脸是左右对称的，对应的灰度特征和形状特征基本相同；眉毛、眼睛、鼻子和嘴巴等区域是按照一定比例关系组织在一起的；各个器官自上而下排列，两眼和嘴中心构成一个三角形。人脸图像具有一定的纹理特征，可利用灰度共生矩阵或 Gabor 小波等频域特征来表征人脸图像的纹理特性。

灰度特征、形状特征和纹理特征 3 种特征各自提取方法不统一，因此可以利用多个深度神经网络来对人脸图像的特征进行提取，提取后再将多个模型得到的特征向量进行特征融合。

2. 特征降维

为了保证组合特征中不同模型的特征权重一致，需要对高维基础特征进行降维。但因为该阶段并非处于人脸识别方法的测试阶段，所以在此只能采用训练集对高维特征进行降维。

降维方法主要包括因子分析、独立成分分析和主成分分析等。

（1）因子分析。除了一些可观察到因子能够导致数据的变化和产生外，一些隐藏因子也可能导致数据发生变化。如果这些隐藏因子由某些可观察因子线性组合而成，那么就可以通过隐藏因子对数据进行降维。

（2）独立成分分析。假设原始数据是由 N 个独立数据源生成的，若数据的维数大于 N，则说明数据中有些维度由其他维度线性组合而成，因此可将数据降维到 N 维。该方法和因子分析很相似。

（3）主成分分析。原始数据中某些维度的数据可能是其他维度线性组合而成的，通过将原始数据投影到一组各坐标轴线性无关的坐标系，可以进行有效的降维。而新坐标系的产生是由数据本身决定的，第一个坐标轴是原始数据中方差最大的方向，第二个坐标轴在和第一个坐标轴线性无关的基础上，选取数据中方差最大的方向。以此类推，直到新坐标系的维度和原始数据的维度一致。此时可发现，由于每次坐标轴的选择都是原始数据中方差最大的方向，因此前几个坐标轴就可表示绝大部分的数据信息，从而实现了降维。

3. 特征融合

由全连接层提取的特征表示含有负数，这些负数不仅会增加后续网络运算的开销，而且会对后续网络的训练起到抑制作用。通过构建稀疏特征向量不仅可以去除数据中的冗余，最大可能保留数据的特征表示，而且可以大幅度缩短网络的训练时间。可以使用 ReLU 函数对基础特征做激活处理，形成稀疏特征向量。

$$z_{ij} = \begin{cases} y_{ij} & y_{ij} > 0 \\ 0 & y_{ij} \leqslant 0 \end{cases} \tag{4.1}$$

其中，y_{ij} 为经过 PCA 主成分分析降维后特征向量的值，z_{ij} 为经过激活处理后特征向量的值。

另外，在不同的基础特征中，特征值的取值范围不一样，因此需要对基础向量进行归一化。网络的初始输入值一般在 0～1 之间，即需要将同一模型中基础向量的值等比压缩到 0～1 之间：

$$z_i = \frac{z_i}{\max(\max(z_1), \max(z_2), \cdots, \max(z_m))} \tag{4.2}$$

合并经过归一化的特征向量，即可得到组合特征：$f_i = (z_i^1, z_i^2, \cdots, z_i^K)$。其中，$K$ 表示基础模型的个数，z_i^j 表示第 j 个基础模型提取得到的第 i 张图像的特征向量。

4.1.4　基于深度神经网络的人脸分类

主流的深度学习网络架构都可以作为特征提取器来使用，如 AlexNet、VGGNet、GooglNet、ResNet、SENet 等可被使用在图片分类、识别任务的网络框架中。这些模型在网络架构上差别不大，最核心的区别在于损失函数的设计。

从传统的图片分类、识别任务中迁移来的基于交叉熵的 SoftMax 损失函数性能不足以充分利用提取到的人脸特征，导致人脸识别领域中的各方面指标不太理想，因此，越来越多的研究者开始探索更优的损失函数来增强其性能与通用性。大体上，这类优化过的损失函数可以分为三大类：基于欧氏距离的损失函数、基于角度/余弦边界的损失函数、SoftMax 损失函数及其变形。

1. 基于欧氏距离的损失函数

这类损失函数是以一种度量学习（Metric Learning）的方式使得图片在欧氏空间中减少其类内方差（Intra-variance）、增大其类间方差（Inter-variance）。常见的限制损失（Contrastive Loss）函数和三元组损失函数也是基于这种思想设计的。限制损失函数作用于成对的人脸图像，将同一身份的正样本对（Positive Pairs）的损失数值缩小，并且将不同身份的负样本对（Negative Pairs）的损失扩大：

$$\boldsymbol{L} = y_{ij}\max(0, \| f(\boldsymbol{x}_i) - f(\boldsymbol{x}_j) \|_2 - \varepsilon^+) + (1 - y_{ij})\max(0, \varepsilon^- - \| f(\boldsymbol{x}_i) - f(\boldsymbol{x}_j) \|_2)$$

$$\tag{4.3}$$

其中，$y_{ij}=1$ 表示 $\boldsymbol{x}_i$ 和 $\boldsymbol{x}_j$ 是身份匹配的正样本对，$y_{ij}=0$ 表示 $\boldsymbol{x}_i$ 和 $\boldsymbol{x}_j$ 是不匹配的负样本对，$f(\cdot)$ 表示从特征提取器中所提取出的特征向量函数，ε^+ 和 ε^- 用来控制匹配或不匹配的决策边界。限制损失函数的主要问题在于选择合适的决策边界参数非常困难。

与限制损失函数关注正样本对和负样本对不同，三元组损失（Triplet Loss）[14] 函数主要关注正负样本对之间的距离，并在 Google 的 FaceNet 模型中得到了性能验证。已知一个人脸三元组，分别对应原始人脸、与其匹配的人脸和与其不匹配的人脸，将原始人脸看作锚点，最小化原始人脸与匹配人脸的距离，最大化原始人脸与不匹配人脸的距离：

$$\| f(\boldsymbol{x}_i^a)-f(\boldsymbol{x}_i^p) \|_2^2 + \alpha <- \| f(\boldsymbol{x}_i^a)-f(\boldsymbol{x}_i^n) \|_2^2 \tag{4.4}$$

其中，$\boldsymbol{x}_i^a$、$\boldsymbol{x}_i^p$、$\boldsymbol{x}_i^n$ 分别表示原始人脸 α（锚点）、匹配人脸、不匹配人脸。同样地，这种损失函数也能与 Softmax$\boldsymbol{W}_i$ 进行良好的结合优化。

2. 基于角度/余弦边界的损失函数

这类损失函数主要是让特征提取器学到的人脸特征的角度/余弦距离尽可能大。以二元分类为例，Softmax 损失函数的决策边界为 $(\boldsymbol{W}_1-\boldsymbol{W}_2)\boldsymbol{x}+\boldsymbol{b}_1-\boldsymbol{b}_2=0$，其中 $\boldsymbol{x}$ 是特征向量，$\boldsymbol{W}_i$ 和 $\boldsymbol{b}_i$ 分别为权重和偏差。将原始的 Softmax 进行改进，得到了宽边界的 Softmax（L-Softmax）[15] 损失函数，其限制 $\boldsymbol{b}_1=\boldsymbol{b}_2=0$，得到两个参与计算类别的新的决策边界 $\|\boldsymbol{x}\|(\|\boldsymbol{W}_1\|\cos(m\theta_1)-\|\boldsymbol{W}_2\|\cos(\theta_2))=0$ 和 $\|\boldsymbol{x}\|(\|\boldsymbol{W}_1\|\|\boldsymbol{W}_2\|\cos(\theta_1)-\cos(m\theta_2))=0$，其中 m 为作为角度边界的正整数，θ_i 是 $\boldsymbol{W}_i$ 与 $\boldsymbol{x}$ 之间的角度。由于余弦函数的非单调性，在 L-Softmax 中应用了分段函数的思想来保证单调性：

$$\boldsymbol{L}_i=-\log \frac{e^{\|\boldsymbol{W}_{y_i}\|\|x_i\|\varphi(\theta_{y_i})}}{e^{\|\boldsymbol{W}_{y_i}\|\|x_i\|\varphi(\theta_{y_i})}+\sum_{j\neq y_i}e^{\|\boldsymbol{W}_{y_i}\|\|x_i\|\varphi(\theta_j)}} \tag{4.5}$$

其中，$\varphi(\theta)=(-1)^k\cos(m\theta)-2k, \theta\in\left[\dfrac{k\pi}{m},\dfrac{(k+1)\pi}{m}\right]$。

考虑到 L-Softmax 损失函数收敛的困难性，可在实践中常常与传统 Softmax 损失函数相结合来确保其收敛，因此，损失函数更改为

$$\boldsymbol{f}_{y_i}=\frac{\lambda|\boldsymbol{W}_{y_i}||x_i|\cos(\theta_{y_i})+|\boldsymbol{W}_{y_i}||x_i|\varphi(\theta_{y_i})}{1+\lambda} \tag{4.6}$$

其中，λ 为动态超参数。

基于 L-Softmax，A-Softmax[16] 损失函数将权重 $\boldsymbol{W}_{L2}$ 正则化，让正则化后的向量处于超球体空间中，相应地，人脸特征向量会处于超球面流形空间中，可以根据角度边界进行学习优化。同样地，A-Softmax 采用乘法方式计算角度边距也存在难以收敛的问题。为了克服这一点，ArcFace、CosFace 提出了加性的角度/余弦边界 $\cos(\theta+m)$ 和 $\cos(\theta-m)$，并且不需要使用超参数 λ，能更清晰地、不借助 Softmax 的帮助进行收敛。与基于欧氏距离的损失函数相比，基于角度/余弦的损失函数能在超球面流形上显式添加约束，在本质上与人脸的流形相匹配，能取得更好的效果。

3. Softmax 损失函数及其变形

除了对 Softmax 基于角度/余弦边界进行修改外，还可尝试对损失函数中的特征值与权重进行正则化，以增强模型的性能，大体上可写为

$$\hat{W} = \frac{W}{|W|}, \hat{x} = \alpha \frac{x}{|x|} \tag{4.7}$$

其中，α 是表示缩放的参数，x 表示学习到的特征向量，W 表示特征提取器最后一层全连接层的权重。

4.2 指纹识别

随着社会和经济的发展，人们对身份鉴别的准确性、安全性与实用性提出了更高的要求。基于信物或口令的传统身份鉴别方式存在容易丢失、遗忘、被复制及盗用的隐患。通过辨识人的生理和行为特征进行身份认证的生物识别技术提供了一个方便可靠的解决方案。生物识别技术以生物特征为基础，以信息处理技术为手段，将生物技术和信息技术有机地结合在一起。在众多的生物识别技术中，指纹识别技术以方便易用、高准确率和低成本等诸多优势备受关注，已经成为身份认证的有效手段，在电子商务、犯罪识别、信息安全等领域得到了广泛的应用。

4.2.1 基本概念与应用背景

1. 基本概念

指纹是人体的手指表皮呈现的纹理。这些纹理由脊线和谷线构成，是由皮肤表面细胞死亡、角化并在皮肤表面累积所形成的。这些指纹的纹理在图案、断点和交叉点上是各不相同的，在信息处理中这些指纹的纹理称为特征。在人的生长早期，指纹形成后，这些特征终生保持不变，并且是唯一的。根据特征唯一性的特点，可以把一个人与其指纹对应起来，通过比较采集到的指纹特征和预先保存的指纹特征，就可以验证人的身份。这个过程称为指纹识别。

指纹图像如图 4.8 所示。其中深色为脊线(凸起部分)，浅色为谷线(凹下部分)。

图 4.8 指纹图像

人的指纹中包含了大量的信息，即特征。指纹识别算法最终归结为在指纹图像上找到并验证指纹的特征。可以用来进行指纹验证的特征有两类：全局特征和局部细节特征[17]。

全局特征是指纹中的脊线和谷线所形成的全局特定模式，是用人眼直接就可以观察到的特征，包括基本纹路图案、模式区、核心点、三角点等。根据全局特征，指纹通常可以分为 6 类[18]：双旋、斗形、左旋、右旋、拱形和帐篷型，如图 4.9 所示。

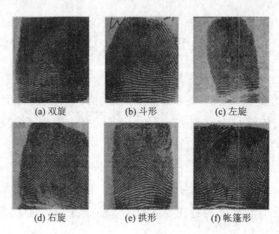

(a) 双旋　　(b) 斗形　　(c) 左旋

(d) 右旋　　(e) 拱形　　(f) 帐篷形

图 4.9　指纹类型[19]

局部特征是指纹上的特征点，即指纹纹路上的终结点、分叉点和转折点。指纹的唯一性主要由局部特征细节决定。目前，可以用于识别的局部细节特征有 150 多种，其中最基本的特征是脊末梢点、分叉点、孤立点和小孔。其他经常用到的细节特征还包括短脊、交叉点、脊线断裂和桥等，如表 4.1 所示。

表 4.1　指纹细节特征点示意图[20]

特　征	形　状	特　征	形　状
脊末梢点		分叉点	
孤立点	•	小孔	
短脊		交叉点	
脊线断裂		桥	

其中，绝大多数特征因为采集时手指按压的压力以及图像质量方面的限制，在实际中并不多见。相对而言，脊末梢点和分叉点出现的概率最高，如图 4.10 所示，这两种特征对于噪声最不敏感，而其他特征容易受噪声影响。另外，这两种特征对于指纹的脊线和谷线有相同的特征集，末梢点对应谷分叉点，分叉点对应谷末梢点，因此可以用脊模式或谷模式表示细

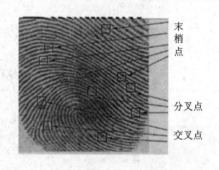

末梢点

分叉点

交叉点

图 4.10　常用的指纹图像的两种特征点[21]

节特征。

自动指纹识别系统对图像进行处理后，根据提取出的这些特征点的位置和方向进行指纹的比对。在指纹识别中，最常用的特征点就是脊末梢点和分叉点。

2. 应用背景

相对于其他生物识别技术，自动指纹识别是一种更为理想的身份认证手段，它不仅具有许多独特的信息点，更重要的是还具有很高的实用性与可行性，具体体现在以下几个方面：

（1）每个人的指纹是独一无二的，两人之间不存在相同的指纹；

（2）每个人的指纹是相当固定的，很难发生变化；

（3）便于获取指纹样本，易于开发识别系统，实用性强，目前已有标准的指纹样本库，方便了识别系统的软件开发；

（4）识别系统中完成指纹采样功能的硬件部分（指纹采集器）也较易实现；

（5）一个人的十指指纹皆不相同，这样可以方便地利用多个指纹构成多重口令，可增加系统的安全性，但不会增加系统的设计负担；

（6）指纹识别中使用的模板可以不是最初的原始指纹图，而是由指纹图中提取的关键特征信息，这样系统对模板库的存储容量要求较小；

（7）对输入的指纹图提取关键特征后，可以大大减小网络传输的负担，便于实现异地确认。

人类使用指纹来进行身份鉴定已经有很长的历史[17]。在中国，一千多年前就有了签字画押的记载。无论在法庭证词上还是民间契约上，利用指纹作为身份凭证已经得到法律上的认同。同一时期的古印度，指纹也被用于身份鉴别。现代指纹身份识别技术始于 16 世纪末期，随着指纹的唯一性和不变性特点不断被挖掘出来[22-24]，指纹在犯罪鉴别中得以广泛运用。到了 20 世纪 70 年代末，随着计算机的广泛应用和模式识别理论的发展，多个国家开始了对自动指纹识别系统的研究，很多国家都有公司或者专门的机构从事自动指纹识别技术的研究[25]。图 4.11 展示了指纹识别在现代社会中的应用。

(a) 电脑指纹解锁

(b) 手机指纹解锁

(c) 指纹打卡

图 4.11　常见指纹识别应用

3. 自动指纹识别系统

自动指纹识别系统是集光电技术、图像处理、计算机网络、数据库应用、模式识别等多种技术于一体的综合性系统。自动指纹识别系统的构成与一般的生物识别系统构成类似，如图 4.12 所示。

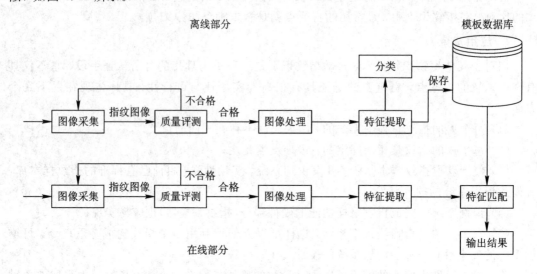

图 4.12   自动指纹识别系统的构成

为了提高指纹识别的识别率，采集到指纹图像后，首先进行指纹图像的质量评测，然后进行后续的处理。带有指纹图像质量评测模块的自动指纹识别系统由离线部分（Off-Line）和在线部分（On-Line）两部分组成。在系统的离线部分，用指纹采集仪采集指纹，提取出指纹特征并进行分类，然后将指纹特征保存到模板数据库中。在系统的在线部分，用指纹采集仪采集指纹，提取出特征信息，然后将这些特征点与保存在数据库中的模板特征点进行匹配，判断输入特征点与模板特征点是否来自同一个手指的指纹。

自动指纹识别系统的几个主要构成部分如下：

（1）图像采集。目前常用的图像采集设备有三种：光学式、硅芯片式和超声波式。

（2）质量评测。指纹采集器的采集面积一般都比较小，采集到的指纹图像易受到外界环境的影响。为了保证识别的可靠性和稳定性，需要对采集到的指纹图像进行质量评测，排除质量不满足要求的指纹，特别是在指纹登记过程中，一定要保证指纹模板的可靠性。

（3）图像处理。指纹图像处理在整个自动指纹识别系统中是非常关键的一步。通常，在采集指纹图像时不可避免地会受到干扰，需要滤除这些噪声才能正确地进行特征提取、分类和匹配等操作。图像处理主要包括指纹图像的分割、滤波增强、二值化、细化等步骤。经过图像处理，最后得到的图像是保留单像素宽的纹线的二值图像。

（4）特征提取。特征提取过程就是提取指纹细节点的过程。最常用的细节特征是 FBI（Federal Bureau of Inves）提出的细节点坐标模型，它利用脊末梢点与分叉点这两种特征来鉴定指纹。

（5）分类。指纹分类环节对于分解整个复杂的识别任务、缩小细节匹配范围和提高识别效率具有非常重要的意义。因此，在一般的指纹识别系统中都引入了指纹分类环节。提取特征后，先进行分类，再存入模板数据库。当然，如果模板的数量规模不大，则可以不进行分类。

（6）特征匹配。进行指纹特征匹配时，输入指纹通过细节特征提取产生的特征和指纹特征模板数据库中保存的特征进行比对，并给出匹配结果（正确、错误或者拒绝识别）。特征匹配是指纹识别的核心流程。

　　指纹识别有两个重要的统计性能指标：拒识率和误识率。拒识率是指纹特征拥有者被系统拒绝的概率，误识率是将冒充者识别为真正的指纹特征拥有者的概率。理想情况下，这两个概率都是零。但在实际应用中，这两个指标是矛盾的，当拒识率较低时，误识率会比较高；反之亦然。实际系统中，往往折中考虑这两个指标。通常利用 ROC（Receive Operating Characteristic)曲线反映二者之间的关系，如图4.13所示。曲线上的点表示在给定的匹配阈值下得到的拒识率和误识率。

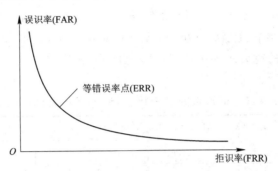

图 4.13　指纹识别的 ROC 曲线

　　影响指纹识别系统性能的主要因素有：

　　（1）高性能的指纹采集设备。目前的采集设备对手指的干湿度、清洁度等要求很高，在实际中很难保证指纹图像的质量较好。

　　（2）有效的指纹图像增强方法。指纹图像增强的目的是从较差质量的指纹图像中恢复出真实、清晰的指纹纹线结构，然而设计出能处理各种噪声的指纹增强算法非常困难。

　　（3）可靠的指纹特征提取方法。指纹识别依赖于指纹的特征，如细节点和奇异点等，提取得到的特征是否可靠会直接影响指纹识别的性能。针对质量较差的图像，设计具有鲁棒性的特征提取方法困难较大。

　　（4）高效准确的指纹细节匹配方法。指纹匹配通过细节点匹配实现，而细节点提取算法会产生虚假细节点和真实细节点。此外，指纹图像还存在各种变形，如何迅速且准确地进行细节点匹配是一项非常艰巨的任务。

　　（5）合理的指纹分类策略和准确的分类方法。指纹分类的目的是提高 $1:N$ 模式下指纹识别的效率。目前的分类方法主要将指纹划分为 Henry system 方法所定义的 5 种类型，对提高 $1:N$ 识别效率的意义不是很大。即使对这 5 种类型，也很难实现非常高的准确性。事实上，准确、一致的指纹分类对人类指纹专家也是非常困难的问题。

4.2.2　指纹图像的预处理

1. 指纹图像的评测

　　指纹采集器的采集面积一般都比较小，采集到的指纹图像质量易受外界环境的影响。为了保证整个指纹识别系统的可靠性和稳定性，需要对采集到的指纹图像进行质量评测，排除质量不满足要求的指纹，特别是在指纹登记过程中，一定要保证指纹模板的可靠性。

指纹图像质量的自动评测在自动指纹识别系统中有着重要的实际价值。

1) 指纹图像采集技术细则

1998 年，美国司法部犯罪信息系统(Criminal Justice Information Services)给出了指纹图像采集技术细则[26]，这些细则包括：

(1) 几何图像的精度。假设目标上任意两点间的实际距离为 X，该目标扫描图像上对应的两点间的测量距离为 Y，则二者之间的差的绝对值 D 应该满足条件：

$$\begin{cases} D \leqslant 0.001 & 0 \leqslant X \leqslant 0.07 \\ D \leqslant 0.015X & 0.07 \leqslant X \leqslant 1.50 \end{cases} \tag{4.8}$$

其中，D、X、Y 的单位为英寸(1 英寸＝2.54 cm)，且 $D=|Y-X|$。

(2) MTF 值。调制传递函数(Modulation Transfer Function，MTF)是一种测定镜头反差再现比或鲜锐度的镜头评估方法，每毫米的纹线数量(又称为空间频率)与 MTF 值之间的关系如表 4.2 所示。

表 4.2　每毫米的纹线数量与 MTF 值之间的关系

空间频率/(cyc/mm)	MTF 值	空间频率/(cyc/mm)	MTF 值
1	0.889～1.400	5	0.444～1.400
2	0.778～1.400	6	0.333～1.400
3	0.667～1.400	8	0.111～1.400
4	0.556～1.400	10	0.000～1.400

(3) 信噪比。数字扫描仪的信号和白噪声标准方差的比值以及信号和黑噪声标准的方差的比值都应大于或等于 125。

(4) 图像数据的灰度范围。在采集到的指纹图像中，80％的部分应具有不少于 150 个灰度等级的动态范围。动态范围是指指纹图像中具有信号内容的灰度级数量，在动态范围计算中，应排除指纹图像中带有格式的线、方框和文字，但应包括围绕在给定指纹周围的白色包络线。

(5) 灰度线性。通过 SinePatterns 公司的 M-13-60-1X 型灰度测试卡测试目标中的 14 个等级分块以作为扫描输入，对于厂商提供的反射系数值，14 个灰度等级分块的扫描结果相对于线性最小平方衰减的偏差不能大于 7.65，每个灰度等级由 0.25 英寸×0.25 英寸区域内的平均灰度值表示。

(6) 输出灰度等级一致性。输出灰度等级一致性由白色参考目标和黑色参考目标确定。其中白色参考目标是一张灰度等级为 Munsell N9 的白色渐变图像，黑色参考目标是一张灰度等级为 Munsell N3 的黑色渐变图像。此外，给定用于指纹扫描的扫描仪，白色参考目标的灰度要低于扫描仪的饱和值，而黑色参考目标的灰度则要高于扫描仪的暗电流值，以免扫描仪无法将指纹完整扫描出来。

2) 指纹图像的评测算法

以上美国司法部犯罪信息系统给出的指纹图像采集技术细则，仅仅定性地对指纹图像信噪比、灰度分布、几何扭曲等做了要求，但在实际应用中仍存在一定困难。常见的指纹图像评测算法包括：图像信噪比算法、指纹细节点法和综合评测法。

(1) 图像信噪比法。这类方法是将数字图像的图像质量方法运用到指纹图像上，计算图像的信噪比[27]经常使用的参数是均方差和最大信噪比。两幅图像 $g(x,y)$ 和 $\hat{g}(x,y)$ 之间的均方差为

$$e_{\mathrm{MSE}} = \frac{1}{MN} \sum_{n=1}^{M} \sum_{m=1}^{N} \left[\hat{g}(n,m) - g(m,m) \right]^2 \tag{4.9}$$

均方差的一个主要问题是它依赖于图像强度的缩放比例。对于一个 8 位的图像来讲，均方差达到 100 时，图像质量下滑严重；而对于 10 位的图像来讲，均方差同样达到 100 时，图像的可视效果依然较好。最大信噪比根据图像范围来调整均方差，从而避免了这个问题，其定义如下：

$$\mathrm{PSNR} = -10 \lg \frac{e_{\mathrm{MSE}}}{S^2} \tag{4.10}$$

其中，S 是最大像素值。尽管 PSNR 并不理想，但应用比较广泛，其主要缺点在于信号强度仅为估计值，在直接运用信噪比计算的方法时没有充分考虑指纹特殊的纹理特征。

（2）指纹细节点法。此方法根据提取的细节点数量来判断指纹图像的质量，提取的细节点过多或过少，都认为是质量较差的指纹图像。这种方法是在增强处理和提取细节点的基础上适用指纹识别的操作。

（3）综合评测法。这种方法先进行一次粗评测后，再进行一次细评测。粗评测评估了指纹图像的有效大小、指纹位置的偏移程度以及指纹图像的干湿程度，而细评测评估了指纹图像中奇异点的位置。

2. 指纹图像的灰度变换

指纹图像的灰度变换就是对指纹图像进行点运算，一幅输入图像经过点运算将产生一幅新的输出图像，输出图像的每个像素点的灰度值仅由相应输入的灰度值决定。点运算不改变图像内的空间关系，可扩展图像中感兴趣部分的对比度，因而该过程也称为对比度增强。

（1）指纹图像的均衡化。

图像均衡化的目的是增加灰度图像的对比度，常用的方法是直方图法。灰度直方图是灰度级的函数，描述的是图像中具有该灰度级的像素个数，其横坐标是灰度级，纵坐标是该灰度出现的频率（像素的个数）[28]。

直方图提供了原始图像的灰度值分布情况。对于指纹图像来说，理想的纹线形态由两个主要灰度值表现：在脊线区域内，灰度值应较小；在谷线区域内，灰度值应较大。这反映在灰度直方图上就是两个较明显的峰值，而且这两个峰值之间应有足够的距离。但是，对于对比度较差的图像，脊线和谷线的灰度差别较小，反映在直方图上将比较集中，这样不利于区分。

所谓直方图均衡，就是通过一定的算法将灰度值的动态范围进行拉伸，将集中的直方图均衡化，从而达到增加灰度图像对比度的目的。均衡化的步骤为：先统计小于等于像素点 i 处像素灰度值的像素数量，然后按照如下公式计算灰度映射，再按照映射后的灰度值根据灰度映射表对图像中的每个像素进行灰度值变换。

$$某点处像素新值 = \frac{小于等于该点处像素灰度值的像素数量}{图像所有像素数量} \times 100\%$$

原指纹图像、均衡化后的指纹图像以及均衡化前后的直方图如图 4.14 所示。

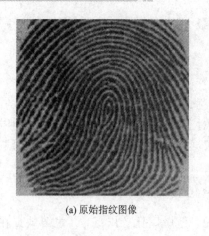

(a) 原始指纹图像　　　　　　　　　(b) 均衡化后的指纹图像

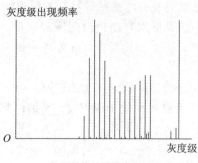
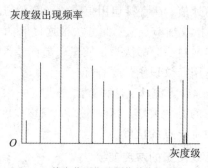

(c) 原始指纹图像直方图　　　　　　(d) 均衡化后指纹图像的直方图

图 4.14　直方图均衡化效果图[19]

可以看出，采用直方图法对指纹图像进行均衡化处理后，灰度值的动态范围被拉伸，明显提高了指纹脊线和谷线的对比度。

（2）指纹图像的归一化。

为了实现对不同灰度值的图像进行统一处理，需要对图像进行归一化处理。归一化处理的目的是调整指纹图像的灰度均值 M_0 和方差接近期望均值 VAR_0。虽然归一化不改变脊线和谷线的清晰度，但是可以减少沿着脊线和谷线方向上灰度的变化。

$$M(I) = \frac{1}{N^2} \sum_{i=0}^{N-1} \sum_{j=0}^{N-1} I(i,j) \tag{4.11a}$$

$$\text{VAR}(I) = \frac{1}{N^2} \sum_{i=0}^{N-1} \sum_{j=0}^{N-1} (I(i,j) - M(I))^2 \tag{4.11b}$$

针对指纹图像中的每一点，进行如下处理：

$$G(i,j) = \begin{cases} M_0 + \sqrt{\dfrac{\text{VAR}_0 \ (I(i,j) - M)^2}{\text{VAR}}} & I(i,j) > M \\[3mm] M_0 - \sqrt{\dfrac{\text{VAR}_0 \ (I(i,j) - M)^2}{\text{VAR}}} & I(i,j) \leqslant M \end{cases} \tag{4.12}$$

其中，$G(i,j)$ 就是像素点 (i,j) 均衡化后的灰度值。对于具有 256 级灰度值的指纹图像，一般取 $M_0 = 150$，$\text{VAR}_0 = 2000$。

均衡化和归一化效果图如图 4.15 所示。

(a) 原始指纹图像　　　　　　(b) 均衡化后的指纹图像　　　　(c) 归一化后的指纹图像

图 4.15　均衡化和归一化效果图[19]

3. 指纹图像的分割

均衡化和归一化处理后，需要对指纹图像进行分割，通过分割将指纹图像的前景、背景以及模糊区域区分出来，以避免对无效的纹线区域进行操作，从而有效减少由干扰引起的伪特征信息，提高指纹识别的正确率和效率，并减少运算量，提高整个系统的性能。

基于方向图的分割方法是应用较为广泛的指纹图像分割方法。这种方法可直接根据指纹区域上纹理的方向性，区分出指纹区域和背景区域。在有方向性引导的指纹区域，该方法能够较准确地分辨出指纹区域。但是对于纹线不连续、单一灰度等方向难以正确估计的区域以及中心、三角附近方向变化剧烈的区域，直接用这种方法进行分割的效果通常不理想。

将方差法和方向图相结合是一种良好的改进，其中方差法是基于指纹图像的灰度特性提出的。一般来说，指纹前景图像中脊线和谷线的灰度差比较大，因而其灰度统计特性中局部灰度方差很大；而对于背景区域来说，局部灰度方差较小。方向图是基于指纹的方向特性提出的。单独采用方差法对指纹图像进行分割时，不能检测出图像中噪声较严重的区域，即不能把噪声严重的区域从图像中分离出来。

Gabor 滤波器是一种窗口傅里叶变换：

$$G(x,y) = \frac{1}{2\pi\sigma_1\sigma_2}\exp\left(-\frac{x^2}{2\sigma_x^2} - \frac{y^2}{2\sigma_y^2}\right)\exp(j\omega x) \tag{4.13}$$

其中，$j = \sqrt{-1}$，ω 是纹理的频率。Gabor 滤波器是一个被 Gauss 函数调制的频率为 ω 的正弦波，由于 Gauss 函数的局部性特征，致使 Gabor 滤波器只在局部起作用，同时，因为被调制的正弦波只针对 x 坐标，所以，实际上在 y 方向上被调制的是一个直流分量。由此可见，Gabor 滤波器是一个在 x 方向上带通、在 y 方向上低通的滤波器。

利用欧拉公式将窗口傅里叶变换展开得到

$$G(x,y) = \frac{1}{2\pi\sigma_x\sigma_y}\exp\left(-\frac{x^2}{2\sigma_x^2} - \frac{y^2}{2\sigma_y^2}\right)\cos(\omega x) + j\frac{1}{2\pi\sigma_x\sigma_y}\exp\left(-\frac{x^2}{2\sigma_x^2} - \frac{y^2}{2\sigma_y^2}\right)\sin(\omega x)$$

$$\tag{4.14}$$

可以看出，Gabor 滤波器的虚部是一个奇函数。因为使用 Gabor 滤波器滤波时，积分区域总是中心对称的。所以，如果被积函数在这个区域内是中心对称的，则积分的结果为零；如果被积函数在这个区域内是中心反对称的，则积分的结果的模值最大。而 Gabor 滤波器的实部为偶函数，实部的作用和虚部恰好相反。

对于任意的被积函数，Gabor 滤波器的实部能够更好地反映出被积函数的对称性，虚部则能更好地反映出被积函数在滤波器 x 方向上的不对称性。由于这种特性，Gabor 滤波器能够用于指纹图像的分割[29]。由于指纹图像前景区域具有清晰的黑白条状纹理，使用 Gabor 滤波器的虚部滤波，其滤波结果的模值都比较大；而背景图像区域通常没有条状纹理，或者纹理不明显，其滤波结果的模值都比较小。因此，利用 Gabor 滤波器的虚部对整幅图像进行滤波，能区分出指纹图像的前景区域、背景区域和指纹模糊的低质量区域。

指纹图像分割后得到的效果图如图 4.16 所示。

(a) 原始指纹图像　　　　　　(b) 分割后的指纹图像

图 4.16　指纹图像分割后的效果图[19]

4. 指纹图像的滤波增强

指纹图像的滤波增强是自动指纹识别系统中非常关键的部分。在自动指纹识别系统中，难免会遇到质量较差的指纹图像，如指纹脊线结构紊乱、连接脊线断开、平行脊线被桥连接起来、局部区域的脊线连接模糊等现象。指纹增强就是对低质量的指纹图像采用一定的算法进行处理，使其纹线结构清晰化，尽量突出和保留固有的特征信息而避免产生伪特征信息。其目的是保证特征提取的准确性和可靠性，进一步提高整个系统的性能。图像增强的效果将直接影响指纹特征提取及识别率。

（1）空间域滤波增强。

在指纹图像中，纹线方向上的指纹变化平缓，而与纹线垂直方向上的指纹变化剧烈。对每一小块，沿着小块的方向进行空间平滑处理（去除噪声），而在垂直于小块的方向上进行增强（突出纹理）[30]。

平滑算子为

$$g(x,y) = \frac{1}{M} \sum_{(i,j) \in S} f(i,j) \tag{4.15}$$

其中：$f(i,j)$ 表示小块 S 的纹线方向上的像素点，个数为 M；$g(x,y)$ 为平滑的结果，用来代替小块 S 的中心点。

增强算子为

$$g(x,y) = 2f(x,y) - \frac{1}{N} \sum_{(i,j) \in S} f(i,j) \tag{4.16}$$

其中：$f(i,j)$ 表示垂直于小块 S 的纹线方向上的像素点，个数为 N；$f(x,y)$ 为小块 S 的中心点。对于每一个小块 S，灰度阈值 T_h 也不尽相同，它决定了脊线和谷线的界限。可以使

用垂直于小块 S 方向上的像素灰度的平均值作为阈值 T_h。当 $f(x,y)$ 大于阈值时，使 S 的中心点像素 $f(x,y)=255$，即置为白点；否则 $f(x,y)=0$，置为黑点。

（2）频域滤波增强。

对于低质量的指纹图像，可以按照区域进行增强。指纹图像可分成 3 类感兴趣的区域[31]：① 清晰的区域，很容易进行细节提取；② 可恢复的损坏区，噪点少，损坏部分肉眼可分辨；③ 不可恢复的损坏区，有严重的噪声和畸变。增强的目标是改进可恢复区的脊线和谷线的清晰度以及标出不能恢复的区域，另外不应产生假的脊线和谷线信息。频域滤波增强算法主要由图像滤波、粗略纹线提取、纹线投票、指纹增强等步骤组成。与直接从原始指纹图像提取方向信息不同，滤波增强算法首先对原始指纹图像进行滤波，有效削弱垂直于主导纹线方向的噪声，再从滤波后的图像中提取纹线的方向信息，这样将大大增强方向信息提取的可靠性。

将 8 个偶对称的 Gabor 滤波器应用于原始图像，产生 8 个滤波后的图像。对于 512×512 的指纹图像，Gabor 滤波器的中心纹线频率设定为 60，而 8 个滤波器的中心方向分别设定为 0°、22.5°、45°、67.5°、90°、112.5°、135°、157.5°。

每幅滤波后的图像在采用纹线提取算法后可获取各自的粗略纹线结构图像。纹线提取算法以滤波器方向为参数，仅对被标记的有效图像区域进行处理。

通过对各幅粗略纹线结构的图像采用纹线投票算法产生总体的纹线结构图像，以识别、标记和屏蔽不可恢复区域。

经过纹线投票算法获得的指纹图像大致体现了原始指纹图像的真实纹线结构。可以直接使用方向信息提取算法对可恢复指纹区域进行方向信息提取。因为前述步骤有效地对原始指纹图像进行了去噪处理，从纹线投票结果图像提取的方向信息要比从原始指纹图像直接提取的方向信息更加准确和可靠。利用方向信息，可以对指纹图像进行自适应增强。图像增强是基于滤波结果图像进行的，通过将方向信息提取结果用于滤波后的图像集，可产生增强图像。

经过增强后的指纹图像如图 4.17 所示。

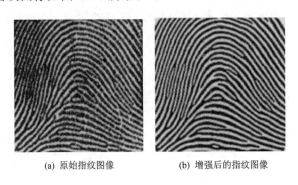

(a) 原始指纹图像　　　　　(b) 增强后的指纹图像

图 4.17　指纹增强效果[19]

5. 指纹图像的二值化

指纹图像的二值化是把灰度指纹图像变成仅用 0 和 255 两个值表示的二值图像，其中 0 表示脊线子图，255 表示背景子图，二值化过程即为将灰度图像变为黑白图像的过程。常见的二值化方法分为阈值法和方向图法。

1）阈值法

阈值法是一种按照幅度分割的方法，算法的关键在于阈值的选取。

（1）整体阈值法：先给定一个阈值 T，若图像像素的灰度大于阈值 T，则置相似灰度为白色，否则就置为黑色。

$$f(i,j) = \begin{cases} 255 & f(i,j) > T \\ 0 & f(i,j) \leqslant T \end{cases} \tag{4.17}$$

整体阈值法运行速度快，由于指纹图像的不同区域灰度不同，会丢失一些有用的信息；另外，当指纹图像质量较差时，存在较多的断处和孔状结构，对后续的处理影响较大。

（2）范围阈值法：将灰度值在规定范围内的像素变为 255，规定范围以外的灰度变为 0。

$$f(i,j) = \begin{cases} 255 & T_1 \leqslant f(i,j) \leqslant T_2 \\ 0 & \text{其他} \end{cases} \tag{4.18}$$

（3）像素比例法：使黑白像素的比值大约为 1∶1。

（4）迭代阈值法：这是一个多步的过程，阈值在迭代过程中不是固定的。

第一步，先求出图像中的最大灰度 $G_{\max}$ 和最小灰度 $G_{\min}$，并将初始阈值设为 $T(k) = \dfrac{G_{\max} + G_{\min}}{2}$；

第二步，根据阈值 $T(k)$ 将图像分割为目标图像和背景图像两部分，分别求这两部分的平均灰度 G_{aver1} 和 G_{aver2}；

第三步，求出新的阈值 $T(k+1) = \dfrac{G_{\text{aver1}} + G_{\text{aver2}}}{2}$；

第四步，对阈值进行判断，若 $T(k+1) = T(k)$，则迭代结束，否则 $k = k+1$，转到第二步继续进行迭代。

（5）局部阈值法：由像素的灰度值和该像素周围的点局部灰度特征来确定像素的阈值。

由于指纹图像的特点是纹线和谷线交错有序地排列，纹线和谷线上点的数量大致相当，因此，简单地求取灰度平均值即可得到分块区域的阈值。选取图像中小块区域的灰度平均值作为动态阈值，对于该区域内的点以该阈值进行二值化。

$$T_{\text{avg}i} = \frac{1}{N} \sum_{P_i \in S(p_i)} f(p_i) \tag{4.19a}$$

$$g(p_i) = \begin{cases} 0 & f(p_i) \geqslant T_{\text{avg}i} \\ 1 & f(p_i) < T_{\text{avg}i} \end{cases} \tag{4.19b}$$

其中，$f(p_i)$ 是原始图像 p_i 处的灰度值，N 是邻域 $S(p_i)$ 内的像素个数；$g(p_i)$ 是二值化后 p_i 处的灰度值。

2）方向图法

方向图法充分考虑到图像较强的方向性，根据纹线的走向（即方向场）进行二值化。首先利用方向滤波得到指纹的方向图，再根据方向图构建方向滤波模板，最后进行滤波得到指纹图像的二值图。

6. 指纹图像的细化

指纹图像的纹线细化处理是在不改变图像像素拓扑连接关系的条件下，连续擦除图像的边缘像素，把纹线粗细不均匀的指纹图像转化成单像素线宽的条纹中心线图像的过程。对指纹纹线进行细化的主要作用是去除不必要的纹线粗细信息，使指纹图像的数据量及连接结构变得简单明了，便于从指纹图像中提取细节特征，从而提高指纹图像的处理速度和效率。理想细化后的纹线骨架应是原始纹线的中间位置，并保持纹线的连通性、拓扑结构和细节特征。

细化算法具有以下要求[32]：① 收敛性，迭代算法必须是收敛的；② 连通性，不能破坏纹线的连通性；③ 拓扑性，不能引起纹线的逐渐蚕食；④ 保持性，保持指纹的细节特征；⑤ 细化性，骨架纹线的宽度为 1 个像素；⑥ 中轴性，骨架尽可能接近条纹中心线；⑦ 快速性，算法简单且速度快。

按照处理的顺序，指纹图像细化算法主要分为四类：串行细化算法、并行细化算法、混合细化算法以及基于指纹方向图的细化算法。

串行细化算法一次只处理当前满足条件的像素点，下一次的操作由上一次操作的结果决定，达到彻底细化的效果往往要执行多遍操作。Hilditch 经典细化算法[33]是一种典型的串行细化算法，每次扫描时删除图像上目标的轮廓像素（这些像素必须要满足一定的条件），直到图像上不存在可删除的轮廓像素为止。

并行细化算法同时对满足给定条件的像素点进行处理，即一次处理所有像素点的一个子集。Deutsch 细化算法是一种典型的并行细化方法[33]，采用两层子循环。在第一层子循环中，确定可删除的目标像素点并做标记，在第二层子循环中，扫描整个图像，将被标记为可删除的像素点删除。并行细化算法虽然提高了处理像素点的速度，但是处理图像并不是特别有效，大多数处理算法的运算靠近边缘进行，对于大块均匀区域中像素点的处理，处理器多数时间空闲。

混合细化算法则是串行细化和并行细化交互或同时进行。

基于指纹方向图的细化算法将方向图引入指纹图像的细化，并结合形态学细化算法，改进了传统细化算法不尽如人意的方面。在形态学细化中，不断剥落纹线边缘的点，直到纹线达到一个像素宽度为止。

7. 指纹图像的修复

虽然许多指纹图像增强算法能有效去除部分噪声，但是经过二值化和细化后的指纹骨架图像中仍然会出现一些断裂、污点、复杂连接等，从而导致在特征提取过程中出现伪特征点，如短脊、桥、毛刺以及小孔等。为了提高特征匹配的效率和可靠性，需要对细化后的指纹骨架图像进行修复处理。

4.2.3　指纹的特征提取及分类

1. 指纹特征提取

细节点特征提取是从输入的指纹图像中提取出有代表性的特征。对自动指纹识别系统而言，找出输入指纹图像的一个显著而又合适的特征表示至关重要。一般来说，这种表示应当具有如下特征：

（1）保持原始图像的可区分性，即特征能够保持指纹的独特性。

（2）紧凑性，即特征表示中不应当含有冗余的信息，且能适用不同的匹配算法。

（3）抗噪声和形变能力强，无须很复杂的计算度，对指纹质量的要求不能过于苛刻。

目前，大多数的自动指纹识别都采用了基于细节点匹配的算法，这是因为指纹的细节点特征模型组成了一个有效的指纹特征表示。每个细节点特征包含了 x 坐标、y 坐标、细节点的方向和细节点的类型。目前，只有两种显著的特征被广泛应用，一种是脊末梢点，一种是分叉点。

常见的细节点提取分为两种，一种是从细化图像上提取，一种是直接从原始灰度图像上提取。

（1）从细化图像上提取细节点。该方法首先对指纹图像进行细化处理，然后通过分析细化纹线上像素点的 8 个相邻像素点来判定细节点的类型、位置，通过分析所连接的纹线段来判定细节点的方向。该方法的优点是原理简单、便于实现；缺点是细化处理较慢，且当图像质量较差时细化处理往往会产生很多畸变，如小毛刺、小环岛等，导致提取出很多虚假细节点。

（2）直接从原始灰度图像上提取细节点。该方法的基本原理是在指纹方向图的引导下跟踪指纹纹线，每前进一定距离，根据图像在与跟踪方向垂直的线段上的投影的极值确定纹线的位置，直到遇到端点和分叉点时跟踪过程终止。该方法的优点是克服了细化方法的不足，具有较高的效率和精度；缺点是实现起来较复杂，且当图像质量较差时求出的方向图不可靠，导致跟踪出现偏差，产生虚假细节点或遗漏真实细节点。

无论哪种提取方法都会产生虚假细节点，因此需要对提取出的细节点进行后处理。后处理的目的是尽可能清除虚假细节点，保留真实细节点。

细节点后处理的方法分为基于细节点邻域拓扑结构分析的方法和基于细节点在灰度图像上局部邻域分析的方法。

（1）基于细节点邻域拓扑结构分析的方法。这类方法只能在指纹细化图或二值图上进行。其做法是首先分析相邻细节点的个数、与之通过细化纹线相连的其他细节点的个数、周围细化纹线的平行性或间距、所在纹线的宽度等信息，然后根据这些信息通过一些复杂的启发式规则进行细节点真假判定。这类方法的缺陷是二值化、细化处理都会损失图像的部分信息，且可能产生新的误差，在此基础上不可能彻底清除由于二值化或细化本身错误所产生的虚假细节点。

（2）基于细节点在灰度图像上局部邻域分析的方法。这类方法的基本思想是对于提取出的细节点，获取其在原始灰度图像上的局部邻域图像，分析其统计特征，然后根据统计特征用神经网络进行真实细节点和虚假细节点的分类判定。这类方法的优点是利用了原始灰度图像的丰富信息，克服了前述方法的根本缺陷，在理论上可以实现很好的效果；缺点是细节点邻域中像素点的组合方式千变万化，需要寻找具有代表性的统计特征。

在指纹图像细化之后，指纹修复过程可以去掉绝大多数的伪特征，再经过上述伪特征的去除算法，基本上保证了指纹特征提取的可靠性。

2. 指纹分类

指纹分类对于分解整个复杂的识别任务、缩小细节匹配的范围和提高识别的效率具有非常重要的意义。经过指纹分类后，在进行 $1:N$ 模式的指纹识别时，输入指纹只需同指纹库中与其类型相同的指纹进行匹配，从而大大减少匹配次数，提高 $1:N$ 识别的速度。

指纹分类主要关心如下几个问题：

（1）指纹类型数目。指纹类型数目决定了指纹分类对提高 $1:N$ 识别效率的作用，在指纹数目一定的情况下，指纹划分的类型越多，则属于某一类型的指纹越少，从而指纹分类对提高 $1:N$ 识别效率的作用越大。

（2）指纹在各种类型中的分布概率。指纹在各种类型中的分布概率即指纹属于各种类型的可能性。在类型数目一定的情况下，指纹属于各种类型的概率分布对 $1:N$ 识别的效率也有直接影响。如果指纹属于不同类型的概率相等，则数据库中的指纹均匀分布在各种类型中，能有效提高 $1:N$ 识别的效率；反之，如果指纹属于各种类型的概率很不均衡，有些类型的指纹很多而有些类型的指纹很少，则这种分类对于提高 $1:N$ 识别的效率意义不大。

（3）指纹分类的一致性。指纹分类一致性要求将相同手指的不同指纹图像划分为相同的类型，这是指纹分类的基本要求。如果代表相同手指的指纹图像被划分为不同类型，则不可能成功地实现 $1:N$ 识别。

（4）指纹分类的准确性。指纹分类的准确性是指自动分类应能准确地将指纹划归为其所属的客观类型。例如，如果某一指纹的结构符合类型 A 的定义，那么它应该被划归为类型 A 而不是类型 B。注意不能混淆分类的准确性和分类一致性。分类的准确性是相对于指纹的客观类型而言的，而分类一致性并不关心指纹的具体类型。例如，一个指纹的结构在客观上属于类型 A，但是却被自动分类算法划归为类型 B，然而对于该指纹的不同图像，每次都被划归为类型 B。这种情况虽然不满足分类的准确性，但是符合分类的一致性要求。

（5）指纹分类的速度。相对于分类一致性和准确性来说，指纹分类的速度并不是很重要，因为指纹库中的指纹可以在后台进行分类，或者在每次添加新的指纹时对其进行分类。在 $1:N$ 识别时只需对待识别指纹进行一次分类操作。

描述指纹的分类结果时有两种表达方法。一种方法是确切地指出该指纹属于哪种类型，这种方法很直观，其缺点是一旦分类错误，将导致 $1:N$ 识别的精度下降。另一种方法是采用"模糊"分类的思想，给出连续的分类结果。其基本做法是求出一个待分类指纹和各种标准类型指纹之间的相似性后，并不将其确切地划归为某一特定的类型，而是将其与不同标准类型的相似性表示成向量形式，对应于空间中的点，然后在该空间中定义某种距离度量，根据点之间的距离来判定两个指纹在类型上的相似程度。对于连续分类，在 $1:N$ 识别时设定一定的距离阈值，待识别指纹只需同指纹数据库中与其距离小于该距离阈值的那些指纹进行匹配。这种方法的优点是通过调整距离阈值的大小可以实现任意的识别精度，即在某一阈值下没有找到与输入指纹相匹配的指纹时，可以加大阈值继续寻找，直到找到或匹配完所有的指纹。这种方法的缺点是每个待识别指纹具有不同的待匹配指纹集合，不便于指纹数据库的优化管理。

目前指纹分类的方法大致有以下几种：

（1）语法分析的方法。这种方法用预定义的语法规则表示指纹[34-35]，并对指纹进行分类。

（2）几何法。这是一种基于脊线几何形状[36-37]的分类方法。

（3）随机法。这种方法采用隐马尔可夫模型分类器（Hidden Markov Model Classifier）对提取得到的特征进行分类[38-39]。

（4）基于神经网络的方法。该方法一般基于多层感知器或自组织映射网络，特别是运用以改进的 BP 网络为代表的神经网络实现指纹分类，拥有良好的自学习能力和容错能力。目前，神经网络方法在指纹识别技术中的应用较为广泛，但是神经网络方法容易陷入局部最优和过学习。学习能力和推广能力是一对矛盾，学习能力过强势必会影响到推广能力，神经网络的过学习问题是只顾及学习能力，而使推广能力受到很大的影响。所谓过学习，就是过分地追求样本训练误差最小，导致预测效果不佳、推广能力下降甚至失去推广能力，也就是真实风险增加。对于有限样本的情况，采用神经网络学习时，如果网络的学习能力过强，足以记住每个样本，此时经验风险很快就可以收敛到很小甚至为零，但却根本无法保证它对未来样本能给出好的预测。

（5）基于奇异点的方法。奇异点就是指纹的全局特征点，包括核心点（Core）和三角点（Delta）。核心点位于指纹纹路的渐进中心，它是指纹中心部位脊线上曲率最大的点；三角点位于从核心点两个方向差别较大的纹路的汇聚处。指纹类型与奇异点的数量关系如表 4.3 所示。

表 4.3　指纹类型与奇异点的数量关系

	中心点/个	三角点/个
拱形（Arch）	0	0
帐篷形（Tanted Arch）	1	1（位于中间）
左旋（Left Loop）	1	1（位于右侧）
右旋（Right Loop）	1	1（位于左侧）
斗形（Whorl）	2	2

基于奇异点的方法多是基于预处理环节的方向图提取特征点[40-41]，对于指纹旋转、平移和细微的比例变化具有不变性，其关键是如何可靠地提取指纹中的奇异点，尤其是当指纹图像质量较差时如何避免产生虚假奇异点和遗漏真实奇异点。

（6）支持向量机方法。基本的支持向量机（Support Vector Machine，SVM）仅能解决二元分类问题，指纹分类属于多元分类问题，因此可以利用多个 SVM 分类器将指纹分类划分为多个二元分类问题，且两级 SVM 分类器能更好地发挥 SVM 在二元分类上的优势。两级 SVM 分类器分为粗分类和细分类。第一级粗分类器将指纹粗分类为斗形、旋形和弓形三类；第二级细分类器将斗形细分为单斗和双斗，将旋形细分为左旋和右旋，将弓形细分为普通弓形和帐弓形。支持向量机方法基于严密的数学理论，遵循结构风险最小化准则寻找最优决策边界，泛化性和灵活性很强。

4.2.4　指纹匹配算法

指纹匹配是用当前输入的指纹特征与事先保存的模板特征相比对，从而判断这两个指纹特征是否来源于同一个手指。指纹匹配基本上是自动指纹识别系统的最后一步，因此匹配算法是整个指纹识别系统中至关重要的步骤。

根据指纹细节特征的不同，指纹匹配算法主要包括点模式匹配算法、纹理模式匹配算法和图匹配算法。

1. 点模式匹配算法

点模式匹配算法的思路是，首先排除各种变形的影响，对齐两个细节点模式，然后统计两个细节点模式之间相对应的细节点个数，这种对应只能是一种近似对应，最后根据对应细节点的数目得到一个衡量相似性的匹配分值，通过匹配分值与预先设定的阈值进行比较来判断这两个细节点模式是否相同。

点模式中的每个细节点可以用如下特征向量表示：$\boldsymbol{F}_k = (x_k, y_k, \theta_k, T_k)$。其中：$(x_k, y_k)$ 为细节点的平面坐标；θ_k 为细节点处纹线切线方向角，取值范围为 $[-\pi, \pi]$；T_k 为细节点的类型，可以是纹线端点或者分叉点。模板细节点模式中的特征集合和输入细节点模式中的特征集合分别表示为

$$P = \{\boldsymbol{F}_i^P \mid i = 1, \cdots, M\}$$
$$Q = \{\boldsymbol{F}_j^Q \mid j = 1, \cdots, N\} \tag{4.20}$$

其中，模板细节点模式中的特征集合 P 包含 M 个特征点，输入细节点模式中的特征集合 Q 包括 N 个细节点，一般来说 $M \neq N$。点模式匹配算法可以表述为搜索 P 和 Q 中细节点之间的最佳对应关系，根据有对应关系的细节点数目得到匹配分值 MS，并与阈值 T 比较，如果 $\mathrm{MS} \geqslant T$，则两个细节点模式相匹配，否则判定两个细节点模式不匹配。

点模式匹配算法的原理是采用相似变换方法把两个细节点集合中相对应的点匹配起来。这些相似变换包括平移、旋转和伸缩变换等线性变换，它允许少量伪细节点的存在、真实细节点的缺少以及少量特征点的定位偏差，且对图像的平移和旋转不敏感。

2. 纹理模式匹配算法

纹理模式匹配算法能够克服点模式匹配算法的一些缺点，作为一种新的匹配思路正在受到关注和应用。该匹配算法利用 Gabor 滤波确定指纹图像中感兴趣的区域并将此区域网格化，然后用 Gabor 滤波沿 8 个不同的方向处理图像，获取指纹的整体和局部信息，并得到一个固定长度的指纹代码（Finger Code），最后比较两幅待匹配指纹代码的欧氏距离。

纹理模式匹配算法充分利用了丰富的脊线信息，在一定程度上可以克服由质量较差区域所造成的细节点难以提取的困难，在某些应用领域可以弥补细节点匹配的缺陷。但是这种方法的缺点是需要对图像进行多次卷积，运算量很大，而且难以实现较大形变指纹图像的匹配。

3. 图匹配算法

图匹配算法是一种结构模式识别方法，可以应用于指纹的分类、细节索引和匹配。当指纹鉴别专家对两个指纹进行匹配时，按照通常的思路，会首先找到指纹的中心参考点，接着按照纹线的走向旋转指纹，然后将对应位置的特征点与其周围的特征点进行比较，看它们之间的相对位置关系是否相同或相似。当相互匹配的特征点个数达到一定数量 T 时，就认为这两个指纹来自相同的手指；当这个过程中某个环节的比对结果相差较大时，就认为两个指纹不匹配。

4.3 语音识别

语音是人与人之间进行信息交流最为原始也是最为自然的手段。与其他交流方式相比，语音具有交互便捷、蕴含信息丰富的优点。进入信息化社会，语音识别技术让计算机能"听懂"人类自然语言，极大程度推动生活的智能化。由于每个人声音的独特性，语音识别被广泛应用于身份认证，尤其是给盲人等视障人群提供了极大的便利。

4.3.1　语音识别的基本概念

语音识别是实现人机自由交互、推动人工智能发展的关键技术。然而，由于传统识别方法的理论假设和实际情况相比存在较大差异，导致在现实应用中难以达到预期性能，现阶段亟待新理论的引入，加强语音信号处理的可解释性。与此同时，当前深度学习理论已经发展成熟，对于语音识别的理论与应用具有一定的借鉴作用。

进入信息化社会，特别是伴随着计算机的进一步普及以及移动互联网的高速发展，人机交互变得更加频繁，各种电子设备如智能手机等已经成为人们工作中不可或缺的组成部分，并从衣食住行等方面给我们的生活方式带来巨大影响。如果能够创造出一种可以"听懂"人类自然语言的智能系统，必然会极大推动未来生活和工作的全面智能化。

要使得机器具备能够"听懂"人类语言的功能，首先需要在技术层面上即自动语音识别领域取得突破，即利用语音识别技术将人的自然语音信号中所包含的内容信息识别出来并转换为文本，进而实现对这些文字的理解。在过去六十年间，无论是源于如何利用机器来产生自然语音的这种好奇心，还是源自实现人机交互自动化的需求，语音识别作为移动互联网时代人机接口的关键技术，吸引了很多专家学者耗费大量精力从事于这一领域的研究，并获得了很多技术成果。

4.3.2　语音识别的基本原理

语音识别系统通常由声学特征提取及后处理、语言模型、声学模型以及解码器等模块所构成。从原始语音数据中提取得到的声学特征经过统计训练得到声学模型，作为识别基元的模板，结合语言模型，经过解码器处理后输出相应的识别结果。

目前主流的语音识别系统基本上都是以隐马尔可夫模型（Hidden Markov Model，HMM）为基础所建立的，这是一种基于统计的模式识别方法。系统首先将原始语音信号经过特征提取进行矢量化，转换为相应的特征向量，在给定语音特征序列为 $\boldsymbol{O}_1^{\mathrm{T}}=\{o_1,o_2,\cdots,o_T\}$ 的情况下，配合声学模型和语言模型，根据最大后验概率准则，产生相应的词序列 $\widetilde{\boldsymbol{W}}$：

$$\widetilde{\boldsymbol{W}}=\underset{\boldsymbol{W}}{\operatorname{argmax}}P(\boldsymbol{W}\mid \boldsymbol{O}_1^{\mathrm{T}})=\underset{\boldsymbol{W}}{\operatorname{argmax}}\frac{P(\boldsymbol{O}_1^{\mathrm{T}}\mid \boldsymbol{W})P(\boldsymbol{W})}{P(\boldsymbol{O}_1^{\mathrm{T}})} \tag{4.21}$$

式中：$P(\boldsymbol{W})$ 是语言模型，代表给定词序列 $\boldsymbol{W}$ 出现的概率；$P(\boldsymbol{O}_1^{\mathrm{T}}|\boldsymbol{W})$ 是声学模型，代表在给定词序列为 $\boldsymbol{W}$ 的情况下，输出声学特征序列为 $\boldsymbol{O}_1^{\mathrm{T}}$ 的概率；$P(\boldsymbol{O}_1^{\mathrm{T}})$ 是观察到声学特征序列 $\boldsymbol{O}_1^{\mathrm{T}}$ 出现的概率，与词序列 $\boldsymbol{W}$ 的选择无关，故可被忽略掉。因而，上述公式可变为

$$\widetilde{W} = \underset{W}{\mathrm{argmax}} P(W \mid O_1^{\mathrm{T}}) P(W) \qquad (4.22)$$

对公式的右边部分取对数，进一步改进得到

$$\widetilde{W} = \underset{W}{\mathrm{argmax}} \{\log P(W \mid O_1^{\mathrm{T}}) + \lambda \log P(W)\} \qquad (4.23)$$

式中，$\log P(O_1^{\mathrm{T}} \mid W)$ 代表声学得分，$\log P(W)$ 代表语言得分，分别通过相应的声学和语言模型计算得到。由于声学模型和语言模型通常是分别由声学特征训练库和文本语料库两个不同的语料训练得到的，因此式中加入一个可调参数 λ 来权衡这两个模型对于词序列 W 选择的贡献程度。

4.3.3　语音特征提取

声学特征是描述声学信号特性的重要参数，与识别系统的性能密切相关。只有提取到反映信号本质的信息，才能将这些参数应用于高效的模式识别处理，如分类、回归等。就语音识别而言，由于不同人之间存在性别、年龄以及发音习惯等方面的差异，同时生理和心理情况等也随时间不断变化，导致人们尽管表达相同内容，产生的语音信号也会存在或多或少的差别。如何将声学特征中与说话人相关的个性部分尽可能过滤掉，同时尽量保留表达相同内容的共性，这对于语音识别性能的提升至关紧要。

1. 语音特征类别

声学特征的提取既是对原始波形信号进行压缩的过程，同时也是对信号进行解卷积的过程。由于语音信号是短时平稳信号，在较短时间内（普遍认为 10～30 ms）其信号特性能够保持相对稳定，故对语音信号的特征提取必须建立在"短时分析"的基础上[42]。语音识别中常用的声学特征包括：线性预测系数 LPC、倒谱系数 CEP、梅尔（Mel）频率倒谱系数 MFCC 以及感知线性预测系数 PLP 等。

其中，线性预测系数是从人的发声机制出发，以声道短管级联模型为基础，假定 n 时刻的信号可以通过之前若干时刻信号的线性组合来表征的。当实际说话人语音的采样值和线性预测估计值之间的均方误差达到最小值时，即可提取得到线性预测系数[43]。

倒谱系数则是基于同态处理方法，通过先求语音信号的离散傅里叶变换（Discrete Fourier Transform，DFT），再对离散频谱取倒数，最后求反傅里叶变换（Inverse Discrete Fourier Transform，IDFT）得到。这种求倒谱系数的方法能够提取到相对稳定的特征参数。

不同于线性预测和倒谱的特征，梅尔频率倒谱和感知线性预测在一定程度上参考了人耳感知音频信号的机理，在频域进行解卷积而得到了声学特征。提取 MFCC 特征的时候，首先采用 FFT 将信号从时域映射到频域上，再用一组在 Mel 频域刻度均匀分布的三角滤波器对其对数能量谱进行卷积，最后用离散余弦变换的方法对滤波器组的输出进行处理，保留前面若干个系数。而 PLP 则是先用 Durbin 法计算得到相应的 LPC 参数，再计算自相关系数，最后通过对数能量谱的离散余弦变换得到的。

2. 特征处理

从语音波形信号中提取到声学特征后，为了提高特征的鲁棒性，通常还需要对这些原始的声学特征进行归一化处理。

常用的特征归一化处理技术包括倒谱均值方差归一化（CMVN）、声道长度归一化

(VLTN)以及相关频谱(RASTA)滤波等[44]。其中,CMVN 有助于降低信道和卷积加性噪声的影响,减少听觉失真;VLTN 通过将不同说话人的声道长度进行归一化,使得相同内容语音之间的谱分布尽可能接近;RASTA 滤波能够去除卷积信道噪声,提高系统的抗噪性能。

4.3.4　声学模型

声学模型是语音识别系统的重要组成部分,用于描述声学基元产生特征序列的过程。对于一个给定的声学特征矢量,可以根据声学模型来分别计算它属于各个声学基元的概率,从而依据最大似然准则将特征序列转换为相应的状态序列。

1. 声学基元选择

选择合适的声学基元是声学建模中最先遇到的问题。其选择需要解决三个问题,即基元的可训练性、可推广性以及精确性等。可训练性体现为能否获得足够的训练语料完成对各个基元的训练;可推广性着重考虑在识别系统所处理的词汇集发生变化的情况下,增加新的基元是否会对原先的基元集合造成影响;精确性则表现在基元是否具有对声学特性的完备描述。

语音识别中常用的声学基元包括词、音节、声韵母以及音素等。英语一般采用上下文相关的音素作为建模基元,而汉语的声学建模则往往会采用音节或者声韵母作为基元。

考虑到语音产生过程存在协同发音的现象,即每个发音由于受到相邻音的影响而发生畸变,通常会选择上下文相关的声学单元作为建模基元。这种将上下文信息融入基元的方法,如果仅考虑前一个发音对当前发音的影响,则称为双音子模型(Bi-Phone);如果综合前一个发音和后一个发音的影响,则称为三音子模型(Tri-Phone)。上下文相关的建模方法极大地提高了声学模型的鲁棒性,但也导致基元数量的急剧增长,降低了模型的可训练性。为解决这一问题,通常在模型级、状态级或者混合高斯模型的混合分量级采用聚类的方法,这样有效地缓解了训练数据稀疏问题,从而保证了模型的可训练性。

目前对声学建模基元的研究已经发展到五音子(Quinphone)[45]和七音子(Septaphone)[46]等更复杂的模型。

2. HMM 声学建模

目前绝大部分的语音识别系统在进行声学建模时,都采用了隐马尔可夫模型,用于描述语音内在隐含状态和时间序列的转换机制。

HMM 本质上是一个双重随机过程,一方面,它是一个隐含的有限状态马尔可夫链,状态之间不断发生转移,但无法直接观察到状态序列,只能通过观察向量间接反映出来,即它是一个隐随机过程;另一方面,它是一个由隐含状态决定观察值的随机过程,对于任意给定状态,可以一定概率随机输出相应的观察矢量。

语音的形成可视为与 HMM 相类似的随机过程:根据说话场景需要以及语法规则,大脑不断给发音器官发出相应的指令序列,这个不可观察的控制过程与状态转移过程相对应;同时在给定发音指令的前提下,具体产生的语音信号虽然随着说话人的生理及心理变化而有所不同,但还是具有统计稳定性,这个可观察序列与输出观察值的随机过程相吻合。正是因为 HMM 能够对语音这种整体非平稳和局部平稳的特性提供相对合理的数学解析，并且对类似语音这种时间序列信号有极强的建模能力，使它得以在语音识别中作为声学模型的基础模块被广泛应用。

HMM 可以用以下五个参数来进行描述，即

$$M = \{S, O, A, B, \pi\}$$

式中：S 表示 HMM 模型所包含的有限隐含状态的集合；O 表示每个隐状态对应的可能观察值所组成的集合；A 表示状态之间的转移概率，可用一个矩阵来表示；B 表示给定状态的前提下取相应输出观察值的概率；π 表示由系统初始状态概率所构成的集合。HMM 用作声学模型时，其结构如图 4.18 所示，图中 b_{ij} 表示状态 i 到状态 j 的转移概率。

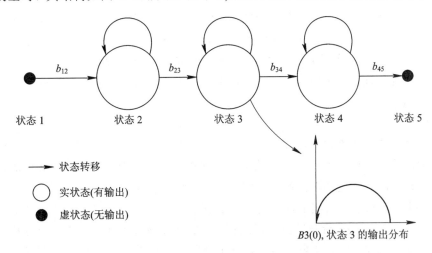

图 4.18 基于 HMM 的声学模型结构图

语音信号特征分布难以用简单的概率分布模型来直接描述，在主流语音识别系统中通常采用高斯混合模型来对语音信号分布进行拟合，这种拟合主要以高斯混合形式来描述输出概率 B，即

$$b_{ij}(O) = P(O \mid i, j) = \frac{1}{(2\pi)^{p/2} \mid \sum ij \mid^{1/2}} \exp \left\{ -\frac{1}{2} (O - \mu_{ij}) \sum_{ij}^{-1} (O - \mu_{ij}) \right\} \quad (4.24)$$

式中，O 表示输出状态，对应特征观察矢量；i 和 j 分别表示相邻两个的转换状态；p 表示混合数；μ_{ij} 和 $\sum ij$ 分别表示从状态 i 到状态 j 转换过程中输出状态的均值和方差。

根据输出概率不同，HMM 模型可分为离散隐马尔可夫模型（Discrete Hidden Markov Model，DHMM）、半连续隐马尔可夫模型（Semi Continuous Hidden Markov Model，SCHMM）和连续隐马尔可夫模型（Continuous Hidden Markov Model，CHMM）三大类。如果按模型精度比较，CHMM 模型的精度最好，DHMM 模型最差，SCHMM 模型居中；按训练复杂度比较，则正好相反。

3. 声学模型训练准则

目前主流的声学建模方法中，最常用的声学模型训练是基于最大似然准则（Maximum Likelihood Estimation，MLE）来完成的，这与 MLE 自身的一些优点密不可分[46]：其一，通过 MLE 所提供的一种高效算法对声学特征进行训练，可以获得一个具有较高精度的声学模型；其二，期望最大化（Expectation Maximization，EM）及 Baum-Welch 等优化算法的

研究使得 MLE 估计降低了对文本标注在精度上的要求，并能保证在每次迭代训练中对目标函数进行优化[47]。

但是由于 MLE 估计在理论方面所假设的一些前提条件和实际并不完全相符，譬如MLE 理论上要求有无限多的数据来估计模型参数，而在实际中训练数据和模型相比较总是存在稀疏问题，导致它始终无法达到最优分类器的性能水平。与 MLE 这种生成性准则相比，对声学模型进行区分性训练的方法在近年来得到了更多的关注。区分性训练主要以降低识别错误、优化识别效果为目标，更偏重在模型间的边界进行调整，直接对识别系统性能产生影响。语音识别中常用的区分性训练准则包括：最小分类错误准则（Minimum Classification Error，MCE）、最大互信息估计准则（Maximum Mutual Information Estimation，MMIE）以及最小音素错误准则（Minimum Phone Error，MPE）等[48]。采取基于区分性的训练准则训练声学模型时，通过增强不同声学建模基元之间的区分度，能够显著提高识别系统的性能，这是目前语音识别系统中声学建模研究的一个热点问题。

4.3.5　语言模型

语言模型是描述人类语言习惯的一种方式，体现了词与词之间组成结构的内在规律。语音识别中所采用的语言模型对应于从基元序列识别到词概率计算，其对这种语言变化规律描述的准确程度，会直接影响到系统性能。根据产生方式的不同，语言模型可以分为两类：其一是基于规则的文法型语言模型，需要语言学专家根据自身的语言学知识，通过对日常生活中的语言现象进行归纳总结得到；其二是基于统计的语言模型，通过从大量的实际文本数据训练形成。后者从数学角度弥补了规则语言模型无法处理大规模真实文本的缺陷，并凭借着能够对词序列进行精确化描述的优点，已经在语音识别、机器翻译等多个领域中被广泛采用。

语言模型本质上属于概率模型，即通过概率方式来表示语言中所有词序列（即句子）在实际场景中出现可能性的大小，而非简单判断是否符合语法规则。

给定一个由词序列 $W_1^n = \{W_1, W_2, \cdots, W_n\}$ 组成的句子 S，用概率方法来描述它出现的可能性，可以表示为

$$P(S) = P(W_1^n) = P(W_1)P(W_2 \mid W_1)P(W_3 \mid W_2W_1)\cdots P(W_n \mid W_1W_2\cdots W_{n-1})$$

(4.25)

式中，$P(W_1)$ 表示第一个词 W_1 出现的概率，$P(W_2 \mid W_1)$ 表示在已知第一个词为 W_1 的前提下，第二个词为 W_2 的概率；以此类推，第 K 个词的出现概率与位于它前面的 $K-1$ 个词出现情况有紧密联系。但是，如果直接利用上式进行统计，不仅会出现计算量随着 N 的增大而增大导致维数灾难的问题，同时模型训练也会存在严重的数据稀疏问题。

1. 统计语言模型类别

根据训练方式的不同，统计语言模型主要可以分为 N-gram 语言模型和 N-pos 语言模型两大类。

1）N-gram 语言模型

N-gram 语言模型是由 IBM 的 Fred Jelinek 在 20 世纪 80 年代正式提出来的[49]，这是一个形式优美且功能强大的统计模型。根据马尔可夫假设，假定当前词 w_i 的出现概率只

与它前面的 $N-1$ 个词 $W_{i-N+1}, W_{i-N+2}, \cdots, W_{i-2}, W_{i-1}$ 有关，则词序列出现的可能性为

$$P(S) = P(W_1^n) = P(W_1)P(W_2 \mid W_1)P(W_3 \mid W_2W_1) \cdots P(W_n \mid W_{n-N+1}W_{n-N+2} \cdots W_{n-1}) \tag{4.26}$$

这种对词序列记忆长度进行约束的语言模型统称为 N-gram 统计语言模型，模型中各个词的概率参数可以通过对大量的文本语料进行计算得到。特别地，对于二元语言模型，词 W_i 和 W_{i-1} 在整个统计语料库中连续出现的次数为

$$P(W_i \mid W_{i-1}) \approx \frac{\text{count}(W_iW_{i-1})}{\text{count}(W_{i-1})} \tag{4.27}$$

式中，$\text{count}(W_{i-1})$ 表示词 W_{i-1} 在文本语料中出现的次数。

由于受到计算量的约束，在实际应用中 N 的取值范围一般保持在 10 以内，比较常用的有基于二元的 Bi-gram 和基于三元的 Tri-Gram 语言模型，这是一种依赖于上下文的词概率分布统计模型；特别地，当 N 取值为 1 时，即仅考虑当前词本身出现的概率，而不考虑该词所对应的上下文信息，则退化为基于一元的 Uni-gram 语言模型。此时，从训练文本语料中统计给定词 W_{i-1} 的概率，计算公式为

$$P(W_i \mid c) = P(W_i) = \frac{\text{count}(W_i)}{N} \tag{4.28}$$

N-gram 语言模型的主要不足之处在于它需要对收集的大量文本语料进行训练，并且假定任意连续的 N 个词之间存在依赖关系；而实际情况是词出现概率与其在序列中所起的语法功能更相关。

2）N-Pos 语言模型

N-Pos 语言模型先对训练语料的所有词按照语法功能进行分类，再通过上文若干个词所组成的词序列所属词类确定下一个词的出现概率。

$$P(W_i \mid c) = P(W_i \mid g\{W_{i-N+1}, W_{i-N+2}, \cdots, W_{i-1}\}) \tag{4.29}$$

其中，$g = \{g_1, g_2, \cdots, g_t\}$ 表示词类的集合。

N-pos 语言模型具有所需训练数据少、模型参数空间小等优点，但同时由于词的概率分布和词性有关，根据词类来对词的概率分布进行估算显然比按词本身划分要更粗略，导致在实际应用中这种语言模型的精度往往不如 N-gram 语言模型。

2. 语言模型性能评价与平滑技术

交叉熵和困惑度是评价语言模型性能好坏的重要指标。其中，交叉熵表示用该模型来识别文本的难度，换而言之，也就是指每个词的平均编码长度；而困惑度则表示用该模型来代表这一文本的平均分支数。

语言模型的主要问题还是在于训练数据的稀疏问题。一方面是由于文本训练语料的规模不够大，难以对实际语言现象进行本质描述；另一方面则是由于语料库所覆盖的类别不够全面导致的。平滑技术是解决数据稀疏问题的重要方法，通过给语料库中没有出现的词组合赋予一个相对合理的概率，从而保证计算词序列出现的可能性不会出现零概率的现象。较为常用的平滑方法包括加 1 法、线性减值法、删除插值法以及回退法等。

4.3.6　语音解码

解码技术是语音识别系统的核心技术，即给定语音特征观察序列，通过在一个由语言模型和声学模型所构造的搜索空间中寻找匹配程度最高的状态序列，这里匹配程度的高低主要由声学模型打分和语言模型打分来决定。状态序列的搜索过程也称为解码过程。解码器中最常采用的搜索策略包括广度优先搜索和深度优先搜索两种[50]。其中，维特比(Viterbi)解码算法属于广度优先搜索；而堆栈搜索算法和 A* 搜索算法则属于深度优先搜索。这两种搜索策略各有优缺点。

1. 维特比解码算法

维特比解码算法依据最大似然准则，采用动态规划的方法在由多个状态构成的搜索空间中寻找一条概率最大的状态序列。语音识别系统中，如果声学模型以 HMM 为基础，则帧同步维特比解码算法的步骤如下：

第一步，以帧为单位，对全部节点的维特比得分和回溯指针等信息进行初始化。对于当前时刻的所有状态 j，计算上一时刻的所有状态 i 到当前时刻状态 j 的累计得分，并将当前状态 j 的得分更新为到达本状态的所有路径累计得分的最大值，记相应的上一时刻状态为 k，即将回溯指针指向 k。

第二步，当遍历到最后时刻时，停止解码。比较最后时刻的状态得分，得到一条累计得分最大的路径，由回溯指针得到状态序列，即解码序列输出。

帧同步维特比解码算法思想相对简单且容易实现，通常在采用多遍识别技术的语音系统中作为第一遍搜索，通过在其所构造的一个较小搜索空间基础上进行二次识别。当然，如果是在大词汇量连续语音识别系统中采用维特比算法进行解码，通常还需要增加剪枝算法，以避免搜索空间随时间变化而剧烈增长。

2. A* 堆栈解码算法

A* 堆栈解码算法是一种启发式的状态搜索算法，通过采用深度优先的策略，在解码过程中保证所搜索的路径始终为最优路径，以加快解码过程。与维特比解码算法相比，A* 堆栈解码算法的优点主要体现在能够以更长的语言模型作为启发信息，从而提高搜索效率。

4.4　掌 纹 识 别

掌纹识别也是一种典型的生物识别技术。与其他用于身份认证的生物特征相比，掌纹具有很多独有的优势：掌纹比指纹拥有更大的面积和更为丰富的纹理信息；掌纹特征的差异要远远大于人脸特征的差异，掌纹识别能区分出长相极为相似的双胞胎；掌纹比手写签名更加稳定可靠，难以伪造。目前，金融系统、政府机构已经逐渐采用掌纹识别进行身份认证。尽管现在掌纹识别还未广泛应用于日常生活中，但是其应用前景非常可观，近年来得到了研究人员的广泛关注。

4.4.1　基本概念与应用背景

1. 基本概念

手掌是手腕到手指根部之间的掌心区域，在生物学上，人体皮肤分为表皮、真皮和皮下组织。人体只有手部和脚部皮肤上有山脊状花纹。尽管掌纹曲线长度尺寸及掌纹曲线的间距会随年龄的增大而变化，而且由于种种原因会使表皮剥落，但变化后或新生的掌纹仍保留原来的结构。只有在有局部明显的外伤或各种引起深层皮下组织溃坏的后天性疾病时，其结构才发生显著变化。

同指纹一样，每个人掌纹的唯一性是可以被证明的。掌纹纹理的形成属多基因遗传，形成后就很稳定，具有个体的特异性。每个人的掌纹都是独一无二的，至今人们还没有找出掌纹完全相同的两个人。即使是相貌酷似的孪生兄弟姐妹，通过他们的掌纹也可以准确地将他们区分开来。不仅不同的人之间的掌纹不会相同，即使是同一个人的左右手的掌纹也有明显的区别。肤纹学指出掌纹纹理具有与指纹一样的细节特征，而且手掌面积比手指大，因此掌纹比指纹具有更多的细节特征。根据指纹学的理论估计，两个掌纹完全一致的概率小于 2.5×10^{-11}，即世界人口增加到 60 亿的时候，在 100 年以上的时间间隔内或许可以找到两个完全相同的掌纹，这就是等纹的唯一性。正是出于掌纹的这一特点，为掌纹用于身份识别提供了客观依据。此外，掌纹面积大、细节多，中心四陷，难以在日常使用的物品上提取完整的掌纹，所以很难伪造。

2. 应用场景

虽然掌纹识别技术是一种相对较新的生物特征识别技术，但作为对现有人体生物特征识别技术的必要补充，它凭借其独特的优势吸引越来越多的研究人员进入该领域，成为生物特征识别技术中的一个研究热点。掌纹识别技术的研究不仅具有重大的理论意义，而且具有广阔的应用前景，如图 4.19 所示。

(a) 掌纹打卡　　　　(b) 掌纹采集　　　　(c) 掌纹支付　　　　(d) 掌纹解锁

图 4.19　掌纹识别的应用[51-54]

Gao 等人[55]通过一个名为 PassHands 的方案，如图 4.20 所示，探讨了将基于手的生物识别技术引入图形密码领域的可行性。图形密码使用图片作为密码，而不是字母数字和生物特征，是基于字母数字或基于生物特征的认证的可行替代方案。心理学家已经证明，用户通常更容易记住和回忆图片，而不是单词。图形密码可分为基于回忆的、基于识别的和基于提示的三种。在基于回忆的系统中，要求用户回忆并再现他或她在注册阶段之前在空白画布或网格上画的东西。在基于识别的系统中，用户在注册阶段会看到由诱饵和通行证图像组成的图像组合，在认证阶段，用户被要求识别嵌入在诱饵中的通行证图像。在提示回忆系统中，用户必须记住并锁定所呈现图像中的特定位置，这可以说是一种温和的记忆提示，减少了用户的记忆负载。这里我们关注的是基于识别的方案。PassHands 将基于识别的图形密码与基于手的生物识别技术相结合，它利用处理过的手图像代替人脸，具有与 Passfaces 类似的身份验证形式。现有的图形密码方案大多存在记忆性问题。在 PassHands 中，用户不需要记住密码，他们只需要伸出左手或右手将特定区域与生成的图像进行比较。

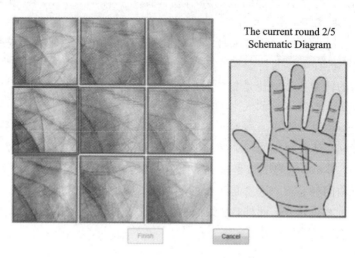

图 4.20　PassHand 验证示例[55]

研究表明，人体的某些生理特征具有唯一性和稳定性，可以用来区分不同的人。已经被社会广泛采用的指纹识别兼具安全性和便捷采集性，具有相当的识别速度和准确性，但是指纹识别的广泛流行也暴露出生物识别的一些弊病：指纹这种生物特征容易被复制伪造；指纹易磨损，有些情况下甚至会丢失特征信息；当指纹磨损或手蜕皮后识别成功率不高等。

另一个问题是生物特征的隐私性问题，人脸是具有重要社会意义的生物特征，对人脸的采集应当考虑到隐私泄露的问题。指纹识别与视网膜识别的正确识别率比所有的基于生物测定学的身份识别方法都高，但缺点是被测试者的可接受程度较低。在某些国家和地区，对个人的指纹进行识别与分析常被认为是对隐私权的侵犯，也有人提出了视网膜扫描的生理安全性问题。掌纹识别并不会让人联想到隐私权的侵害，它的被测试者可接受程度较高，而且识别系统的硬件标准化程度也高于人脸识别、语音识别、开锁动力学等方法，因此是一种很有发展潜力的身份识别方法。因为掌纹的主要特征比指纹的主要特征明显得多，而且提取这些主要特征时不易被噪声干扰，因此掌纹识别系统的识别速度将比指纹识别的速度快得多。另外，掌纹的主要特征比手形的主要特征更稳定和更具分类性。相比于指纹，掌纹拥有更大的面积以及更为丰富的纹理信息，即使是残缺的掌纹也有足够的鉴别信息，只需要较低分辨率的采集设备就可以构建高性能的掌纹识别系统；相比于人脸识别，掌纹识别有更高的识别精度和速度；相比于虹膜，掌纹采集设备的价格更为低廉，采集方式也更容易让用户接受；相比于签名，掌纹更加稳定可靠。

3. 掌纹识别的基本流程

掌纹识别系统是各种与掌纹识别相关的技术的组合。与其他生物特征识别技术一样，掌纹识别包括两个阶段：注册阶段和识别阶段，如图 4.21 所示。在每个阶段，掌纹识别基本上均由掌纹图像采集、掌纹图像预处理、掌纹特征提取和特征分类四个部分组成，它们能够完成以下四个任务：

（1）掌纹图像采集。用计算机来控制获取掌纹图像的各种类型的传感器，将采集的掌纹图像直接输入到计算机中。

（2）掌纹图像预处理。预处理包括掌纹图像的定位、掌纹图像中心 ROI 区域的提取、掌纹图像归一化和掌纹图像增强等。

（3）提取可以表征掌纹本质特点的特征。

（4）在掌纹图像预处理和特征提取的基础上，进行掌纹分类以判别用户身份。

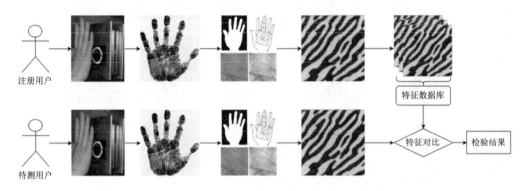

图 4.21　掌纹识别基本流程

4.4.2　掌纹图像的采集

目前在有关掌纹识别的研究中，掌纹采集设备可分为四种类型：基于 CCD 的专门掌纹图像采集仪、数码照相机、数字扫描仪和 Web 端/手机摄像头。

其中，专门设计的掌纹采集设备，具有成像清晰度高、半接触式、掌纹定位准确、图像尺寸小、可应用性强等优点。这里的半接触式是指手掌的中心区域不与采集仪接触，但手指和手腕等部位与采集仪接触，这样能控制手掌与镜头的距离，减少旋转与扭曲等变化发生的概率。数码照相机也是一种非接触式掌纹采集设备，但其易受外部光照的影响，成像的掌纹图像质量可能不稳定，同时掌纹的姿态难以控制，因此容易影响后续的识别工作。数字扫描仪是一种低成本的掌纹采集设备，但它是一种接触式的采集设备，设备表面易受污损，并存在采集速度慢的缺点，不适合实时应用。Web 端/手机摄像头因其低廉的成本而被广泛使用，但其存在的主要问题是成像质量较差。

掌纹图像数据库是掌纹识别算法研究、性能评测及系统测试的基础，具有重要的意义。掌纹库中的样本如图 4.22 所示。

现有的在线掌纹图像采集装置主要是基于 CCD 和扫描仪的采集装置。基于 CCD 的在线掌纹图像采集装置因为受到镜头焦距的限制，所以设备体积均偏大。因为采集装置越小，适用领域越广，所以该类采集装备过大

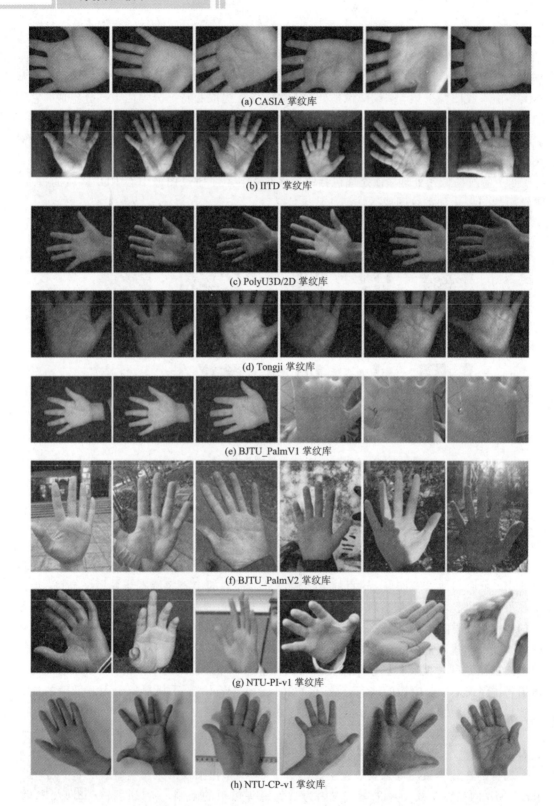

(a) CASIA 掌纹库

(b) IITD 掌纹库

(c) PolyU3D/2D 掌纹库

(d) Tongji 掌纹库

(e) BJTU_PalmV1 掌纹库

(f) BJTU_PalmV2 掌纹库

(g) NTU-PI-v1 掌纹库

(h) NTU-CP-v1 掌纹库

图 4.22   掌纹库中的样本示例[56]

直接影响了基于 CCD 的采集设备的掌纹识别系统的推广和普及。除此之外，它们对光源的均匀性和稳定性要求较高，对外界光源也很敏感。虽然基于普通扫描仪的在线掌纹图像采集不存在以上问题，但它也有一个致命的弱点：扫描速度慢，无法满足在线掌纹识别系统的实时性要求。

4.4.3　掌纹图像的预处理

掌纹图像的预处理主要包括去噪、关键点定位、平移及旋转校正等。早期的掌纹识别是脱机的，即采集掌纹是使用墨水按捺手印在白纸上，然后使用数码相机、扫描仪等工具获取数字图片。早期的掌纹识别方法提取掌纹中的纹线端点和感兴趣点作为特征，在匹配阶段采用自适应的方法匹配，对于预处理的要求不是很严格。2002 年后，掌纹识别研究逐渐转移到在线掌纹识别上来。在线掌纹识别与脱机掌纹识别最大的区别就是使用数码设备直接获取较高质量的掌纹图像，能满足实时处理的要求。随着掌纹识别技术的发展，对匹配的速度和精度要求越来越高，因此要求在预处理阶段完成掌纹图像的平移及旋转校正。

对于掌纹的定位，大多数预处理算法都利用了食指与中指的缝隙以及无名指与小指的缝隙。在此基础上，Poon 等人[57]提出了一种划分掌纹中心区域的方法。他们将掌纹的中心区域划分为多个椭圆形半环，每个椭圆形半环再分为多个小块，对每个小块分别提取特征。这样划分的优点是可以减小旋转产生的影响。由于 Wong 等人[58]设计的采集设备已带有用于定位的圆柱，并且要求采集者的手指张开，这就极大地方便了掌纹图像的预处理。Zhang 等人[59]针对此采集设备提出的预处理方法可以在很大程度上克服手掌的平移及旋转带来的影响，已成为一种广泛使用的预处理方法。Hennings 等人[60]在此基础上又加入了形态学操作，以改善预处理方法的鲁棒性。Liambas 等人[61]提出了针对方向上任意放置的掌纹图像的预处理方法，该方法通过在手掌区域中放置互不重叠的最大内切圆来定位手掌中心区域，可以获得手掌的方向，同时对噪声以及断指、并指等情况具有更好的鲁棒性。

Zhang 等人[62]提出了利用生命线和感情线与手掌两侧边缘的交点来定位掌纹图像的方法。该方法应用方向投影算法跟踪生命线和感情线，进而找到它们各自与手掌边缘的交点，从而建立坐标系以实现掌纹图像的定位。2003 年，Li 等人[63]将手掌两侧边缘曲线拟合成一条直线以建立掌纹图像的坐标系，该坐标系原点为感情线与两侧边缘线的交点，从而实现掌纹图像的定位。

以上两种方法均只适用于离线掌纹图像的定位与分割，因为离线掌纹图像的对比度较大，可使用方向投影法跟踪纹线；而在线掌纹图像是低分辨率图像，且纹线的对比度较低，很难用方向投影方法跟踪纹线，所以这两种定位方法均无法应用于在线掌纹图像。

在线掌纹图像定位及分割方法可分为两类：一种是基于正方形的掌纹图像定位及分割方法，另一种是基于内切圆的掌纹图像定位及分割方法。Li 等人[64]利用掌纹图像采集设备上安装的 5 个定位销在手指间形成的小圆洞的几何中心对掌纹图像进行定位，并截取一个固定大小的矩形区域为掌纹图像的 ROI 区域。该方法仅适用于设有定位销的采集设备所获取的掌纹图像的定位及分割。另外，该方法从手掌图像上截取的正方形 ROI 区域的大小固定不变，无法根据手掌大小差异进行自动调整。不仅如此，所提取的 ROI 区域尺寸是根据成年人的手掌大小的统计平均值确定的，所以这无形中限制了儿童群体的使用。

2003 年，Zhang 等人[59]提出利用食指与中指间指蹼上的关键点和无名指与小拇指间指蹼上的关键点对掌纹图像进行定位，并截取一个固定大小的正方形区域作为掌纹图像的 ROI 区域。这种方法虽然摆脱了定位销的限制，但是它要求被采集用户的五指完全张开。该方法利用边缘跟踪算法确定指蹼间关键点的位置，当两个或两个以上的手指并拢时，在手掌二值图像内手指的部分边缘消失，出现边缘线断裂的现象，以致边缘跟踪算法失效，无法完成掌纹图像的定位及分割。该方法主要有三个步骤：

步骤一：使用高斯滤波器（Gaussian Filter）对原始掌纹图像进行平滑，然后根据一个阈值 T 把掌纹区域从整幅图像中切割出来。

步骤二：使用边界跟踪算法提取手掌的边界。

步骤三：探测出无名指和小拇指的交叉点 P_1 以及大拇指和食指的交叉点 P_2。

步骤四：连接 P_1 点和 P_2 点，画出垂直于线段 P_1、P_2 的直线作为 X 轴，旋转 X 轴到水平线上，建立新的坐标系，最终切割出 ROI 区域。

2003 年，Han 等人[65]提出首先利用小波分解的方法确定五指的指尖和三个关键点的位置，然后利用这些关键点对手掌图像进行定位并提取掌纹图像的 ROI 区域。虽然这种方法也可以实现无定位销采集设备所采集的掌纹图像的定位与 ROI 区域的提取，但是对于无法采集到指尖的手掌图像是无效的，即使是一幅完整的手掌图像，并且五指完全张开。

2004 年，张大鹏教授在其所著的掌纹识别专著 *Palmprint Authentication*[66]中提出了一种基于内切圆的分割方法，即直接在手掌区域内搜索与手掌两侧边缘相切的一个最大内切圆。虽然该方法不受手掌摆放的位置、方向和手指张开程度的影响，具有较好的鲁棒性，但是它在提取 ROI 区域前并未对手掌图像进行定位，不利于后续特征提收和匹配的工作。另外，搜索最大内切圆是一项非常耗时的工作，降低了该算法的工作效率。

图 4.23 展示了不同种掌纹定位算法得到的定位结果，图中的各个 k 点代表得到的掌纹定位点。

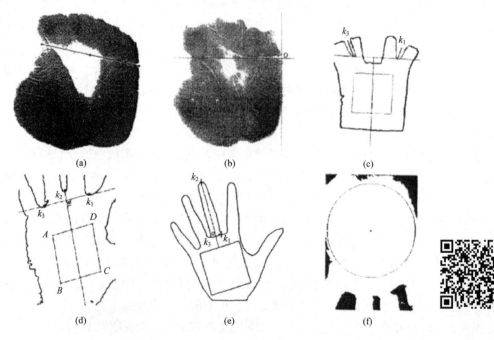

图 4.23　不同算法掌纹定位的结果[66]

4.4.4　掌纹的特征提取与匹配

按照掌纹的不同特征，掌纹的特征提取与匹配算法分为以下几种。

1. 基于纹理的方法

此类方法把掌纹图像看成是一种纹理结构，使用相关方法提取掌纹的纹理特征并进行识别。Zhang 与 Kong 等人[67-69]提出的 PalmCode 是一种经典的基于纹理的掌纹识别方法，它使用一个方向（一般是 45°方向）的 Gabor 滤波器对掌纹图像进行滤波，然后应用过零点准则对图像进行编码。所使用的 2D Gabor 滤波器的形式如下：

$$G(x,y,\theta,\mu,\sigma) = \frac{1}{2\pi\sigma^2}\exp\left\{-\frac{x^2+y^2}{2\sigma^2}\right\}\exp\{2\pi i(\mu x\cos\theta+\mu y\sin\theta)\} \tag{4.30}$$

PalmCode 中，使用 2D Gabor 滤波器的实部和虚部分别对掌纹进行滤波，滤波后，值大于等于 0 的像素点设置为 1，值小于 0 的像素点设置为 0，并对图像进行下采样，把 128×128 的图像采样为 32×32 的二值图像。最后采用汉明距离公式计算两个图像之间的相似度。PalmCode 只使用了一个方向的 Gabor 滤波器对图像进行滤波处理以获得纹理信息，其他方向的纹理都被忽略了。

Kong 等人[70]对 PalmCode 进行了改进并提出了 FusionCode 方法，用于对 4 个方向进行滤波，更准确地表示了纹理的特征，二者对比如图 4.24 所示。

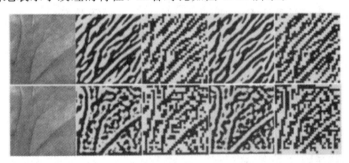

图 4.24　PalmCode 与 FusionCode 效果对比[70]

2. 基于掌线的方法

掌线是掌纹图像的基本特征，因此基于掌线识别方法的研究一直是掌纹识别研究的重要组成部分。

Zhang 等人[71]首先对掌纹图像进行小波分解，然后使用方向建模方法提取小波子带的重要系数作为主线以及重要褶皱特征。图 4.25 展示了小波分解在水平、垂直以及对角等方向的小波系数。可见，在线特征越明显的地方，小波系数能量也越强。但实际上小波变换并不是提取掌线特征的最好工具。

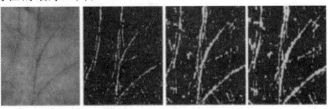

图 4.25　基于掌线的方法[65,71]

Liu 等人[65]使用另外一种思路提取掌线。他们设计了一种无方向的非线性滤波器，该滤波器统计中心点周围的像素信息来判断是否存在掌线。例如，如果被滤波器覆盖的区域和中心点的像素值差异非常小，那么可以判断该区域是平坦区域。该滤波器可以看成是 SUSAN 角点检测算子的一种推广，也可以看成是一种基于分割思想的算法。这种方法的缺点是无法检测出掌线的方向信息，同时检测结果存在很多噪声点。

3. 基于相位的方法

基于相位的方法被应用于图像处理已经有 20～30 年的历史。目前，在掌纹识别技术中，比较成功的基于相位的方法主要有两种：一种是 ITO 等人[72]提出的基于相位相关的方法（Phase-Only Correlation，POC），另一种是 Hennings 等人[73]提出的基于最小平均相关能量（Minimum Average Correlation Energy，MACE）滤波器的方法。

假设 A 与 B 是两幅掌纹图像，POC 方法的主要步骤如下：

步骤一：对图像 A 与图像 B 分别做 2D Fourier 变换，提取它们的相位谱。

步骤二：计算图像 A 与图像 B 间的相位差。

步骤三：对此相位差做逆 2D Fourier 变换。

步骤四：如果图像 A 与图像 B 来自同一个手掌，那么它们相位差的逆 2D Fourier 变换会有一个明显的峰值；反之，则没有明显的峰值。通过峰值的大小可以判断图像 A 与图像 B 是否为同一类。

ITO 等人[72]提出一种基于 Band Limitation 的 Phase-Only Correlation 方法（BLPOC），他们在提取相位谱时，提取能量谱最强的中心区块相位谱，在这个区块中计算两幅图像的相位差，并做逆 2D Fourier 变换。实验证明识别率得到了较为明显的提升。

Hiennings[73]提出的基于 MACE 滤波器的方法则给出另一种基于相关方法的解决思路：首先对掌纹图像进行边缘特征提取，然后提取边缘能量较强的区块来进行识别（因为含有边缘的区块含有更强的辨别信息），再在这些区块上采用 MACE 滤波器进行滤波和识别，最后进行融合。通过该方法获得了很高的识别率。

4. 基于方向信息的方法

此方法类似于指纹图像方向场的计算与估计。对于掌纹图像，通过求得掌纹图像每个像素的方向，从而把图像从灰度空间映射到方向信息空间，然后进行匹配。目前在掌纹识别领域，基于方向信息的算法获得了最高识别率，因为掌纹线的方向信息能携带更多的辨别信息，而且对光照变化等变异情况不敏感。Kong 等人[70]在 FusionCode 的基础上提出了竞争编码（Competitive Code）方法。在此方法中，使用 6 个方向的 Gabor 滤波器对图像进行滤波，然后用胜者为王（Winn-Take-All）规则提取最强响应方向作为识别特征。在 Corpetitive Code 中，使用角度的索引值来代表特征，例如把 0°方向设定值为 0，30°方向设定值为 1，60°方向设定值为 2。Competitive Code 使用角度距离来进行匹配。假设 P 与 Q 分别为两个掌纹图像的 Competitive Code，它们之间的角度距离如下：

$$D(P,Q) = \frac{\sum_{i=1}^{n}\sum_{j=1}^{n}G(P(i,j),Q(i,j))}{3N^2} \tag{4.31}$$

$$D(x) = \begin{cases} \min(P(x,\,y)-Q(x,y),Q(x-y)-(P(x,y)-6)), & P(xy) \geqslant Q(x,y) \\ \min(Q(x,\,y)-P(x,\,y),P(x-y)-(Q(x,y)-6)), & Q(xy) \geqslant P(x,y) \end{cases} \tag{4.32}$$

Sun 等人[74]提出的 Ordinal Code 是另外一种重要的基于方向特征的掌纹识别方法。该方法使用高斯滤波器提取方向特征。在 Ordinal Code 中，主要使用 3 个方向对的高斯滤波器，每对滤波器相互垂直。例如，当使用 0°和 90°高斯滤波器对掌纹图像进行滤波时，比较每个像素经过不同滤波器的响应，如果 0°滤波器响应较强，则此特征像素为 1，反之为 0。通过这 3 个方向对的滤波器，最终可以得到 3 个比特位平面的特征图像。Ordinal Code 使用汉明距离进行匹配。

5. 基于表征的方法

基于表征的方法也称为子空间方法，主要使用特征值分解等技术对图像进行降维。Lu[75]和 Wu[76]分别提出基于 Principal Components Analysis(PCA，主成分分析)与 Linear Discriminant Analysis(LDA，线性判别分析)的掌纹识别方法。

Li 等人[77]使用一种改进的二维主成分分析方法(2DPCA)进行掌纹识别。Ribarie 与 Fratric(2005)也提出一种基于 PCA 方法的识别方案，但是他们不仅提取了表征掌纹特征同时也提取了表征手指特征，可以被认为是一种多模态的算法。

Jing 等人[78]先对图像的 DCT 系数进行分析，选择分辨能力最强的子带系数进行图像重建，然后使用 LDA 进行识别。Connie 等人[79]讨论了基于小波分解的 PCA/LDA/ICA (Independent Component Analysis，独立分量分析)的掌纹识别系统。

Shang 等人[80]构建了基于 FastICA 与 RBF 神经网络的掌纹识别方法。最近几年，基于子空间的模式识别方法发展很快，内容日益丰富。总的来说，子空间算法取得了如下重要进展：基于核方法的子空间算法；基于流形学习的子空间算法；基于矩阵映射和张量映射的子空间算法；结合 Fisher 准则和流形学习准则的辨别学习算法。

Hu 等人[81]提出了基于二维局部保护映射(2D Local Preserving Projection，2DLPP)的掌纹识别方法，该方法是流形学习方法(LPP)的二维扩展。Yang 等人[82]提出无监督判别映射(Unsupervised Discriminant Projection，UDP)用于掌纹识别，获得了较高的识别率。基于表征的算法的发展趋势一是使用新的数学模型提取识别能力更强的矢量或张量特征，二是结合图像的二维奇异性构建新的特征提取方案；三是考虑如何克服图像间的位移、旋转、光照变化等因素给识别带来的负面影响，以进一步提高泛化能力。

6. 多模态方法

此类方法是在前几种方法的基础上，在特征层、决策层使用信息融合技术，采用多特征共同识别。一般而言，使用多模态的方法能够较为显著地提高识别率。Kumar 等人[83]提出一种融合 Gabor 纹理、掌线及 PCA 三种特征的多特征方法，该方法在匹配值层进行融合。Ribaric 和 Fratric 提出一种基于 PCA 的多模态识别方法，该方法不仅提取了掌纹的 PCA 特征，还利用了手指区域的 PCA 特征，在匹配层对掌纹和手指的 PCA 特征进行融合。Kumar 等人[84]还提出另一种多模态的方法，该方法集成了手形特征和基于 DCT 的掌纹特征。Savic 等人[85]则从手图像中提取多种特征进行融合识别，此方法提取手形的 14 个几何特征和掌纹特征以及 4 个手指特征，最终获得了非常低的 EER 值。Wang 等人[86]把手掌静脉特征和掌纹特征在特征层进行了融合，并使用 LPP 方法进行特征提取，也获得了较好的识别率。Jing 等人[87]则融合了人脸和掌纹特征，并使用 Kernel DCV-RBF 分类器进行识别。

4.5 虹 膜 识 别

由于虹膜的高可靠性、高稳定性和不可复制性,虹膜识别在生物特征识别中具有最低的错误率,故在信息高速化发展的背景下,逐渐成为保护人们生活活动所产生信息数据的隐私安全的重要手段,在相关领域拥有非常广泛且实际的应用,也成为计算机视觉领域、信息安全领域的一个热门研究方向,并且受到各个研究机构和学者们的广泛关注。

4.5.1 基本概念与应用背景

1. 基本概念

一般来说,较为理想的可用于身份认证的生物特征应该具有以下几个性质:

(1) 独一性:不同的生物个体拥有独一无二的生物特征;

(2) 稳定性:该生物特征在很长一段时间或者终生时间里几乎是稳定不改变的;

(3) 普遍性:每个独立的个体都拥有该生物特征;

(4) 易采集性:该生物特征易被相关的设备采集,且不需要大量时间提取特征;

(5) 特征点多:该生物特征有足够多的特征点以保证特征的独一性。

人眼虹膜如图 4.26 所示。

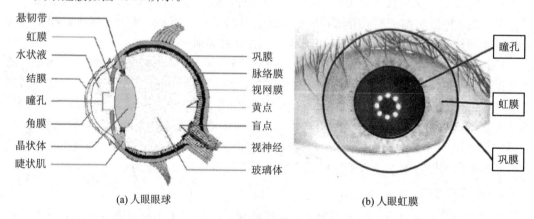

(a) 人眼眼球　　　　　　　　　　　　(b) 人眼虹膜

图 4.26　虹膜示意图[88-89]

虹膜识别作为生物特征识别的一个重要分支,通常利用人眼虹膜区域进行身份鉴别,其满足上述五个性质。

一般来说,现有的高效的虹膜识别系统由五个主要的部分构成:虹膜图像采集、虹膜图像质量评估、虹膜定位、图像归一化、特征提取与匹配,如图 4.27 所示。

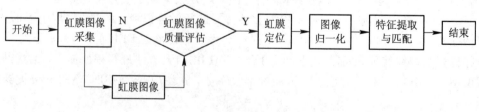

图 4.27　虹膜识别系统基本流程

2. 应用背景

许多国家已经将虹膜识别技术应用于出入境管理系统、银行系统、政府系统作为主要的身份认证手段，绝大多数欧洲国家将虹膜识别作为政府机构和军队的首要身份认证手段，如图 4.28 所示。

(a) 入境管理身份认证

(b) 政府机构身份认证

图 4.28　虹膜识别应用场景[90-91]

4.5.2　虹膜图像采集

虹膜图像采集是虹膜识别系统的第一阶段，能否获取高质量的虹膜图像事关后续的所有过程。虹膜区域面积很小，半径一般不超过 10 mm，是由瞳孔外边界和巩膜内边界围成的区域。虹膜和指纹、人脸相比，需要被采集人更为积极地配合，并且瞳孔会随着光照的变化而变化，不同地区的人的瞳孔和虹膜所表现的特性也不尽相同。如何高效采集高质量的虹膜图像、提升虹膜识别的准确率成为一个挑战。

现有的成熟的虹膜采集设备可以按照成像的光源类型、采集设备的种类、采集时的状态来划分。

（1）按照成像的光源类型：可分为近红外虹膜采集与可见光虹膜采集，如图 4.29 所示。近红外虹膜采集[92]方法中的拍摄光源通常选取波长范围在 680～920 nm 之间的近红外光，该波长下的虹膜噪声纹理清晰，噪声干扰较小，虹膜成像质量较好，有利于后续的识别工作。可见光虹膜采集[92]方法仅仅是在可见光源下进行的，相对于近红外虹膜采集方法所得到的虹膜图像，其质量更加不稳定，噪声更大，并且会受到外部环境的强干扰。例如，如果拍摄环境良好，光照强度与角度合适，拍摄的距离适中，就能得到足够清晰的高质量的虹膜图像；但当拍摄环境不够理想，环境光的强度和角度较为复杂，拍摄距离过远或过近时，得到的虹膜图像往往质量偏差，不仅会产生模糊的虹膜图像，也会包含大量的随机噪声，影响后续的识别工作。

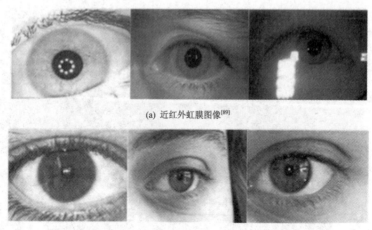

(a) 近红外虹膜图像[89]

(b) 可见光虹膜图像[93-94]

图 4.29　典型的近红外和可见光虹膜图像

（2）按照采集设备的种类：可分为接触式和非接触式，如图 4.30 所示。接触式需要被采集者与设备进行接触，例如采集者手持采集设备或是采集者的人眼接触采集镜头；非接触式不需要被采集者与设备进行接触，仅仅保持一定的水平距离即可完成采集。

(a) 接触式(JLU-6.0 采集设备)　　(b) 非接触式(中科院 CASIA V3 采集设备)

图 4.30　采集设备[95]

（3）按照采集时的状态：可分为约束状态和非约束状态。约束状态通常需要固定位置、固定焦距、固定外部光照条件等，还需要被采集者高度配合。非约束状态往往连同人脸一并采集，后续再进行处理即可，不需要被采集者高度配合。

总的来说，近红外虹膜采集得到的虹膜图像质量较高，后续的识别准确率较高，即使采集难度较大，也是现在主流的虹膜图像采集技术，而可见光虹膜采集技术易于采集，但后续识别难度较大。

近年来，不少的学者正在研究相应虹膜识别算法的鲁棒性，使其能在用户友好的条件下采集虹膜图像。并且，在采集时使用非约束状态设备对被采集者来说体验更好，对于采集过程中的采集距离和外部光照等约束条件具有更好的鲁棒性，并降低了由于焦点偏移、头部晃动等因素造成的图像模糊或者虹膜残缺、图像偏斜等。

　　随着虹膜识别领域的发展，许多国内外研究机构开始搭建并公开其虹膜库，其中，在研究领域中普及度较高的虹膜数据库有中国科学院 CASIA 虹膜图像库和 Multimedia 大学 MMU 虹膜数据库。图 4.31 展示了多种不同虹膜图像数据库的普遍程度，图 4.32 和图 4.33分别展示了 CASIA 虹膜库和 MMU 虹膜库的样例。

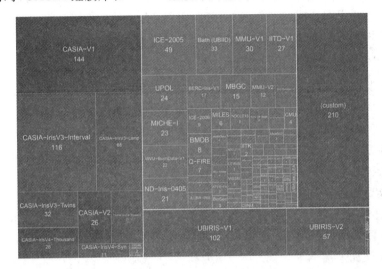

图 4.31　虹膜图像数据库的普及程度[96]

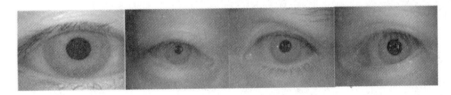

图 4.32　CASIA 虹膜库图像

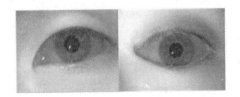

图 4.33　MMU 虹膜库图像

　　中国科学院自动化所模式识别国家重点实验室于 2003 年公开其收集的 CASIA V1.0 数据集[97]，其中包含 Interval（间隔）、Lamp（灯光）、Twins（双胞胎）、Distance（距离）、Thousand（千）、Syn（合成）、Mobile-V1.0（移动端）、Subject Ageing（老龄化）共 8 个字库。迄今为止，该数据集已经更新到了 V4.0 版本，成为了最流行的虹膜识别方法评估基准数据集，并且每个字库都有其适合的研究方法，以供全球的研究人员探索不同条件、不同环境下虹膜结构识别等相关影响效果。

4.5.3　虹膜图像质量评估

　　采取近红外虹膜等采集技术，可以得到相对噪声较小、虹膜成像质量较高的虹膜图像。但是，采集设备在拍摄虹膜图像时，通常得到的是不间断的连续帧图像，且采集设备多为定焦摄像装置，往往会出现许多偏离焦距的模糊图像，不仅如此，头部和摄像头之间的相对晃动也会造成图像模糊，往往无法被人眼轻易识别。除此之外，诸如虚假生成的虹膜图像或者非虹膜图像之类的恶意数据带来了巨大的安全隐患，这类不合法的恶意数据可能会直接攻破虹膜识别系统。因此，对于虹膜识别系统而言，如何排除这些低质量的图像，提高后续虹膜识别的准确性，增强采集过程的鲁棒性是非常重要的一环。

1. 虹膜图像模糊检测

该步骤主要涉及对整个图像模糊程度的判定。常见的虹膜图像模糊有离焦模糊和运动模糊两种[98]。离焦模糊通常是定焦采集仪拍摄虹膜图像时因拍摄距离不当而导致的；运动模糊通常是在拍摄虹膜图像时因相机和眼睛之间发生相对运动而导致的，在一些需要强配合的虹膜识别设备或者远距离虹膜识别下，该种模糊通常更易出现，程度更加严重。一些研究人员提出了基于频率域和空间域信息的虹膜图像模糊评价方法，Daugman[99]最早提出了一种提取高频信息的滤波器，该方法利用特定模板对原始虹膜图像进行卷积，通过特定的 Fourier 变换求出两个 sinc 函数之差，然后提取出图像中的高频能量作为模糊特征，用以估计虹膜图像的模糊程度。通常该方法采用高斯拉普拉斯核进行卷积滤波运算，其中卷积内核 $\boldsymbol{F}$ 定义如下：

$$\boldsymbol{F} = \begin{bmatrix} 0 & 1 & 1 & 2 & 2 & 2 & 1 & 1 & 0 \\ 1 & 2 & 4 & 5 & 5 & 5 & 4 & 2 & 1 \\ 1 & 4 & 5 & 3 & 0 & 3 & 5 & 4 & 1 \\ 2 & 5 & 3 & -12 & -24 & -12 & 3 & 5 & 2 \\ 2 & 5 & 0 & -24 & -40 & -24 & 0 & 5 & 2 \\ 2 & 5 & 3 & -12 & -24 & -12 & 3 & 5 & 2 \\ 1 & 4 & 5 & 3 & 0 & 3 & 5 & 4 & 1 \\ 1 & 2 & 4 & 5 & 5 & 5 & 4 & 2 & 1 \\ 0 & 1 & 1 & 2 & 2 & 2 & 1 & 1 & 0 \end{bmatrix} \tag{4.33}$$

另一种方法是在虹膜附近提取 ROI 区域[100]，先使用高通滤波器提取出图像中的能量频谱分布特征，再结合 SVM 分类器进行图像模糊判定，然后通过虹膜图像中低频、中频、高频能量的比例和分布来进行离焦模糊判断和运动模糊判断，以及检测是否有睫毛遮挡的问题存在。

可以对以下两种常见的模糊进行判断[101]，即离焦模糊和运动模糊。对于离焦模糊，通常采用 Daugman[99]提出的卷积核进行 Laplace 运算，提取高频特征，通过将卷积区域约束在虹膜的下半圆区域，进一步提高了离焦模糊检测的准确率；对于运动模糊，根据方向滤波的结果来确定运动模糊的方向，并沿此运动模糊的方向来估计运动模糊的长度，该长度即可作为判断模糊程度的关键参数。

根据图像的小波系数也可以对虹膜图像进行模糊检测。例如，通过分析虹膜纹理区域的离散小波变换的小波系数来评价虹膜图像的清晰度[102]；使用小波包能量特征分析评价图像质量[103]。不仅如此，利用虹膜图像中的光斑特征和灰度分布特征也可以进行离焦模糊检测和运动模糊检测[104-106]。

2. 虹膜活体检测

在虹膜识别前，对输入识别系统的虹膜图像进行活体判断，可有效降低恶意行为以及他人盗用、伪造虹膜的可能性[107]。常见的虹膜活体检测方法包括：

（1）利用光源在瞳孔中形成的 Purkinje 像[108]，结合双波长红外光源计算出理论位置和距离作为虹膜防伪特征[109-110]。

（2）利用人眼对于光照变化的应激特征反应——瞳孔随着进入的光线强弱改变瞳孔的大小，设计出拟合方法测试活体样本[111]。

（3）利用虹膜、巩膜的结构和纹理在不同波段光下具有不同的生物特征这一特性，获取波长、虹膜、巩膜三者的反射率、反射方向等数据，通过支持向量机的方法计算检测活体样本[112]。

（4）利用多帧图像中提取的空间信息与时间序列信息，通过瞳孔存在扩张和收缩这一生物节律进行活体检测[113]。

（5）利用 ResNet、VGG 等具有较强特征提取能力的深度神经网络进行活体虹膜检测。

4.5.4　虹膜定位

虹膜定位是指从通过质量评估的高质量虹膜图像中分割出可供后续操作的虹膜区域，主要包括虹膜内外边缘的定位、上下眼睑的定位和噪声检测，以得到虹膜内外边界所在曲线的曲线方程，或内外边界所在圆的圆心和直径。虹膜定位是虹膜识别系统中最重要的步骤，直接影响整个虹膜识别系统的性能，只有准确定位并提取虹膜区域，才可以保证编码和识别结果的正确性。图 4.34 展示了虹膜定位的效果图。

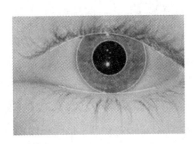

图 4.34　虹膜定位示意图[88]

最早的虹膜定位算法是由 Daugman[114] 提出的基于圆形微积分算子的圆周灰度梯度累加和最大值检测的方法，该算法首先使用高斯滤波，将图像中的噪声、睫毛等图像中的高频特征消除，之后利用虹膜边缘区域的灰度变化特性，计算不同假设参数下圆周灰度梯度的积分值，得到梯度积分值最大的点，亦即使圆环灰度差值最大，将该圆作为虹膜边界，其余相对应的参数作为虹膜的圆心和直径等参数。随后，Daugman 提出了一种基于主动轮廓线（Active Contour）的方法[115]，该方法使用傅里叶级数对虹膜边界进行平滑，使用 Snake 方法定位虹膜边界，通过沿轮廓线的灰度梯度积分和轮廓线的光滑程度进行约束，使之可以矫正偏置图像，从而获得对非严格圆形的虹膜边界进行定位的能力。

另一类虹膜定位方法是采用基于圆的哈夫变换（Circular Hough Transform），以及使用 Canny 算子检测虹膜图像边界像素点，从而得到边界参数。同样地，结合 Canny 算子与主动轮廓线的方法,将得到的检测边界使用最小二乘法拟合也能获得较好的虹膜定位性能。基于 Adaboost 学习的虹膜定位方法同样具有较好的性能,其通过学习可得到 6 个边界检验算子,构造出一个可用虹膜边缘点检测的虹膜边缘检测分类器,能得到大致的虹膜位置,再通过精度较高的边界搜索方法定位虹膜和上下眼睑,大大减少了眼睑、睫毛等对定位结果的干扰。

随着神经网络模型性能的提升,使用全卷积神经网络(FCN)进行语义分割已经获得了较为领先的性能,而该方法可以迁移至虹膜图像分割与定位中,通过对公开标注数据集 CASIA-Iris-Thousand、CASIA-Iris-Interval 等数据集,根据现实情况进行数据加强,例如改变图片的亮度、对图像进行 $\pm[15°,30°]$ 的旋转操作、对图像进行左右翻转操作、对图像进行拉伸操作等。分割结果如图 4.35 所示。

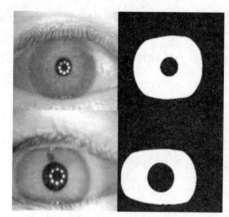 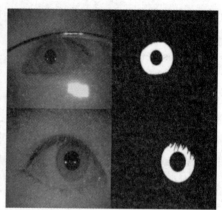

(a) 在 Interval 字集的分割结果   (b) 在 Thousand 字集的分割结果

图 4.35   深度学习网络对 CASIA 数据集的分割结果[116]

4.5.5   图像归一化

由于人眼对于光照变化的应激特征反应——瞳孔大小随着进入人眼光线的强弱改变,相应地会导致同虹膜区域的大小发生改变。不仅如此,在采集虹膜图像时,外部环境的影响也会导致采集到的虹膜大小发生变化,如不同的采集角度、采集距离、采集焦距等,进而影响后续虹膜特征的提取与匹配,降低系统整体的准确度。通常将环形的虹膜区域转换为大小相同、可以进行分块编码的矩形区域,采用 Daugman 提出的处理算法——弹性模型,以及从直角坐标系到极坐标系的映射方法[109],使得归一化后的虹膜区域具有旋转不变性和瞳孔缩放不变性,从而消除了上述提及的人眼的应激特征反应和外界环境的影响,并且更易于提升系统的准确率。

在如图 4.36 所示的弹性模型中,将环形虹膜区域的每一个点映射为极坐标表示,其变换模型可表示为

$$\begin{cases} I(x(r,\theta),y(r,\theta)) \to I(r,\theta) \\ x(r,\theta) = (1-r)x_p(\theta) + rx_1(\theta) \\ y(r,\theta) = (1-r)y_p(\theta) + ry_1(\theta) \end{cases} \tag{4.34}$$

其中,$I(x,y)$ 表示虹膜区域,(x,y) 表示直角坐标系下的坐标,(r,θ) 表示对应的极坐标,

x_p、y_p 和 x_l、y_l 分别表示虹膜内外边界的坐标向量。

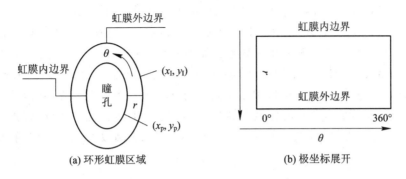

图 4.36　弹性模型[116]

此外，还存在一种非线性的归一化方法[117]，这种方法认为瞳孔因为应激特征反应造成的缩放是一种非线性的纹理图像压缩或拉伸，而图像的伸缩变化是由线性变化叠加非线性变化而形成的，非线性变换部分使用高斯函数进行拟合，而线性变化部分依旧采用映射至极坐标的方式。

4.5.6　特征提取与匹配

得到虹膜区域后，需要提取出其中的特征，并对其进行编码，进行后续识别系统中的匹配操作。特征提取的目标是尽量多地提取有效的虹膜特征，并且占用尽量少的存储空间。现阶段广泛使用的虹膜特征提取算法主要分为两大类：基于 Fourier 变换的传统虹膜特征提取方法与基于深度学习的虹膜特征提取方法。

在传统虹膜特征提取算法中，Gabor 滤波器是一种广泛应用于虹膜归一化后的纹理图像的特征提取方法，其在虹膜纹理区域的滤波响应与人类视觉的实际行为非常相似，能够较好地表征虹膜图像中的纹理细节。此外，Gabor 滤波器也能针对图像的变换进行响应，具有良好的鲁棒性。如图 4.37 所示，本质上，该算法是加窗傅里叶变换的一种，二维 Gabor 滤波器可以分别表示为实部 $h_R(x, y)$ 和虚部 $h_I(x, y)$，以不同的表达存在于空间域和频域中。特别地，其在空间域中以离散函数的形式表示对图像进行变换的卷积核，Gabor 滤波器算法通过计算一幅图像中不同像素块，对不同形式的 Gabor 滤波器的响应幅值提取特征。

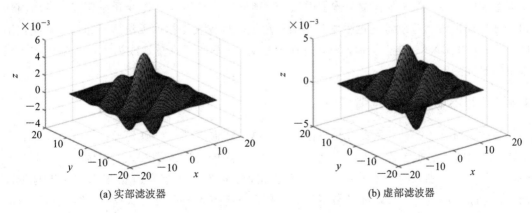

图 4.37　虚实部 Gabor 滤波器[118]

大量的实验证明，采用虚部的 Gabor 滤波器更适合提取虹膜特征。将得到的虹膜特征编码代入距离判别公式，并选定合适的阈值即可进行虹膜的识别匹配。

基于局部二值模式(LBP)的特征提取方法也较为常见，是在空域中分析图像纹理灰度变化的代表方法，对于所分析的图像具有灰度不变性和旋转不变性等优点，基本不受光强变化和旋转的影响。如图 4.38 所示，该算法的基本思想是：建立大小为 3×3 的窗口，将 3×3 窗口的中心值当作阈值，判断窗口中心像素点与其周围 8 个像素点之间的灰度大小关系，若周围像素点的灰度值大于中心像素点的灰度值，则记为 1，反之记为 0。通过该方法可产生 8 bit 的无符号二进制数，再按顺时针方向拼接这些二进制数，用以表示虹膜纹理信息的LBP 值。

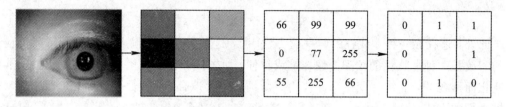

图 4.38   LBP 计算人眼特征原理示意图[95]

一般来说，通过 LBP 方法得到的原始虹膜纹理特征向量维度较高，可采用基于 PCA 算法对特征向量进行去噪降维分析，从而大幅降低运算量，提高识别运算效率。

对于基于深度学习的虹膜特征提取算法，通常以带残差值的 ResNet 与注意力机制相结合的方式，选择改进后的损失函数，如三元组损失函数(Triplet Loss)、中心损失函数(Center Loss)、加性角度损失函数(Arc Loss)等进行端到端的特征提取。

4.6   静 脉 识 别

静脉识别是对用特定设备采集到的静脉分布图像的识别，目前主要分为指静脉识别、手背静脉识别和手掌静脉识别。人体静脉血管具有生物特征识别的所有特性，具有很强的普遍性和唯一性。静脉血管位于体表内部，随年龄增长其组织结构变化不明显；身体内部的血管特征很难伪造或者通过手术改变，避免了一旦皮表受损而无法进行指纹、掌纹识别的缺陷；相比 DNA、虹膜识别，采集过程十分友好。静脉识别技术成为了近年来生物识别领域的研究热点。

4.6.1   基本概念与应用背景

静脉是血管的一种，负责将二氧化碳及废物等随血液送回心脏处理，它比动脉更靠近皮肤。静脉图案的曲线和分支相当复杂，并且每个人的静脉差别较大，据统计，每千万人中可能只有极个别人的手掌静脉分布会有所相似。虽然人体器官有很多都被用于身份识别，但静脉不是光凭双眼就可轻易察觉的，需要一定的技术和设备支撑。静脉识别利用静脉中红细胞对于特定近红外线的吸收特性来读取静脉图案。静脉识别的基本原理是利用近红外线照射手掌,并由传感器感应手掌反射的光。其中的关键在于流到静脉红细胞中的血红蛋白因照射会失脱氧分,而还原的血红蛋白会对波长 760 nm 附近的近红外线进行吸收,导致静脉部分的反射较少,这在影像上就产生了静脉图案。即静脉识别利用反射近红外线的强弱来辨认静脉位置。

静脉识别被提出之前,人脸识别、指纹识别等多种生物识别技术都已经被广泛研究,并且部分识别技术已经被应用到实际生活中。相比之下,手指静脉识别有以下几方面的独特优势[119-120]:静脉只有在活体的情况下才能采集到图像,进而进行识别;静脉属于内部特征,即静脉位于掌侧内部,因此,人手表面的磨损、干湿状况等不会对静脉采集形成障碍,也因此避免了因接触造成的图像复制或被盗取等问题;静脉采集设备尺寸较小,方便携带;采用非接触、非入侵的图像采集方式。静脉识别的应用场景如图 4.39 所示

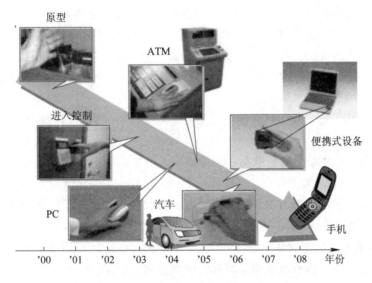

图 4.39　静脉识别的应用场景[121]

如图 4.40 所示,从静脉分布来看,手背静脉较掌静脉和指静脉更为粗大,而指静脉最为纤细,掌静脉介于二者之间。

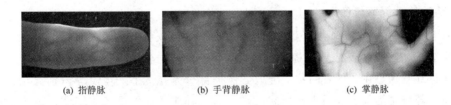

(a) 指静脉　　　　　　　(b) 手背静脉　　　　　　　(c) 掌静脉

图 4.40　静脉图像[3]

4.6.2　指静脉识别

指静脉识别主要包含图像采集与预处理、静脉特征提取与匹配等步骤。

1. 图像采集与预处理

指静脉通常使用非接触式近红外光设备采集,采集设备分两种,即光反射式和光透射式,其中光透射式又因光源位置的不同分为上侧光源式和两侧光源式两种[3]。理论上,两

侧光源透射式最有利于指静脉的采集。但实际中，大多数采集设备采用上侧光源透射式近红外光源位于采集设备的顶端，采集器位于设备的底部。采集图像时手指随机地水平放置到采集设备的凹槽处，光源穿透手指采集指掌侧浅静脉。由于近红外光被静脉血液中的血红蛋白吸收，因此，静脉在图像中呈暗影分布，灰度值较低，而手指区域的非纹路部分较亮，灰度值较高，手指之外的背景区域呈黑色，灰度值接近 0。

指静脉识别中，图像预处理主要包括感兴趣区域提取和图像增强等步骤。其中，感兴趣区域提取是指从采集的指静脉图像中分割出手指区域，避免图像背景对后续的手指区域特征提取及匹配的影响。现有的感兴趣区域提取方法可分为四类：基于预定义窗口的方法[122]、基于 Sobel 边缘检测子的方法[123]、基于模板的方法[124] 和基于灰度阈值的方法[125]。基于预定义窗口的方法是最原始的感兴趣区域提取方法，无法适应手指大小变化，也无法适应图像大小变化。类似地，基于灰度阈值的方法无法适应图像背景的变化，比如有的采集设备采集的图像中背景具有较高灰度值，而有的则具有较低灰度值。基于 Sobel 边缘检测子和模板的方法都利用了手指边界处灰度值的变化来检测手指边界，这两种方法相对比较鲁棒，但对图像中的噪声比较敏感。另外，大多数现有的方法都忽略了图像采集过程中手指移动对感兴趣区域提取的影响。比如，在现有的公开数据库中，大量图像中手指与图像边界存在一定夹角，在这种情况下，使用手指边界内切边截取感兴趣区域会损失内切边之外的手指区域。

在图像采集过程中，受皮肤散射、光源模糊、手指运动等因素的影响，部分指静脉图像中静脉纹路与非纹路区域的对比度较低，不利于后期的特征提取。因此，研究者提出了多种图像修复和图像增强的方法。图像修复方法主要包括基于深度依赖点扩散函数的皮肤散射去除模型[126]、基于约束最小二乘方滤波的光源模糊去除模型[127]、基于改进的 Koshmieder 模型的光散射去除方法[128] 等。这类方法主要是针对图像采集过程中的皮肤散射和光源散射设计的图像修复模型。现有的图像增强方法主要有基于静脉纹路方向和宽度的 Gabor 滤波器[129]、基于 Gabor 滤波器[130] 和 Retinex 滤波器融合的方法[131] 等。在指静脉图像增强方法中，Gabor 滤波器是最常用的工具，但当图像大小不同时，波长、长宽比及滤波模板的大小等参数都需要重新优化。

2. 静脉特征提取与匹配

特征提取及匹配是指静脉识别中最重要的步骤。特征提取的效果直接体现在指静脉特征的区分性，匹配算法又依赖于提取的特征，特征的区分性和匹配算法的性能决定了识别性能。在指静脉识别中，现有的特征提取方法一部分是从人脸、指纹等识别方法中派生而来的，另一部分是专为手指静脉设计的纹路特征。其中，派生得来的特征提取方法可分为四类。

（1）局部二值模式[132] 及其改进形式[123]：现有研究表明，局部二值模式是非常常见且性能优异的纹理描述子，但用于稀疏的指静脉图像时，其区分性不够理想。

（2）细节点[133]、细节点改进方法[134] 及尺度不变特征转换中的关键点[135]：与指纹图像不同，指静脉图像中的分叉点和端点数量有限，同时低质量图像中容易出现虚假的细节点，这两点严重影响了基于细节点的指静脉识别的性能。同时，图像采集时手指的随机放置使得细节点、关节点的配对非常困难。

（3）子空间特征：例如主成分分析[136]及其改进[137]、线性判别分析[138]等，这类方法需要额外的图像训练转换矩阵，然而在实际应用中，获取额外的训练图像可能并不容易。

（4）高级特征：例如基于超像素的特征[139]、基于指静脉基元的特征[140]、超信息特征[141]和用户个性化特征[142]等。这类特征主要用来克服基于像素点的特征对图像平移、旋转的敏感性及无法表征指静脉局部特点等问题。在这些特征中，基于超像素的特征具有相对较好的识别性能，但其识别过程较为复杂，花费时间较长，且部分参数取值的不确定性影响了该方法的重现。

基于静脉纹路的方法首先从采集的图像中提取指静脉纹路，然后计算指静脉纹路并对纹路之间的相似度进行识别。该方法仅使用了指静脉区域，而忽略了非静脉区域，成为最有效的指静脉识别方法之一。

按照纹路检测过程中当前点和其周围邻点的关系，可将现有的基于静脉纹路的方法分为三类。

（1）基于横切面的方法：在采集的图像中，静脉区域灰度值较低，非静脉区域灰度值较高，因此静脉点的横切面上的灰度值呈谷形分布。这类方法主要利用谷形横切面这一成像特点检测静脉纹路。

（2）基于邻域的方法：宽线检测和 Gabor 滤波器是典型的基于邻域的纹路检测方法，这类方法取当前点的圆形或矩形邻域来检测静脉点。在圆形或矩形邻域中，距离当前点越近灰度值越小，而越靠近区域的边界灰度值越大。这一特点可用来设计模板或者检测规则。

（3）基于整个图像的方法：平均曲率计算是典型的基于整个图像的纹路检测方法，这种方法将指静脉图像看作一个三维的几何形状，通过寻找带有负曲率值的谷形区域来检测指静脉。

在识别中，特征不同，匹配方法也是不同的。在类似于局部二值模式的二进制特征识别中，通常使用汉明（Hamming）距离计算二值码对之间的相似度，这种匹配方法的最大优点是匹配速度快。在基于细节点的识别中，常用豪斯多夫（Hausdorff）距离进行相似度度量，但其缺点是随着细节点个数的增加，匹配时间也会相应地增加。在基于子空间降维的特征识别中，大都采用欧氏距离进行图像对间的相似度度量。在基于纹路的特征识别中，最常用的度量方法是模板匹配，该方法通过将静脉点的个数与图像中所有静脉点个数进行匹配得到的比率来衡量图像之间的相似度。

4.6.3 掌静脉和手背静脉识别

掌静脉和手背静脉的识别方法大致相同，主要有模板匹配和多重特征识别两种方法。

1. 模板匹配法

该方法通过阈值分割提取静脉特征，然后对静脉特征进行细化，得到静脉骨架特征作为待识别样本的模板，再将其与数据库中的模板进行匹配。该方法主要包含五个步骤：预处理、定位、静脉特征提取、缩减和匹配。

图像的预处理与静脉识别算法类似，也采用中值滤波的方法对图像进行降噪处理，然后通过灰度归一化方法或均值方差归一化方法，对图像进行归一化处理。

定位处理不同于指静脉识别。目前被广泛采用的定位处理方法是依据食指与中指间的指蹼、尾指与无名指间的指蹼作为定位基准点的方法。

　　静脉特征提取通常包括两个步骤：首先是通过阈值分割算法将静脉特征从图像中提取出来，然后对其按照某种细化算法再提取骨架特征。缩减步骤利用细化算法提取静脉特征的骨架，可有效减少静脉特征的数据量，便于特征的存储及后续的匹配。静脉图像匹配通常所采用的算法大都是计算待识别样本与目标样本间的某种距离，通常采用欧氏距离、豪斯多夫距离、汉明距离等方式计算样本间的距离，然后根据实验数据得到的阈值进行判断。

2. 多重特征识别法

　　多重特征识别法采用了与模板匹配法类似的预处理和定位方法，其关键步骤在于特征点的选取和多重特征的选取。

　　通常情况下，基于梯度大小的边缘检测不能从掌背热力图中提取出静脉特征点（FPVP），且通过边缘检测从静脉中提取的特征点定位在静脉的边缘，而静脉的灰度值要明显高于静脉周围区域的灰度值。多重特征识别法定义了静脉特征点的概念，只包含静脉特征点的图像被称为特征点图像（FPI），使用区域最大法进行阈值变换，将某一区域内灰度值高的像素作为阈值点。利用区域最大法提取静脉特征点存在一定的限制，要求具有局部最大值的像素点同时是区域的中心点。

　　选择 FPVP 的坐标 (x, y)、灰度值、灰度梯度以及梯度方向作为特征，特征向量表示为

$$\boldsymbol{FV}(x, y) = \begin{bmatrix} x & y & \boldsymbol{I} & \boldsymbol{G} & \theta & FP_N \end{bmatrix} \tag{4.35}$$

其中，$\boldsymbol{I} = f(x, y)$ 表示灰度值，$\boldsymbol{G} = \left[\left(\dfrac{\partial f}{\partial x} \right)^2 + \left(\dfrac{\partial f}{\partial y} \right)^2 \right]^{\frac{1}{2}}$ 表示灰度梯度，FP_N 表示 FPVP 的数量。如果 (x, y) 是一个静脉特征点，则 $FP_N = 1$，否则，$FP_N = 0$，该点包含于 FPI。

　　从 FPVP 提取的多重特征具有不同的属性。当分解 FPI 到下一级时，单一的马尔可夫随机场（Markov Random Field，MRF）不能保持每个 FPVP 的多重特征的所有特性。一些关于多重特征的信息可能会遗失或减少，实际上可以利用多重多分辨滤波器在分解 FPI 时保持 FPVP 下级分解的多重特征。多重滤波器包括矩滤波器、均值滤波器和计数滤波器。第一个滤波器为矩滤波器。矩是一个常见的参数，在图像处理中用于描述物体的特征，能够描述强度、梯度和方向特征，矩滤波器在降级分解时会保持 FPVP 的这三个特征。第二个滤波器称为均值滤波器，它计算横纵坐标的均值作为下一级分解的特征表示。均值滤波器很好地保存了 FPVP 的位置信息。第三个滤波器为计数滤波器。一个位置区域内包含特征点的数量也是一个非常重要的特征，描述了该区域对于整张静脉图像的重要性。计数滤波器计算了一个局部区域内静脉特征点的数量。

　　矩滤波器、均值滤波器和计数滤波器同时用于处理原始 FPI，形成多分辨特征表示。在 FPI 的多分辨特征表示中每个特征点包含了 FPVP 的数量、位置、强度、梯度和梯度方向信息。在多分辨特征中，包含了最后一级分解时关于邻近 FPVP 信息的特征点，称为主导点。除此之外，多重特征识别法还能减少模板数据量和降低计算量。获取多特征表示的过程，即将原始 FRI 分解为主导点的三次分解的过程，上述三个滤波器对应第三级、第四级和第五级分解，分别叫作辅助 FPI3、辅助 FPI4 和辅助 FPI5。

　　为取得高识别率，样本必须在类间具有差异并在类内具有相似性。定义内外个体变化

率 WT 作为权矩阵：

$$WT^{(m)} = \mathrm{tr}(Cm_{\mathrm{intra}}^{(m)-1} Cm_{\mathrm{inter}}^{(m)}) \tag{4.36}$$

其中，m 代表第 m 级分解；

$Cm_{\mathrm{intra}}^{(m)}$ 是特征点的多重特征在 m 级分解的平均类内协方差矩阵：

$$Cm_{\mathrm{intra}}^{(m)} = (DP_{ij}^{(m)} - \overline{DP}_i^{(m)})(DP_{ij}^{(m)} - \overline{DP}_i^{(m)})^{\mathrm{T}} \tag{4.37}$$

$Cm_{\mathrm{inter}}^{(m)}$ 是特征点的多重特征在 m 级分解的平均类间协方差矩阵：

$$Cm_{\mathrm{inter}}^{(m)} = (DP_i^{(m)} - \overline{DP}^{(m)})(DP_{ij}^{(m)} - \overline{DP}_i^{(m)})^{\mathrm{T}}$$

数据库中所有掌背静脉图像的个体变化率 $WT^{(m)} = [wt_1^{(m)}, wt_2^{(m)}, \cdots, wt_{nl}^{(m)}]$，$nl$ 是数据库中掌背静脉图像的数量。其中，$DP_{ij}^{(m)}$ 表示第 i 个掌背的第 j 幅热力图的主导点在 m 级处的分解，$\overline{DP}_i^{(m)}$ 和 $\overline{DP}^{(m)}$ 表示类内和所有主导点的均值。

第 i 个掌背主导点的多重特征在第 m 级分解的整合值 $IVD_i^{(m)}$ 可表示为

$$IVD_i^{(m)} = DV_i^{(m)} \times wt_{n_i}^{(m)\mathrm{T}} \tag{4.38}$$

其中，$wt_{n_i}^{(m)}$ 是第 i 个掌背在第 m 级分解的标准化权值，$DV_i^{(m)}$ 是第 i 个掌背的主导点在第 m 级分解的特征向量。

类似地，多重特征方法计算特征向量之间的相似度，按相似度的大小进行匹配。

4.7　走路姿态识别

人的走路姿态也是一种独特的生物特征，可以用于身份认证。从图像或视频中提取行人的姿态以及行为信息是计算机视觉一项重要且具有挑战性的任务。走路姿态识别已经被广泛应用于日常生活中，如行为识别、视频理解、手势识别以及人机交互等。其最为典型的两种应用是自动驾驶系统和跌倒预测系统，自动驾驶系统通过行人的走路姿态进行识别和预测，进而做出决策是否需要减速或急刹车；跌倒预测系统对老人的走路姿态进行识别，依据老人的走路姿态变化判断是否有跌倒的可能，进而做出决策是否需要弹出气囊保护。在走路姿态识别的研究基础上结合人工智能技术，构建了人类行为的特征库，将有利于未来仿生机器人更好地学习、模仿并预测人类的行为。

4.7.1　基本概念与应用背景

1. 基本概念

走路姿态识别是行人研究中的一项经典任务，同时也是一种新兴的生物特征识别技术，通过身体体形和行走姿态来分析人的身份。走路姿态识别的物理基础是行人的生理结构，包括身高、头型、腿骨、臂展、肌肉和重心等。相比于指纹、人脸、掌纹、静脉等静态生物特征，走路姿态属于动态特征不易伪装，用作身份认证时具有非接触、远距离等优点。

行人研究最基本的步骤是从目标中提取出行人目标。在提取了场景中的目标之后，接下来要处理的是把行人从其他目标中区分出来。现有行人区分方法很多，基本的方法是提取一些行人固有的特征，然后基于这些特征进行比较。这在特定的应用下解决了行人检测问题，但是在复杂环境下不能适用于人体形状和外貌多样、人体运动方式不同等情况，所以现有的行人区分方法需要在鲁棒性和准确性方面有所提高。

在实际应用中，通常需要对视频图像进行实时的采集和分析，这要求在很短的时间内提取出行人的身形大小、位置、形状、轮廓等信息，这就是行人检测算法的实时性要求。

行人在复杂环境下的检测难度非常大。例如，将摄像机安装在一个自由移动的平台（汽车辅助驾驶系统）中，由于行人行为本身和环境的复杂性，即使在一些常规的静态背景下行人检测方法也无法适用，错误率比较高。所以行人检测需要通过优化来保证检测的准确性。对检测算法本身而言，提高检测效果毕竟有限。近年来，如何使用一些智能算法改善视觉处理过程已经成为一个研究的热点，也是一个比较新的研究领域，它融合了多个学科。

在行人跟踪过程中，由于行人目标姿态发生改变、所处环境的光照变化、行人被部分遮挡而引起运动目标不规则变形，行人之间或者行人和背景之间的遮挡导致目标暂时消失等原因，行人的准确跟踪定位是一个非常困难的问题。

同时，行人跟踪的鲁棒性问题也是亟须解决的问题。现有的行人跟踪算法对于行人跟踪中的复杂情况没有深入研究：当存在与行人目标相近的大面积背景时，算法出现抗干扰性问题；当目标运动速度较快时，有可能发生误跟踪或者跟踪目标丢失问题。行人跟踪问题还需要考虑多目标存在的情况，如行人的遮挡、行人与其他目标或行人与行人聚集等情况。

目前，行人的目标检测、姿态识别和跟踪领域还有很多问题需要解决，其中最为突出的有目标的准确分割、行人的检测优化和跟踪的准确定位等问题。

在对视频目标的检测和跟踪过程中，前景与背景的分割是最基本的问题，它是行人检测与跟踪算法的基础。长期以来，前景与背景分割技术的研究和应用备受研究人员的关注。对于运动物体检测算法，适用场合、鲁棒性、准确性和实时性都是衡量算法好坏的重要指标。现在研究的算法有的在准确性和鲁棒性方面有非常好的效果，但是很难满足实时性的要求；有的实时性、准确性和鲁棒性都比较好，但是只能适用于特定的场合。

在对视频目标的检测和跟踪过程中，运动阴影的检测和抑制是不可避免的关键问题。和目标相连的阴影会使目标的几何形状发生变形或扭曲，影响目标大小、位置的估计；孤立于目标的阴影由于具有和运动目标相同的运动规律，也和运动目标一样都显著区别于背景，因此它很容易被误认为是前景目标物体。

现有的基于模型的阴影检测算法需要事先知道光源的位置、方向和阴影发生的时间等信息，但这些条件都很难确定且随不同的应用环境会发生变化；基于纹理的阴影检测方法需要对图像的纹理特征和背景的纹理特征进行对比分析，如果图像子块中的很多细节导致纹理特征不明显，则会出现误检测现象；基于阴影属性的阴影检测方法通常需要定义一些属性的阈值，而这些阈值只能从实验中提取，且随实验条件的不同变化很大。

2. 应用背景

走路姿态识别在虚拟人体工效学、人机交互和安防监控等领域的应用较为广泛。

在工业生产过程和产品验证过程中，人体工效学能够有效改进工作空间和产品设计，使其符合人的使用习惯，降低肌肉疲劳度和增加安全性。基于视频序列的人体三维姿态感知能够提供用于虚拟人体工效学评价的人体骨骼关键点数据，作为工业软件的输入数据。

另外,虚拟人体工效学评价不需要非常精确的人体姿态数据,这更增加了人体姿态感知相关技术研究的实际应用价值。

人机交互主要研究人与机器(本书主要指计算机)之间的交互手段,该技术使机器能感知人体意图,并执行相应的命令,其发展趋势是所感即所得的高度智能化。最早的人机交互手段是通过人工打孔作为输入指令,发展至今,面向序列化信号的人体动作建模与识别,不仅可以通过人体三维姿态数据识别人体运动,还可以直接利用计算机数据分析和感知人体运动意图,为虚拟现实场景、增强现实场景等领域的人机交互手段提供新的思路。

在"平安智慧城市"的建设浪潮中,监控摄像头已经成为城市治理和群众生活中不可缺少的重要组成部分。对监控视频的有效记录、传输、存储以及分析具有十分重要的意义。面向序列化信号的人体步态识别,在部分场景下能有效识别监控视频中的人体身份信息,具有远距离不可替代的作用,相比其他生物认证手段,能在远距离内实现精准的身份认证;而人体感知、动作识别与检测则能够进一步对人体行为进行分析,以实现异常事件监测。这些技术将能大大提升安防监控产品的智能性,有效降低人力成本。

4.7.2　人体建模

1. 二维人体模型

早期的人体模型构建工作中,人体铰接结构的二维表现形式依赖于简单的几何元素,如直线、矩形等。Fischer 和 Elschlager[143] 于 1973 年提出的图形结构(Pictorial Structure, PS)模型是迄今为止最为经典的铰接结构物体姿态表达模型。这种铰接结构可以表示人脸姿态,如图 4.41 所示。在进行人脸建模时,模型分为外观模型和变形模型,两者单独建模。外观模型由人脸的五官决定,变形模型由弹簧构成,弹簧的连接关系反映了五官之间的联系。这样构造得到的人脸姿态模型具有较大的灵活性,通过设置弹簧的参数就可以调节五官间相对位置的约束。与此同时,这种铰接结构也可以表示人体姿态。在表示人体姿态时,这种图形化结构用树模型进行优化,将人体的躯干视为刚体并用线段或者矩形来表示。

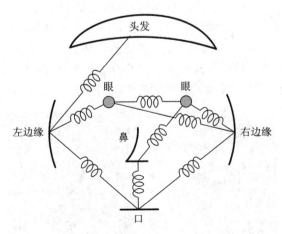

图 4.41　人脸图形结构模型建模[143]

Felzenszwalb 等人[144] 在图形结构模型的基础上进行了改进,利用一系列配置可变的部位集合来表示物体，物体的各部位被单独建模，并用弹性连接来模拟成对部位之间的可变配置的连接方式，效果如图 4.42 所示。

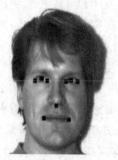 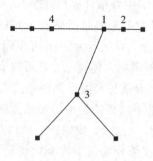 

(a) 面部表达模型　　　(b) 部位之间的连接方式　　　(c) 表达人体姿态

图 4.42　可变配置表达模型[144]

　　由于铰接结构仅能大致描述人体主要躯干的姿态，图形结构需要进行进一步的细化，将人体模型划分为更多的部位。如图 4.43 所示，Ramanan 等人[145]对图形结构模型进行了改进，传统的图形结构模型各部位之间仅有旋转和平移的变换，经过改进后的模型通过增加弹簧的属性从而增加了扭曲变形的效果。

(a) 图形结构效果对比　　　　　　(b) 新增弹簧效果

图 4.43　细化后的人体图形结构[145]

　　如图 4.44 所示，Andriluka 等人[146]在铰接结构矩形的基础上提出了卡片人模型，用相连接的四边形平面块来表示人的肢体。卡片人模型中，每一个图像块仅有一个从属图像块和一个跟随图像块，从而构成铰接结构。对于相接邻的肢体，将对应的四边形的顶点之间的连接视为弹簧连接，通过各弹簧的伸缩模拟不同的人体姿态。

(a) 铰接结构　　　　　　(b) 卡片人模型

图 4.44　基于铰接结构的卡片人模型[146]

2. 三维人体模型

事实上,现实世界是三维(3D)空间,人是以三维的形式存在的,二维(2D)模型建模无法精确表示人体姿态,存在较大的误差。因此,随着计算机视觉技术的不断发展,更多研究开始转向三维人体建模。

早期,圆柱体被用来表示激光产生的 3D 模型[147]。首先,用圆柱体拟合出物体的激光束模型,然后在模型内粗略估计出半径,用多个圆柱体拟合得到物体的 3D 模型,在视觉上类似多圈缠绕的弹簧。

后来又衍生了一种由数据驱动的 3D 模型,称为人体形状的实现与动画模型(Shape Completion and Animation of People,SCAPE)[148]。这种模型传承了二维铰接模型的思想,可以表示铰接部位的非刚性形变和人体部位的肌肉形变。SCAPE 模型接收具有人体形态的粒子云后,可以模拟出与粒子云最匹配的人体姿态,模型效果如图 4.45 所示。

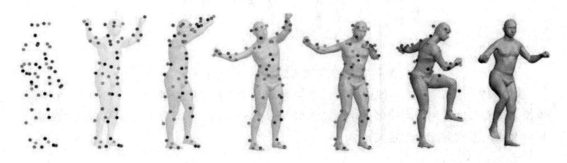

图 4.45　SCAPE 人体姿态模型[148]

SCAPE 模型接收的具有人体形态的粒子云,在一定程度上表示了人体分布,Rodgers 等人[149]在此基础上构造出一种概率模型,用成对的部位间的势能作为铰接部位之间的限制,从而更真实地表达 3D 图像。如图 4.46 所示,这种概率模型通过对局部扫描的图像进行建模,能够处理复杂场景中物体重叠遮挡的问题。

图 4.46　基于概率模型的人体姿态模型[149]

Hasler 等人[150]提出了一种人体姿态的三维统计模型。如图 4.47 所示，该模型能够针对人体的姿态和体格构造出肌肉的形状。三维统计模型通过对身体的形状及身体的姿态进行联合编码，并利用相关的语义限制给出非线性模型的定量评价，从而得到更真实的三维人体姿态表达模型。

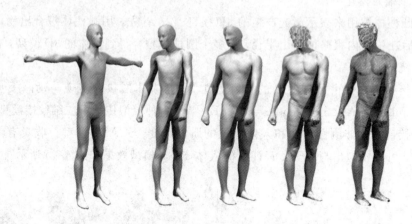

图 4.47　可表示肌肉的 3D 人体姿态模型[150]

Stoll 等人[151]构造了一种用高斯函数集合表达 3D 人体姿态的模型。如图 4.48 所示，该模型针对人体骨架进行建模，骨架包含 58 个关节点，每一个关节由相对于双亲节点的偏移以及轴角形式的旋转来定义。

图 4.48　基于高斯函数的 3D 人体姿态模型[151]

3. 二维模型和三维模型之间的联系

三维人体模型能够更真实精确地描述人体姿态，但是计算较为复杂。虽然二维的人体模型计算较为简单、参数空间较小，但是对人体部位形状的表达不够精确。实际上，完全可以将三维姿态模型投影到二维平面，通过训练相关参数从而得到能够较准确表达人体每个部位形状的二维人体模型。上述几种典型的三维人体模型均可以进行投影得到二维人体模型。

Freifeld 等人[152]提出一种由三维 SCAPE 人体模型得到二维人体模型的方法。如图 4.49所示，该模型勾勒出平面中人体形状的外轮廓，所得到的模型被称为轮廓人体模型。这个模型可以表达相铰接的肢体的非刚体形变，这与之前用矩形表示人体部位的方法相比，更能真实表现人体轮廓的形状。

图 4.49　轮廓人体模型[152]

　　Zuffi 等人[153]同样利用 SCAPE 模型得到了二维可变形结构(Deformable Structures，DS)模型。如图 4.50 所示，他们通过向 2D 平面投影得到投影图像，然后训练投影图像的轮廓，从而构造二维的铰接人体姿态模型。由于 SCAPE 模型的粒子云能在一定程度上表示人体的分布，而该二维可变性结构用参数化的概率形式表示人体每个部位的轮廓形状，因此得到的二维人体姿态更加真实。在实际训练过程中，可以针对男性和女性分别训练轮廓，得到对应性别的人体姿态模型。这也是首个考虑到性别间差异的人体姿态模型。

图 4.50　二维可变形结构模型[153]

　　Pishchulin 等人[154]利用先前的三维统计模型构造出二维人体模型。他们首先定义一种三维人体姿态估计框架的注释，然后恢复出三维人体形状模型的参数，并对模型进行重新塑形。重新塑形改变了三维模型的身体骨架，从而改变了模型的形状参数。将新的三维人体姿态模型投影到二维平面，即可获得新的二维人体姿态表达。

4.7.3　人体姿态感知

人体姿态感知也被称为人体姿态估计，是走路姿态识别中的一个重要环节。依据身体部位的不同，人体姿态感知可以分为头部姿态估计、手部姿态估计和全身姿态估计。其中，全身姿态估计针对人体全身的动作进行分析，应用更为广泛。实际上，人体姿态感知环节在很大程度上依赖于 4.7.2 节所介绍的人体模型。人体姿态感知也可以分成二维和三维两类。

1. 二维姿态感知

二维姿态感知主要针对输入为图像或视频数据的场景，在经过感知算法的处理后，得到图片/视频中人体骨骼的轮廓和坐标。二维人体姿态感知的应用非常广泛，对人机交互领域具有十分重要的意义。其主要方法包括基于人体层级结构的姿态感知、基于人体图形结构的姿态感知以及基于深度卷积神经网络的姿态感知。

1）人体层级结构的姿态感知

在传统的二维人体姿态感知中，通过层次结构的方法在人体层次树结构中表示不同比例大小的人体部位之间的关系。这些方法适用于较大的部位（如人体四肢），通常具有便于识别的图像结构，更容易检测。

Sun 等人[155]提出一种用于关节部位的综合目标检测和姿态估计的模型，按照由粗略到精细的递归形式构造部件集合，部件组合起来就能表示一个行人。其中，在递归的过程中，相同粒度的精细构件通过父子关系连接形成了较粗略的级别的构件。Tian 等人[156]提出一种新的层次空间模型，该模型可以感知更加紧密的构件连接，同时利用隐节点可以精确地表示零件之间的高阶空间关系。

2）基于人体图形结构的姿态感知

基于人体图形结构的姿态感知是一种较经典的二维人体姿态感知方法。该方法将人体各部位之间的空间相关性表示为一种树形结构的图模型，模型主要包含单元模板与模板关系两部分，利用人体模型的空间先验知识，对局部与整个人体的相对空间关系进行建模。Andriluka 等人[157]提出一种基于人体图形结构框架的通用方法，其研究表明正确选择外观和空间构建的人体部件对于模型的一般适用性和整体性能至关重要。Yang 等人[158]提出一种新型的基于部件模型的特征方法来进行二维人体姿态感知，提出了一种通用的、灵活的混合模型，用于捕获身体部位之间的上下文共现关系，增强了具体编码空间关系的标准弹簧模型效果。基于人体图形结构模型的方法已经成功地应用于所有肢体都可见的场景中，但容易出现特征性错误，如在未被人体树形结构模型捕获的变量之间的相关性将会导致重复计算的问题。

3）基于深度卷积神经网络的姿态感知

随着深度学习在图像分类中取得重大进展，将深度学习用于二维人体姿态感知也引起了大量关注。如图 4.51 所示，Toshev 等人[159]直接利用级联的标准卷积神经网络实现了坐标回归任务，得到了图片中人体的笛卡尔坐标。若直接回归每个骨骼点的坐标，则需要回归预测值与真实值之间的偏移量, 当偏移量较大时, 在实际训练过程中网络较难收敛, 且误差比较大。

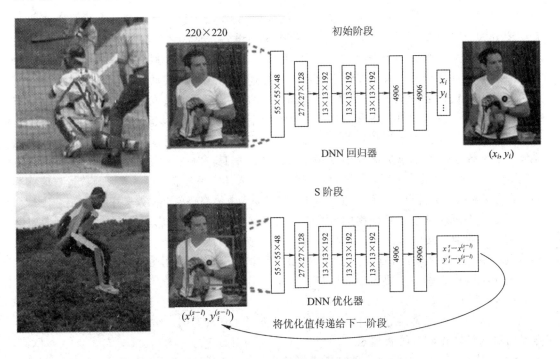

图 4.51 基于深度卷积神经网络的人体姿态感知[159]

为解决直接回归骨骼点坐标的大偏移量问题, 很多方法采用回归基于高斯分布骨骼热点图的方法。Shin-En 等人[160] 提出了隐式的模拟结构化预测任务中变量之间的依赖关系, 设计由层级卷积网络组成的顺序架构来实现, 并在网络结构设计过程中引入了感受野。层级化卷积网络利用前一阶段产生的骨骼热点图信息, 实现了对部件坐标越来越精细的估计, 解决了坐标回归偏移大的问题。

如图 4.52 所示, Google 公司对骨骼热点图进行了如下改进[160]: 将人体骨骼点某一范围内的像素值置 1 并作为热点图。除热点图外, 还包括热点图与骨骼关键点之间的偏移图, 既结合了骨骼的位置信息, 还利用了像素点与骨骼点直接的方向信息。

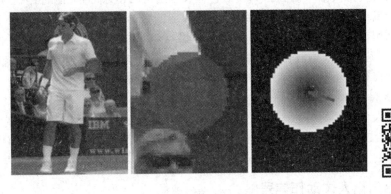

图 4.52 基于谷歌热点图的人体姿态感知[160]

2. 三维姿态感知

人体三维姿态感知也称为人体动作捕捉。依据动作捕捉设备的类型，人体三维姿态感知主要分为五种类型[161]：① 光学无标记动作捕捉设备，通常利用深度相机或校准的普通相机得到人体的三维骨骼点坐标；② 光学有标记动作捕捉设备，通过身体表面穿戴相应的标记点来实现动作捕捉，采用多台高速相机进行捕获；③ 机械式动作捕捉设备，通过机械式可穿戴设备进行姿态感知；④ 磁性传感器动作捕捉设备，通过发射器与接收器三个正交线圈的相对磁通量来计算位置和方向；⑤ 惯性传感器动作捕捉设备，适合室外运动场景。

机械式动作捕捉设备因价格便宜，在实际中应用得最为广泛，如穿戴式人体姿态检测系统。该系统通过人工添加的标记点获取人体姿态信息，而仅靠单一的节点无法获得人体的完整姿态信息，因此需使用多个节点才有可能获取人体完整姿态信息。节点的数量与传感器的组合方案和布置方案有关，而传感器组合方案又受到人体姿态模型参数选择的影响。

穿戴式系统通常是小巧便携的，因此在选用器件时，必须要考虑节点或系统的物理尺寸和物理重量等，又由于穿戴式监测系统由多个节点构成，每个节点就是一个独立的传感器节点，多个节点之间需要通信，穿戴式系统通常采用无线通信方式。

人体三维姿态感知主要包括如下三种方法。

1）二步法

该方法先利用二维姿态估计或者人工标记的二维姿态得到二维骨骼点，再以二维骨骼点作为输入计算得到三维骨骼点。

Simo-Serra 等人[162]提出一种随机采样策略，该策略将随机噪声从图像平面传播到形状空间，再结合人体运动学的约束计算得到符合正常人体形态的三维姿态。Ramakrishna 等人[163]则提出一种具有运动独立性的方法，该方法利用稀疏性组合与过完备字典的线性组合表示人体三维姿态，同时结合三维人体姿态测量的正规化约束，以减小二维姿态感知带来的误差。Martinez 等人[164]通过实验设计了一个简单的端到端的神经网络，该网络利用大量带有三维骨骼点标记的数据集进行求解约束，可以直接从二维姿态计算得到三维姿态。Moreno-Noguer 等人[165]利用 $N \times N$ 的距离矩阵表示二维和三维姿态，然后将从二维到三维空间的求解转化为距离矩阵的回归问题。

2）直接法

二步法对于不同分布的数据域较为鲁棒，但是检测结果的精度在很大程度上依赖于二维姿态估计精度。随着大量带有三维骨骼点标记的数据集的出现，许多研究直接以原始图片为输入利用深度学习框架计算得到三维骨骼点。Pavlakos 等人[166]提出，首先对人体周围的 3D 空间进行精细离散化，并训练卷积神经网络预测每个关节的每个像素可能性，然后按照粒度实行从粗略到精细的预测方案进一步改进初始估计。

3）参数化人体模型

参数化人体模型的姿态感知(三维人体姿态恢复)是通过估计参数化人体模型的参数来实现的。一般该方法使用 SMPL 参数化人体模型[167]，通过三维人体模型的姿态恢复来正向求解人体的三维骨骼点。

4.7.4 序列化人体动作信号

人体动作信号通常是一种具有时序性的信息，从输入数据特性的角度，可以分为基于视觉数据的人体动作信号建模方法和基于生理数据的人体动作信号建模方法。

1. 基于视觉数据的人体动作信号建模与识别

从数据的类型来看，基于视觉数据的人体动作信号建模与识别方法可以分为：基于 RGB 彩色图像的方法、基于深度图像的方法、基于骨骼数据的方法以及多模态数据融合的方法。

Nguyen 等人[168]在自动视频显著性分析的基础上，提出了一种基于时空注意的特征融合方法。该方法对不同显著性的时空特征进行下采样，得到动作序列的表征建模，然后利用支持向量机进行动作识别。Dawn 等人[169]对基于时空注意的动作序列建模与识别进行了总结，如图 4.53 所示，其一般流程为：首先检测时空兴趣点，再进行特征提取，然后利用词表模型对序列化动作特征进行建模，最后采用常规的机器学习方法进行识别。

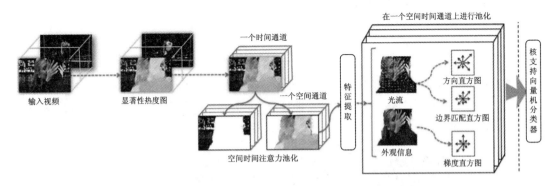

图 4.53　基于时空注意的动作序列建模与识别方法[29]

面向视觉数据的人体动作识别与人体动作检测是两个相辅相成的问题，通常人体动作检测比动作识别更具有挑战性，不仅需要判断动作的类别，还需要定位动作发生与结束的时间。在人体动作检测这类更具挑战性的任务中，通常借鉴物体跟踪与滑动窗的方法来定位动作位置。

2. 基于生理数据的人体动作信号建模与识别

基于生理数据的人体动作信号建模与识别，根据数据来源的不同可以分为基于脑机接口（Brain-Computer Interface，BCI）的动作建模与识别方法，以及基于肌肉计算机接口（Muscle-Computer Interface，MCI）的动作建模与识别。BCI 通过脑电设备感知大脑内部活动，并通过计算机分析将脑电信号（Eletroencephalography，EEG）解码为人体动作意图，它是实现"所想即所得"最理想的交互方式，目前受到研究者的广泛关注。MCI 则是利用肌电传感器，将人体肌肉活动转换为肌电信号（Surface Electromyography，sEMG），从而通过计算机解码人体动作。

人体不同部位（左右手、脚，舌等）的运动状态，会使大脑皮层相应区域的 EEG 发生变化，基于 EEG 的人体动作识别与建模正是基于这一理论。EEG 与视频数据类似，也是一种时序性的动作信号。传统的基于特征提取的方法，首先提取 EEG 的传统手工特征用于建模时序信号，再结合机器学习的相应算法进行识别。

4.8 手写签名

手写签名虽然不属于个人固有的生物特征,但它是一种类生物特征。现代人体运动学研究表明,签名这种运动是由人的神经-肌肉系统决定的,与个人的性格、体质和幼时的训练有关,每个人都拥有自己独特的书写风格,因此签名可以作为个人身份的证明。与其他身份表征方法相比,签名具备对采样设备要求不高、成本低、适于普及应用的特点。手写签名作为社会生活中一个不可缺少的部分,已进入行政、金融、法律、安全等领域。

4.8.1 基本概念与应用背景

1. 应用背景

近年来,电子签名认证技术越来越引起人们的重视,许多国家和地区的院校研究机构和公司企业都纷纷成立相关的实验室和研究中心,相继开发出一些产品推向市场,使之逐步成为了一个新兴的、很有希望的产业。如图 4.54 所示,签名作为社会生活普遍接受的一种同意或授权的方式,在社会生活中发挥了重要作用并具有重要意义。

(a) 存取款签名认证   (b) 文件签署认证

图 4.54 手写签名应用

2. 基本概念

手写签名具有字量大、字体多、结构复杂和书写变化大的特点。

西文由 26 个英文字母构成,而我国常用汉字约 3000~4000 个,国标 GB2312 — 80 两级汉字共 6763 个。另外,个人签名中有很多偏字、难字。

汉字的手写字体类型繁多。常用的楷书简化字有宋体、仿宋体、楷书等,另外还有隶书、魏碑、行楷、姚体等,仅宋体又分为书宋、报宋、细扁宋体、中扁宋体、长宋体、小宋体等。虽然不同字体的拓扑结构基本相同,但笔画的长短、位置及姿态却有一定的差别,尤其是草书,可能与楷书和行书完全不相似。换句话说,同一汉字的不同字体的字形点阵并不相同,这给分类识别增加了难度。而手写签名由于其不加限制,字体变化就更加丰富了。

汉字笔画多,结构复杂,《辞海》16339 个汉字中,笔画最多的汉字有 36 画,平均每个汉字笔画为 12.21 画;GB2312 — 80 基本集 6763 个汉字中,笔画最多的字有 30 画,平均每个字10.64画,这对分类器的性能提出了较高的要求。

手写体汉字识别的最大难点在于由书写不同引起的模式结构的变形,这种变形因人而

异,而且变形可能十分严重,主要有三点:

(1) 笔画不规范,六种基本笔画横、竖、撇、捺、点和折在书写时出现变形,如横笔不平、竖笔不直、直笔画变弯、折笔画变弧、点和捺互变等,笔画粗细不匀也是不规范的表现之一;

(2) 笔画之间、偏旁部首之间相对位置不固定,如"土"字的两横距离不定,一竖则可能偏左或偏右,又如"仟"字的单人旁"亻"和"千"字边左右距离不固定等;

(3) 连笔书写或笔画粘连,这是手写汉字中常见的现象,连笔或粘连将导致离线手写体汉字识别研究字的结构时出现质的变化,这是手写汉字识别研究中最难解决的问题之一。

3. 手写签名识别系统

手写签名识别系统一般有两个主要流程:一是签名样本的注册,即模板的生成,将采集的参考样本输入系统,提取有用信息,建立模板数据库;二是提取待测签名的相关信息,经过与模板信息的比较以验证真伪。在训练阶段,使用一定数量的真实签名资料来建立其所拥有的参考样本。在比较阶段,将测试用签名样本信息输入系统,这个测试样本包含的信息将用来与训练阶段所建立的参考样本信息进行比较,以此判断此测试样本是否为该使用者的本人签名。

如图 4.55 所示,手写签名识别一般包括预处理、特征提取、特征匹配等步骤。如果使用者从未在手写签名识别系统上注册过,将被要求输入数个签名以产生其参考样本。随后,这些真实签名样本将经过预处理过程,包括去除背景、平滑、细化等过程。接下来的训练阶段将提取这些样本的有效签名特征,并建立参考样本。如果欲进入系统的使用者已登记过,要进行签名识别,则其输入的签名将进行与训练阶段相同的预处理与特征提取等步骤,所产生的资料则与此使用者在系统中已经建立的参考样本资料库相比对,以决定输入的签名是否为本人的真实签名。

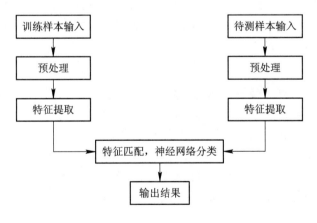

图 4.55 手写签名识别流程图

4.8.2 图像预处理

预处理是签名识别中的第一步,占有十分重要的地位。预处理的好坏直接影响识别的难易及识别结果的好坏。预处理工作做得好,可使反映书写特征的部分得到保留甚至突显出来，识别就容易且识别率高、速度快；反之，就会使识别变得困难，甚至出现识别不出真假的情况。

1. 平滑去噪处理

为了提高签名图像的质量，消除噪声，需要对原始图像进行平滑处理。由于样本是在手写板上直接获取再扫描的，省略了用钢笔书写在纸上这一步骤，因此图像质量比较好，用简单的平滑算法就能满足使用要求。

平滑处理一般应用在两个方面：对灰度图像的平滑以及对二值后图像的平滑。前者可以改善灰度图像质量，后者可以在一定程度上消除图像中的噪声点(孤立点、白点或黑点)以及笔画边缘的细小毛刺。平滑处理中常采用 BOX 模板、GAUSS 模板、中值滤波算法等[170-171]，其中最为典型的是中值滤波算法。中值滤波是一种典型的低通滤波，主要目的是保护图像的边缘，同时也能去除噪声。与加权平均方式的平滑滤波不同，中值滤波将邻域中的像素按灰度级排序，取其中间值为输出像素。中值滤波的效果取决于两个要素：领域的空间范围和中值计算中涉及的像素数(当空间范围较大时，一般只取若干稀疏分布的像素进行中值计算)。中值滤波能够在抑制随机噪声的同时不使边缘模糊，方法简单易于实现，能较好地保护边界，因而受到了广泛欢迎[172]。

中值滤波建立一个 $n \times n$(通常 n 取 3 或 5)的窗口，依次移动到图像各个像素点位置上，用窗口中的所有灰度中间值去表示当前像素的灰度值，如图 4.56 所示。

x_1	x_2	x_3
x_4	x	x_5
x_6	x_7	x_8

图 4.56　像素点 x 的 8 邻域分布

图 4.57 中 x 为目标像素，和周围 $x_1 \sim x_8$ 组成 3×3 矩阵，然后对这 9 个像素的灰度进行排序，以排序后的中间像素为 x 的新灰度值，如此就完成了对像素 x 的中值滤波，再迭代其他需要的像素进行滤波即可。

2. 二值化处理

二值化是将汉字灰度图像转化成二值数字图像的过程。二值数字图像用一个数字矩阵表示，矩阵中每个像素只取 0 或 1，它们相当于"开"和"关"，对应于黑点与白点。

二值化的基本要求是二值数字图像能够忠实地再现原签名字体：笔画中不出现空白；二值化后的笔画特征基本保持原来文字的特征。简单的二值化方法就是选取一个特定阈值将签名从背景中提取出来，即使签名图像和背景分离[171, 173]。

设手写签名图像的大小为 $p \times q$，其数字矩阵为 $\boldsymbol{I}(i, j)$，二值化后的图像数字矩阵为 $c(i, j)$：

$$c(i,j) = \begin{cases} 1(文字部分) & \boldsymbol{I}(i, j) \geqslant h \\ 0(背景部分) & \boldsymbol{I}(i, j) < h \end{cases}$$

其中 h 为设定的阈值，取值为 $[0, 1]$。

在特征提取中，大多情况不需要使用灰度信息，比如只处理形状的场合，这样可以提高识别的效率。

3. 细化处理

对签名图像进行细化，目的是获得签名部分的骨架。所谓细化，就是将二值化的文字点阵逐层剥去轮廓边缘上的点，但仍要保持原来文字的骨架图形。汉字的字形变化幅度大、粗细不一，给签名识别带来了许多困难，而在二值签名图像中，对识别有价值的文字特征信息主要集中在文字骨架上，细化后的文字骨架既保留了原文字的大部分特征，又有利于特征抽取，因此细化处理是一个十分重要的预处理步骤。

细化的基本要求包括：要保持原有笔画的连续性，尽量减少断笔；要细化为单线，即笔画宽度只有 1 bit；细化后的骨架应尽量是原来笔画的中心线；要保持文字原有的特征，既不能增加也不能丢失。

设集合 $I=\{1\}$ 表示需要细化的像素子集，集合 $N=\{g\,|\,g-m\leqslant 0\}$ 表示背景像素子集，集合 $R=\{-m\}$ 表示在第 m 次细化笔迹变薄时，I 中被减掉的像素。图像细化时笔迹变薄的条件如下：

(1) $f(i)\in I$；

(2) $U(i)\geqslant 1$，$U(i)=a_1+a_3+a_5+a_7$，$a_k=\begin{cases}1, & f(X_i)\in N\\0, & \text{其他}\end{cases}$；

(3) $V(i)\geqslant 2$，$V(i)=\sum_{k=1}^{8}(1-a_k)$；

(4) $W(i)\geqslant 1$，$W(i)=\sum_{k=1}^{8}c_k$；

(5) $x(i)=1$，$x(i)=\sum_{k=1}^{4}b_k$，$b_k=\begin{cases}1, & f(X_{2k-1})\in I,f(X_{2k})=I\bigcup R \text{ 或 } f(X_{2k+1})\in I\bigcup R\\0, & \text{其他}\end{cases}$；

(6) $f(X_k)\notin R$ 或 $x_k(i)=1$，$(k=3,5)$，其中 $x_k(i)$ 表示第 i 个邻域像素。

经过细化的手写签名图像如图 4.57 所示。

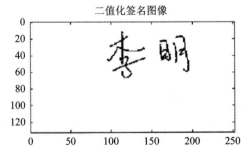
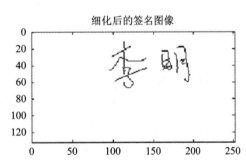

图 4.57　经过细化的手写签名图像[174]

4. 轮廓提取

轮廓提取是为了提取图像边缘。图像边缘对图像识别与计算机分析都十分有用，边缘能勾画出目标物体，使观察者一目了然。同时，边缘蕴含了丰富的内在信息（如方向、阶跃性质、形状等），是图像识别中重要的图像特征之一。从本质上说，图像边缘是图像局部特性不连续性(灰度突变、颜色突变、纹理结构突变等)的反映,它标志着一个区域的终结和另一个区域的开始。

边缘提取首先检测出图像局部特性的不连续性,然后将这些不连续的边缘像素连成完备的边界。边缘的特性是沿边缘走向的像素变化平缓,而垂直于边缘方向的像素变化剧烈。所以,从这个意义上讲,提取边缘的算法就是检测出符合边缘特性的边缘像素的数学算子。

通常使用轮廓像素点的边缘跟踪手段进行 4-邻域或 8-邻域的跟踪,然后用向左看法提取出笔画的轮廓。但在实际对汉字手写笔迹的研究工作中发现,由于手写体的多变性,笔画可能会粗细不均匀,或者笔画墨水的浓淡程序不一致。因此,在笔画较细且笔迹较淡的地方(如在两个笔画的连接处)、经过二值化操作后,在这些地方将出现断接的现象,这种现象也可在门限的取值不当时发生。

可以采用 Sobel 算子对二值化图像进行轮廓提取[171]。Sobel 算子是一种检测边缘点的微分算子,它对数字图像的每个像素考察上、下、左、右邻域灰度的加权值,把各方向上($0°$,$45°$,$90°$,$135°$)的灰度值加权值和作为输出,可以达到提取图像边缘的效果。

设输入图像当前像素为 $f(i,j)$,输出图像当前像素为 $g(i,j)$,则

$$g(i,j) = f_{xr} + f_{yr} \qquad (4.39)$$

其中:

$$f_{xr} = f(i-1,j-1) + 2f(i-1,j) + f(i-1,j+1) - f(i+1,j-2) - 2f(i+1,j) - f(i+1,j+1)$$

$$f_{yr} = f(i-1,j-1) + 2f(i,j-1) + f(i+1,j-1) - f(i-1,j+1) - 2f(i,j+1) - f(i+1,j+1)$$

轮廓提取结果如图 4.58 所示。

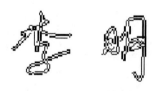

图 4.58　轮廓提取结果[174]

5. 规范化操作

由于书写方面的原因,汉字图像(或点阵)在位置和大小上会有变化,因为汉字识别主要基于汉字的图形结构,如果不能将汉字点阵在位置和大小上经规范化处理一致起来,汉字点阵的相似性比较就无法正确进行。所以进行规范化处理是非常必要和有用的。规范化操作包括位置规范化与大小规范化。

汉字点阵的位置规范化方法主要有两种:一是重心规范化,二是外框规范化。重心规范化方法是计算出汉字的重心后将重心移到汉字点阵的规定位置,如中心位置,即重心规范化后汉字的重心位于点阵中心。外框规范化是将汉字的外框移到点阵规定位置。因为重心计算是全局性的,因此抗干扰能力强;各边框搜索是局部性的,易受干扰影响。而大多数字笔画分布左、右、上、下比较均匀,汉字的重心和汉字字形的中心相差不多,重心规范

化不会造成字形失真，但对个别汉字(如乎、于、丁等)，上下分布不匀，重心规范化使字形向下移动，以致字形下端超出点阵范围而造成失真。因此，有的研究者将二者规范化方法结合起来使用，以便取其长而避其短。

汉字字号变化引起汉字尺寸相差接近十倍，适用多字号的汉字识别，必须有效地进行汉字大小的规范化。常用的大小规范化方法是根据汉字点阵的外围边框进行的，先判断汉字点阵的上、下、左、右外围边框，然后按比例将汉字线性放大或缩小成规定大小的点阵。显然，大小规范化与外围边框的确定有很大关系，为避免笔迹被裁切或大面积空白，可以用由外向内的累加笔画像素数达到一定范围后(如 2～7 像素)判为外围边框的位置，这种改进的外围边框确定方法，有效地克服了随机干扰点的影响，保证了较稳定的大小规范化。

4.8.3　特征提取

特征选择和提取是模式识别中的关键环节，它基本上决定了系统所能达到的识别精度和其他一些特性。一个识别系统的首要的问题就是选取容易提取并能提供尽可能高的模式识别能力和尽可能小的维数的样本特征属性度量，作为系统的特征矢量。由于实际问题中常常不容易找到那些最有效的特征，这就使得特征选择和特征提取成为模式识别中最困难的任务之一。

从签名的全局与局部角度考虑，全局特征对于基础分类有较好的效果，因为它从全局上概括性地描述一个签名，对于不是刻意模仿的假签名，全局特征可以较好地反映它与真签名之间的差别；而局部特征更适于细分类，它能较好地反映出两个签名在细微方面的差别，因此对识别模仿签名会有较好的效果。

依据签名笔迹的静态信息特征，可以提取三大类特征信息：形状特征、纹理特征和笔画特征[175]。

1. 形状特征提取

形状特征提取是根据签名的二值化图像进行处理的一种特征提取方法。可供提取的形状特征有如下几个方面：连通片数、网孔数、签名的宽高比、签名的有效宽高比、黑点面积与整体面积比、不变矩特征等。

1) 连通片数

签名笔迹的连通片数就是互相连接在一起的笔迹片的数目，可以采取标号传播算法实现。其步骤如下：

(1) 设置图像上所有黑点的传播记号 $tag(i, j) = 0$。

(2) 设置连通片数 $k = 0$。

(3) 从图像的左上角开始按照从左到右、从上到下的顺序扫描：如果 $tag(i, j) = 0$，则 $k = k + 1$，$tag(i, j) = k$，进行标号传播；否则扫描结束。

(4) 进行标号传播，分正向和反向两步。正向传播中，设置变化标记 change $= 0$，从图像的左上角起按从左到右、从上到下的顺序逐个检查黑点，如果 $tag(i-1, j-1) = k$ 或 $tag(i, j-1) = k$ 以及 $tag(i-1, j) = k$，则令 $tag(i, j) = k$，change $= 1$；如果再检查一遍后，change $= 0$，则转(3)继续进行扫描，否则转向反向传播过程。反向传播中，设置变化标记 change $= 0$，从图像的右下角起按从右到左、从下到上的顺序逐个检查黑点，如果

tag$(i-1, j+1)=k$或 tag$(i, j+1)=k$ 以及 tag$(i+1, j)=k$，则令 tag$(i, j)=k$，change$=1$；如果再检查一遍之后，change$=0$，则转(3)继续进行扫描，否则转向正向传播过程。

2）网孔数

签名笔迹的网孔数就是由笔迹围成的闭合空白区域的数目。它的计算方法同连通片数的方法是相同的，只需将整幅图像进行"黑白颠倒"，再计算连通片数。设 $f(i, j)$ 的"黑白颠倒"图像为 $f'(i, j)$，则有结论：网孔数$(f(i, j))=$连通片数$(f'(i, j))-1$。所以网孔数为 $k-1$。

3）签名的宽高比

签名的宽高比就是签名外边框的高度与宽度之比，它可以作为一个特征。对于大小为 $p \times q$ 的二值化图像 $f(i,j)$，从上下左右四边向内进行扫描，当四边部分 $f(i, j)=0$ 时便去掉该像素，对于每一行，当 $i=m, m+1, \cdots, m+\text{th}(i=1, 2, \cdots, p)$ 时，如果 $f(i, j)=1(i=1, 2, \cdots, p; j=1, 2, \cdots, q)$，则认为遇到边界。列的算法类似。

其中 Th 为扫描的阈值(Th$=2$)，作用是防止遇到小的噪声点时就停止扫描，由于签名图像质量较高，再经过二值化和平滑处理，噪声已经很小，阈值取 2 就可以获得较好的效果。也就是说，在从外向内扫描的过程中，若在连续两行中发现 $f(i, j)=1$ 的黑像素，则认为遇到边界。由于按照中文签名的特点，一般都是宽度大于高度，因此，高宽比取值在 $0 \sim 1$ 之间。

4）签名的有效宽高比

中文签名大都包含两个以上的字，字与字、水平部首与部首之间往往有空白。虽然这种空白可能反映了书写者的书写风格。实践证明，这种空白会受各种因素影响而不稳定，因而相对签名宽高比特征，直接提取签名的有效宽高比更为合理。签名的有效宽高比是对去除四边背景以及字符中间空隙后的压缩签名求高度与宽度的比例关系。

对于二值化图像 $f(i, j)$，按行扫描时，一次沿 $i=1,2,\cdots,p$ 扫描每一行，当 $i=n$，$1 \leqslant n \leqslant p$ 时，如果 $f \equiv 0, j=1,2,\cdots,q$，则去掉该行。

列扫描步骤与行扫描类似，全部完成后便得到压缩后的签名图像，进而可以由上述算法计算长宽比。

压缩后的签名图像与原签名图像如图 4.59 所示。

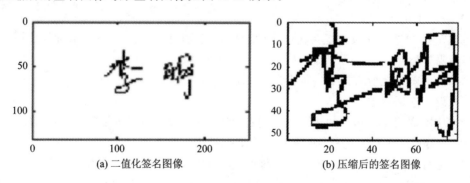

(a) 二值化签名图像　　　　　　　(b) 压缩后的签名图像

图 4.59　压缩后的手写签名图像[174]

5）黑点面积与总面积比

黑点面积与总面积比即二值化签名图像中黑点数量与总像素的比，它可以帮助从一个侧面反映出签名笔画的特征。

6）不变矩特征

不变矩是一个统计学的特征，如果 $f(x, y)$ 是分段连续的并且仅在 xy 平面内有限的部分具有零值，则存在各阶矩，并且矩的序列 (m_{pq}) 由 $f(x, y)$ 唯一确定；相反地，(m_{pq}) 也唯一决定 $f(x, y)$。

对于二维连续函数 $f(x, y)$，它的 $p+q$ 阶定义为

$$m_{pq} = \iint x^p y^q f(x, y) \mathrm{d}x \mathrm{d}y, \ p, \ q = 0, \ 1, \ 2, \ \cdots \tag{4.40}$$

中心矩定义为

$$\mu_{pq} = \iint (x - x')^p (y - y')^q f(x, y) \mathrm{d}x \mathrm{d}y \tag{4.41}$$

对于数字图像的 $f(x, y)$，$\mu_{pq} = \sum_x \sum_y (x - x')^p (y - y')^q f(x, y)$，由此可以得到二阶、三阶中心矩，这些矩具备平移、旋转和比例缩放的不变性，在图像中可以在一定程度上反映手写签名的特性。

2. 纹理特征提取

纹理特征用于描述图像表面的灰度变化，它在一定程度上模拟了签名过程中力度变化的动态信息。图像的纹理特征反映了其本身的属性，有助于我们进行区分。系统提取了以下几种纹理特征：倾斜向量特征、灰度区段分布特征和重笔道特征。进行纹理特征提取时使用签名的灰度图像，故不能进行二值化操作。

1）倾斜向量特征

倾斜向量特征是对二值化签名的轮廓图像提取倾斜向量特征，以反映签名笔画方向上的变化[176]。这是一种应用最广泛的纹理提取方法，反映了图像关于方向、相邻间隔、变化幅度的综合信息。倾斜向量特征定义为从灰度为 i 的像素点离开某个满足固定位置关系 $K = (DX, DY)$ 的点，该点灰度为 j 的概率。

对轮廓上的某点 $p' = p(i, j+1)$，如果 $p' = p(i-1, j+1)$ 为非零，则称 p' 为负方向倾斜点；如果 $p' = p(i, j+1)$ 非零，则称 p' 为垂直方向倾斜点；如果 $p' = p(i+1, j+1)$ 非零，则称 p' 为正方向倾斜点。这三类点统称为倾斜点。轮廓上某点 $p(i, j)$ 的方向向量定义为 $v(d_1, d_2, d_3)$，d_1, d_2, d_3 分别对应笔画的负倾斜、垂直倾斜和正倾斜，d_1, d_2, d_3 的取值为 0 或 1。对签名轮廓点的倾斜方向向量进行累加，得到一个三维向量 $V(D_1, D_2, D_3)$，然后再将该向量规范化。

2）灰度区段分布特征

如图 4.60 所示，灰度区段分布特征是对签名图像多种不同灰度的像素分布的概率统计。为了概括一幅图像的灰度内容，最简单和有效的工具就是灰度直方图。灰度直方图是灰度级的函数。通常图像的灰度密度函数与像素所在的位置有关，假设图像在点 (i, j) 处的灰度分布密布函数为 $p(k; i, j)$，那么图像的灰度密度函数为

$$p(k) = \frac{1}{S} \iint_D p(k; i, j) \mathrm{d}i \mathrm{d}j \tag{4.42}$$

其中 D 是图像的定义域，S 是 D 的面积。灰度直方图是一个离散函数，它表示数字图像每一灰度级与该灰度级出现频率的对应关系。假设一幅数字图像的像素总和为 N，有 L 个灰

度级，具有第 k 个灰度级的灰度 r_k 的像素共有 n_k 个，则第 k 个灰度级或 r_k 出现的频率为

$$h_k = \frac{n_k}{N}, \ k = 0, 1, \cdots, L - 1 \tag{4.43}$$

该关系用图形表示即为灰度轴以及一系列垂直于灰度轴的线段组成的图形，横坐标为灰度级，纵坐标为该灰度出现的频率（像素个数）。

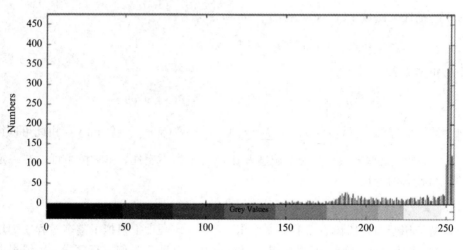

图 4.60　灰度直方图[174]

手写签名图像的灰度直方图有其内在的特点，对于 256 级灰度图像，灰度值在 100 以下的低灰度区灰度点数量过低，同时灰度值在 250～255 范围内的高灰度区也就是背景区所占比例过高，达到了 80% 以上。事实上，这部分背景信息基本上是无用的，而且会起干扰作用，使签名部分的有效信息不能突出，因此应将白色背景一端的部分截掉，然后再取灰度级分布的概率直方图作为特征。

因此，灰度值在 150～249 之间的灰度点的分布情况更值得研究，真实签名样本、一般伪造签名样本和精心伪造样本在该区间范围内的灰度概率分布曲线有很大的区别。因此，在该区间范围内，每隔一定数目逐一计算区域内黑点数量和总黑点数的比例关系，可得到一组反映灰度分布的特征向量。

3）重笔道特征提取

如图 4.61 所示，重笔道特征也是一种反映灰度信息的特征。一些伪造者事先见过真实的签名，并按照真实签名的笔画细心模仿，使签名在形状上真伪难辨。识别这类签名，要尽可能地利用不易模仿的运笔速度、下笔轻重等动态信息。这些信息会影响灰度签名图像中灰度值的分布。通过提取一组能反映灰度分布的特征，可间接获取动态特征。

$I(i,j)$ 为压缩灰度前的图像，定义

$$\boldsymbol{P}(i, \ j) = \begin{cases} 1 & I(i, \ j) > \text{Th} \\ 0 & \text{其他} \end{cases}$$

$\boldsymbol{P}(i, \ j)$ 只包含灰度值大于阈值 Th 的像素，称其为高灰度图像。重笔道特征定义为

$$\text{Rhs} = \frac{\sum\limits_{i, j} \boldsymbol{P}(i, \ j)}{\sum\limits_{i, j} \boldsymbol{J}(i, \ j)} \tag{4.44}$$

其中 $\sum\limits_{i,j} \boldsymbol{P}(i,j)$ 为高灰度压缩图像前的图像，$\sum\limits_{i,j} \boldsymbol{J}(i,j)$ 为二值压缩签名图像。

　　根据二值压缩签名图像的质心 G，将图像分为 4 个矩形区域，再分别定义 4 个区域的重笔道特征。这样得到一个五维的重笔道特征向量，每维数值的大小均控制在 0～1 之间。

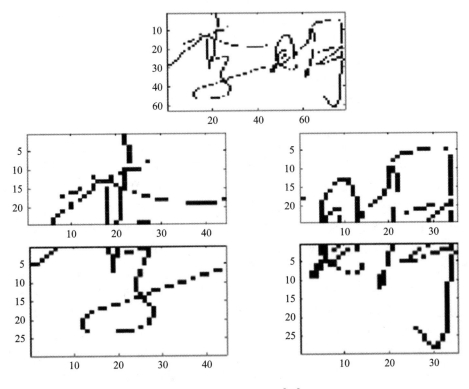

图 4.61　重笔道特征[174]

3. 笔画特征提取

　　汉字的笔画特征对字形畸变和位移变化有较好的抗干扰能力。对于人们的汉字签名来说，每个人的书写风格不同，字形的变化和位置的差异较大，因此笔画密度特征提取比较有效。

　　手写签名识别中，在二值化压缩签名图像文字点阵中，以不同的方向扫描文字，得到的扫描线和笔画相交的次数，形成笔画密度特征函数；从水平、垂直两个方向分别取 15 条和 31 条扫描线进行扫描，并将所得数据进行规范化处理，可得到一个特征值范围在 0～1 之间的 46 维特征向量。

4.8.4　基于神经网络的识别方法

　　人工神经网络是由大量类似于神经元的简单处理单元广泛相互连接而成的复杂网络系统。虽然每个神经元的结构和功能十分简单，但大量神经元构成的系统的行为却十分丰富和复杂，整个神经网络系统构成一个高度复杂的非线性动力学系统。在神经网络中发生的动力学过程有两类：一类是快过程，另一类是慢过程。快过程是神经网络的计算过程，它是神经网络的活跃状态的模式变换过程，即在输入(外界刺激)的影响下，由神经元之间相互联系以及神经元本身的动力学性质，迅速进入一定平衡状态。神经网络只有通过学习才能逐步具有上述模式变换能力，神经网络的学习过程即为慢过程。在该动力学过程中，神经元之间的连接强度将根据环境信息发生缓慢变化，将环境信息逐步存储于神经网络中。

神经网络有很强的信息处理能力，它能以任意精度逼近连续非线性函数，对复杂不确定问题具有自适应和自学习能力，在信息处理的并行机制中冗余性可以实现很强的容错能力。因此，神经网络在处理签名鉴定这类信息十分复杂、具有一定不确定性的复杂模式识别问题上有着独特的优点。如前所述，在签名鉴定中一个很重要的环节是选择和提取特征，这是一个人为的过程，有很强的主观性。一方面，人为选用的特征不一定能恰当地描述签名；另一方面，由于签名的复杂性和多样性，对一部分签名很适用的特征未必适用于所有签名，可能在选取的特征集中，有一部分特征对甲类签名很有效，但对乙类签名不适合，而另一部分对乙类签名有效但对甲类签名不适合。理想的情况是，鉴定系统能自动地从签名中提取最有效的特征进行判断。从理论上讲，神经网络恰好有这方面的特长，即自学习的能力；利用神经网络可以自动地从样本中提取特征，并通过连接权重存储起来。在实际应用中，不少场合就是通过这种方式实现的，如用神经网络识别阿拉伯数字及实现信件分拣等。在这些应用中，待辨识图像点阵直接作为神经网络的输入，由神经网络进行特征提取及辨识。但这种方式只适用于图像较小的情况，对签名来说，图像点阵的数据量太大，难以实现直接输入。在签名鉴定或汉字识别中，为了能自适应地选取特征，也曾有人提出这样的方法——为特征集中的各特征增加一个屏蔽因子，如果该特征对某人的签名效果不明显，则屏蔽该特征。这样可以针对不同人的签名选用不同的特征，在一定程度上实现自适应。但是屏蔽因子只能简单地将一个特征屏蔽或允许，并不能体现某特征对一个签名的有效程度。人为地确定特征集，并用神经网络进行训练和判别，这是一种折中的方法，一方面，在无法实现图像直接输入的情况下，主观选取特征集；另一方面，利用神经网络的自学习能力，使某特征对签名的有效程度体现在网络连接权重中。这样比通过屏蔽因子取舍特征更加合理，而且该功能是神经网络自动实现的，不必人为干预。

正是由于签名鉴定问题的复杂性和其背景的不确定性，神经网络的自学习能力和较强的分类能力可以帮助手写签名识别达到较好的鉴定效果。

传统的模式识别系统通常仅使用样本的某种单一特征描述和特定的一个分类器来进行分类。这种系统对于类别数较大、输入样本带噪声的问题很难获得好的分类效果。一般认为，不同的特征空间往往反映事物的不同方面，在一种特征空间很难区分的两种模式可能在另一种特征空间上很容易区分开；而对应于同一特征空间的不同分类器又以不同的方式将该种特征映射到相应的类别空间。因此不同的特征和分类器能够更全面地反映出一个事物。

依据成员分类器的组合方式，分类器组的大体框架分为三种：串行、并行和混行[177]。在串行方式中，一个分类器产生的结果通常用来知道后续分类器的处理，这种结果的缺点明显，前面分类器的错误不能报备后续的分类器纠正，整个系统的错误是所有参与组合的长远分类器的错误累加，而且也会相应延长分类所需时间。在并行方式中，成员分类器产生的结果是彼此独立的，在组合时利用了所有成员分类器的分类结果，因此整个系统的错误并不是各成员分类器错误的简单累加。另外，并行的结构中的成员分类器可以用并行处理器实现，从而具有实时的性能。混合方式结合了串行与并行方式的特点，如何进行混合式的组合，应当与实际的应用有关。

　　多分类器组合属于有指导学习的范畴。组合分类器首先在训练集上进行有指导的学习。这包括成员分类器的学习和组合算法的学习（即对各成员分类器的输出结果进行学习），这两个学习过程有时是相互交织的。对未知的测试样本，首先获得参与组合的各成员分类器的分类结果，再由组合算法获得最终的结果。

　　离线汉字签名识别是一个典型的大类别数模式识别问题。手写汉字字符集包含字量大、字体结构复杂、相似字多且容易形变。这些问题使得手写体汉字签名的识别非常困难。综合集成方法论（Metasynthesis）是为了解决开放的复杂巨系统问题而提出的，它为人工智能，特别是模式识别领域的研究注入了新的活力。

　　在进行神经网络分类器组合时，一般的集成结构如图 4.62 所示。

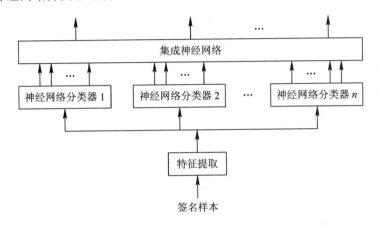

图 4.62　神经网络集成结构

　　手写签名识别系统中，针对签名图像的特点，对样本采用了三种不同的特征（形状特征、纹理特征和笔画密度特征）提取方法来分别提取相应的特征参数，对应构造出一个 BP 神经网络分类器。三个神经网络分类器采用了并行设计，均包含了隐藏层的三层网络结构，对每个神经网络都有一个输出。组合神经网络分类器模型如图 4.63 所示。

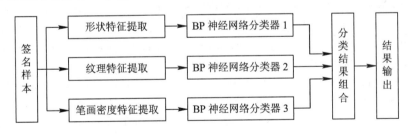

图 4.63　组合神经网络分类器模型

参 考 文 献

[1]　PHILLIPS P J, MOON H, RIZVI S A, et al. The FERET evaluation methodology for face-recognition algorithms[J]. IEEE Transactions on pattern analysis and machine intelligence, 2000, 22 (10): 1090-1104.

[2]　PHILLIPS P J, GROTHER P, MICHEALS R, et al. Face recognition vendor test 2002[C]//2003

IEEE International SOI Conference. Proceedings (Cat. No. 03CH37443). IEEE, 2003：44.

[3]　ZHAO W, CHELLAPPA R, PHILLIPS P J, et al. Face recognition：A literature survey[J]. ACM computing surveys (CSUR), 2003, 35(4)：399-458.

[4]　https：pixabay. com/zh/images/search/%E7%89%B9%E6%9C%97%E6%99%AE/

[5]　PHILLIPS P J, GROTHER P, MICHEALS R, et al. Face recognition vendor test 2002[C]//2003 IEEE International SOI Conference. Proceedings (Cat. No. 03CH37443). IEEE, 2003：44.

[6]　ADINI Y, MOSES Y, ULLMAN S. Face recognition：The problem of compensating for changes in illumination direction[J]. IEEE Transactions on pattern analysis and machine intelligence, 1997, 19 (7)：721-732.

[7]　MOSES Y, ADINI Y, ULLMAN S. Face recognition：The problem of compensating for changes in illumination direction[C]//European conference on computer vision. Springer, Berlin, Heidelberg, 1994：286-296.

[8]　https://www. baslerweb. com/en/solutions/medical-life－sciences/things-to-know/trends/switching-from-ccd-to-cmos/

[9]　邓刚，曹波，苗军，等. 基于支持向量机眼动模型的活性判别算法[J]. 计算机辅助设计与图形学学报，2003, 15(7)：853-857.

[10]　KOMKOV S, PETIUSHKO A. AdvHat：Real-world adversarial attack on ArcFace Face ID system：10. 1109/ICPR48806. 2021. 9412236[P], 2019.

[11]　ZHANG K, ZHANG Z, LI Z, et al. Joint face detection and alignment using multitask cascaded convolutional networks[J]. IEEE signal processing letters, 2016, 23(10)：1499-1503.

[12]　WU X, HE R, SUN Z. A lightened cnn for deep face representation[J]. arXiv preprint arXiv：1511. 02683, 2015, 4(8).

[13]　WEN Y, ZHANG K, LI Z, et al. A discriminative feature learning approach for deep face recognition[C]// European conference on computer vision. Springer, Cham, 2016：499-515.

[14]　SCHROFF F, KALENICHENKO D, PHILBIN J. Facenet：A unified embedding for face recognition and clustering[C]//Proceedings of the IEEE conference on computer vision and pattern recognition, 2015：815-823.

[15]　LIU W, WEN Y, YU Z, et al. Large-Margin SoftMax Loss for Convolutional Neural Networks [C]//ICML, 2016.

[16]　LIU W, WEN Y, YU Z, et al. Sphereface：Deep hypersphere embedding for face recognition[C]// Proceedings of the IEEE conference on computer vision and pattern recognition, 2017：212-220.

[17]　JAIN A K, PRABHAKAR S, HONG L. A multichannel approach to fingerprint classification[J]. IEEE transactions on pattern analysis and machine intelligence, 1999, 21(4)：348-359.

[18]　指纹识别的原理和方法. http://www. aotusoft. com/info/zhishi_2. html.

[19]　陈桂友. 自动指纹识别系统中的关键算法研究及应用[D]. 济南：山东大学, 2005.

[20]　韩伟红，黄子中，王志英. 指纹自动识别系统中的预处理技术[J]. 计算机研究与发展, 1997, 12 (34)：913-920.

[21]　MALTONI D, MAIO D, JAIN A K, et al. Handbook of fingerprint recognition[M]. Springer Science & Business Media, 2009.

[22]　佟喜峰. 基于指纹的身份鉴别技术[D]. 哈尔滨：哈尔滨工业大学, 2003.

[23]　CUMMINS H, MIDLO C. Finger prints, palms and soles：an introduction to dermatoglyphics[M]. New York：Dover Publications, 1961.

[24]　MOENSSENS A A. Fingerprint techniques[M]. London：Chilton Book Company, 1971.

［25］ 尹义龙，宁新宝，张晓梅. 自动指纹识别技术的发展与应用［J］. 南京大学学报：自然科学版，2002，38(1)：29-35.

［26］ HONG L. Automatic personal identification using fingerprints［M］. Michigan State University，1998.

［27］ Interim IAFIS Finger Print Image Quality Specifications for Scanners，CJIS-RS-0010v4-APPendixG，CJIS，1998.

［28］ 苏彦华. Visual C++数字图像识别技术典型案例［M］. 北京：人民邮电出版社，2004.

［29］ 丁裕锋，马利庄，聂栋栋，等. Gabor 滤波器在指纹图像分割中的应用［J］. 中国图像图形学报：A 辑，2004，9(9)：1037-1041.

［30］ 黎姝红，张其善. 一种基于智能卡的指纹认证方案［J］. 北京航空航天大学学报，2005，31(1)：74-77.

［31］ HONG L，JAIN A. Fingerprint enhancement［M］//Automatic Fingerprint Recognition Systems. Springer，New York，NY，2004：127-143.

［32］ 冯星奎，李林艳，颜祖泉. 一种新的指纹图像细化算法［J］. 中国图像图形学报：A 辑，1999，4(10)：835-838.

［33］ 崔凤奎，王永森. 二值图像细化算法的比较与改进［J］. 洛阳工学院学报，1997，18(4)：48-52.

［34］ MOAYER B，FU K S. A syntactic approach to fingerprint pattern recognition［J］. Pattern recognition，1975，7(1-2)：1-23.

［35］ RAO K，BALCK K. Type classification of fingerprints：A syntactic approach［J］. IEEE Transactions on Pattern Analysis and Machine Intelligence，1980 (3)：223-231.

［36］ CHONG M M S，TAN H N，JUN L，et al. Geometric framework for fingerprint image classification［J］. Pattern Recognition，1997，30(9)：1475-1488.

［37］ 杨小冬，宁新宝，詹小四，等. 基于纹线跟踪的指纹分类方法［J］. 计算机工程，2005，31(7)：170-173.

［38］ MOON T K，STIRLING W C. Mathematical methods and algorithms for signal processing［M］. Prentice Hall，2000.

［39］ 王崇文，李见为，陈为民. 基于 HMM 和 SVM 的指纹分类方法［J］. 电子与信息学报，2003，25(11)：1488-1493.

［40］ CAPPELLI R，LUMINI A，MAIO D，et al. Fingerprint classification by directional image partitioning［J］. IEEE Transactions on pattern analysis and machine intelligence，1999，21(5)：402-421.

［41］ WANG S，ZHANG W W，WANG Y S. Fingerprint classification by directional fields［C］// Proceedings. Fourth IEEE International Conference on Multimodal Interfaces. IEEE，2002：395-399.

［42］ 赵力. 语音信号处理［M］. 北京：机械工业出版社，2016.

［43］ 语言识别—维基百科

［44］ BOURLARD H，KONIG Y，MORGAN N. REMAP：recursive estimation and maximization of a posteriori probabilities in connectionist speech recognition［C］//EUROSPEECH，1995.

［45］ SOLTAU H，KINGSBURY B，MANGU L. The IBM 2004 Conversational Telephont System For Rich Transcription［C］// Acoustics，Speech，and Signal Processing，2005. Proceedings. (ICASSP '05). IEEE International Conference on. IEEE，2005.

［46］ 鄢志杰. 声学模型区分性训练及其在自动语音识别中的应用［D］. 北京：中国科学技术大学，2008.

［47］ 王冠雄. 声学建模中若干问题的研究［D］. 北京：北京邮电大学，2009.

［48］ HE X，DENG L. Discriminative learning for speech recognition：theory and practice［J］. Synthesis

Lectures on Speech and Audio Processing，2008，4(1)：1-112.

［49］ ROSENFELD R，CLARKSON P. Statistical language modeling using the CMU-Cambridge toolkit ［J］. ESCA Eurospeech 1997，1997.

［50］ LEE C H，RABINER L R. A frame-synchronous network search algorithm for connected word recognition［J］. IEEE Transactions on Acoustics，Speech，and Signal Processing，1989，37(11)：1649-1658.

［51］ 张海国.手纹科学.上海：复旦大学出版社，2004.

［52］ 邬向前，张人鹏，千宽全.草纹识别技术.北京：科学出版社，2006.

［53］ KUMAR A. Toward pose invariant and completely contactless finger knuckle recognition［J］. IEEE Transactions on Biometrics，Behavior，and Identity Science，2019，1(3)：201-209.

［54］ KUMAR A. Contactless finger knuckle authentication under severe pose deformations［J］. Proc. 8th Intl. Workshop Biometrics & Forensics，Porto，Portugal April ，2020.

［55］ GAO H，MA L C，Qiu J H，et al. Exploration of a Hand-based Graphical Password Scheme［C］// International Conference on Security of Information & Networks. ACM，2011.

［56］ 柴婷婷.基于深度学习的掌纹识别技术研究［D］.北京：北京交通大学，2020.

［57］ POON C，WONG D C M，SHEN H C. A new method in locating and segmenting palmprint into region-of-interest. In：Proceedings of the 17th International Conference on Pattern Recognition. Washington D. C.，USA：IEEE，2004. 533-536

［58］ WONG M，ZHANG D，KONG W K，et al. Real-time palmprint acquisition system design. IEE Proceedings — Vision，Image and Signal Processing，2005，152(5)：527-534.

［59］ ZHANG D，KONG W K，YOU J，WONG M. Online palmprint identification. IEEE Transactions on Pattern Analysis and Machine Intelligence，2003，25(9)：1041-1050.

［60］ HENNINGS-YEOMANS P H，KUMAR B V K V，SAVVIDES M. Palmprint classifi cation using multiple advanced correlation fi lters and palm-specifi csegmentation. IEEE Transactions on Information Forensics and Security，2007，2(3)：613-622.

［61］ LIAMBAS C，TSOUROS C. An algorithm for detecting hand orientation and palmprint location from a highly noisy image. In：Proceedings of IEEE International Symposium on Intelligent Signal Processing. Alcala De Henares，Spain：IEEE，2007：1-6.

［62］ SHU W. ZHANG D. Two novel characteristics in palmprint verification：Datum point invariance and line feature matching. Pattern Recognition，1999，33(4)：691-702.

［63］ LI W ，ZHANG D，RONG G. Image alignment based on invariant features for palmprint identification. Signal Processing：Image Communication，2003，18：373-379.

［64］ LI W，ZHANG D，XU Z. Palmprint identification by Fourier transforms. International Journal of Pattern Recognition and Artificial Intelligence，2002，16(4)：417-432.

［65］ HAN C，CHEN H，LIN C. K. Fan. Personal authentication using palm-print features. Pattern Recognition，2003，36(2)：371-381.

［66］ ZHANG D. Palmprint authentication. USA：Kluwer Academic Publishers，2004：78－19.

［67］ ZHANG D D，KONG W，YOU J，et al. Online Palmprint Identification. Transactions on Pattern Analysis and Machine Intelligence，2003，25(9)：1041-1050.

［68］ YOU J，ZHANG D，CHEUNG K，et al. A New Approach to Personal Identification Via Hierarchical Palmprint Coding［C］//International Conference on Imaging Science. DBLP，2003.

［69］ KONG A，ZHANG D，KAMEL M. Palmprint identification using feature-level fusion［J］. Pattern Recognition，2006 ，39 (3)：478-487.

［70］　KONG A，ZHANG D. Competitive coding scheme for palmprint verification ［C］ Proc. Of the 17th ICPR，2004，（1）：520-523.

［71］　ZHANG D，SHU W. Two novel characteristics in palmprint verification：Datum point invariance and line feature matching. Pattern Recognition，1999，33（4）：691-702.

［72］　ITO K，AOKI T，NAKAJIMA H. A palmprint recognition algorithm using phase-only correlation ［J］. IEICE Transactions on Fundamentals，2008 e91-a（4）：1023-1030.

［73］　HENNINGS P，KUMAR B，SAVVIDES M. Palmprint classification using multiple advanced correlation filters and palm-specific segmentation［J］. IEEE Transactions on Information Forensics and Security，2007，2（3）：613-622.

［74］　SUN Z N，TAN T N，WANG Y H，et al. Ordinal palmprint representation for personal identification ［C］. Proceedings of CVPR 2005，2005：279-284.

［75］　LIU L，ZHANG D，YOU J. Detecting wide lines using isotropic nonlinear filtering ［J］. IEEE Transaction on Image Processing，2007，16（6）：1584-1595.

［76］　LU G M，ZHANG D，WANG K Q. Palmprint recognition using eigenpalms features ［J］. Pattern Recognition Letter，2003，24（9-10）：1463-1467.

［77］　李强，裘正定，孙冬梅，等.基于改进二维主成分分析的在线掌纹识别［J］.电子学报，2005，33（10）：1886-1889.

［78］　JING X Y，ZHANG D. A face and palmprint recognition approach based on discriminant DCT feature extraction ［J］. IEEE Transaction on Systems，Man and Cybernetics，Part B，2004，34（6）：2405-2415.

［79］　CONNIE I，JIN ATB，ONG MGK，et al. An automated palmprint recognition system［J］. Image and Vision Computing，2005，23（5）：501-515.

［80］　SHANG L，HUANG D S，DU J X，Zheng CH. Palmprint recognition using FastICA algorithm and radial basis probabilistic neural network［J］. Neurocomputing，2006，69（13-15）：1782-1786.

［81］　HU D，FENG G，ZHOU Z. Two-dimensional locality preserving projecting （2DLPP） with its application to palmprint recognition ［J］. Pattern Recognition，2007，40（3）：339-342.

［82］　YANG J，ZHANG D，YANG J Y，Niu B. Globally maximizing，locally minimizing：unsupervised discriminant projection with applications to face and palm biometrics ［J］. IEEE Transactions on Pattern Analysis and Machine Intelligence，2007，29（4）：650-664.

［83］　KUMAR A，ZHANG D. Personal authentication using multiple palmprint representation ［J］. Pattern Recognition，2005，38（10）：1695-1704.

［84］　KUMAR A，ZHANG D. Personal recognition using hand shape and texture ［U］. IEEE Transactions on Image Processing，2006，15（8）：2454-2461.

［85］　SAVIC T，PAVESIC N. Personal recognition based on an image of palmar surface of the hand ［J］. Pattern Recognition，2007，40（11）：3152-3163.

［86］　WANG J G，YAU W Y，SUWANDY A，Sung E. Person recognition by fusing palmprint and palm vein images based on "Laplacianpalm" representation ［J］. Pattern Recognition，2008，41（5）：1531-1544.

［87］　JING X Y，YAO Y F，ZHANG D，et al. Face and palmprint pixel level fusion and keel DCV-RBF classifier for small sample biometrics recognition ［J］. Pattern Recognition，2007，40（11）：3209-3224.

［88］　潘力立. 虹膜识别理论研究［D］.成都：电子科技大学，2012.

［89］　Institute of Automation，Chinese Academy of Sciences，CASIA Iris Database 3.0 ［DB/OL］. 2009-

10-20. http：//www，cbsr. ia. ac. cn/english. IrisDatabase. asp.

[90]   https：//www. sohu. com/a/651011820_121396212.

[91]   https：//www. shicheng. news/v/GP8el.

[92]   LIU Y, HE Y, GAN C, et al. A review of advances in iris image acquisition system[C]. Proceedings of the 7th Chinese conference on Biometric Recognition. Berlin Heidelber：Springer-Verlag, 2012：210-218.

[93]   PROENCA H, ALEXANDRE L A. UBIRIS：A Noisy Iris Image Database［C］. Image Analysis and Processing, 2005. Berlin Heidelber：Springer-Verlag, 2005：970-977.

[94]   PROENCA H, FILIPE S, SANTOS R, et al. The UBIRIS. v2：A database of visible wavelength iris images captured on-the-move and at-a-Distance［J］. IEEE Transactions on Pattern Analysis and Machine Intelligence, 2010, 32(8)：1529-1535.

[95]   吴祖慷. 基于深度学习框架的多特征虹膜识别方法研究[D].长春：吉林大学,2022.

[96]   LOAB C, JG B, JP B, et al. A Survey of Iris Datasets［J］. Image and Vision Computing, 2021, 108.

[97]   中国科学院自动化研究所共享虹膜库[EB/OL]. http：//biometrics. idealtest. org/findTotalDbByMode. do? mode＝Iris.

[98]   王洪. 无参考的虹膜图像质量评估算法的研究［D］. 沈阳：东北大学,2014.

[99]   DAUGMAN J G. How iris recognition works. IEEE Transactions on Circuits Systems Video Technology, 2004, 14(1)：21-30.

[100]   MA L, TAN T, WANG Y, et al. Efficient iris recognition by characterizing key local variations. IEEE Transactions on Image Processing, 2004, 13(6)：739-750.

[101]   KALKA N D, ZUO J, SCHMID N A, et al. Estimating and fusing quality factors for iris biometric images. IEEE Transactions on Systems, Man and Cybernetics, Part A：Systems and Humans, 2010, 40(3)：509-524.

[102]   ZHU X, LIU Y, MING X, et al. A quality evaluation method of iris images sequence based on wavelet coefficients in "Region of Interest"［C］. The Fourth International Conference on Computer and Information Technology, 2004. Washington D. C.：IEEE Computer Society, 2004：24-27.

[103]   陈戟,胡广书,徐进. 基于小波包分解的虹膜图像质量评估算法［J］. 清华大学学报(自然科学版),2003,43(3)：377-380.

[104]   何家峰,叶虎年,叶妙元. 虹膜图像质量评价的研究［J］. 中国图像图形学报,2003,8(4)：29-33.

[105]   ZHANG G H. Method of selecting the best enroll image for personal identification：US 19980034593[P]. US5978494A[2023-11-24]. DOI：US5978494A.

[106]   ZHOU Z, DU Y, BELCHER C. Transforming traditional iris recognition systems to work in nonideal situations［J］. IEEE Transactions on Industrial Electronics, 2009, 56(8)：3203-3213.

[107]   何孝富. 活体虹膜识别的关键技术研究[D].上海：上海交通大学,2007.

[108]   吕帆,瞿佳. 眼球光学(第三讲)[J].眼视光学杂志,2001(03)：184-185.

[109]   DAUGMAN J, JAIN A, BOLLE R, et al. Countermeasures against subterfuge［J］. 1999：103-121.

[110]   LEE E C, PARK K R, KIM J. Fake Iris Detection by Using Purkinje Image［C］//Advances in Biometrics, International Conference, Icb, Hong Kong, China, January. DBLP, 2006：397-403.

[111]   PACUT A , CZAJKA A. Aliveness Detection for IRIS Biometrics［C］// Carnahan Conferences Security Technology, Proceedings 2006 40th Annual IEEE International. IEEE, 2006：122-129.

[112]   LEE S J, KANG R P, KIM J. Robust Fake Iris Detection Based on Variation of the Reflectance

Ratio Between the IRIS and the Sclera[C]// Biometric Consortium Conference，2006 Biometric Symposium：Special Session on Research at the IEEE，2006：1-6.

[113] 马力，基于虹膜识别的身份鉴别方法研究[D].北京：中国科学院自动化研究所，2003.

[114] DAUGMAN J G. High confidence visual recognition of persons by a test of statistical independence. IEEE Transactions on Pattern Analysis and Machine Intelligence，1993，12(11)：1148-1161.

[115] DAUGMAN J G. New methods in iris recognition. IEEE Transactions on Systems，Man，and Cybernetics，Part B：Cybernetics，2007，37(5)：1167-1175.

[116] 赵琪.基于深度学习的虹膜识别算法研究[D].西安：西安电子科技大学，2020.

[117] WEI Z，TAN T，SUN Z. Nonlinear iris deformation correction based on Gaussian model. International Conference on Biometrics，2007：780-789.

[118] 齐志坤，姜囡，徐浩森.基于不同特征提取算法对虹膜识别的影响分析.光电技术应用，2022，37.(03)：48-57+80.

[119] DRAGANOV I R, BRODIĆ D. Some Finger Vein Databases Evaluation[J]. 2016.

[120] WU J D, YE S H. Driver identification using finger-vein patterns with Radon transform and neural network[J]. Expert Systems with Applications，2009，36(3)：5793-5799.

[121] HASHIMOTO J. Finger vein authentication technology and its future[C]//2006 Symposium on VLSI Circuits，2006. Digest of Technical Papers. IEEE，2006：5-8.

[122] YANG J, SHI Y. Finger-vein ROI localization and vein ridge enhancement[J]. Pattern Recognition Letters，2012，33(12)：1569-1579.

[123] YANG G，XI X，YIN Y. Finger vein recognition based on a personalized best bit map[J]. Sensors，2012，12(2)：1738-1757.

[124] LU Y，XIE S J，YOON S，et al. Robust finger vein ROI localization based on flexible segmentation [J]. Sensors，2013，13(11)：14339-14366.

[125] KUMAR A, ZHOU Y. Human identification using finger images[J]. IEEE Transactions on image processing，2011，21(4)：2228-2244.

[126] LEE E C, PARK K R. Restoration method of skin scattering blurred vein image for finger vein recognition[J]. Electronics Letters，2009，45(21)：1.

[127] LEE E C, PARK K R. Image restoration of skin scattering and optical blurring for finger vein recognition[J]. Optics and Lasers in Engineering，2011，49(7)：816-828.

[128] YANG J, ZHANG B, SHI Y. Scattering removal for finger-vein image restoration[J]. Sensors，2012，12(3)：3627-3640.

[129] PARK Y H, PARK K R. Image quality enhancement using the direction and thickness of vein lines for finger-vein recognition [J]. International Journal of Advanced Robotic Systems，2012，9 (4)：154.

[130] SHIN K Y, PARK Y H, NGUYEN D T，et al. Finger-vein image enhancement using a fuzzy-based fusion method with gabor and retinex filtering[J]. Sensors，2014，14(2)：3095-3129.

[131] YANG J, SHI Y. Towards finger-vein image restoration and enhancement for finger-vein recognition[J]. Information Sciences，2014，268：33-52.

[132] LEE E C, JUNG H, KIM D. New finger biometric method using near infrared imaging[J]. Sensors，2011，11(3)：2319-2333.

[133] YU C B, QIN H F, CUI Y Z，et al. Finger-vein image recognition combining modified hausdorff distance with minutiae feature matching [J]. Interdisciplinary Sciences：Computational Life Sciences，2009，1(4)：280-289.

[134]　LIU F, YANG G, YIN Y, et al. Singular value decomposition based minutiae matching method for finger vein recognition[J]. Neurocomputing, 2014, 145: 75-89.

[135]　PANG S, YIN Y, YANG G, et al. Rotation invariant finger vein recognition[C]//Chinese Conference on Biometric Recognition. Springer, Berlin, Heidelberg, 2012: 151-156.

[136]　WU J D, LIU C T. Finger-vein pattern identification using principal component analysis and the neural network technique[J]. Expert Systems with Applications, 2011, 38(5): 5423-5427.

[137]　YANG G, XI X, YIN Y. Finger vein recognition based on (2D) 2 PCA and metric learning[J]. Journal of Biomedicine and Biotechnology, 2012.

[138]　WU J D, LIU C T. Finger-vein pattern identification using SVM and neural network technique[J]. Expert Systems with Applications, 2011, 38(11): 14284-14289.

[139]　LIU F, YIN Y, YANG G, et al. Finger vein recognition with superpixel-based features[C]//IEEE International Joint Conference on Biometrics. IEEE, 2014: 1-8.

[140]　DONG L, YANG G, YIN Y, et al. Finger vein verification based on a personalized best patches map[C]//IEEE International Joint Conference on Biometrics. IEEE, 2014: 1-8.

[141]　MIURA N, NAGASAKA A, MIYATAKE T. Feature extraction of finger-vein patterns based on repeated line tracking and its application to personal identification[J]. Machine vision and applications, 2004, 15(4): 194-203.

[142]　Gupta P, Gupta P. An accurate finger vein based verification system[J]. Digital Signal Processing, 2015, 38: 43-52.

[143]　FISCHLER M A, ELSCHLAGER R A. The representation and matching of pictorial structures [J]. IEEE Transactions on computers, 1973, 100(1): 67-92.

[144]　FELZENSZWALB P F, HUTTENLOCHER D P. Pictorial structures for object recognition[J]. International journal of computer vision, 2005, 61(1): 55-79.

[145]　YANG Y, RAMANAN D. Articulated human detection with flexible mixtures of parts[J]. IEEE transactions on pattern analysis and machine intelligence, 2012, 35(12): 2878-2890.

[146]　ANDRILUKA M, PISHCHULIN L, GEHLER P, et al. 2d human pose estimation: New benchmark and state of the art analysis[C]//Proceedings of the IEEE Conference on computer Vision and Pattern Recognition, 2014: 3686-3693.

[147]　AGIN G J, BINFORD T O. Computer description of curved objects[J]. IEEE Transactions on Computers, 1976, 25(04): 439-449.

[148]　ANGUELOV D, SRINIVASAN P, KOLLER D, et al. Scape: shape completion and animation of people[M]//ACM SIGGRAPH 2005 Papers, 2005: 408-416.

[149]　RODGERS J, ANGUELOV D, PANG H C, et al. Object pose detection in range scan data[C]//2006 IEEE Computer Society Conference on Computer Vision and Pattern Recognition (CVPR'06). IEEE, 2006, 2: 2445-2452.

[150]　HASLER N, STOLL C, SUNKEL M, et al. A statistical model of human pose and body shape [C]//Computer graphics forum. Oxford, UK: Blackwell Publishing Ltd, 2009, 28(2): 337-346.

[151]　STOLL C, HASLER N, GALL J, et al. Fast articulated motion tracking using a sums of gaussians body model[C]//2011 International Conference on Computer Vision. IEEE, 2011: 951-958.

[152]　FREIFELD O, WEISS A, ZUFFI S, et al. Contour people: A parameterized model of 2D articulated human shape[C]//2010 IEEE Computer Society Conference on Computer Vision and Pattern Recognition. IEEE, 2010: 639-646.

[153]　ZUFFI S, FREIFELD O, BLACK M J. From pictorial structures to deformable structures[C]//

2012 IEEE conference on computer vision and pattern recognition. IEEE, 2012: 3546-3553.

[154] PISHCHULIN L, JAIN A, ANDRILUKA M, et al. Articulated people detection and pose estimation: Reshaping the future[C]//2012 IEEE Conference on Computer Vision and Pattern Recognition. IEEE, 2012: 3178-3185.

[155] SUN M, SAVARESE S. Articulated part — based model for joint object detection and pose estimation[C]//2011 International Conference on Computer Vision. IEEE, 2011: 723-730.

[156] TIAN Y, ZITNICK C L, NARASIMHAN S G. Exploring the spatial hierarchy of mixture models for human pose estimation[C]//European Conference on Computer Vision. Springer, Berlin, Heidelberg, 2012: 256-269.

[157] ANDRILUKA M, ROTH S, SCHIELE B. Pictorial structures revisited: People detection and articulated pose estimation[C]//2009 IEEE conference on computer vision and pattern recognition. IEEE, 2009: 1014-1021.

[158] YANG Y, RAMANAN D. Articulated pose estimation with flexible mixtures-of-parts[C]//CVPR 2011. IEEE, 2011: 1385-1392.

[159] TOSHEV A, SZEGEDY C. Deeppose: Human pose estimation via deep neural networks[C]// Proceedings of the IEEE conference on computer vision and pattern recognition, 2014: 1653-1660.

[160] WEI S E, RAMAKRISHNA V, KANADE T, et al. Convolutional pose machines[C]// Proceedings of the IEEE conference on Computer Vision and Pattern Recognition, 2016: 4724-4732.

[161] PAPANDREOU G, ZHU T, KANAZAWA N, et al. Towards accurate multi-person pose estimation in the wild[C]//Proceedings of the IEEE conference on computer vision and pattern recognition, 2017: 4903-4911.

[162] SIMO-SERRA E, RAMISA A, ALENYA G, et al. Single image 3D human pose estimation from noisy observations[C]//2012 IEEE Conference on Computer Vision and Pattern Recognition. IEEE, 2012: 2673-2680.

[163] RAMAKRISHNA V, KANADE T, SHEIKH Y. Reconstructing 3d human pose from 2d image landmarks[C]//European conference on computer vision. Springer, Berlin, Heidelberg, 2012: 573-586.

[164] MARTINEZ J, HOSSAIN R, ROMERO J, et al. A simple yet effective baseline for 3d human pose estimation[C]//Proceedings of the IEEE international conference on computer vision, 2017: 2640-2649.

[165] MORENO-NOGUER F. 3d human pose estimation from a single image via distance matrix regression[C]//Proceedings of the IEEE conference on computer vision and pattern recognition, 2017: 2823-2832.

[166] PAVLAKOS G, ZHOU X, DERPANIS K G, et al. Coarse-to-fine volumetric prediction for single-image 3D human pose[C]//Proceedings of the IEEE conference on computer vision and pattern recognition, 2017: 7025-7034.

[167] LOPER M, MAHMOOD N, ROMERO J, et al. SMPL: A skinned multi — person linear model [J]. ACM transactions on graphics (TOG), 2015, 34(6): 1-16.

[168] NGUYEN T V, SONG Z, YAN S. STAP: Spatial-temporal attention-aware pooling for action recognition[J]. IEEE Transactions on Circuits and Systems for Video Technology, 2014, 25(1): 77-86.

[169] DAS DAWN D, SHAIKH S H. A comprehensive survey of human action recognition with spatio-

temporal interest point（STIP）detector[J]. The Visual Computer，2016，32(3)：289-306.

[170]　崔屹. 数字图像处理技术与应用[M]. 北京：电子工业出版社，1997.

[171]　李国旗. 脱机中文签名鉴定中的小波分析及其识别策略[D]. 济南：山东大学，2022.

[172]　武洪宇. Matlab7.0 在图像处理中的应用研究[J]. 活力，2005 (5)：251-251.

[173]　王广松. 脱机汉字签名鉴别研究[D]. 泉州：华侨大学，2004.

[174]　蔡锋. 离线手写签名识别技术研究[D]. 上海：上海交通大学，2007.

[175]　AMMAR M，YOSHIDA Y，FUKUMURA T. Feature extraction and selection for simulated signature verification[M]//Computer recognition and human production of handwriting，1989：61-76.

[176]　AMMAR M，YOSHIDA Y，FUKUMURA T. Off-line preprocessing and verification of signatures [J]. International Journal of Pattern Recognition and Artificial Intelligence，1988，2(04)：589-602.

[177]　荆晓远，胡钟山，杨静宇. 基于最佳鉴别向量集的多级分类方法[J]. 控制与决策，1998，1.

第 5 章

人 机 区 分

人机区分是身份认证的重要内容之一，主要目的在于区分人类用户和机器，从而确保系统另一端是人类用户在进行常规操作，阻止机器程序恶意入侵系统进行非法操作。本章将从验证码和短信密码两个主要形式展开，分别介绍人机交互的相关概念、基本形式以及安全性挑战等。

5.1　人 机 交 互

本节介绍人机交互的相关概念，以便为后文的人机区分重要机制作概念铺垫。人机交互起源于计算机智能化的飞速发展，从人工智能到图灵测试，再到人机交互证明，都是人机交互的重要关联知识。

5.1.1　人工智能和图灵测试

1. 人工智能

人工智能（Artificial Intelligence，AI）是研究使计算机模拟人的某些思维过程和智能行为的学科，其意义在于确认"机器能思考吗？"这样的问题[1]。实际上，这个问题既有科学的一面，又有哲学的一面，甚至更加复杂，因为思维过程既可以表现为外在形式，也有不可见的内在状态。只考虑计算机层面，执行智力任务，解决一系列计算问题就是其思考的外在表现形式。因此，我们会产生"计算机真的在思考吗？"这样的疑问。如果这个问题的答案是肯定的，那么意味着计算机的行为模式与人类相似，通常这样的机器和算法被称为是具有人工智能的。

因此，人工智能具有模仿人类行为的各种计算方式，可以定义为智能[2]。此外，人工智能可以分为弱人工智能和强人工智能。弱人工智能只意味着机器的智能行为，而强人工智能则代表了包含真正智能的行为，即具有人类的"思考"能力。近年来，人工智能算法和技术得到空前的发展,无论是能够战胜围棋高手的 Alpha Go,还是无人驾驶系统的普及,利用机器算法来实现类人的思考、推理以及学习能力是一个不可阻挡的趋势。

目前来看,人工智能在视觉识别领域中的发展和应用最为广泛。针对人类对已有物体能够自然分类和识别的能力,设计算法来模拟人的"识物"过程,从而对见过的物体产生记忆进行归类,甚至对未见过的物体能够进行合理联想,是实现这类人工智能算法的核心思路。此外,对于人类独有的语言文本、语义理解、语音识别等智能行为,提出了自然语言处理人工智能算法,并取得了空前发展,该算法用来处理人类语言相关的任务。

2. 图灵测试

图灵测试(the Turing Test)由计算机科学和密码学的先驱 Alan Turing 提出,目的是评估机器的智能水平与人类的智能水平有多接近。该测试是指当一个人和一台机器同时作为被测试者(被隔开)时,由测试者提出一系列的问题来对两个被测试者进行提问,测试需要不同测试者重复进行多次,如果机器平均让所有测试者做出超过30%的误判,那么这台机器就通过了测试,并被认为具有人类智能。图 5.1 展示了图灵测试的基本过程。

图 5.1　图灵测试示意图

图灵测试的本质是利用人和机器的差异性来测试机器是否具备人类智能,测试者通过被测试的人和机器对于所提问题的各种反应来判断是人还是机器。它所依据的事实是计算机即使具备强大的运算能力和比人类庞大的逻辑单元存储数目,也并不能说明计算机具备和人类相似的思维和思考能力。而如何能够对机器和人进行界定,以及如何定义机器的智能程度,是图灵测试尝试去完成的事情。在测试的过程中,需要人和机器产生互动,从而引出人机互动的概念。

5.1.2　人机交互介绍

人机交互(Human-Computer Interaction)或人机互动最早出现在 20 世纪 80 年代中期,它被定义为一门专注于研究系统与用户之间交互的设计、评估和实现的学科。因此,它与人和计算机之间的交流过程有着密切的联系。因为它与设计界面或网站的过程有关,有时它被称为人机界面。人机交互界面通常是指用户可见的部分,用户通过人机交互界面与系统交流并进行操作,从而实现互动的目的。

人机交互的核心是能够被人类(即计算机用户)有效使用的软件的系统开发。因此,计算机系统应该是安全的、高效的、容易使用的以及有效的[3]。这样,人机交互与可用性的要素密切相关。与此同时，由于用户是人机交互的重要因素，所开发的人机交互系统能够被用户正确理解十分重要，因此人机交互界面的设计需要包含用户对系统的理解，即需要同时满足可用性和用户友好性。本章将介绍的验证码，其设计本身也是一种人机交互系统，故此用户友好性是验证码的一个重要性质。

5.1.3　人机交互证明

人机交互证明（Human Interactive Proof，HIP）表示一组向计算机授予人确认的协议[4]，该协议应无须密码、生物识别、特殊机械辅助或特殊培训，允许用户通过计算机进行认证，如对人（与机器）、自己（与其他任何人）、成人（与儿童）等进行身份验证。因此，它与密码安全密切相关。识别协议可以表示为两个概率交互程序对（H，C），它们共享输入 x，则有

- 对于所有的辅助输入 x 来说，$P[\{H(x), C(x)\} = \text{accept}] > 0.9$；
- 对于每一对输入 a，b（ab 不等于 b），$P[\{H(a), C(b)\} = \text{accept}] < 0.1$。

其中，P 表示可能的概率。此外，当 $\{H(x), C(x)\} = \text{accept}$ 时，我们可以通知 H 向 C 验证他/她的身份，这将会导致程序 H 向程序 C 进行交叉验证。

因此，HIP 是一套基于基础判别的测试，这种区分机制是在人类执行的操作和计算机执行的活动之间建立的[5]。基于 HIP 的概念和目的，它需要满足以下要求：

（1）测试应该很容易被人类或特定人群解决；

（2）测试对计算机或非指定用户应难以解决；

（3）HIP 测试的结果是计算机可验证的；

（4）算法应开源；

（5）完成测试不需要用户使用特殊工具或经过特殊培训。

根据以上要求，HIP 在设计时需要考虑有效性和可用性之间的均衡性。由此也引出新的问题：是否有可能创建对用户友好的 HIP 测试，它可以很容易地被人类用户或指定用户通过，而很难被计算机或非目标用户通过？

自 2002 年 1 月第一届 HIP 研讨会在 Palo Alto 研究中心举办以来，满足网络安全需求和 HIP 标准的测试设计方案被相继提出，根据不同的 HIP 设计目的，这些方案可分为以下几类。

1. 区分某个人

2001 年，Nicholas 等人[6]提出由于网络窥探可以记录用户密码，导致网站将非法用户认证为合法用户，而加密强密钥方案需要可信的硬件和软件，会产生大量计算开销且难以实现部署，因此仅使用密钥方案进行个人认证的方式存在安全隐患，而利用 HIP 辅助实现特定用户区分的技术则可以有效增加用户通信安全性。

2022 年研究者提出利用击键动力学可增强防范钓鱼攻击的能力，这一方法有效实现了安全认证用户的目标[7]。该方法以用户对键盘使用习惯不同为出发点，在用户进行登录验证时加入击键动力学监控及时间检测，以加强对网络钓鱼攻击的预防。为了进行安全可靠的身份验证，用户需要经过传统密钥验证、文本验证码认证、击键数据匹配三重检测。如图 5.2 所示，首先，用户需要在网页中输入用户名及密码并完成验证码测试，后台将收

集用户在输入信息时的击键计时数据,并将击键计时数据连同请求一起发送到认证服务器。接下来,服务器检查用户身份信息,同时需要对用户击键数据进行分析,将击键行为与数据库中存储的用户击键配置文件进行比较,以进一步判别用户身份。最终,服务器将根据身份认证结果授予访问权限或拒绝用户请求。实验表明,虚假用户与真实用户击键时间特征相近但并不重合,利用击键动力学可有效防止钓鱼攻击。同时,基于击键动力学的人机交互已被证明能够在隐形模式下运行,具有成本低、不需要额外硬件、用户接受度高且易于集成到现有安全系统中的优点,从而在符合 HIP 算法要求的基础上可有效实现对个人用户的区分。

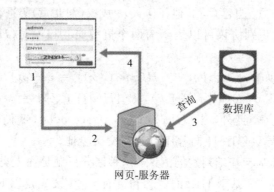

图 5.2　基于击键动力学区分某个人的 HIP 系统[7]

2. 区分某一类人

HIP 应允许用户通过计算机认证自己属于某一群体,如认证成人身份(而非儿童),认证自己是某领域从业人员或爱好者等。现有面向人群的认证通常包括以下方面:基于身份文件、基于身份特征、基于认知差异。基于身份文件的认证通常要求用户提供可证明个人信息的官方文件,如身份证、学生证、机构注册号等,根据对文件内容的判断区分特定群体的用户。基于身份特征的人群认证通常利用生物特征进行识别,如通过声纹判断成人和未成年人。基于认知差异的人群认证通常要求用户回答一系列限时问题,以对用户进行划分。但以上三种方式都不符合 HIP 的定义和要求,因此,利用 HIP 方法进行群体认证的研究亟待开展。

3. 区分某台计算机

受到以人作为认证对象的人机交互证明技术的启发,Dhamija 等人在 2005 年提出了用于区分某台计算机或网站的新型 HIP 技术[8]。该技术与传统 HIP 定义类似,要求对特定类别的计算机容易通过验证,而对其他类别的计算机却很难通过,并且验证应在不要求用户使用专用工具的条件下产生易于人类判别的结果,同时应使用公开协议。

基于以上要求,Dhamija 团队提出动态安全皮肤协议,允许人类用户将一台计算机或计算机生成的消息与另一台计算机区分开,以区别合法和非法网站,从而防御钓鱼攻击。该协议以安全远程密码协议(SRP)为基础,当用户第一次在网站进行注册并完成密码输入时,协议使用单项函数生成验证器,并将验证器发送至服务器以证明用户方持有验证器,服务器使用哈希值生成唯一的抽象图像或视觉哈希,并将该图像返回给用户。由于用户注册时使用的电脑浏览器可获取验证器的值和协议交换中的随机参数,因此它可以独立计算并还原服务器返回给用户的图像。在需要进行身份认证的场景中，浏览器会向用户展示随机图像，动态安全皮肤协议也将向用户提供一个可信的专用密码窗口，供用户输入用户名和密码。如图 5.3 所示，该可信窗口以服务器捕捉到的图像作为背景，如果可信窗口中显示的图像与浏览器展示图像匹配，则证明该网站、该浏览器是用户注册时使用的网站和浏览器，同时说明该计算机即用户注册时使用的计算机。

图 5.3　动态皮肤 HIP 系统可信密码界面[8]

4. 区分人和机器人

区分人和机器人是 HIP 最重要的目标之一。一般来说，人与机器人的区分基于一个类似图灵测试的机制，然而它与图灵测试之间存在不同。与图灵测试相比，人机区分测试由计算机来验证结果差异，计算机是区分人类（即计算机用户）和机器人（即计算机 HIP 破解程序）的审问者和法官。因此，需要设计一个能够区分计算机用户和计算机机器人程序的解谜程序。

这个程序允许人类在不需要生物特征数据、电子钥匙或任何其他物理证据等情况下进行安全身份认证。这样的程序与标准图灵测试的要素密切相关，因其裁判是一个程序，故被称为反向图灵测试，常称作验证码（CAPTCHA）[9]。

5.2　验　证　码

本节将从验证码的相关概念、重要特性、主要分类及其安全性展开介绍。首先，从起源来看，验证码的提出基于飞速发展的人工智能和图灵测试，其本质是一种新型的测试机制。其次，验证码依赖于人类用户和机器的互动行为，是一种人类信息处理验证。

5.2.1　验证码的基本概念

验证码的全称为全自动区分计算机和人类的图灵测试（Completely Automated Public Turing test to tell Computers and Humans Apart，CAPTCHA），即用来区分机器和人类的全自动公共图灵测试。根据前文所述，从程序组成内容来看，验证码事实上是图灵测试的变种，故也称为反向图灵测试（Reverse Turing Test）。验证码的概念最早在 2003 年由卡内基梅隆大学的 Ahn 等人提出，用于在网页上拦截机器人程序攻击。由于其部署简单且对机器程序拦截十分有效，随后被大量研究并广泛应用在互联网网站和系统中，以保护系统不被自动程序侵入。

随着互联网技术的发展，金融、通信、民生等各个方面都实现了电子化，用户认证和人类身份验证是进入各个系统的基本门槛。一个验证码的成功部署，需要服务器、验证码、客户端三个环节共同参与完成，图 5.4 展示了验证码的基本运行流程。首先，服务器端根据系统需求,实现验证码的产生功能,当客户端使用者发起进入申请时,服务端会将预存在系统中的"验证码-答案"对中的验证码问题通过交互界面展示给客户端,如果使用者传递回服务器的答案能够和服务器中的答案匹配,则系统通过该次验证,判定来访者是人类用户;否则,将访问者判定为机器程序并拒绝服务。作为一种身份认证方法,验证码的部署可保护系统不受恶意程序的干扰,将恶意程序拦截在被保护系统之外。实际使用中,验证码的提出保护了许多网站不受恶意程序干扰,如电子刷票、恶意邮件等。

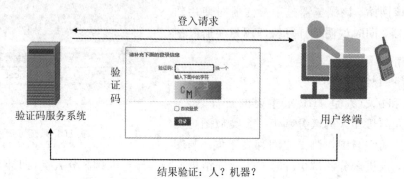

图 5.4　验证码身份认证流程

为了实现区分人类和机器的目的,验证码的设计需要给系统来访者提供一个可交互的形式来完成验证。一般来说,一个验证码的实现依赖于一个人工智能困难(AI-hard)问题,即该验证码不能被当时的人工智能技术所攻破和解决。如早期的文本验证码,其底层机制在于利用人类可以解决,但是计算机程序无法解决的文本识别问题作为验证,以确保人类可以通过身份验证,而计算机程序则被拦截在系统之外。早期的文本识别对于计算机程序来说存在难度,光学字符识别器(Optical Character Recognizer,OCR)也只能够识别规整的文本,而对于稍加扭曲和转换的文字却无计可施,这也确保了早期的文本验证码能够安全有效地发挥作用。

5.2.2　验证码的特性

验证码的工作原理是向用户提供信息以求解释,需要基于人类擅长但是计算机难以解决的问题来实现。传统的识别文本和图像通常符合这些条件,提供经过扭曲、重叠等一系列阻碍直接识别措施的数字和字母,要求用户必须通过提交这些数字和字母的文本输入表单来通过测试,而设计中使用的阻碍措施使得机器人难以识别文本内容而无法实现访问。验证码依赖于人类可以根据过去的经验概括知识和识别新模式的能力,依靠人类可以根据上下文进行动态思考、能够保存多种解释、根据上下文线索对整个输入进行最佳解释的能力,相比之下机器人通常只能遵循设定的模式或随机输入字符,这种限制使得机器人无法得到验证码问题答案的正确组合。

此类人类擅长而计算机难以解决的问题称为人工智能难题,使用人工智能难题作为安全手段具有双重优势,如果安全问题没有被解决,那么就有可靠的方法来区分人类和计算机;要是问题解决了,那么证明人工智能难题也随之解决,将会促进人工智能在其他领域的运用。同时验证码不一定是基于视觉的,任何人工智能难题,如语音识别,都可以作为验证码的设计基础。

　　如图 5.5 所示，验证码测试分析和研究的核心特点主要分为三个：安全性、可用性和实用性。

图 5.5　验证码特性

1. 安全性

　　安全性代表利用验证码保护网站免受任何未经授权访问的方式，包括使用复杂的编程元素，使得验证码更加安全，即验证码应该以计算机几乎无法解决的方式进行编程设计。

　　自验证码推出以来，计算机研究领域已经开发出了使用机器深度学习的机器人，这些机器人能够利用经过模型识别训练的算法以更高的准确率识别传统验证码。为确保验证码的安全性，需要基于更加复杂的测试来更新验证码模式。传统的简单文本验证码逐渐转型为基于行为动作、语音等多种形式的验证码，旨在增加机器破解验证码的难度，以提高验证码的安全性。

2. 可用性

　　可用性是对用户解决验证码难易程度的描述，它与人类用户如何找到验证码难题的正确解决方案紧密相连。解决验证码似乎是一个简单问题，但其逻辑过程会受到很多其他因素的影响，如验证码设计时需要考虑人类用户智力、视觉传达和认知心理学等多个方面。

　　可用性面向人类用户可反映为五种具体表现：可学习性、效率、记忆力、错误和满意度。其中可学习性代表用户第一次观察验证码完成基本任务的能力；效率与用户了解验证码设计后解决验证码的响应时间有关；可记忆性决定了用户在接触此验证码一段时间后解析验证码的能力；错误描述了用户在解决验证码时产生的错误的情况（发生了多少错误、发生了什么类型的错误、发生错误的严重程度和克服错误的容易程度）；满意度与用户体验愉快程度有关，基本上与解决验证码的复杂性密切相关。容易被用户接受的验证码应该是易于理解、易于解决、易于记忆和难以出错的。

3. 实用性

　　实用性代表了验证码编程实现的方式，需要保证用户可以在计算机、平板电脑或者是智能移动手机上任何网络浏览器都能够轻松解读验证码。

　　验证码是完全自动化的，几乎不需要人工维护和干预管理，在降低成本和可靠性方面具有巨大优势，这也增加了验证码的实用性。

综上所述，验证码压倒性的优势在于它对大多数恶意机器人或程序都有较好的抵抗效果，然而验证码机制可能会给使用网站的用户带来负面用户体验。验证码技术发展过程中，人们对验证码形式提出过很多批评，这些负面评价多来自残障人士，也来自其他认为难以解决的验证码会降低日常工作效率的人。总的来说，验证码在以下四个方面存在缺陷：

（1）验证码对大多数用户来说体验十分糟糕。在某些情况下，用户会因解决验证码问题而崩溃，以至于宁可直接离开所访问的网站也不愿继续完成验证码。

（2）大部分验证码对于某些受众来说是难以接受和解决的。如大部分验证码问题要求用户基于视觉能力完成，这对视障人士并不友好，虽然音频验证码是一个较好的补充，但改善效果并不是很令人满意，并且盲聋人还将被完全排除在验证码受众之外。

（3）某些类型验证码不支持所有浏览器，使用屏幕阅读器或者辅助设备查看网站的用户可能无法访问这些验证码。

（4）某些验证码会主动或被动在后台收集用户个人数据，这给个人隐私保护带来了隐患，增加了用户隐私数据泄露的风险。

基于上述验证码存在的问题，在设计验证码时需要全面分析考虑验证码可用性和安全性之间的平衡，如图 5.6 所示。首先应注意统计实验的用户数量足够，统计应该具有普遍性，在当前使用互联网服务的用户处于不同年龄层的大环境下，考虑到各个年龄层以及各类使用人群，以解决现有的大多数验证码大多不能满足 5～12 岁及 60 岁以上的用户，对盲聋人极度不友好的问题；其次是追求安全性的同时，充分考虑到各种验证码方案形式，以尽可能改善用户体验，毕竟令人困惑的设计可以使验证码安全性提升但并不实用可靠，设计需要兼顾安全可靠性和可用性。

图 5.6　验证码的安全性与可用性

5.2.3　验证码的分类

我们已经明确了验证码的概念及特点，接下来将介绍验证码的主要分类。

自 2003 年被 Ahn 等人提出以来，验证码广泛部署于互联网各个角落。随着互联网利用率的增加，验证码技术也进行了多轮更新换代，直至今日，已发展出多种多样的验证码技术。本节将以验证方式对验证码进行分类，对每一类验证码进行详细描述和举例说明，帮助读者区分不同类型的验证码。并且，本节将讨论不同类型验证码的优势及不足。

当前互联网中部署的验证码可根据验证方式分为文本验证码、图像验证码、语音验证码、游戏验证码、行为验证码、其他验证码。

表 5.1 中列举了这六种验证码的基本验证形式及实例图片。根据表格，可以较为容易地分辨不同种类的验证码，然而，除这些显而易见的区别外，不同类型验证码在用户可用性、安全性等方面也存在较大差异。接下来，将对各类验证码逐个梳理，详细分析它们的优劣。

表 5.1　验证码分类概览

验证码类型	验 证 形 式	实　例
文本验证码	要求用户识别图中文本，通过输入或点选文本进行验证	
图像验证码	要求用户识别图像列表中全部图像及细节，根据提示点选图像	
语音验证码	要求用户识别语音内容，并根据提示输入或点选相关内容	
游戏验证码	要求用户根据提示完成小游戏以通过测试	
行为验证码	要求用户根据提示完成指定动作	
其他验证码	通过用户行为分析进行无感知验证，或结合 VR 等新技术完成验证	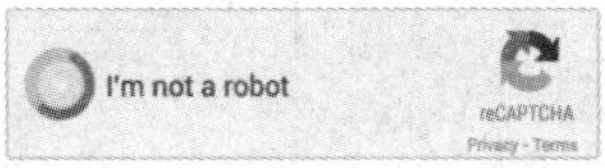

1. 文本验证码

文本验证码基于人类对文本字符的识别能力设计，一般形式是向用户展示包含一些字母或数字的图像，要求用户正确、有序地识别每个字符，并通过输入识别出的文本或按顺序进行点选以通过测试。在所有验证码种类中，文本验证码是最早被提出的一种，由于其生成简单、技术成本低，被广泛研究和应用。

由于文本验证码的验证方式较简单，因此当前互联网中部署的文本验证码添加了各种各样的干扰机制以提高验证码安全性。根据文本内容及测试要求的不同，文本验证码可再分为四个子类：基于英文文本的 2D 验证码、基于中文字符的 2D 验证码、点选验证码、3D 文本验证码。

1) 基于英文文本的 2D 验证码

1997 年 Broder 及其同事针对 AltaVisa 网站搜索引擎排名常被机器人干扰的问题,设计出用于抵抗机器人的验证方案,这便是最初的 2D 文本验证码。

2000 年 Ahn 与 Yahoo 公司合作开发了用于防止垃圾邮件发送者在聊天室内发布恶意广告的 Gimpy 和 EZ-Gimpy 验证码,至此,验证码作为区分真实用户和计算机的手段正式被提出。如表 5.2 所示,Gimpy 从字典中随机选择 7 个单词,并通过重复、重叠放置、字符扭曲等方式产生验证码图片,用户正确识别并输入其中 3 个单词即可通过测试。

表 5.2　典型文本验证码

子　类	来　源	验证码示例	特　点
英文验证码	Gimpy[10]		字符扭曲,字符严重重叠
	BaffelText[11]	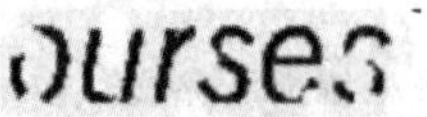	字符部分残缺
	Google[12]		字符扭曲
	Microsoft[13]		两行分布,字符扭曲且字符颜色不同
	PayPal[14]		干扰性背景
	新浪微博		干扰性背景,干扰线,干扰点,字符字体不同
	腾讯[15]		干扰性装饰,字符重叠

续表

子　类	来　源	验证码示例	特　点
中文验证码	百度		干扰线，字符重叠
	it168		干扰性背景，字符颜色不同
点选验证码	Clickable CAPTCHA[16]		要求用户点击正确单词，单词字符扭曲
	QQ 安全中心		干扰性背景，字符字体不同
	网易易盾[17]		干扰性背景，字符字体及颜色不同
3D 文本验证码	Rediff[18]		3D 文字效果
	DotCHA[19]		干扰点，允许用户拖动翻转以进行字符识别
	小盾[20]		中文字符集，允许用户旋转立方体识别字符

2003 年提出的 BaffelText 文本验证码依据"格式塔感知原则"，即人类可以在心理上重建字符个体的基本原则，设计出含有残缺字符的文本验证码，以避免光学字符识别技术的攻击。

对于来自 Google 的 reCAPTCHA 文本验证码，它被广泛部署于各类网站，并承担了除人机验证外的其他任务——帮助完成古籍数字化工作。reCAPTCHA 每次会展示两个从古籍中扫描出的扭曲单词，其中一个单词已知答案，另一个单词无法通过 OCR 识别出结果，若用户正确识别第一个单词则被视为通过测试，并且键入的第二个单词识别结果也会被记录。

除上述加入字符扭曲、重叠、残缺等机制外，当前部署的 2D 文本验证码也常加入干扰背景、干扰线、字符字体及颜色变换等安全机制。如腾讯使用的 2D 英文文本验证码在字符周围加入蝴蝶、雪花等干扰装饰，尽可能保证真人用户可正常识别字符的同时，抵抗来自计算机的攻击。

2）基于中文字符的 2D 验证码

由于中文字符数量远多于英文字符，在一定程度上可有效抵抗分类模型并增加验证码破解成本，当下越来越多的中文网站已部署中文文本验证码。除字符集相差较大外，中文验证码与英文验证码类似，也加入了干扰背景、字符扭曲、字体变换等措施以提高其安全性。

如表 5.2 中所示的百度中文验证码，它要求用户识别添加了干扰弧线且相互重叠的两个大小、字体均不相同的中文字符。相比之下，it168 的中文验证码看起来更加复杂。这是因为它们加入了干扰性背景、干扰弧线及干扰点等提高其阻挡机器攻击能力的安全机制，但这在一定程度上也会影响用户识别。

3）点选验证码

上述两种文本验证码都要求用户识别字符并输入结果以通过测试。为了提高验证码的可用性，点选验证码的概念被提出。如表 5.2 中列举的 Clickable CAPTCHA，将 12 段文本信息合成一个验证码，要求用户根据提示点击对应文本。部署在中文网站上的点选验证码通常要求用户按顺序点击图片中的中文字符，如表中展示来自网易易盾的点选验证码。该验证码要求用户按照提示语句依次点击图片中三个中文字符，验证码主体部分添加了图片背景以干扰字符识别，主体部分字符颜色、旋转角度也不尽相同，从而增加了计算机识别难度。

4）3D 文本验证码

近年来，在 2D 文本验证码的基础上发展出 3D 文本验证码，它基于人类可轻松识别 3D 物体，而计算机对 3D 物体的识别存在局限性这一事实设计。

目前大多数 3D 文本验证码与表 5.2 中所示的 Rediff 形式类似，通过 3D 模型向用户展示文本序列，由于前景及背景的高度相似和特定的模型偏转角度，人类视觉系统可以轻松识别图中的字符序列，而对计算机来说分割并识别 3D 文本序列并不容易。2019 年提出的 DotCHA 验证码对机器来说更难以识别，该验证码将离散的小球组成 3D 字母，每个字母都围绕水平轴旋转，需要用户从不同的旋转角度读取各个字符；此外，该验证码添加了少量小球作为干扰背景，进一步提升其安全性。对于小盾 3D 文本验证码来说，它将中文字符置于立方体六个面上，用户需要观察旋转立方体上的文字并点击提示要求的中文字符以通过测试。然而，DotCHA 和小盾 3D 文本验证码都需要用户进行模型旋转和识别文本两步操作，操作步骤的增加使它们在可用性上较传统文本验证码更差。

总体来看，文本验证码具有以下优势：

（1）虽然当前文本验证码形式多样，但基本逻辑简单，生成成本较低；

（2）从可用性角度来看，文本验证码依赖人类的视觉能力和对字符的识别能力，即使加入字符扭曲、干扰等安全机制，真实用户依然可以快速、准确地识别字符，通过测试所需步骤和时间较少，用户可用性较高；

（3）不管对于验证码生成还是用户识别，文本验证码没有额外的记忆内容和较高的硬件要求，资源需求量小，是最易广泛部署的验证码类型。

然而，文本验证码同样存在以下缺陷：

（1）即使添加了各种安全机制，总体来说易受到 OCR 及机器学习的攻击，安全性较差；

（2）无法满足所有人群的需求，如不适合有视力障碍的人群。

2．图像验证码

图像验证码以人类对图像的感知及处理能力为依据，一般要求用户观察图像并提取细节信息，通过点选方式选择符合要求的图像或对图像进行描述，由于人类对图像信息出色的处理能力及当前计算机视觉发展的局限性，图像验证码一度被认为是替代文本验证码最有效、最安全的方案。

虽然图像验证码均以图像作为验证媒介，然而不同的图像验证码对用户的图像处理具体能力要求并不相同，基于此，我们将图像验证码分为以下几个子类：基于物体分类的图像验证码、基于细节感知的图像验证码、基于视觉推理的图像验证码、基于语义提取的图像验证码。

1）基于物体分类的图像验证码

基于物体分类的验证码通常向用户提供多张候选图片及一段提示语句，要求用户按照提示语句选择符合要求的图片。完成此类验证码主要依赖人类的物体分类能力，即快速判断图像中物体所属类别。

2007 年提出的 Asirra 验证码是基于物体分类的经典验证码。它向用户展示 12 张猫和狗的图片，并要求用户根据提示选出所有包含猫的图片。此项任务对人类来说并不难，然而由于猫与狗在视觉特征上存在相似性，计算机很容易将它们混淆，因此该验证码具有较高的安全性。

Google 于 2014 年推出的图像验证码 reCAPTCHA V2 是最广泛应用的图像验证码之一，在 Google 搜索、Google 学术等用户量巨大的网站中一直被使用。该验证码向用户提供一个关键词及一些候选图像，用户需要根据提示点击包含该关键词的图像。值得注意的是，需要辨认的并不仅仅是表 5.3 中所展示的 9 张图像，用户点击过的图像会进行刷新，直至页面中展示的全部图像均不包含关键词物体时测试才完全结束。reCAPTCHA 利用动态刷新的方法有效提高了自身抵抗计算机攻击的能力，同时，与基于文本的 reCAPTCHA 相似，该验证码不仅用于进行用户测试，也用于对图像进行"红绿灯""人行道"等标签标注，以帮助 Google 进行自动驾驶技术研究。

表 5.3 典型图像验证码

子　类	来　源	验证码示例	特　点
基于物体分类的图像验证码	Asirra[21]		要求用户选择与示例图片和描述相同类别的图像
	Google reCAPTCHA[22]		要求用户根据提示选择相应图像
	FR-CAPTCHA[23]		要求用户选择出现两次的人脸图像，所有图像添加了噪声干扰
	TICS[24]		要求用户根据描述点击对应图像，全部图像均为合成图像
基于细节感知的图像验证码	Implicit CAPTCHA[25]		要求用户根据提示点击图片中对应的位置
	SACaptcha[26]		要求用户点击提示对应的形状区域，图片中存在变色区域块

续表

子 类	来 源	验证码示例	特 点
基于细节感知的图像验证码	网易[27]		要求用户根据提示按序点击前景图像,前景图像颜色有区别
基于视觉推理的图像验证码	腾讯[28]		要求用户根据提示点击对应物体
	顶象[29]		要求用户根据提示点击对应物体,存在 2D 与 3D 图形
	网易[30]		要求用户根据提示点击对应物体,答案物体多为字母或数字
基于语义提取的图像验证码	Motion CAPTCHA[31]		要求用户选择可以描述视频中人物运动的选项
	Kluever's CAPTCHA[32]		要求用户观看视频,并提供三个最能描述视频的词汇
	Advertisement CAPTCHA[33]		要求用户观看广告视频并选择广告描述的产品

表 5.3 中所示的 FR-CAPTCHA 利用人类对人脸的捕捉能力和对噪声的过滤能力，要求用户从添加了噪声和干扰人脸的拼贴图片中选出出现两次的人脸图像。对于计算机来说，破解该验证码不仅需要排除噪声干扰，正确识别包含人脸的图像，同时需要对所有出现的人脸进行比对以选出相同的人脸。

近年新提出的 TICS 验证码通过相似语句合成 9 张图片，要求用户根据提示选择符合语义描述的图片。由于候选图片间的相似性及语义与图像间转换的复杂性，该验证码对人类而言可快速通过而对计算机来说有些困难。

2）基于细节感知的图像验证码

第二类图像验证码通常给出一张图片，要求用户捕捉该图片中的细节内容，并根据提示点击图像中对应的位置，此类验证码主要依赖人类对图像细节的感知能力。

对于 Implicit CAPTCHA，用户需要根据提示点击图像上的特定位置，如表 5.3 中所示，提示要求"点击山峰顶"以通过测试。用户需要对图像进行细节信息捕捉并完成指令文本到答案坐标的转换，对计算机来说这不仅要求较高的图像特征提取能力，还需要较高的自然语言处理能力。

2018 年提出的 SACaptcha 基于人类对色彩的精确区分及对图形的认知分类，它要求用户根据提示点击图像中出现的特定形状区域，而所有形状区域均以与背景图相异的色彩通道表示，即形状区域与原图仅存在色调上的区别，人类可以很好地捕捉这一颜色上的细微差别，而当前计算机视觉技术往往难以区别颜色改变是图像颜色过渡自然形成还是经过人为处理。因此，该验证码具有较高的安全性。

当前，最典型的基于细节感知的图像验证码与网易部署的图像验证码类似。在一张背景图片上加入颜色、形状均不相同的几个前景图案，要求用户根据提示语句按序点击对应前景图案以完成测试。该验证码基于真人用户易感知图像中不和谐部分，而计算机进行图像处理时难以判别图像中人造部分的事实设计。

3）基于视觉推理的图像验证码

基于视觉推理的图像验证码通常在一张验证码图片中展示多个颜色、形状、大小均不相同的物体，用户需要根据提示在所有物体中选出符合描述的物体，提示中可能包含物体个体属性和物体间抽象的关系。对于用户来说，需要观察图像中出现的全部物体，并通过提示语句进行空间及关系推理，最终确定目标物体。当前使用计算机进行图像特征提取、语义提取以及进行推理并得出结果的流程和步骤较为烦琐且推理精度有限，通过测试的代价较大。

表 5.3 中展示了当下三种典型的基于视觉推理的图像验证码，它们测试步骤及结构逻辑基本相似，仅在图像中出现的物体类别及具体指令略有不同。腾讯提出的 VTT 视觉推理验证码整体较复杂，包含多种问题类型，对用户的推理要求更高；而顶象及网易推理问题较简单，顶象除 3D 对象外还包含 2D 物体，网易较几何图形包含了更多字母和数字对象。

4）基于语义提取的图像验证码

图像验证码按表现形式可分为图片验证码和视频验证码两种，其中视频验证码通常基于人类对图像内容的语义提取能力实现。换句话说，此类验证码依据人类可轻松将视频内容转化为文本表达，而计算机目前在这一方面效果不佳的事实产生。与上述三种图像验证码相比，基于语义提取的图像验证码由于其样本收集及特征提取困难、所需逻辑层次较高的特性，具有更高的安全性。

2008 年提出的 Motion CAPTCHA，要求用户观看视频并从单选框中选择可以描述视频中人物运动的句子；次年 Kluever 等人提出的图像验证码展示一段图像，要求用户在输入框中输入三个最能描述视频的单词以完成测试。然而由于对视频语义提取的主观性，此类验证码虽然有较好的防计算机攻击效果，但是真人用户通过率较传统图像验证码更低。2016 年，一种基于广告视频的图像验证码被提出，该验证码要求用户观看广告并选择广告所展示产品。除完成验证码基本功能外，该验证码也具有一定商业价值。

与文本验证码相比，基于图像的验证码要求人类具备对图像的特征提取能力及相关图像识别能力，而对于计算机来说，图像的模式识别是一个较为困难的人工智能问题，因此图像验证码具有更高的安全性。同时，图像验证码生成方式并不复杂，产生成本较低，被视为文本验证码的替代方案。

然而，大多数图像验证码需要用户具有较高的图像观察能力和色彩分辨水平，不适合色弱、色盲用户，且需要用户花费更多时间用于观察图像细节并进行相关推理，可用性较文本验证码略低；虽然加入噪声或干扰图像，基于图像的验证码依然可以在一定程度上被计算机破解；与文本验证码相比，图像验证码要求更多网络和存储资源，不适用于网络环境较差、无法加载图像的使用场景。

3. 音频验证码

作为帮助视觉障碍用户的视觉验证码替代品，音频验证码通常向用户提供一段音频，要求用户识别音频中的内容并根据规定指令完成测试。基于音频内容，此类验证码可分为语音验证码和声学验证码两个分支。

1) 语音验证码

语音验证码的设计依赖于人类产生或识别语音的能力，通常由说话人或语音合成器生成包含人类语言的音频，要求用户识别包含有背景噪声的音频内容，或根据提示产生可用于验证的音频。

当下使用最广泛的音频语音验证码之一是来自 Google reCAPTCHA 项目的语音验证码，如图 5.7 所示。早期 reCAPTCHA 语音验证码向用户提供由背景噪声和若干数字语音组成的音频，用户需要识别音频中人声所读数字并输入识别结果以完成测试。最新版本的 reCAPTCHA 中，验证码为用户提供由三到四个单词组成的音频文件，音频包含背景噪声、背景音乐、不同阅读语速和不同音量大小等干扰。用户需要听音频并在文本框中输入听到的单词以通过测试。与早期版本 reCAPTCHA 语音验证码相比，新版验证码更具安全性，对用户来说通过测试的难度也更大。

图 5.7　reCAPTCHA 语音验证码

与 reCAPTCHA 类似,e-Bay、Microsoft、Yahoo 等平台均提供了音频验证码作为备选。e-Bay 和 Microsoft 分别提供包含有 6 个和 10 个数字语音及干扰噪声的音频验证码,Yahoo 要求用户识别提示音后播放的 7 位数字并进行输入。

除需要用户识别音频的语音验证码外,2010 年提出的语音验证码利用人声和合成声音间的差异完成验证。该验证码向用户提供一段文字,要求用户阅读给定句子,系统通过识别输入的音频是由人声产生还是合成音频以判定用户是否通过测试。

2)声学验证码

与语音验证码不同,声学验证码基于人类检测和识别声音事件的能力产生。

2007 年,一种名为 HIPUU 的声学验证码被提出,其界面如图 5.8(a)所示。该验证码同时呈现图像与对应的音频片段,用户可以通过观察图像或聆听音频识别验证码内容,然后在下拉框中选择相应的结果以完成测试。

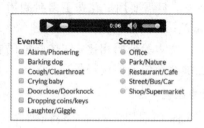

(a) HIPUU   (b) Non-speech Audio CAPTCHA

图 5.8   部分声学验证码界面

2012 年 SoundsRight CAPTCHA 以 HIPUU 为灵感被设计出,该验证码由 2~4 个目标音和一些诱饵音组成,目标音和诱饵音前后连接,中间以分隔音隔开,用户听到目标音后需要立即按下空格键。这种实时互动的方式建立了第一道离线攻击的防御门,有效提升了声学验证码的安全性。

2016 年提出的 Non-speech Audio CAPTCHA 向用户提供包含三四种声音事件和背景音的混合音频,用户听完音频片段后需要从所给列表中选出音频中包含的声音事件和场景。该验证码允许用户无限次回放音频,增加了用户完成测试的可能性,如图 5.8(b)所示。

作为视觉验证码的备选方案,音频验证码具有以下优点:对视障人士友好;以人类听觉为出发点设计,用户可用性较好;通过验证码所需时间和资源成本较小;对于计算机来说识别由噪声干扰的音频存在困难,而对于人类可轻松排除噪声干扰等。

然而,语音验证码具有一定语言局限性:大多数语音验证码以英语为基础语言开发,对理解英语困难的用户并不友好;听觉具有一定主观性,相似的声音和字母发音容易混淆用户,导致真人用户在音频验证码上通过率也可能较低;当下计算机听觉技术的发展可在一定程度上模拟人类听觉能力,计算机在音频验证码上能以一定概率通过测试,并且随着技术的发展,噪声干扰也无法抵抗计算机对音频的准确识别。

4. 游戏验证码

不同于传统验证码,游戏验证码让用户完成指定小游戏来实现验证过程,试图令解决验证码的任务变得有趣。游戏验证码的设计基于这样一个事实:人类可以理解游戏规则并轻松完成游戏挑战,而自动化程序并不具备这样的能力。大多数游戏验证码均以图像形式展示游戏,并配有指令指导用户进行游戏。与传统图像验证码的不同之处在于,游戏验证码不仅要求用户的图像处理能力,同时需要一定常识和行为动作能力,可以被视作图像验证码的升级挑战。

当前,游戏验证码中最为经典的是 2014 年推出的 DCG CAPTCHA 系列,该系列包含四类游戏验证码,用户需要根据提示拖动动态对象并将其与其他对象匹配,如表 5.4 中所示,DCG 验证码要求用户将图中食物拖动至左侧对应动物处。此外,DCG CAPTCHA 还包含其他三类游戏挑战:"匹配相似形状的对象""将船只放置在海面上""将船只停泊在空余位置"。

"Are you a human"推出的验证码与 DCG CAPTCHA 类似,它要求用户根据提示选择图中出现的对象,并将其拖动至特定位置以完成游戏。除表 5.4 中所示的"捉蝴蝶"游戏外,还存在"将外星人放在星球上""将高尔夫球放进球洞中"等相似形式的小游戏。SweetCAPTCHA 向用户给出一个目标对象和四个候选对象,用户需要根据提示从候选对象中选择与目标对象具有语义连接的图像。例如表中所示的验证码要求用户将插头拖动至插线接口处。

Dice CAPTCHA 以骰子为灵感,需要用户投掷一些骰子,根据提示计算骰子正面数字之和或直接将骰子正面数字输入以完成游戏。来自极验的消消乐验证码要求用户观察 9 个相似的图像,并调换两个相邻位置的图像,使横、竖、或斜线上三张图片相同,完成消消乐游戏以达到验证目的。

表 5.4　典型游戏验证码

来　源	验证码示例	特　点
DCG CAPTCHA[34]		根据提示,将物体与其他对象匹配并通过拖动完成游戏
"Are you a human"[35]		根据提示及常识,找到对应物体并拖动至特定位置完成游戏
SweetCAPTCHA[36]	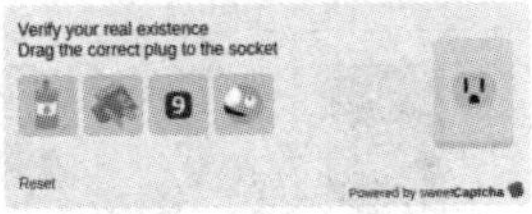	根据提示及常识,选择对应物体并拖动至特定位置以完成游戏
Dice CAPTCHA[37]	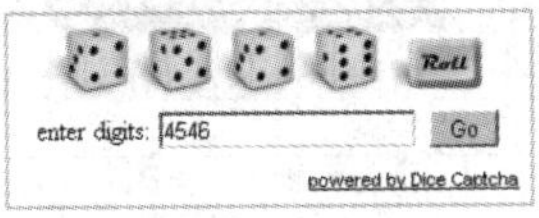	根据骰子展示结果,输入对应数字
极验[38]	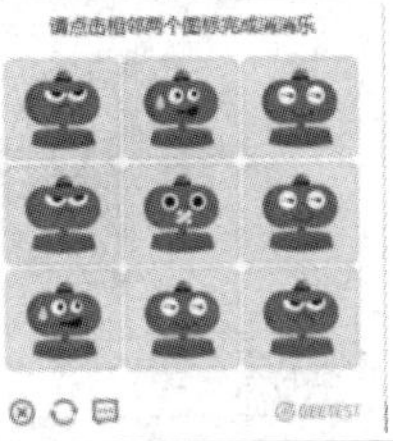	调换两个相邻图片位置,完成消消乐

　　基于游戏验证码的特性，它具有以下优点：趣味性强，对用户来说体验更好；人类可轻松理解游戏规则并完成，对计算机来说破解成本较高，因此游戏验证码整体安全性较高；形式多样，很难产生通用性攻击方法。

　　同时，游戏验证码也存在以下缺陷：设计步骤较复杂，生成代价大，难以广泛部署；资源需求量大，具有较高的环境要求以加载游戏；相较于传统验证码，用户通过游戏验证码所需时间更长。

5. 行为验证码

　　行为验证码依据用户解决图像问题和根据指令完成规定动作的能力设计，通常向用户提供验证码图像和行为指令，用户需要根据行为指令在验证码上进行规定的动作以完成验证。行为验证码与图像验证码的不同之处在于，用户需要处理图像，同时完成规定指令动作，在图像识别的基础上进一步增加了以行为动作为标准的防线。与同样以图像为媒介的游戏验证码不同的是，行为验证码更侧重基于用户执行指令动作进行安全验证，而游戏验证码更关注用户理解并进行游戏的过程。

　　根据行为指令的不同，行为验证码大致可分为滑动验证码、拼图验证码、拖拽验证码。

1）滑动验证码

　　滑动验证码要求用户通过鼠标滑动滑块，以控制图块位置或图形旋转角度，最终完成图块复原或将图形旋转至指定角度。如表 5.5 中展示的腾讯验证码，它向用户展示一幅有图块缺省的图片，要求用户滑动滑块并将图块滑动到缺省位置，补全图片以完成验证。数美验证码在腾讯滑动验证码的基础上，在图片中添加了形状不同的干扰缺省，进一步阻止计算机利用视觉检测技术攻击该类验证码。

表 5.5　典型行为验证码

子　类	来　源	验证码示例	特　点
滑动验证码	腾讯[39]	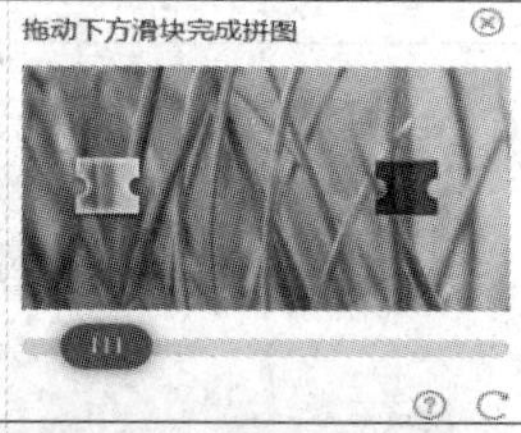	滑动控制图形碎片的滑块完成拼图
	数美[40]		除图形碎片对应的缺口外，图片中还存在干扰缺口
	百度[41]		滑动滑块直至将图片旋转至正向

续表一

子　类	来　源	验证码示例	特　点
滑动验证码	顶象[29]		滑动滑块直至将中心图案还原至与背景契合的正确方向
拼图验证码	网易[42]		交换两个图片碎片，使图片复原
	Gao's CAPTCHA[43]		交换图块复原图像，图块边缘进行了添加噪声处理
	Capy CAPTCHA[44]		将下方展示的拼图拖动至图片缺省处，复原图像
	Hamid's CAPTCHA[45]		将左侧四个图块复原成右侧展示图像
	Garb CAPTCHA[46]		拖动图块以改变每个图块位置，直至复原图像

子　类	来　源	验证码示例	特　点
拖拽验证码	VAPTCHA[47]		观察图片中给出的轨迹，拖拽鼠标绘制相同轨迹
	Motion CAPTCHA[48]	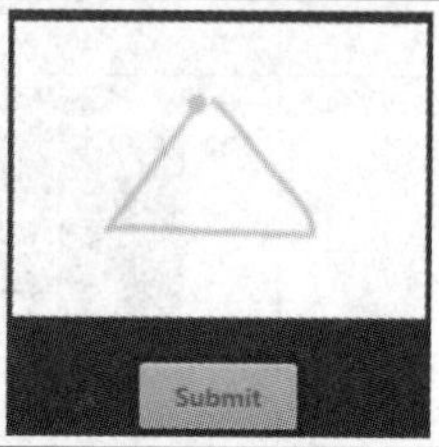	拖拽鼠标绘制图中给出的图形

百度使用的滑动验证码使用滑块控制图案旋转角度，用户需要滑动滑块并将图像旋转至垂直角度。该验证码利用人类对图像内容理解及对图像角度的感知能力设计。顶象的滑动验证码同样使用滑块控制图像角度旋转，不同的是判别该图像角度是否正确需要考虑背景图像的影响，若中心图像可与背景图像拼接为完整图像，则旋转角度正确。

2）拼图验证码

与拼图原理类似，拼图验证码要求用户通过拖放来交换图块位置或组合图块，最终形成完整图像。网易使用的拼图验证码与 2010 年提出的拼图验证码相似，它们将完整图像切割成若干图块，其中大部分图块保持原有位置，用户需要交换两个位置有误的图块将图像还原。这类验证码中可加入图块边缘噪声化、使用相似图块等提高安全性的策略。

Capy CAPTCHA 要求用户拖动一个拼图块，并将它还原至图案中正确位置。值得注意的是，拼图缺省处会添加同一张或另一张相似图片的一部分进行填充，这样有助于阻碍计算机对图案缺省位置进行识别，但过于复杂的图案会对真人用户的识别造成一定干扰。

2014 年 Hamid 等人提出的拼图验证码将一幅完整图像分割为四个图块，要求用户将图块按照目标图案拖放至给出的网格中，若恢复出目标图案则通过测试。与该验证码相比，Garb CAPTCHA 更为复杂。它不仅允许用户拖放所有图块以进行图案恢复，同时并未给出可供参考的目标图案。因此，该验证码要求用户具有更高的观察图像及复原图像能力。

3）拖拽验证码

计算机在绘制图案时遵循一定几何原则，而真人用户的鼠标轨迹往往速度不定且充满抖动等不定因素，拖拽验证码便是通过监测用户鼠标轨迹的方式区分真人用户和自动程序。对于表 5.5 中所示的 VAPTCHA 和 MotionCAPTCHA，它们均向用户提供一条参考轨迹，要求用户从图像中识别该轨迹，并拖拽鼠标绘制相似轨迹线，系统通过检查用户绘制的轨迹线与目标轨迹线是否一致来判别用户身份。

行为验证码不仅依赖用户对图像的感知和处理能力，并且依靠用户使用鼠标产生的行为动作对用户身份进行验证，相较于图像验证码而言，行为验证码具有更高的安全性；此外，行为验证码基于人的行为产生，不需要用户具备额外知识，覆盖人群更广，易用性较好。

同时，行为验证码以图像为媒介，某些行为验证码对视力障碍人群并不友好；并且，为了通过行为验证码，用户需要使用鼠标完成动作，而部分验证码为提高安全性设计出较为复杂的行为指令，需要用户花费更多时间通过验证码；最后，行为验证码不仅需要提供图像资源，同时需要分析用户行为结果以进行身份判定，这一过程要求更高的成本，因此与传统验证码相比，行为验证码部署更加复杂。

6. 其他验证码

除以上介绍的验证码类型外，互联网中还存在一些其他类型的验证码。

如图 5.9 所示，为 Google reCAPTCHA 项目中的无验证码 No CAPTCHA reCAPTCHA 和不可见验证码 Invisible reCAPTCHA[22]。与传统验证码不同，No CAPTCHA reCAPTCHA 不需要用户进行复杂测试以进行身份验证，它仅需用户点击"进行人机身份验证"或"我不是机器人"的复选框，后台系统会自动收集与用户行为相关的信息，如鼠标移动、点击位置、在复选框上停留时间等，并根据这些信息对用户身份进行判定，如判定为风险用户，将再次利用传统验证码进行二次验证。2017 年，Google 推出的新一代 Invisible reCAPTCHA对用户来说完全不可见，整个验证过程均在后台完成，当用户点击进部署了不可见验证码的网页，系统便会在开始在后台收集用户行为数据并进行分析，仅当用户身份判定存在风险时，传统验证码会再次出现并要求用户进行进一步身份验证。

 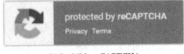

(a) No CAPTCHA reCAPTCHA　　　　　(b) Invisible reCAPTCHA

图 5.9　Google reCAPTCHA 验证码

以上两种验证方式摆脱了对用户测试的依赖，降低了用户使用验证码的门槛，对所有人群友好的同时部署成本较低。但同时，为了提高验证码的可用性，这类验证码以牺牲用户隐私作为代价，在系统后台对用户行为进行隐性收集和分析，存在潜在隐患。

为了解决传统验证码易被机器学习攻击的问题，对抗验证码应运而生。2013 年，Szegedy 等人首次提出对抗样本的概念[49]，他们的研究表明，通过不断优化模型输入以最大化模型预测误差，可能会使模型对相同的输入产生错误分类。如图 5.10 所示，通过向图像或音频中添加人类无法感知而可以影响模型决策的扰动，可达到抵抗机器学习攻击的效果。

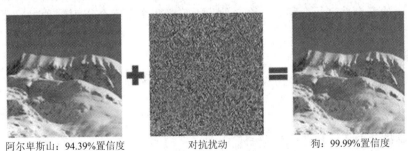

阿尔卑斯山：94.39%置信度　　　　对抗扰动　　　　狗：99.99%置信度

图 5.10　对抗样本[49]

2017 年，Osadchy 等人首次将对抗样本应用于验证码设计，提出一种基于物体分类的对抗图像验证码——DeepCAPTCHA[50]。该验证码向用户展示一张添加了对抗扰动的示例图像，要求用户从给出的 12 张候选图像中选出含有与示例图像内容相同的图片。如图 5.11 所示，真人用户可轻松识别示例图像并从下方找到对应的候选图像。然而，由于添加了对抗干扰，机器学习模型会错误分类示例图像，并导致计算机最终选择错误答案。2018 年文献[51]中提出使用 FGSM 和 UAPM 算法生成对抗样本，以实现对抗文本验证码和对抗图像验证码的生成，他们通过实验证明了对抗干扰的加入能有效提高验证码的安全性。2021 年提出的 aCAPTCHA 对抗验证码生成和评估系统[52]，同样实现了对抗验证码在文本验证码和图像验证码上的应用，进一步验证了对抗验证码的高安全性。

图 5.11   DeepCAPTCHA[50]

除应用于文本和图像验证码外，对抗干扰同样可加入语音验证码等其他形式的验证码中，维护验证码可被真实用户轻松识别而无法被计算机破解的特性，保持验证码可用性的同时提高了其安全性。由于对抗性攻击并非本节的重点内容，更多关于对抗性攻击验证码的细节将在下一章节进行介绍。

除以上验证码外，当前还有不少新型验证码被提出，如基于传感器的验证码、与虚拟现实技术相结合的 VR(Virtual Reality，虚拟现实技术)验证码等。这些验证码验证手段各异且形式复杂，这里不再一一赘述。

5.2.4   验证码的安全性

作为一种网络系统安全保护机制，验证码本身具有与生俱来的安全属性，与其他网络安全机制一样面临被攻击的安全风险，并需要对如何有效防御的问题进行研究。本节我们将对几种常见验证码的安全性进行介绍，从攻击和防御策略两个角度介绍不同种类验证码所面临的安全问题。

1. 文本验证码的安全性

文本验证码作为最早提出的验证码方案，受到最多的关注和研究，针对其安全性的讨论也最为广泛全面，而其破解方式也随着技术革新不断演变。

1）多步攻击

文本验证码自动破解的实际任务是识别图像中的文字内容。早期的光学字符识别技术难以同时应对多个字符识别，早期的文本验证码破解主要包含图 5.12 所示的三个步骤：图像预处理、字符分割、字符识别。

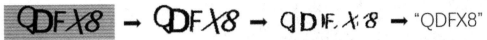

| 原始图像 | 图像预处理 | 字符分割 | 字符识别 |

图 5.12　文本验证码分步破解流程

（1）图像预处理。图像预处理通常是指使用图像处理技术，减少或去除文本验证码的噪声和干扰。常见的图像预处理方法一般有灰度化、二值化、膨胀、腐蚀等传统的图像处理技术。随着计算机视觉领域技术的突破和深度学习技术的发展，近年来，深度学习图像处理方法也逐渐被用在文本验证码的预处理任务中。例如，使用噪声去除 GAN（Generative Adversarial Networks，生成式对抗网络），便可以实现通过模型去除文本验证码噪声的目的。

① 灰度化预处理。图像灰度化即将彩色图片表现为灰色图片[53]，效果如图 5.13 所示。数字图像中每一像素点的颜色由 RGB 三值表示（取值范围由 0 到 225）。而图像处理本质即对像素点矩阵进行操作，想要改变某一像素点颜色，则改变该像素点对应的 RGB 值。当 $R=G=B$，即像素点红色、绿色、蓝色值相等时，该像素点呈现灰色；当 RGB 值均为 0 时像素点呈现黑色；当 RGB 值均为 255 时像素点呈现白色。因此，图片灰度化的本质即让每个像素点的 RGB 三值相等。为了使灰度化后图片还保留明暗对比和线条轮廓，每一像素点的灰化程度也不尽相同，通常使用以下公式计算经过灰化后图片每一像素点 RGB 值：

$$R' = R \cdot a_1 + G \cdot a_2 + B \cdot a_3$$
$$G' = R \cdot a_1 + G \cdot a_2 + B \cdot a_3 \quad\quad (5.1)$$
$$B' = R \cdot a_1 + G \cdot a_2 + B \cdot a_3$$

式中 R、G、B 分别指处理前像素 RGB 值，R'、G'、B' 分别指经过灰度化处理后像素点 RGB 值。a_1、a_2、a_3 为值大于 0 小于 1 的系数，且 $a_1 + a_2 + a_3 = 1$。

图 5.13　灰度化预处理

② 二值化预处理。二值化处理即仅使用黑、白两种颜色表示图片[53]，效果如图 5.14 所示。在图片灰度化操作中，每一像素点虽然 RGB 值相同，但灰度取值从 0 到 255。在图片二值化中，不仅要求像素点 RGB 值相等，同时要求 RGB 值仅为 0 或 255。因此，图片二值化通常在灰度化基础上进行，处理过程如下：

$$R'' = G'' = B'' = \begin{cases} 0 & RGB' < \text{threshold} \\ 255 & \text{其他} \end{cases} \quad\quad (5.2)$$

其中，R''、G''、B'' 表示二值化后的 RGB 值，RGB' 表示灰度化后的 RGB 值，threshold 表示自定义阈值。若像素点灰度后的 RGB 值小于阈值，则将其 RGB 值设置为 0，即该像素点表现为黑色，否则表现为白色。

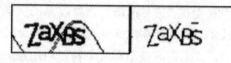

图 5.14   二值化预处理

③ 膨胀预处理。膨胀和腐蚀同为图像形态学处理[54]，它们通常在二值化图像中使用，可以在二值图像背景含有噪声或目标不干净的情况下帮助去除背景干扰。简单来说，膨胀可以让二值图像中的亮部范围（即白色区域）变大，而腐蚀可视为膨胀的对偶运算，可使图像暗部区域（即二值图像中黑色部分）增加。经膨胀预处理的二值图像效果如图 5.15 所示。

图 5.15   膨胀预处理

介绍膨胀和腐蚀操作过程首先需要介绍卷积内核的概念，图像处理中卷积内核通常为由相邻 9 个像素组成的正方形，该正方形像素集的中心像素点被定义为卷积的锚点。对于膨胀处理，首先让卷积内核遍历原图像每一个像素，每次滑动都会把内核中像素最高值赋给锚点。在二值图像中，当内核在某一位置的锚点像素值为 0，而锚点周围存在值为 255 的像素时，像素值 255 即会赋给锚点，即经过膨胀处理，值为 255 的像素会增加（白色像素变多），而像素值为 0 的黑色像素会减少。

④ 腐蚀预处理。与膨胀类似，腐蚀操作也存在卷积内核的概念，不同的是卷积内核遍历原图后，每次滑动都会把内核中像素最低的值赋给锚点。在二值图像中，当内核在某一位置的锚点像素值为 255，而锚点周围存在值为 0 的像素时，锚点像素值会变为 0。如图 5.16 所示，经过腐蚀操作处理，图像中的黑色像素点会变多，而白色背景部分面积会减小。

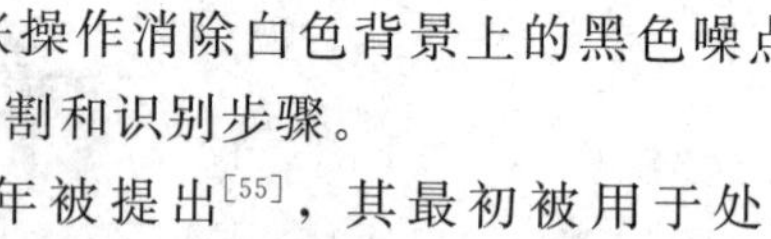

图 5.16   腐蚀预处理

膨胀操作和腐蚀操作可以叠加使用，首先利用膨胀操作消除白色背景上的黑色噪点，再利用腐蚀处理加强黑色主体区域，以辅助后续字符分割和识别步骤。

⑤ 字形填充预处理。字形填充预处理于 2008 年被提出[55]，其最初被用于处理 Microsoft 的空心验证码，现在同样广泛应用于对各类空心验证码进行预处理。该方法通过向同一连通域填充像素，可以将空心字符转换为实心字符，便于后续分割，处理效果如图 5.17 所示。

图 5.17   字形填充预处理

字形填充预处理首先利用泛洪算法检测连接的非黑色像素块，如果它们可以形成闭合的轮廓，则同时选择字符部件和干扰部件。接下来使用不同颜色填充每一个组件区域，完成处理后背景被填充为灰色，字符及干扰轮廓线保持黑色，字符闭合区域被填充为彩色。

⑥ 利用 GAN 网络去噪。除了以上传统的图像处理方法外，依靠深度学习和图像处理

技术的进步，许多深度学习去噪技术在这一阶段都可以发挥作用。例如，使用特定的 GAN 网络可以在极大降低人工成本的基础上对验证码图像进行标注和预处理。利用基于 Cycle-GAN 的验证码合成器[56]，以少量真实验证码样本为基础，可生成大量合成训练数据，该方法极大减轻了人工处理数据的负担，并降低了中断成本。

（2）字符分割。字符分割的目的在于将同一张文本验证码中的多个字符拆分为单独的单个字符，以方便下一步的识别技术进行单字符识别。由于文本验证码字符一般存在粘连或部分重叠情况，因此分割的关注点在于如何保证分割字符的完整性和尽可能不包含其他字符的干扰信息。早期常见的分割方法一般采用均匀分割法、垂直投影分割法、滴水分割法等。随着深度学习目标检测技术的发展，使用目标检测网络（如 faster RCNN）对字符进行定位后提取，也是一种字符提取思路，但目前使用得并不多。

① 均匀分割法。顾名思义，均匀分割法按文本字符总长度及字符个数平均分割字符[57]。假设验证码图像长度为 x，图像中验证码字符数为 t 个，则平均每个字符长度为 x/t，即第一个字符范围为 $[0, x/t]$，第二个字符范围为 $[x/t, 2*x/t]$，以此类推。需要注意的是，由于文本验证码图像字符通常出现在图像中间位置，左右两侧会出现多余空白，因此在使用均匀分割法分割验证码字符前应将验证码图像两端空白部分裁剪去除，以提高分割的准确性。

由于均匀分割法无法准确分割字符大小差异大、扭曲、旋转严重的验证码图像，因此仅能对样式简单的验证码进行分割，如图 5.18 所示。

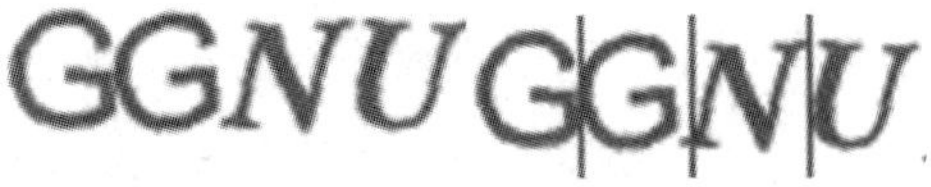

图 5.18　均匀分割法

② 垂直投影分割法。垂直投影分割法的分割效果如图 5.19 所示。根据之前的介绍，图像由一个个像素点构成，而二值图像中所有像素点的像素值为 0（黑色像素点）或为 255（白色像素点）。垂直投影分割法的思路是统计每一个像素列上固定颜色像素点的个数，即将每一列上符合要求的像素都"沉到"图片底部，形成投影直方图，通过寻找直方图中数据较低点来确定分割点横坐标[58]。垂直投影分割法假设两个字符的连接位置相对于字符本身位置的像素点的个数较少，因此可以通过比较相对位置的像素点的个数得到图片的分割位置。

垂直投影分割法较均匀分割法可以分割更复杂的验证码图像，然而，前者依然有可能出现分割后字符粘连或字符部分缺失的问题。对于字符粘连无法分割的问题，是由于字符连接处的像素个数大于字符内容处的像素个数，造成分割点预测位置与实际分割点位置产生巨大偏差；而对于字符分割后缺失的问题，一般是由于分割字符时仅通过分割点横坐标进行直线分割，缺少对字符轮廓的分析和参考。

③ 滴水分割法。与上述两种直线分割方法不同，滴水分割法模拟水滴滚动，根据水滴滚动路径分割字符，可以解决直线分割造成的过分分割问题[59]，如图 5.20 所示。

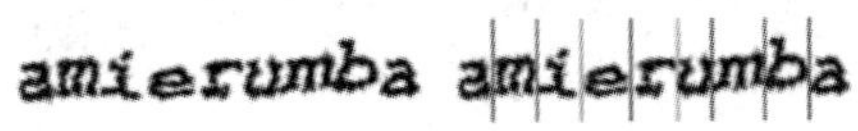

图 5.19　垂直投影分割法 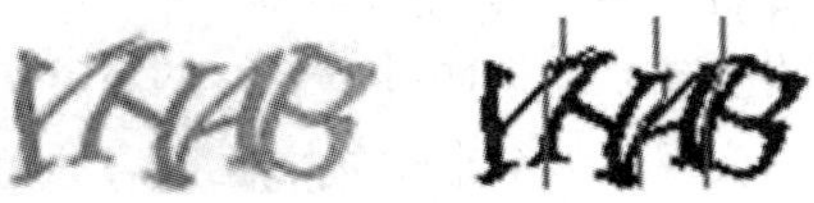　　　　　　　图 5.20　滴水分割法

传统滴水分割法将某一像素作为初始水滴位置，在图 5.21 中用 n_0 表示，水滴下一步可能移动位置有五种可能，即 n_1、n_2、n_3、n_4 或 n_5。首先观察 $n_1 \sim n_5$ 像素状态，在二值图像中 $n_1 \sim n_5$ 五个像素度均只有黑像素和白像素两种可能，水滴下落遵循以下准则：若 $n_1 \sim n_5$ 都是黑色像素，则水滴向下移动；若 n_2 是白色像素，则水滴向下移动；若 n_2 是黑色像素，且其他四个可能移动位置中存在一个白色像素，则水滴向白色像素方向移动；若 n_2 是黑色像素，且其他四个可能移动位置中存在不止一个白色像素，则水滴移动选择顺序为 n_3、n_4、n_5。

n_5	n_0	n_4
n_1	n_2	n_3

图 5.21　滴水像素编号

通过遵循以上移动规律，水滴最后可以移动至底部并产生滴水分割线。传统滴水算法算式表达如下：设要分割的尺寸为 $n*m$ 的二值图像为 X，水滴当前坐标为 (x_i, y_i)，表示水滴下一步滴落点的坐标由当前位置上的重力势能衡量：

$$W_i = \begin{cases} 4, & \sum = 0 \text{ 或 } 15 \\ \max\limits_{j=1} Z_j W_j, & \text{其他} \end{cases} \tag{5.3}$$

其中 $\sum = \sum\limits_{j=1}^{5} Z_j W_j$，$Z_j$ 表示 n_j 点的像素值，0 表示黑色像素，1 表示白色像素，W_j 表示 n_j 点被选为下一滴落点权重的大小，$W_j = 6 - j$ 且建立如下关系式：

$$(x_{i+1}, y_{i+1}) = f(x_i, y_i, W_i) = \begin{cases} (x_i, y_i - 1), & W_i = 1 \\ (x_i, y_i + 1), & W_i = 2 \\ (x_i + 1, y_i + 1), & W_i = 3 \\ (x_i + 1, y_i), & W_i = 4 \\ (x_i + 1, y_i - 1), & W_i = 5 \end{cases} \tag{5.4}$$

除以上介绍的传统滴水算法外，还延伸出惯性滴水算法和大水滴惯性滴水算法等，这里不再赘述，读者有兴趣可以自行探索。

④ 利用目标检测网络进行分割。目标检测基于目标几何和统计特征的图像分割，将目标的分割和识别合二为一，是当前计算机视觉研究的重要方向之一。进行验证码字符分割时，除利用上述分割算法外，还可以借助目标检测网络进行字符定位、分割甚至识别。

目标检测技术可粗略分为 one stage 与 two stage 两大类。以 Yolo(一种快速目标检测算法)、SSD(单次多目标检测算法)为代表的 one stage 目标检测技术仅使用一个卷积神经网络预测目标位置与类别，速度快但准确率低。以 R-CNN 系为代表的 two stage 算法首先产生物体候选框，再对候选框中的物体进行分类，该类算法速度较 one stage 低但准确率较高。针对文本验证码分割和识别问题，可使用准确率更高的 two stage 目标检测网络实现。即借助 Faster-RCNN 目标检测网络实现对多个常用文本验证码的字符定位和识别[60]，效果如图 5.22 所示。

基于目标识别网络的目标定位功能，

图 5.22　利用 Faster-RCNN 进行
文本字符定位和识别[60]

也可以选择利用目标识别网络定位单个字符进行字符分割,后续再利用字符识别模型进行字符识别。

(3) 字符识别。字符识别即使用文字识别和图像识别技术对分割后的单个字符进行分类识别,给出识别结果。早期的字符识别采用光学字符识别技术实现,便可以获得一定的效果,但随着文本字符设计难度加大,越来越多的干扰因素被加入验证码图片,光学字符识别技术不再满足识别需求。随后,使用机器学习分类算法实现字符识别成为新的趋势,如使用 KNN(K-NearestNeighbor,近邻算法)或 SVM(Support Vector Machine,支持向量机)识别不同字符类可以取得可观的成功率。然而,虽然机器学习算法可以解决识别的基本要求,但算法一般运行速度较慢,效率较低。随后,采用深度学习识别算法识别文本验证码字符逐渐成为主流。深度学习识别算法的优势在于其识别速度和准确率都能够达到较为理想的效果,因此近些年来广受推崇。文献[61]中总结了五种广泛应用于文本字符识别的深度神经网络,如表 5.6 所示。

表 5.6　字符识别常用分类网络

网　络	网　络　结　构	参数数量
LeNet	输入→5×5 卷积→2×2 下采样→5×5 卷积→2×2 下采样→5×5 卷积→120 维全连接→全连接(输出)	60480
AlexNet	输入→11×11 卷积→最大池化→5×5 卷积→最大池化→(3×3 卷积)×3→最大池化→4096 维全连接×2→全连接(输出)	6200 万
VGG19	输入→(3×3 卷积)＊2→最大池化→(3×3 卷积)×2→最大池化→(3×3 卷积)×4→最大池化→(3×3 卷积)×4→最大池化→(3×3 卷积)×4→最大池化→4096 维全连接×2→全连接→SoftMax(输出)	14400 万
Inception V3	输入→(3×3 卷积)×3→Padding→池化→(3×3 卷积)×3→Inception×3→Inception×5→Inception×2→池化→Linear→SoftMax(输出)	2400 万
ResNet	输入→7×7 卷积→最大池化→(1×1 卷积→3×3 卷积→1×1 卷积)×3→(1×1 卷积→3×3 卷积→1×1 卷积)×8→(1×1 卷积→3×3 卷积→1×1 卷积)×36→(1×1 卷积→3×3 卷积→1×1 卷积)×3→平均池化→全连接→SoftMax(输出)	11700 万

① LeNet。LeNet 是 1990 年以来提出的 LeNet1-LeNet5 系列神经网络的合称,它是最早的卷积神经网络之一[62],Yann 等人最开始将它应用于解决手写数字识别问题。经过与文本字符识别模型实验比较,卷积神经网络的性能超过了其他所有模型,为神经网络领域的研究带来许多灵感。

当下 LeNet 通常指代 LeNet5,它是一个 7 层神经网络,其中包含 3 个卷积层、2 个池化层和 1 个全连接层,整体结构如图 5.23 所示。C_1、C_3 和 C_5 是三个卷积核为 5×5 的卷积层,S_2、S_4 是两个全局池化层,最后 F_6 全连接层完全连接到 C_5,共输出 84 张特征图,网络使用 Sigmoid 作为激活函数。由于 LeNet 网络结构较简单且参数数量有限,处理较为复杂的分类任务能力有限。

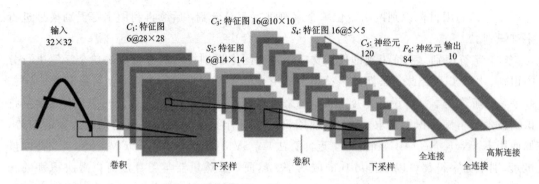

图 5.23　LeNet 网络结构[62]

② AlexNet。AlexNet 于 2012 年由 ImageNet 竞赛参赛者 Alex Krizhevsky 设计[63]，并赢得了当年 ImageNet 图像分类竞赛冠军，在 LeNet 的基础上继续推动神经网络成为图像分类问题的核心算法。

AlexNet 在 LeNet 的基础上将神经网络扩展到更深更宽的网络层次，与 LeNet 相比，它使用更多的卷积层和更大的参数空间来拟合更大规模的数据集，通过堆叠卷积层来进行图像特征提取，使用 Dropout 和数据增强思想抑制网络过拟合，并提出使用 Relu 替代 Sigmoid 作为激活函数。AlexNet 整体网络结构如图 5.24 所示。

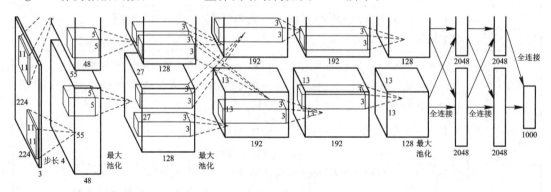

图 5.24　AlexNet 网络结构[63]

AlexNet 网络包含 5 个卷积层、3 个池化层以及 3 个全连接层。$C_1 \sim C_5$ 卷积层后全部使用 Relu 激活函数替代 Sigmoid 激活函数，以解决梯度消失问题并增加网络收敛速度，其中 C_1、C_2 及 C_5 使用 Relu 后还跟有 3×3 的池化层，池化层后使用局部响应归一化帮助泛化，网络最后连接了 3 个使用 Dropout 策略的全连接层产生最终输出。

③ VGG。被看作升级版 AlexNet 的 VGG 网络于 2014 年被提出[64]。相较于 AlexNet，VGG 网络层数更深、特征图更宽，使用连续的 2×2 小卷积核代替大卷积核，并对边缘进行填充，使卷积过程并不降低图像尺寸。除此之外，VGG 网络拥有更多的通道数，可促使提取更多信息。在测试阶段，训练中网络使用的三个全连接层被替换为三个卷积，消除全连接限制后测试中可以接受任意尺寸的图像输入，具有更高的灵活性。

VGG 系列模型包含 VGG11、VGG13、VGG16 和 VGG19，它们分别表示网络层数为 11 层、13 层、16 层和 19 层的 VGG 网络。图 5.25 所示 VGG13 的网络结构中包含 13 个卷

积核为 3×3、步长为 1 的卷积层，卷积层间穿插 5 个大小为 2×2、步长为 2 的最大池化层，在最后一个最大池化层前连接有 3 个全连接层，全部卷积层和全连接层后都使用 Relu 作为激活函数。VGG 更深层次的网络结构使模型表达能力更强，学习更高效。

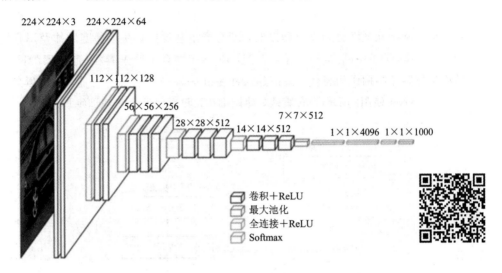

图 5.25　VGG 网络结构[64]

④ Inception。Inception 系列神经网络由 Inception V1、Inception V2、Inception V3 和 Inception V4 构成，是由 Google 提出用于解决增加网络深度的同时提升模型分类性能问题，并且在保证分类网络准确率的同时降低开销[65]。在图像分类任务中，卷积层中卷积核的大小会对最终网络性能产生很大的影响，较大的卷积核更关注全局特征，而较小的卷积核可以提取更细节的特征，为了更全面地进行特征提取，神经网络往往需要不同大小的卷积核。在 Inception 网络中，可以做到在同一层中使用不同大小的卷积核进行特征提取。

Inception 网络由多个 Inception 模块组合而成，Inception V1 中模块结构如图 5.26 所示，每个模块由 1×1 卷积、3×3 卷积、5×5 卷积和 3×3 的最大池化层构成。首先通过 1×1 卷积减少通道数以聚集信息，再进行不同尺度的特征提取，1×1 卷积即表示该部分用于降低通道数。得到多尺度信息后，将特征进行叠加进行输出。需要注意，每次进行卷积操作后都需要使用 Relu 进行激活。Inception V2 和 V3 较 Inception V1 模块内部相关性更高，子

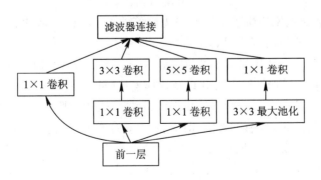

图 5.26　Inception V1 中的模块结构[65]

特征间更独立，也使网络收敛速度更快，此外，V2 和 V3 通过压缩特征维度数，可以达到减少计算量的目的。在 Inception V4 中，通过减少模块复杂性使模块性能更加一致，允许用户通过添加更多性能一致的模块来提高网络性能。

⑤ ResNet。ResNet 在 2014 年被提出以前[66]，卷积神经网络通常将一系列卷积层与池化层堆叠，但当网络深度堆叠到一定程度时，就可能出现梯度消失、梯度爆炸及退化问题。图 5.27 展示了 ResNet 的网络结构，可以看到，ResNet 抛弃了原先卷积-池化层的网络层次堆叠，转而使用残差结构作为替代，使搭建层次更深的神经网络成为可能。除此以外，ResNet 抛弃了自 AlexNet 使用的 Dropout 策略，使用 Batch 归一化处理实现训练加速。

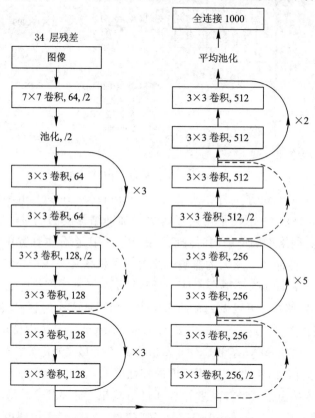

图 5.27　ResNet 网络结构[66]

ResNet 通过将深层网络中若干层部署为恒等映射，将模型退化为浅层网络以消除退化问题的影响。基于此可将网络设计为学习残差函数 $F(x)=H(x)-x$，当 $F(X)=0$ 时即构成恒等映射。残差块结构如图 5.28 所示，它具有恒等映射（Identity Mapping）与残差映射（Residual Mapping）两种映射方式以及快捷连接（Shortcut Connection）的连接方式。

当网络可以继续进行优化时，选择使用残差映射方式实现 $H(x)=F(x)+x$；当网络达到最优时，选择使用恒等映射方式，即 $F(x)=0$ 且 $H(x)=x$。这种根据网络状态选择映射的方法在理论上可以保持网络处于最优状态，性能不受网络深度增加的影响。映射间的 Shortcut Connection 方式同样分成两种情况（见图 5.29）：实线表示 Shortcut 同维度映射，输出为 $F(x)+x$；虚线表示 Shortcut 不同维度映射，需要对 x 执行线性映射来匹配维度，则输出为 $F(x)+W*x$。

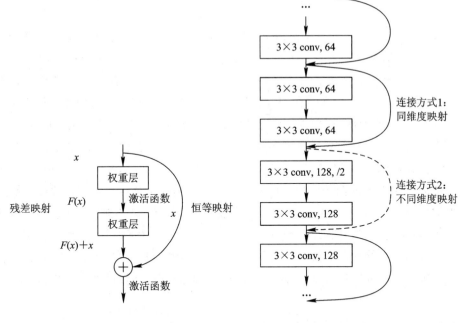

图 5.28　残差块结构图　　　图 5.29　两种 Shortcut Connection 方式

ResNet 通过直接将输入信息输出来保护信息的完整性，且整个网络只需学习输入、输出差，大大简化了学习难度，同时利用残差块特性有效降低了退化问题的影响，基于这些优势，ResNet 被广泛应用于图像分类任务。

2）端到端攻击

上文介绍的分步破解方法虽然能够成功破解文本验证码，但是其步骤相对烦琐，且每一步的结果会直接影响下一步的效果，导致最终整体的破解成功率非常不稳定。因此，能否对单张验证码所有文本进行一次性端到端识别，成为了新的讨论焦点。RNN(Recurrent Neural Network，循环神经网络)和注意力机制的提出，解决了这个问题。研究者发现，传统的 CNN(卷积神经网络)虽然无法对多个字符同步识别，但是引入长短期记忆(Long Short Term Memory，LSTM)、RNN 之后的深度神经网络，能够对字符序列进行时序处理，从而达到完整识别的目的。近些年，端到端破解方法逐渐成为主流趋势，使用 CRNN、注意力机制网络等均实现了一步识别破解。相比于分布破解，端到端整体破解方法对识别网络要求更高，需要模型具备可同时识别多个字符的网络结构，但同时一步破解方法更加易操作高效，不受分割的影响，更为省力。虽然部分端到端识别网络仍需要对图像进行简单的预处理，但是去除细节处理和分割的烦琐操作后，还是具有操作简单的优势。

主流的一步破解方法包括以下三种：第一种方法将卷积神经网络(CNN)和循环神经网络(RNN)相结合，首先使用卷积神经网络进行验证码图像的特征提取工作，其次使用循环神经网络的不同存储单元连接文本序列，计算每个字符的权重，这种方法以 CRNN 作为代表；第二种以 ATTN 为代表的基于注意力机制的解码器也可以用来实现文本验证码一步破解工作，它依赖于循环神经网络在特征序列上产生注意力向量，然后按顺序对每个字符进行分类，以实现从特征提取到分类的一步破解；第三种方法结合实例分割的深度对象检测网络来处理基于文本的验证码破解工作，如 Faster RCNN 网络，该方法通过检测网络输出的物体边界框和分类标签学习物体定位和分类,测试时即可完成字符从定位到分类的一步破解。

(1) CRNN。除可以实现一步破解外,CRNN 还考虑到自然场景下文本形式变化、光照、遮挡等因素;同时它不需要人工对字符进行逐个标注,可以以序列标注的方式进行训练,大大降低了工作量;此外,CRNN 使用双向 LSTM 循环网络进行时序训练,并引入 CTC 损失函数来实现端到端变长序列数据处理,是当前文本识别领域的最优模型之一[67]。

CRNN 网络结构如图 5.30 所示,自底向上依次分为 CNN 卷积层、RNN 循环层、CTC 转录层。卷积层负责从输入图像中提取特征序列,它由卷积神经网络中常用结构卷积层-最大池化层组合而成,整体结构类似 VGG 模型,与普通 CNN 网络不同的是,CRNN 进行特征提取前会先输入图像缩放至同一高度,同时图像宽度维持不变。循环层预测从卷积层获得的特征序列的标签分布,它由一个深度双向 LSTM 循环神经网络构成,循环层中使用反向传播算法传递误差,将其转换为特征序列,再将特征序列反馈到卷积层中,以解决梯度消失和梯度爆炸问题。转录层负责将 LSTM 预测的特征序列所有可能结果进行整合,最终将标签分布通过 CTC 进行去空格、去重、对齐等操作转换为识别结果。

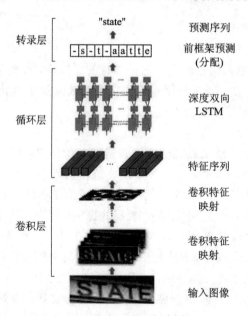

图 5.30 CRNN 网络结构[67]

(2) 注意力机制。随着图像分辨率的升高,神经网络处理图像在执行分类任务时的计算量呈线性增长。借鉴人类处理图像时利用直觉注意力把握重点信息的思路,深度学习中提出了提取关键信息并联合构建整体信息的 Attention 机制。

2017 年,Wojna 等人提出将基于注意力机制的网络应用于端到端手写字符识别[68],实验表明该网络在字符识别中可以取得较高的准确率。该模型结构如图 5.31 所示,首先使用 CNN 处理多个视图并进行特征提取工作,然后将提取结果连接到一个大的特征图中,接着使用以寻找图像中任务相关区域进行处理的空间注意力机制加权创建固定大小的特征向量,并将其传递给 RNN 进行标签分布预测。

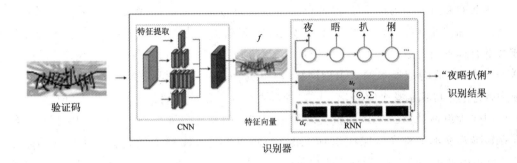

图 5.31　Attention 机制应用于文本验证码一步破解模型

（3）Mask R-CNN。在多步攻击中已经介绍过目标检测网络可以检测字符位置，实现字符分割。更进一步，目标检测网络可以直接实现端到端不定长文本验证码识别。上文介绍过进行文本验证码攻击时适合使用精确度更高的 two stage 目标检测网络，Mask R-CNN[69]与其他 two stage 目标检测网络不同，它增加了用于提高分类精度的 Mask 分支，根据分类得到的物体种类选择 Mask 产生二值掩模，最终分类取决于掩模预测。这样避免了类间竞争，达到了比其他目标检测网络更高的精确度。

Nian 等人[60]提出基于 Mask R-CNN 目标检测网络以实现文本验证码一步破解。破解系统包含图 5.32 所示的 3 个模块：特征提取模块、字符识别定位模块、坐标排序模块。特征提取模块使用 ResNet50 组合特征金字塔网络 FPN 对输入验证码图片进行特征图提取工作，字符定位识别模块使用目标检测技术检测文本验证码中的字符位置并进行字符识别。经过上述两个模块，可以得到验证码图片中全部字符的分类信息和坐标，但识别出的字符序列是随机的。通常，在验证码识别任务中，要求用户以正确的顺序输入图片中展示的字符序列。坐标排序模块对识别出的字符文本按照字符在验证码图片中出现的位置进行排序，完成验证码破解。3 个模块串行工作，环环相扣。

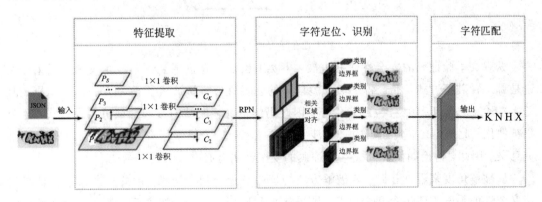

图 5.32　使用 Mask R-CNN 端到端文本验证码破解[60]

（4）迁移学习。基于深度学习的方法虽然高效，但是由于深度识别模型需要大量样本集来完成训练，而在现实情况中，受到网页多方限制，收集真实样本并非易事，且对收集到的数据进行标签标注也需要耗费人力成本。因此，如何解决模型对样本的需求从而真正提高破解效率成为了新的破解瓶颈。迁移学习的应用有效解决了这个难题。

2020 年提出的基于迁移学习进行文本验证码破解方法[15]，有效降低了验证码破解的复杂性和标记样本的成本。如图 5.33 所示，该破解方法由三个部分组成：首先完全随机生成大量有标签的合成样本，该合成样本无需任何特殊设计，且与目标识别网络无关；完成样本生成后，将合成样本输入识别网络进行预训练，预训练得到的模型作为下一步的基础模型，为了直接识别整个字符串，可以使用由 CNN 和长短期记忆模型（LSTM）组成的组合模型作为识别引擎，CNN 负责提取验证码图像的特征向量，LSTM 将 CNN 提取的特征向量转换为文本字符串以完成识别；最后，使用少量真实样本微调上一步生成的基础模型，更新模型中与真实验证码特征相对应的参数。进行文本验证码破解测试时，只需要将真实样本输入微调后的模型即可完成识别。迁移学习不仅适用于针对文本验证码的一步破解方法，同样可以在多步破解利用分类模型进行字符识别阶段使用。

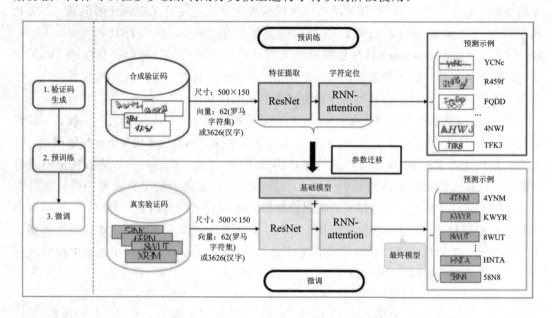

图 5.33　基于迁移学习的文本验证码破解[15]

纵观文本验证码的安全性研究进展，事实上也是计算机视觉识别技术发展的折射。无论是哪一种破解方式，都宣告了文本验证码的脆弱性，即易被机器学习方法自动识别。但是文本验证码易于部署且生成代价小，因此仍然是许多网站的首选拦截机器人方式，至今仍被使用。此外，文本验证码的研究涉及多项技术，对于科学研究本身来说，具有理论研究意义。因此，讨论如何提高文本验证码的安全性仍有必要。

从破解角度来看，由于一般破解方法的核心在于分割和识别，因此早期文本验证码提高安全性的手段主要包含两个角度，即反分割和反识别策略。如表 5.2 所示，通常通过向文本验证码中加入复杂背景、噪声、噪线、字符扭曲、多种颜色、多样字体、扩展字符集等方式来提高破解难度。但随着深度学习技术的发展，这些防御手段均可以被深度学习方法所替代，不再有效。

而后，研究者们尝试将目光转移到其他技术，尝试结合其他策略来提升文本验证码安全性。对抗样本是 2014 年提出的新发现，通过对深度学习数据增加人眼不可见的扰动来愚弄模型使其做出错误判断。验证码设计者利用其愚弄识别模型的特点，向文本验证码中加入对抗噪声来抵御深度学习识别攻击。然而这种方法只能抵御白盒模型，对于黑盒模型的攻击仍然具有脆弱性，目前尚未推广使用。此外，如图 5.34 所示，设计者也尝试通过增加鼠标轨迹检测和人类行为检测来提升其安全性，但这些手段仍然存在理论风险未被解决，且需要考虑实际部署难度，尚且在理论阶段，因此未被推广使用。

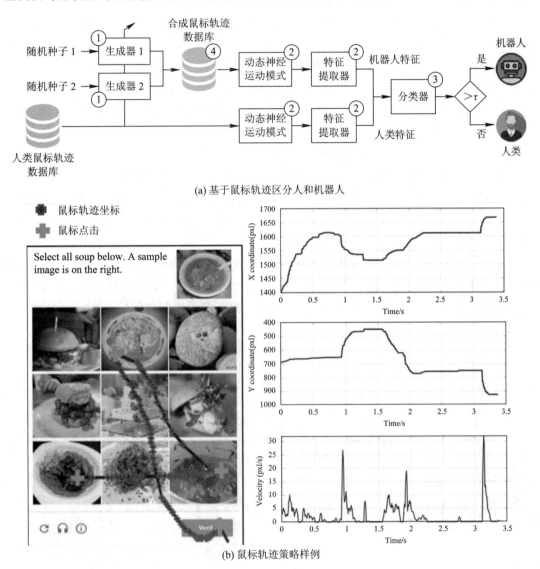

(a) 基于鼠标轨迹区分人和机器人

(b) 鼠标轨迹策略样例

图 5.34　人类鼠标轨迹策略

文本验证码是最早被提出的验证码机制，经过了大量的研究和反复验证，虽然其已经多次被证实存在脆弱性且易被深度学习识别方法攻破，但由于其部署简单、生成成本低廉，是最便捷有效的认证方式，故而依然被许多线上网站使用。虽然文本验证码的安全性尚不确定，但其可用性经过了多年的测试已经被用户完全接受，因此仍然存在研究价值和实用价值，仍然值得未来进一步的研究探索。

2. 视觉验证码的安全性

与文本验证码不同，基于图像的验证码设计的算法和技术具有图像处理和计算机视觉任务的特点，相比于文字识别，图像所包含的信息更加丰富，呈现的形式也更加多样。具体的任务主要取决于测试的目的，而不再只是简单地对一种内容进行识别。在上一节中已经介绍和描述了不同类型的基于图像的验证码，它们具有不同的特征，如人脸识别验证码要求分辨人脸信息，谷歌的 reCAPTCHA 则要求识别指定目标，12306 验证码也是典型的图像验证码代表。事实上，无论是哪种形式的图像验证码，对于自动破解器来说，其任务都是先理解验证码测试内容，再识别验证码图像。随着计算机视觉技术的发展，针对图像验证码的攻击也层出不穷，这些攻击的特点是应用机器视觉和模式识别方法自动破解验证码，取得了不错的攻击效果。下面将围绕 5.2.3 节总结出的四类基于图像的验证码破解方法进行介绍。

1) 针对基于物体分类的图像验证码破解

基于物体分类的图像验证码通常向用户给出一系列图像，要求用户根据提示选出包含对应物体的图像以通过测试。实现这类验证码的破解面临三个问题：验证码提示语句和图像标签都难以直接运用到监督学习中；没有预训练的深度卷积神经网络可用于提示语句和图像的识别；需要实现高效、实时的验证码破解。

针对以上问题，文献[70]提出了一种使用大型图来学习图像中物体的联系，以实现物体分类图像验证码的无监督学习破解，如图 5.35 所示。破解主要分为四个步骤：① 学习提示语句的潜在表征；② 图像聚集；③ 标记传播；④ 选择最终答案图像。

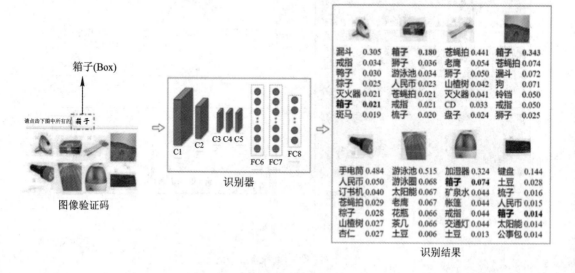

图 5.35　物体分类图像验证码的无监督学习破解流程

为了降低被破解的可能，一般情况下基于物体分类的图像验证码除对候选图像进行加工处理外，还会对提示语句进行处理，以降低机器识别提示语句及关键词的可能，如图 5.36 所示，12306 图像验证码对提示语句中关键词进行了随机扭曲处理。该类噪声引入了沿垂直轴和水平轴的波状失真组合，此外，关键词图像中引入了随机 ASCII 字符作为附加干扰，因此无法简单地使用已有的预训练模型进行识别。文献[70]提出训练一个 LeNet-5 DCNN 模型，将提示短语聚集在"潜在空间"内。首先创造与扭曲关键词类似的合成样本，样本中同样添加随机的波状失真组合及 ASCII 字符作为干扰，用合成数据训练 DCNN 网络，学习如何去除关键词中的随机扭曲。接着使用少量人工标记的真实关键词样本对模型进行微调，在潜在空间中实现提示短语的聚集。

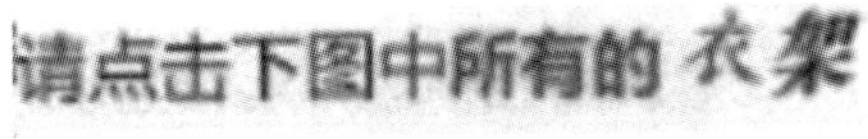

图 5.36　12306 图像验证码提示语句

接下来实现候选图像聚集。由于从真实验证码网站中收集的候选验证码图像缺乏标签，在文本验证码破解中常使用人工方法对图像进行标注，而基于图像的验证码存在图像主体物类别数量大、图像质量差的特点，难以将预训练模型和有监督学习应用于此类图像分类，在针对基于图像的验证码破解中可以使用聚类方法解决这一问题。因此，使用感知哈希技术来识别重复图像并创建每个图像紧凑的哈希表示：首先，对于每个图像，提取 RGB 通道获得 3 幅 RGB 单色图像，再对抽离出的图像进行下采样以生成 8×8 的简化表示；然后，对 64 个像素值进行归一化操作，生成二进制像素值图像；最后，将 3 个通道下的 64 像素值图像进行合并，得到由 192 位矢量表示的紧凑图像。上述简化处理可以有效压缩数据集大小。接下来，使用公式(5.5)计算两个图像间的相似度。其中 f_i 是将图像 i 输入 CaffeNet 得到 FC7 层的稀疏特征向量，c_{ij} 代表图像 i 和 j 共同出现的次数，$g(x)$ 是用于调整 c_{ij} 的重新缩放函数。由于同一类物体可能会在相关验证码中同时出现，而不相关的图像则随机显示，因此通过相似性度量将图像特征表示与两图像共同出现情况相结合的方法十分有效。利用获得的相似性度量结果，可以将验证码提示语中的关键字和验证码图像构造为关系图，从而实现图像聚类。

$$\mathrm{sim}(i, j) = \left(\frac{f_i \cdot f_j}{|f_i| \cdot |f_j|}\right) \cdot g(c_{ij}) \tag{5.5}$$

下一步，可以通过标记传播将从提示短语聚类中获得的知识与图像相似流图结合在一起，更新图像相似流图中未标记顶点的信息，并使用其邻居分布的加权平均值来更新分布，重复这个过程直到分布收敛。

最后，进行答案图像选择。对于某一个验证码，算法将会呈现验证码提示短语对应的图像子集。首先使用每一个候选图像的感知哈希来查找图像中的相应顶点，然后从潜在表示中选择最大置信度与提示短语匹配的那些图像，选择标准有以下两个：① 选择最大置信度与提示短语匹配且大于阈值的图像，图像选择数量可以大于 1；② 如果通过前一规则未选择任何图像，则选择具有最大置信度的单个图像作为最终结果。

2) 针对基于细节感知的图像验证码破解

如图 5.37 所示，基于细节感知的验证码通常包含复杂的背景图像，需要用户根据提示仔细观察图像并提取细节信息，最终确定答案在图像中的位置以通过测试。由于基于细节感知的图像验证码形式多样，我们仅在此介绍针对当前应用较广泛的基于点击的细节感知图像验证码的破解工作。

图 5.37　基于点击的细节感知图像验证码

　　类似文本验证码中的点选验证码,基于点击的细节感知图像验证码包含关于小图标的提示和一个带有目标图表、干扰图标及复杂背景的验证码图像。为了通过测试,用户需要根据提示按顺序点击验证码图像中的小图标以通过测试。文献[71]提出,针对此类验证码的破解可以分为两个阶段:预处理和求解。如图 5.38 所示,预处理阶段使用目标定位网络,如利用 Mask R-CNN、Fast R-CNN 等定位前景物体,并对前景物体进行简单分类。接下来结合提示语及前景物体定位结果进行求解,首先抽取提示语中的小图标,使用分类模型对小图标进行分类,将提示语中的小图标分类结果与前景物体的目标定位结果进行匹配,选出目标前景物体。需要注意的是,此类验证码要求用户按照顺序点击图标,因此在选择前景物体时也应注意图标在提示语中出现的顺序。总的来说,基于点击的细节感知图像验证码类的攻击与点选文本验证码攻击步骤及使用网络基本相同,唯一的不同之处在于点选文本验证码以文本内容为主体,而细节感知图像验证码以几何形状或图标为主体。

验证码　　　　　　　　　　　　定位　　　　　　　　　　　　解决

图 5.38　二阶段破解基于点击的细节感知图像验证码

　　3) 针对基于视觉推理的图像验证码破解

　　视觉推理验证码向用户提供了包含几何物体及字母数字的验证码图片,要求用户根据提示进行空间、形状等推理,最终选出目标物体以通过测试。基于视觉推理的图像验证码依赖于人类对物体颜色、形状及对物体空间关系的推理能力设计,是图像验证码中较为新颖的验证码类型。然而,文献[28]中提出两种针对视觉推理验证码的破解方法,证明此类验证码也存在安全问题。

　　基于视觉推理的验证码可以使用模块化和端到端方法破解。如图 5.39 所示,模块化方法分别从验证码提示语句和验证码图像出发,分为语义解析、物体检测、物体分类、整合四个模块。语义解析模块负责推理完成任务所需的推理步骤,物体检测和分类模块定位前景对象并提取每个对象的颜色、形状、大小、位置等信息,整合模块参考语义解析模块得到的推理过程综合所有对象属性得到最终预测答案。

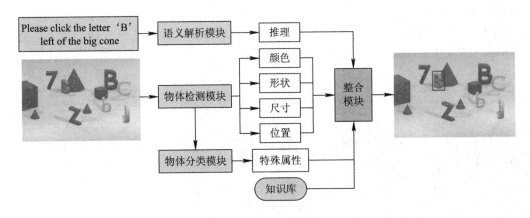

图 5.39　针对视觉推理验证码的模块化攻击[28]

　　语义解析模块将原始文本指令 q 作为其输入，并输出相应的推理过程 p。本质上，原始文本指令到推理程序的转换即从序列到序列的转换任务，可以采用文献[72]提出的程序生成网络实现这一目标。该程序生成网络分为编码器和解码器两部分，编码器将原始文本指令作为输入并提取其语义特征，解码器利用语义特征预测对应程序。编码器和解码器均采用两层长短期存储器框架作为其核心结构。由于视觉推理验证码图像通常背景干净、前景物体区分清晰，因此检测模块可以使用简单快速的目标检测网络 R-CNN，除定位每一个前景物体的位置外，检测网络还可以同时执行简单分类任务，如预测前景物体颜色、大小、形状等。检测模块检测出前景物体位置及简单属性后，从原始图像中裁剪检测到的对象，将其发送到分类模块进行进一步分类。分类模块负责识别物体细微视觉属性，如缺口、旋转、倾斜方向和字符内容等，SENet 凭借其计算通道间的相互依赖性，可自适应地校准信道特征响应，从而大大增强模型的表达能力和分类精度，可完美适用于针对视觉推理验证码攻击的细节分类。除利用上述模块分解指令并分类验证码图像前景物体外，还需要整合模块在对象和验证码提示语句的抽象属性间建立相互映射，并根据语义解析模块得到的推理程序进行对象推理，最终确定目标对象及其位置。

　　上述模块化攻击虽然可以以超过 80% 的攻击成功率实现对大多数视觉推理验证码的攻击，然而模块化方法需要逐模块分步进行，整体攻击时间较长，效率较低，接下来介绍的端到端攻击方法可以实现对视觉推理验证码的一步攻击。基于视觉推理的验证码与传统视觉推理任务略有不同，视觉推理验证码需要推理检测最终实现物体定位，而传统视觉推理要求给出文本答案。基于这些区别，可以对文献[73]中提出的面向视觉推理的 MAC 模型进行改进，以使它满足视觉推理验证码的破解需求。图 5.40 描述了模型整体框架，模型主要包含输入模块、推理模块和输出模块。输入模块可以实现针对提示语句的语义特征提取和针对图像的全局视觉特征提取。对于语义特征提取器，可采用 BiLSTM 网络处理文本指令的单词嵌入，最终获得整个文本指令的全局语义特征向量。为了提取全局视觉特征向量，可以使用允许更大批量和更快训练速度的 ResNet-50 实现。推理模块是模型的核心，它由一系列具有循环结构的基本推理单元组成。推理单元遵循 MAC 单元工作原理，不同的是改进后的 MAC 结构与原 MAC 相比缺少写入单元。写入单元的中间结果表示推理过程的当前信息，由于传统视觉推理任务中的模型需要输出物体的文本描述，而面向验证码的视觉推理要求预测答案对象的坐标信息，因此，直接使用来自存储单元的存储状态而非写入单元的输出来预测最终输出更为合理。输出模块接收全局文本表示和最终存储器状态作为输入，将两个输入连接并通过由 ReLU 层和 SoftMax 层连接组成的分类器，通过 SoftMax 层进行归一化后，得分最高的网格单元即为模型的最终预测结果。

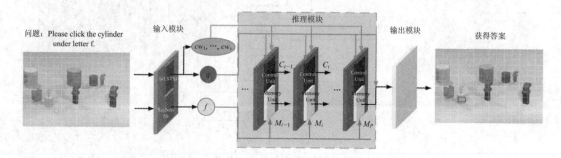

图 5.40   针对视觉推理验证码的端到端攻击模型[28]

4）针对基于语义提取的图像验证码破解

基于语义提取的图像验证码依靠人类对视频的处理理解能力设计。当前计算机视觉领域可实现对图像的语义提取，而视频是包含多模态的富媒体，一段视频不仅包含帧画面的图像模态，还包含多帧画面组成的运动模态、声音模态等，多种模态相互配合提供完整信息。想要实现视频语义理解，就需要理解所有模态。

2019 年文献[74]提出一种多模态语义注意网络（MSAN），使用编码-解码器框架实现了视频的语义提取。如图 5.41 所示，在编码阶段，通过将多模态语义属性描述为多标签分类问题来检测和生成多模态语义特征。此外，将辅助分类损失添加到模型中，以获得更有效的视觉特征和高级多模态语义属性分布，从而充分进行视频编码。在解码阶段，将传统 LSTM 的每个权重矩阵扩展为属性相关权重矩阵的集合，并采用注意机制在视频过程的每

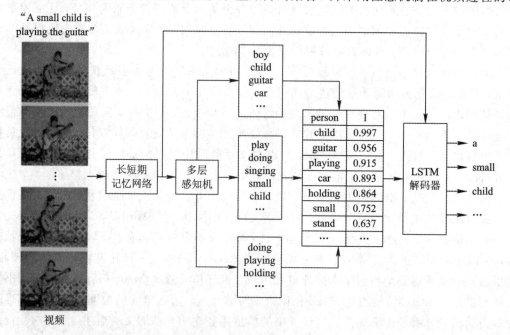

图 5.41   视频语义提取

个时间段内关注不同的属性。最终从不同模态关键词中抽取整体关键词，组成针对视频的文本描述。由于基于语义提取的图像验证码并不要求用户输入完整句子对视频进行描述，仅需要用户以词汇为单位进行选择或文本输入，因此将视频语义提取网络应用于语义提取图像验证码破解时，可以直接从整体关键词中筛选置信度和关联性最高的关键词，或与验证码选项中提示关键词与网络输出关键词进行比对，选择出相关性最高的选项以实现攻击。

当前，面向语义提取图像验证码的攻击研究较少，但随着视频描述、多模态机器学习领域的发展，相信多模态技术将切实应用于语义提取图像验证码破解工作中，并取得更好的攻击效果。

基于以上介绍，如何基于现有攻击总结特点，进而增加难度来提升图像验证码的安全性，成为图像验证码设计的新课题。然而，如何将模式识别任务成功应用于一个非常大的领域的图像集合，并且使背景、颜色和几何变换方面的复杂度不断增加，仍然是一个挑战。视觉概念检测是由自动化程序执行的最典型的任务之一。尽管在计算机视觉领域取得了显著的进步，但自动程序在成功解决这一任务方面的能力仍低于人类。利用图像相似性算法对一组图像进行比较，进而实现攻击，这是典型的针对图像验证码的攻击方法，它被要求在图像集合中识别属于给定类别的特定图像。攻击需要收集测试显示的大量图像并对其进行分类，每次对一个新验证码测试进行图像识别时，将验证码测试中展示的新图像与已被分类图像逐个进行匹配，直到找到对应的图像后确定分类。

基于上述问题，设计一个可靠的基于图像的验证码技术的切入点是图像的颜色和几何变换，如局部缩放、旋转、翻转、可控扭曲和适当形变等。然而事实上，这种图像变换在一定程度上能够增加安全性的同时，也会影响用户操作并延长反应时间，进而降低可用性。在图像验证码中，使用对抗样本增加用户不可见扰动也是思路之一，但与文本验证码一样，该方法面临无法有效抵御黑盒模型攻击的问题，仍需进一步提升对抗扰动的迁移性。图像识别任务也可以和其他诸如行为检测、3D 场景、逻辑推理、视频动态处理、图 5.42 所示的基于传感器检测等任务结合，从而形成新的验证形式来降低其被破解的可能性并提高安全性，如新型 3D 验证码、视频验证码等，都离不开视觉任务的支撑。然而这些形式的验证方式，需要用户花费一定的时间去理解任务要求，且操作较为复杂，在实际操作和部署中受到诸多限制，仍需要进一步探索与研究。

事实上，视觉验证码是用户最容易接受的验证形式之一，它的安全性相对文本验证码更高，但其往往任务更复杂，部署更困难，与多种任务交叉并行时，具有较多限制，因此实用性低于文本验证码。鉴于视觉验证码具有更大的探索空间和设计可能性，或许是未来验证码的主流趋势之一。

3. 音频验证码的安全性

音频验证码的诞生是为了服务视障用户。

音频任务的特点在于对音频内容的识别，故音频验证码的安全性离不开音频识别技术。对于音频内容识别型的验证码来说，自动破解思路一般是采用音频识别技术对播放的音频内容进行识别，随着引入深度学习作为音频自动识别的底层模块后，音频识别技术逐渐成熟，破解音频验证码变得不再困难，这意味着此类验证码并不可靠。其次，对于语音输入型验证码来说（要求用户发声），随着语音合成技术的发展，机器根据文本内容生成对

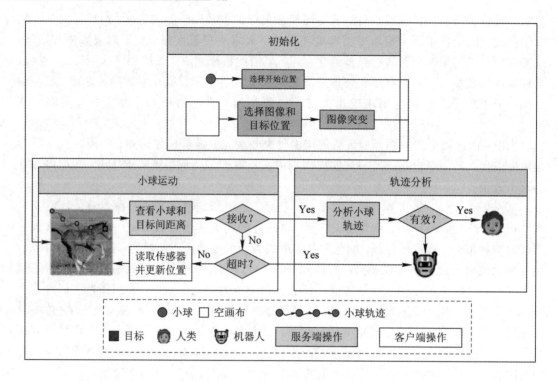

图 5.42　基于传感器图像验证码设计

应的音频任务也不再具有挑战性。

自动语音识别是一种允许机器识别人类语音语义的技术,当前各个平台都有大量的自动语音识别(ASR)系统。如图 5.43 所示,典型的传统自动语音识别系统主要包含基于预训练的模型的特征提取和解码两个部分。

图 5.43　自动语音识别系统的体系结构

传统 ASR 系统处理过程为:原始音频经过放大和滤波之后,需要经过特征提取,来提取其中的声学特征,其中常见的特征提取算法包括 Mel 频率倒谱系数(MFCC)、线性预测系数(LPC)和感知线性预测(PLP)等;随后使用高斯混合模型(GMM)来分析声学特征,将声学特征与声学模型进行匹配,获得音素的似然概率;最后经过语言模型来得到最后的语音转录结果。

同时,随着深度学习技术用于语音识别系统,深度学习技术依托大规模的数据集,使用连接时序分类(CTC)损失函数[75]直接获取字符,而不像传统方法需要利用音素序列。CTC 使用序列对序列的神经网络将文本转录与输入语音对齐。传统语音识别系统涉及许多工程处理阶段,需要训练隐马尔可夫模型(HMM)或者高斯混合模型(GMM),来强制对齐最终声学模型运行单元,而 CTC 可以通过深度学习取代这些中间处理阶段。端对端 ASR 系统架构始终包括对应于声学模型的编码器网络和对应于语言模型的解码器网络,其中常见的 DeepSpeech[76]和 Wav2Letter[77]是流行的开源端对端语音识别系统。

端到端深度学习方法用于识别多种语言，它使用神经网络来取代整个传统方法中的中间组件，可以处理多语言，包括处理嘈杂的环境和口语。这里详细介绍 DeepSpeech 系统的深度学习框架来实现端对端的语音识别。该系统的核心是一个递归神经网络(RNN)，如图 5.44 所示，它具有一个或多个卷积输入层、多个递归层、一个完全连接层以及 SoftMax 层，使用 CTC 损失函数对网络进行端对端训练，以此实现预测输入音频中的字符序列。

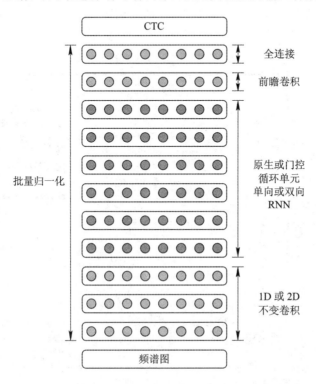

图 5.44　英语和普通话语音中使用的深度 RNN 架构[76]

由于 RNN 不能直接用于序列标记，而又需要对训练序列中的每个点分别定义标准神经网络目标函数，因此必须对训练数据进行预分割，对网络输出进行后处理，再给出最终的标签序列。而 CTC 可以用于递归神经网络来标记未分段的序列数据，消除了上面提到的对训练数据进行预分段和处理输出的需要，能够在单个网络架构中对序列的所有方面进行建模。其基本思想是将网络输出解释为所有可能标签序列上的概率分布，以给定的输入序列为条件，给定分布后，导出一个目标函数，直接最大化正确标签的概率，而因为这个目标函数是可微的，可以通过时间标准的反向传播来对网络进行训练，所以能够实现端对端的语音识别。

然而，尽管音频验证码越来越复杂，但是依旧受到了程序威胁的挑战，音频验证码在上面提到的自动语音识别 ASR 系统下并不安全。已有的研究提出很多传统机器学习 ASR 方法，如支持向量机和 K 近邻算法，包括近些年来发展的深度学习带来的很多端对端的 ASR 方法都可以实现对音频验证码的攻击，并保持很高的攻击测试成功率，这些不断发展的技术一次次给音频验证码安全性带来新的挑战。

研究者[78]提出了一种基于深度学习的离线 OTS 语音识别方法来攻击大部分的音频验证码。他们设计了一种自动 AudioBreaker 模型来进行攻击，如图 5.45 所示，攻击模型针对大量不同的音频验证码服务，且保证都具有较高的有效性，选择对模型进行模块化设计，这样对音频验证码种类和不同的语音识别 API 扩充提供了相当大的灵活性。攻击主要包括三个部分：第一个部分负责浏览器自动化，处理所有与浏览器相关的操作，包括爬取网页、提取音频验证码、下载音频等操作，并且避免被验证码服务当中的机器人检测到；第二个部分是将音频记录传递到语音识别服务所进行的一系列必要的预处理和配置操作；第三个部分是进行音频转录后的文本后处理，准备将转录文本提交给语音验证码服务。

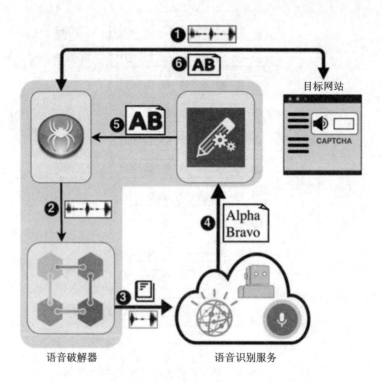

图 5.45　语音验证码破解流程[78]

具体的攻击流程如下：

（1）系统访问提供音频验证码功能的网页，识别页面内的验证码元素之后，提取并下载其中的音频；

（2）将音频文件传递到预处理组件，将音频中的无关信息删除，并将音频转换为要求的音频格式，再传输到针对特定此种类音频效果最佳的自动语音识别服务中；

（3）将音频文件和配置文件一起上传到对应的语音识别 API 进行处理和转录；

（4）将从语音识别 API 中转录得到的音频质询结果传递到后处理组件，根据规则处理转录，得到最终解决方案；

（5）将结果传输到浏览器自动化处理模块，模仿用户行为来规避机器人检查，最终完成验证码。

此端对端的攻击方法在相当数量的语音验证码上取得了较高的破解成功率，也说明语音验证码的安全性并没有像大家预期的那样高。因此当前端对端的攻击方法给语音验证码的安全性带来了非常大的考验，如何提升语音验证码的安全性成为了验证码领域需要探索的问题。

根据以上介绍，提高语音验证码的安全性迫在眉睫，防御方法一般可从语音验证码的不同种类角度展开。对于音频播放型验证码，提高播放内容自动识别的难度便成为了大家关注的首要问题，如图 5.46 所示，可以通过增加语音内容的多样性来增加自动识别的难度；而对于语音输入型验证码来说，如何检测区分合成语音和人声值得进一步探索。

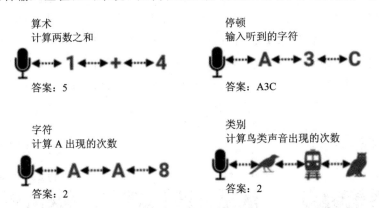

算术
计算两数之和
答案：5

停顿
输入听到的字符
答案：A3C

字符
计算 A 出现的次数
答案：2

类别
计算鸟类声音出现的次数
答案：2

图 5.46　新型语音验证码设计方向：多类型语音验证码

对于音频播放型验证码，如何提高播放内容的自动识别的难度成为了关键，但是，音频验证码更容易受到可用性和安全性的约束，随着机器学习技术的发展，机器在音频识别方面的表现将逐渐匹配人类水平，甚至更高。因此在音频验证码中添加额外的失真和噪声并不会带来很好的效果，主要原因体现在额外的噪声反而会给人类使用带来更多的不便性。因此添加的噪声如何能阻碍机器自动识别，而不影响到正常用户的使用成为了一个重要而关键的问题。而语音对抗样本的发现或许提供了一个新的可能，通过向音频中添加人类不可感知的扰动来降低模型自动识别的准确率是提高音频验证码安全性的一个方向。

对抗样本首次提出是在计算机视觉领域，用来误导机器学习网络产生错误的决策。同样地，对抗性样本也可以应用于语音识别领域[79]。在图像验证码中，加以运用对抗样本可以生成图像对抗验证码，而拓展到音频验证码，在验证音频当中加入人类难以察觉的对抗噪声即可生成音频对抗验证码。音频对抗验证码的生成框架思路是为原始的干净音频验证码生成对抗性噪声，将对抗性噪声添加到干净的音频验证码当中，获得的新音频验证码将导致目标 ASR 模型错误转录音频内容，可以使用这种音频对抗验证码来提高音频验证码的安全性。

虽然语音对抗验证码在安全性方面有着不错的表现，但同时也需要考虑可用性。目前的对抗验证码可以不影响用户正常感知原始的音频内容，但是增加参与训练的模型将会给对抗音频带来更多的可感知的噪声，因此未来在对抗音频验证码的可用性与安全性的权衡上有一定的研究价值。

对于语音输入型验证码来说，增加人声的声纹特性作为匹配内容之一，也是一个值得考虑的研究方向。但是随着语音合成技术的不断提升，声纹模仿或许也可能被攻破，因此如何添加更多人类特有的声纹特性来提升验证安全性，仍需进一步探索。

4. 其他验证码的安全性

由于目前关于行为验证码、游戏验证码、智能感知验证码等类型的验证码相关研究较少，因此我们将它们的安全性放在一起讨论。

针对行为验证码的安全性探讨关键在于人类用户的行为模式具有其特性和个体差异，且难以被机器所模仿。以谷歌的行为验证码为例，其通过收集用户操作网页时的后台数据来判断验证者是否为人类用户，但是该验证码并非无懈可击，有研究者通过强化学习自主学习的方式模拟人类行为，从而实现用程序通过验证。对于滑动拼图类的行为验证码，其底层应用的行为验证模式看起来更加简单。已有的工作[73]中使用的两阶段破解方法适用于大多数行为验证码破解：首先通过预处理进行定位，接下来模拟用户行为完成测试，具体过程如图 5.47 所示。基于此，行为验证码也并非看起来那般可靠，仍旧存在许多问题待解决，后台数据的收集和判断策略仍然有许多上升空间。

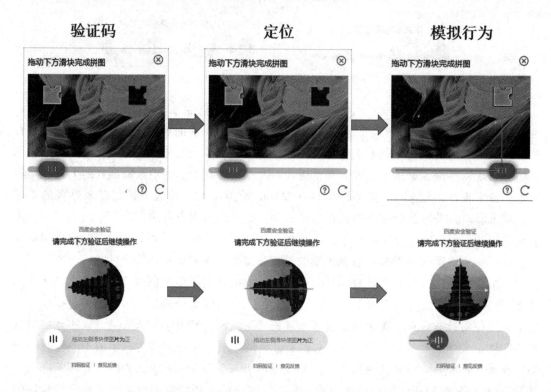

图 5.47　两阶段破解行为验证码

游戏验证码利用人类的推理能力和解决问题能力来构建安全屏障以区分人机，但考虑到用户可用性，一般不会使用过于复杂的问题，因此只需要对问题中的语义进行解析后再对视觉内容部分进行检测识别，结合人类行为模拟操作也可实现自动完成，如图 5.48 所示。Mohamed[34]提出可以利用随机猜测攻击、基于词典的全自动攻击、中继攻击等多种方法实现对游戏验证码的破解。实验表明，虽然游戏验证码对中继攻击具有一定抵抗力，但是这一类验证码易受到基于词典的自动攻击。游戏验证码的安全性与游戏的逻辑难度和操作难度息息相关，太难的逻辑和操作会提升安全性，但也会消耗用户测试时间，需要考虑额外的适应阶段和反应时间，且成本高昂，不利于部署；而过于简单的逻辑和呈现会使安全性得不到保障，更易被机器攻破，因此仍需要进一步研究。

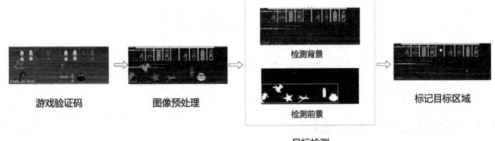

图 5.48　游戏验证码破解分析

智能感知验证码摒弃了传统验证码的可视化呈现方式和人机交互流程，其安全性完全依赖于网页后台的用户数据和多维度的环境信息，通过对这些数据建模、分析以区分人机，谷歌的 NOCAPTCHA 是这类验证码的典型代表。从理论上看，这类验证码具有较高的安全性，依赖后台数据和风险评估策略来保障系统不被机器人进入，更具备科学性。然而在实际中，这种验证方式高度依赖网页数据和风险评估建模方式，而这些后台数据并非绝对安全和不可操控的，虽然目前还没有相关破解工作表明这种验证方式可以被破解，但是该方向的研究仍然处于探索阶段，在实际应用中较为少见。

总的来说，文本、图像验证码的安全性已经被证明存在脆弱性，面临严峻考验，因此需要更多关注其进一步的改进和提升。语音验证码也已被证实能够被自动识别器攻破，不再安全。其他与图像结合的视频验证码、行为验证、游戏验证码等也随着计算机视觉的发展被逐渐证明并不安全；而其他新型验证码的安全性仍处于持续探索和发展阶段，有待进一步的研究和未来的证实。

5.2.5　验证码的未来发展方向和挑战

虽然近年来其他新型验证码不断出现，且看起来具备更高的安全性，但在现实生活中，验证码的应用分布还是呈现以文本、图像为主，语音等其他验证码为辅的局面。对于验证码的应用来说，需要考虑的往往不仅仅是安全性问题，还有可用性、部署难度、稳定性和平台兼容性等多方因素。文本验证码和图像验证码经过多年的探索和验证，符合多重要求，也是具有最多的理论研究和实践经验支撑、十分成熟的人机认证机制。但是目前的文本和图像验证码，均面临深度学习自动攻击的严峻挑战，如何寻找新的技术和其相融合从而抵抗现有深度学习技术的攻击，是文本和图像验证码未来发展的重要方向。

对于语音验证码，由于其受到使用场景的限制，在实际生活中并不常见，一般只用于网页中作为视觉障碍人群的辅助验证。声纹验证是未来的发展方向，然而语音验证码更大的挑战仍然在于使用场景限制问题。行为验证码、游戏验证码、推理验证码等其他验证码在实际场景中也并不常见，这些验证码虽然形式更加新颖，自动破解难度更大，但是它们更多受限于用户接受程度和实际部署难度，因此更多地考虑如何平衡可用性和安全性，降低操作复杂度，提高用户可接受心理，是未来发展的主要方向。

5.3 短信验证码

人机区分的另一主要形式为短信验证码，该验证方法随着手机通信的便捷发展而广泛普及。本节对短信验证码的相关概念以及特性展开介绍。

5.3.1 短信验证码的基本概念

短信验证码是一种利用手机端短信通信服务来完成用户身份认证的验证方式。其主要流程如图 5.49 所示，首先用户在操作页面确认发送短信验证码服务，系统通过给用户手机动态发送特定字符或数字验证码，随后通过校验用户的回答内容确定用户真实身份。短信验证是一种十分便捷的验证方式，用户只需要在手机上操作，就可以便捷快速地完成开通业务、支付款项等活动。

图 5.49　短信验证码服务流程图

5.3.2 短信验证码的特性

目前手机短信验证码已被广泛应用于各类移动应用、网站服务。不同于传统验证码，短信验证码不仅可以用来验证人类用户身份、拦截机器入侵系统，大多数短信验证还被用于修改密码、修改绑定邮箱等敏感操作中，来确保用户账号的正确性。此外，短信验证码还能实现无密码登录，即在掌握手机号码的前提下，也能让用户不输入账号而通过手机号发送短信验证码的形式直接登录，手机只要收到系统发送的验证码，就可以实现快速登录。

通过短信进行二次验证，是成本最低、最简单便捷的验证方式；此外，手机的普及也使得短信验证码最容易被用户广泛接受。通过运营商服务和个人手机号来确认用户身份，其目标针对性较强，安全性程度也相对更高。然而这并不意味着手机验证码是绝对安全的，一方面在使用手机的同时有可能泄露不必要的个人信息，导致手机号泄露；另一方面，恶意攻击者可能使用木马拦截短信验证码，盗用验证码，从而冒充用户完成登录，因此对手机环境要求较高。此外，在某些特殊情况下，如手机网络状况不好、信号差，或者发送短信服务停滞，无法正常接收短信验证码，也会给用户带来不便。由于需要通过企业网站接口发送到用户手机，短信验证码面临的另一种安全隐患即为短信轰炸，其中最典型的就是黑产利用企业的短信验证接口进行短信轰炸。一个强大的短信轰炸机能做到每秒发送上百条短信，从而获取非法利益。

参 考 文 献

[1] TURING A M. Computing machinery and intelligence [M]//Parsing the turing test. Springer, Dordrecht, 2009：23-65.

[2] MCCARTHY J. What has AI in Common with Philosophy? [C]//IJCAI. ,1995：2041-2044.

[3] PREECE J, ROGERS Y, KELLER L, et al. human factors in computing [M]//Preece J (ed) A guide to usability. Addison-Wesley, Wokingham, 1993.

[4] HOPPER N. Security and complexity aspects of human interactive proofs[C]//First Workshop on Human Interactive Proofs (HIP), abstract available at http://www. aladdin. cs. cmu. edu/hips/events/abs/hopper_abstract. pdf. ,2002, 2.

[5] BASSO A, BERGADANO F. Anti-bot strategies based on human interactive proofs[M]//Handbook of Information and Communication Security. Springer, Berlin, Heidelberg, 2010：273-291.

[6] HOPPER N J, BLUM M. Secure human identification protocols[C]//International conference on the theory and application of cryptology and information security. Springer, Berlin, Heidelberg, 2001：52-66.

[7] ALAMRI E K, ALNAJIM A M, ALSUHIBANY S A. Investigation of Using CAPTCHA Keystroke Dynamics to Enhance the Prevention of Phishing Attacks[J]. Future Internet, 2022, 14(3)：82.

[8] DHAMIJA R, TYGAR J D. Phish and hips：Human interactive proofs to detect phishing attacks [C]//International Workshop on Human Interactive Proofs. Springer, Berlin, Heidelberg, 2005：127-141.

[9] AHN L, BLUM M, HOPPER N J, et al. CAPTCHA：Using hard AI problems for security[C]// International conference on the theory and applications of cryptographic techniques. Springer, Berlin, Heidelberg, 2003：294-311.

[10] University C M . The CAPTCHA Project[J], 2000.

[11] CHEW M, BAIRD H S. Baffletext：A human interactive proof[C]//Document Recognition and Retrieval X. SPIE, 2003, 5010：305-316.

[12] VON AHN L, MAURER B, MCMILLEN C, et al. Recaptcha：human-based character recognition via web security measures[J]. Science, 2008, 321(5895)：1465-1468.

[13] GAO H, TANG M, LIU Y, et al. Research on the security of microsoft's two-layer captcha[J]. IEEE Transactions on Information Forensics and Security, 2017, 12(7)：1671-1685.

[14] GEORGE D, LEHRACH W, KANSKY K, et al. A generative vision model that trains with high data efficiency and breaks text-based CAPTCHAs[J]. Science, 2017, 358(6368)：eaag2612.

[15] WANG P, GAO H, SHI Z, et al. Simple and easy：Transfer learning-based attacks to text CAPTCHA[J]. IEEE Access, 2020, 8：59044-59058.

[16] CHOW R, GOLLE P, JAKOBSSON M, et al. Making captchas clickable[C]//Proceedings of the 9th workshop on Mobile computing systems and applications, 2008：91-94.

[17] 网易易盾. 文字点选验证码体验. https://dun. 163. com/trial/picture-click.

[18] YE Q, CHEN Y, ZHU B. The robustness of a new 3D CAPTCHA[C]//2014 11th IAPR

International Workshop on Document Analysis Systems. IEEE，2014：319-323.

[19] KIM S，CHOI S. DotCHA：A 3D text-based scatter-type CAPTCHA[C]//International Conference on Web Engineering. Springer，Cham，2019：238-252.

[20] 小盾安全，3D文字点选验证码. https：//sec. xiaodun. com/onlineExperience/rotate3DTextSelection.

[21] ELSON J，DOUCEUR J R，HOWELL J，et al. Asirra：a CAPTCHA that exploits interest-aligned manual image categorization[J]. CCS，2007，7：366-374.

[22] Google. Google reCAPTCHA. https：//www. google. com/recaptcha/.

[23] GOSWAMI G，POWELL B M，VATSA M，et al. FR-CAPTCHA：CAPTCHA based on recognizing human faces[J]. PloS one，2014，9(4)：e91708.

[24] JIA X，XIAO J，WU C. TICS：text-image-based semantic CAPTCHA synthesis via multi-condition adversarial learning[J]. The Visual Computer，2022，38(3)：963-975.

[25] BAIRD H S，BENTLEY J L. Implicit captchas[C]//Document Recognition and Retrieval XII. SPIE，2005，5676：191-196.

[26] TANG M，GAO H，ZHANG Y，et al. Research on deep learning techniques in breaking text-based captchas and designing image-based captcha[J]. IEEE Transactions on Information Forensics and Security，2018，13(10)：2522-2537.

[27] 网易易盾. 图标点选验证码体验. https：//dun. 163. com/trial/icon-click.

[28] GAO Y，GAO H，LUO S，et al. Research on the Security of Visual Reasoning CAPTCHA[C]// 30th USENIX security symposium (USENIX security 21)，2021：3291-3308.

[29] 顶象. https：//www. dingxiang-inc. com/business/captcha.

[30] 网易易盾. 推理拼图验证码体验. https：//dun. 163. com/trial/inference.

[31] SHIRALI-SHAHREZA M，SHIRALI-SHAHREZA S. Motion captcha[C]//2008 Conference on Human System Interactions. IEEE，2008：1042-1044.

[32] KLUEVER K A，ZANIBBI R. Balancing usability and security in a video CAPTCHA[C]// Proceedings of the 5th Symposium on Usable Privacy and Security，2009：1-11.

[33] RAO K，SRI K，SAI G. A novel video CAPTCHA technique to prevent BOT attacks[J]. Procedia Computer Science，2016，85：236-240.

[34] MOHAMED M，SACHDEVA N，GEORGESCU M，et al. A three－way investigation of a game-captcha：automated attacks，relay attacks and usability[C]//Proceedings of the 9th ACM symposium on Information，computer and communications security，2014：195-206.

[35] Are you a human. http：//areyouahuman. com/

[36] SweetCaptcha. https：//www. sweetcaptcha. com/

[37] Dice CAPTCHA，2010. http：//dice-captcha. com/demo-dice-captcha. php

[38] GEETEST. https：//www. geetest. com/adaptive-captcha-demo

[39] 腾讯. 腾讯防水墙. https：//007. qq. com/online. html

[40] 数美. 智能验证码. https：//www. ishumei. com/trial/captcha. html

[41] 百度. 百度安全验证. https：//wappass. baidu. com/static/captcha/tuxing. html ak＝2ef521ec36290 baed33d66de9b16f625&backurl＝http％3A％2F％2Ftieba. baidu. com％2Ff％3Fkw％3D％25C1％ 25AC％25BB％25B4％25D1％25EF％25D5％25F2％25CC％25FA％25C2％25B7％26fr％3Dala0％ 26tpl％3D5％26dyTabStr％3DMCw2LDEsNCwzLDUsMiw3LDgsOQ％253D％253D&timestamp＝ 1636966854&signature＝a40e31edd78bde8c3c5665c080cd0730

[42] 网易易盾. 滑动拼图验证码体验. https：//dun. 163. com/trial/jigsaw

[43] GAO H，YAO D，LIU H，et al. A novel image based CAPTCHA using jigsaw puzzle[C]//2010

13th IEEE International Conference on Computational Science and Engineering. IEEE, 2010: 351-356.

[44] Capy Inc. Capy Puzzle CAPTCHA. https://www.capy.me/products/puzzle_captcha/

[45] ALI F A B H, KARIM F B. Development of CAPTCHA system based on puzzle[C]//2014 International Conference on Computer, Communications, and Control Technology (I4CT). IEEE, 2014: 426-428.

[46] CAPTCHA Garb. https://me.wordpress.org/plugins/captcha-garb/

[47] JINGXIA Y. Variation analysis-based public turing test to tell computers and humans apart: U. S. Patent 10,657,243[P]. 2020-5-19.

[48] MotionCAPTCHA v0.2, Stop Spam, Draw Shapes. http://www.josscrowcroft.com/demos/motioncaptcha/

[49] SZEGEDY C, ZAREMBA W, SUTSKEVER I, et al. Intriguing properties of neural networks[J]. arXiv preprint arXiv:1312.6199, 2013.

[50] OSADCHY M, HERNANDEZ-CASTRO J, GIBSON S, et al. No bot expects the DeepCAPTCHA! Introducing immutable adversarial examples, with applications to CAPTCHA generation[J]. IEEE Transactions on Information Forensics and Security, 2017, 12(11): 2640-2653.

[51] ZHANG Y, GAO H, PEI G, et al. Effect of adversarial examples on the robustness of CAPTCHA [C]//2018 International Conference on Cyber-Enabled Distributed Computing and Knowledge Discovery (CyberC). IEEE, 2018: 1-109.

[52] SHI C, XU X, JI S, et al. Adversarial captchas[J]. IEEE transactions on cybernetics, 2021.

[53] Sauvola J, Pietikänen M. Adaptive document image binarization[J]. Pattern recognition, 2000, 33 (2): 225-236.

[54] HARALICK R M, STERNBERG S R, Zhuang X. Image analysis using mathematical morphology [J]. IEEE transactions on pattern analysis and machine intelligence, 1987 (4): 532-550.

[55] YAN J, EL AHMAD A S. A Low-cost Attack on a Microsoft CAPTCHA[C]//Proceedings of the 15th ACM conference on Computer and communications security,2008: 543-554.

[56] LI C, CHEN X, WANG H, et al. End-to-end attack on text-based CAPTCHAs based on cycle-consistent generative adversarial network[J]. Neurocomputing, 2021, 433: 223-236.

[57] TANG M, GAO H, ZHANG Y, et al. Research on deep learning techniques in breaking text-based captchas and designing image-based captcha[J]. IEEE Transactions on Information Forensics and Security, 2018, 13(10): 2522-2537.

[58] HONGYAO D, XIULI S. License plate characters segmentation using projection and template matching[C]//2009 International Conference on Information Technology and Computer Science. IEEE, 2009, 1: 534-537.

[59] CONGEDO G, DIMAURO G, IMPEDOVO S, et al. Segmentation of numeric strings[C]// Proceedings of 3rd International Conference on Document Analysis and Recognition. IEEE, 1995, 2: 1038-1041.

[60] NIAN J, WANG P, GAO H, et al. A deep learning-based attack on text CAPTCHAs by using object detection techniques[J]. IET Information Security, 2022, 16(2): 97-110.

[61] WANG P, GAO H, GUO X, et al. An Experimental Investigation of Text-based CAPTCHA Attacks and Their Robustness[J]. ACM Computing Surveys (CSUR), 2022.

[62] LECUN Y, BOTTOU L, BENGIO Y, et al. Gradient-based learning applied to document recognition[J]. Proceedings of the IEEE, 1998, 86(11): 2278-2324.

［63］ KRIZHEVSKY A, SUTSKEVER I, HINTON G E. Imagenet classification with deep convolutional neural networks[J]. Communications of the ACM, 2017, 60(6): 84-90.

［64］ SIMONYAN K, ZISSERMAN A. Very deep convolutional networks for large-scale image recognition. arXiv preprint arXiv e-prints, 2014.

［65］ SZEGEDY C, LIU W, JIA Y, et al. Going deeper with convolutions[C]//Proceedings of the IEEE conference on computer vision and pattern recognition, 2015: 1-9.

［66］ HE K, ZHANG X, REN S, et al. Deep residual learning for image recognition[C]//Proceedings of the IEEE conference on computer vision and pattern recognition, 2016: 770-778.

［67］ SHI B, BAI X, YAO C. An end-to-end trainable neural network for image-based sequence recognition and its application to scene text recognition[J]. IEEE transactions on pattern analysis and machine intelligence, 2016, 39(11): 2298-2304.

［68］ WOJNA Z, GORBAN A N, LEE D S, et al. Attention-based extraction of structured information from street view imagery[C]//2017 14th IAPR International Conference on Document Analysis and Recognition (ICDAR). IEEE, 2017, 1: 844-850.

［69］ HE K, GKIOXARI G, DOLLáR P, et al. Mask r-cnn[C]//Proceedings of the IEEE international conference on computer vision, 2017: 2961-2969.

［70］ YA H, SUN H, HELT J, et al. Learning to associate words and images using a large-scale graph [C]//2017 14th Conference on Computer and Robot Vision (CRV). IEEE, 2017: 16-23.

［71］ ZHANG Y, GAO H, PEI G, et al. A survey of research on captcha designing and breaking techniques[C]//2019 18th IEEE International Conference On Trust, Security And Privacy In Computing And Communications/13th IEEE International Conference On Big Data Science And Engineering (TrustCom/BigDataSE). IEEE, 2019: 75-84.

［72］ JOHNSON J, HARIHARAN B, VAN DER MAATEN L, et al. Inferring and executing programs for visual reasoning[C]//Proceedings of the IEEE international conference on computer vision, 2017: 2989-2998.

［73］ HUDSON D A, MANNING C D. Compositional attention networks for machine reasoning[J]. arXiv preprint arXiv:1803. 03067, 2018.

［74］ SUN L, LI B, YUAN C, et al. Multimodal semantic attention network for video captioning[C]// 2019 IEEE International Conference on Multimedia and Expo (ICME). IEEE, 2019: 1300-1305.

［75］ GRAVES A, FERNáNDEZ S, GOMEZ F, et al. Connectionist temporal classification: labelling unsegmented sequence data with recurrent neural networks [C]//Proceedings of the 23rd international conference on Machine learning, 2006: 369-376.

［76］ AMODEI D, ANANTHANARAYANAN S, ANUBHAI R, et al. Deep speech 2: End-to-end speech recognition in english and mandarin[C]//International conference on machine learning. PMLR, 2016: 173-182.

［77］ COLLOBERT R, PUHRSCH C, SYNNAEVE G. Wav2letter: an end-to-end convnet-based speech recognition system[J]. arXiv preprint arXiv:1609. 03193, 2016.

［78］ SOLANKI S, KRISHNAN G, SAMPATH V, et al. In (cyber) space bots can hear you speak: Breaking audio captchas using ots speech recognition[C]//Proceedings of the 10th ACM Workshop on Artificial Intelligence and Security, 2017: 69-80.

［79］ VAIDYA T, ZHANG Y, SHERR M, et al. Cocaine noodles: exploiting the gap between human and machine speech recognition[C]//9th USENIX Workshop on Offensive Technologies (WOOT 15), 2015.

第 6 章

身份认证中的对抗攻击和防御

近年来，许多生物特征认证系统利用神经网络进行开发[1-4]，受益于深度学习模型的高效率和高准确度，生物特征认证系统得到了长足的发展。然而，当前依托于深度神经网络（Deep Neural Network，DNN）的生物认证系统却仍然难以适应复杂多变的使用环境，其可扩展性亟待改善；同时，面对恶意攻击、强噪声等干扰因素，其识别准确度较低、鲁棒性不足的问题也亟须解决。鉴于深度神经网络易受到对抗样本干扰的弊端，即在输入数据中施加微小扰动来诱骗模型产生错误输出，攻击者可以利用自行盗取的或用户分享到社交媒体中的大量用户数据攻击基于深度学习技术的知识验证模块。一方面对抗样本的存在揭示了深度学习模型的可解释性不足，使得实际部署的单功能深度神经网络存在严重的安全隐患；另一方面从以攻促防的应用前景来看，生成对抗样本的对抗攻击算法也已经成为近年来深度学习领域炙手可热的研究热点。鉴于此，后文将主要围绕对抗样本展开，对已经被提出的一些经典的、具有一定代表性的攻击技术以及其相对应的防御手段进行梳理总结，并简要介绍其在身份认证中的发展及变体。

6.1　相关概念

由于深度神经网络的输入是具有图案特征的数值型向量，在模型推理阶段攻击者能够将难以被肉眼所察觉的像素级的干扰向量添加在原始输入上以扰乱模型的正常工作，这就是对抗攻击的一般形式，同时添加了扰动后的图像（称为对抗样本）。本章在后文中将对与对抗样本有关的内容进行介绍，首先简单叙述对抗样本所基于的深度学习技术以及其与日常生活的关联，并从不同的分类侧重点描述对抗攻击中的常用术语；然后分别从白盒（模型所有的可用信息对攻击者可见）以及更具现实意义的黑盒（攻击者仅能获取模型的输出信息）角度阐述对抗性攻击方面的一些经典算法；最后从主动和被动两方面对相关防御方法展开介绍。

6.1.1　深度学习的基本概念

人工智能(Artificial Intelligence，AI)现已融入人们的生活中，影响并改变着人们的生活。当今的人工智能技术不仅在移动设备上作为许多应用程序的核心驱动力，例如苹果Siri等智能助理正试图颠覆用户和智能手机的交互方式；在更高层次上，人工智能技术也和医疗行业、政务、服务业等产生了紧密联系，在智慧城市、惠普金融等方面取得了长足的发展，对整个社会的进步起到了不可忽视的推动作用。

深度学习(Deep Learning，DL)作为人工智能的核心驱动技术之一，拓展了人工智能的研究领域范围。受到互相交叉相连的神经元这种人类大脑生理结构的启发，深度学习主要采用神经网络模型，其对输入的处理过程如图 6.1 所示，图中箭头代表模型的前向传播过程，在该过程中计算损失函数。后续通过计算神经网络模型中损失函数对各参数的梯度，配合优化方法更新参数，减少网络与目标间的损失，完成模型训练。深度学习利用网络模型中的隐藏层，通过特征聚合的方式，提取原始输入中的关键信息，依次形成浅层特征、中间特征、高层特征的嵌入表示，直至完成最终的任务目标。神经网络中多层非线性结构模拟人脑的深层次抽象认知过程，实现了对输入数据的复杂运算和优化。

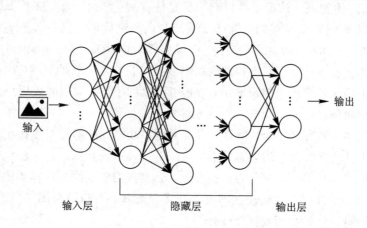

图 6.1　深度神经网络的基本结构

2016 年，AlphaGo 击败人类顶尖棋手，深度学习的概念一夜之间获得广泛关注。到目前为止，在计算机视觉(Computer Vision，CV)和自然语言处理(Natural Language Processing，NLP)这两个重要研究领域，深度学习技术已经有了相当广泛且成熟的应用场景，其中人脸检测、语音识别、身份认证等任务中都有深度学习的身影。

深度学习技术如此强大，其摧枯拉朽般实现各种任务的势头，使得似乎所有的人类任务都能有计算机进行辅助的可能。但是其本身的安全问题也值得人们深入研究。Szegedy等人首次发现深度神经网络易受到对抗性攻击(Adversarial Attack)[5]。所谓对抗性攻击，是指在原始图像上添加人类几乎无法察觉的扰动，例如改变某些像素值，模型却以高置信度根据此受扰动图像产生与原来不一致的预测结果。此类以欺骗机器学习技术为目的而人为修改的图片被称为对抗样本。例如，Moosavi-Dezfooli 等人验证了可以欺骗多种图像分类器的"通用扰动"的存在[6]。如图 6.2 所示，图(a)为原始图像(干净样本)，被分类为"灯笼椒"且置信度为 99.8%；而图(b)是生成的对抗样本，被分类为"滤网"且置信度为

86.5%。但其实对人眼来说,两张图的直观区别是清晰度不同,虽然图(a)图像清晰度没有图(b)高,但人类不难识别出图中物体是灯笼椒,而不会认为这是特意添加的对抗扰动。在物理世界中,对抗攻击甚至对人身安全造成了威胁。攻击者 Eykholt 等人使用简单的类似涂鸦的黑白贴纸进行扰动,成功地让分类器将停车标志分类成限速 45 km/h 标志(见图6.3,图(a)为真实涂鸦,图(b)为人为添加的物理扰动,其被设计为涂鸦的样式,以欺骗分类器)[7],这可能会给自动驾驶系统带来严重后果。

(a) 干净样本   (b) 对抗样本

图 6.2   攻击方法在 GoogleNet 模型上生成的对抗样本示意图[6]

(a) 真实世界涂鸦样本   (b) 添加物理扰动样本

图 6.3   真实涂鸦和物理扰动的对比[7]

对抗样本对网络识别能力造成了一定影响,但同时也揭露了深度神经网络的安全缺陷,为以后的研究指明了方向。目前对抗样本领域的工作主要分为对抗性攻击和防御两个方面。前者利用数据集的不完备性[8]或者数据分布的不均匀性[9]等漏洞生成对抗样本,进而进行攻击;后者则是通过随机化[10]、图像去噪[11]、输入梯度正则化[12]和对抗训练[13]等方法防御对抗性攻击。

6.1.2   术语介绍

对抗性攻击最初围绕图像分类器而设计,时至今日图像领域仍是对抗攻击研究得最为深入的领域之一,故本小节将借助图像分类领域中的相关术语对对抗攻击机理进行简要介绍。

根据目标模型对攻击者的暴露程度,对抗性攻击通常分为白盒攻击(White-box Attack)和黑盒攻击(Black-box Attack)两种。其中,前者中模型的所有信息(模型权重、结构、参数和可能的防御机制)对攻击者都可见;后者则仅向攻击者展示模型输出结果,并可进一步细分为基于未归一化预测向量的软标签攻击和基于预测标签的硬标签攻击。在黑盒软标签攻击设置中,攻击者只能访问目标模型的输出预测向量,其他部分则被视为黑盒;而在更严苛的硬标签设置中,攻击者得以查询目标模型但只能获得预测标签。

根据是否指定攻击目标,对抗性攻击还可以分为有目标攻击和无目标攻击。两者差别如图 6.4 所示。有目标攻击意图生成指定的标签的预测，如攻击者通过在原始图片上添加微小扰动使得分类器将原本预测为"猫"的图片错判为"狗"。其定义如下：

$$x':\|x-x'\|_D < \varepsilon, f(x') = t \tag{6.1}$$

其中，$f(\cdot)$ 表示目标分类模型，$\|\cdot\|_D$ 代表着对抗样本 x' 与原样本 x 之间的某种距离度量，t 是攻击者指定的目标类别。

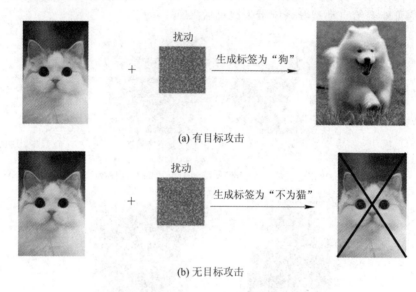

(a) 有目标攻击

(b) 无目标攻击

图 6.4　有目标攻击和无目标攻击示意图

无目标攻击的目的是使分类器将嵌入扰动的对抗样本分类为除了"猫"以外的其他类别。定义如下：

$$x':\|x-x'\|_D < \varepsilon, f(x') \neq y \tag{6.2}$$

其中，y 是原样本所对应的正确类别。

以图像分类任务为例，攻击者可以对输入图像的像素添加轻微扰动，使对抗样本在人类看来是一幅带有噪声的图像。为提高攻击的不可见性，攻击者会对这些扰动的幅度进行限制从而避免人类察觉。已有的研究通常采用 l_p 范数度量样本之间的差异从而约束扰动大小，l_p 范数定义如下：

$$l_p:\|\boldsymbol{\delta}\|_p = \|x-x'\|_p = \left(\sum_k^n |x_i - x'_i|^p\right)^{1/p} \tag{6.3}$$

其中，x_i、x_i' 分别指原样本和对抗样本在第 i 处的特征，在图像领域的任务中为对应位置的像素值。目前对抗攻击算法的主要思想是将生成对抗样本的过程看作一个优化问题的求解过程。根据扰动强度限制的不同侧重点，对抗性攻击还可以分为 l_∞ 范数攻击、l_2 范数攻击、l_1 范数攻击和 l_0 范数攻击。l_∞ 范数攻击旨在限制扰动向量中最大的元素值，即在对抗扰动中限制所有像素修改幅度的最大值。l_2 范数（欧几里得距离）攻击，则限制扰动的各元素的平方和的平方根，l_2 范数攻击所施加的扰动接近人眼可察觉的扰动大小。l_1 范数代表扰动的总变化量 $\sum_{i=1}^p |\boldsymbol{\delta}_i|$，其本身也是因为能够促进扰动稀疏性而被广泛使用的替代函数。l_0 范数攻击，则约束因添加扰动从而被修改像素数量的总和。

6.1.3 对抗攻击

作为一种先进技术，当面向用户的服务愈发成熟、与民众生活嵌入得愈发紧密，深度学习带来的安全问题就更加不容忽视。除了以深度学习技术为驱动、高效便捷的数据分析能力外，安全性将被纳入是否广泛部署人工智能系统的考虑范畴。对抗攻击这类威胁来自AI 模型算法本身的缺陷，其广泛存在于 AI 技术应用的各个领域之中，其一旦被攻击者利用就会造成严重的安全危害。目前对深度学习模型的内在脆弱性和对抗攻击的生成机理的理解尚不充分，以至于难以设计出针对该种攻击通用且有效的防御措施。如今，由于深度神经网络大量运用在人脸检测、语音识别等典型应用场景中，在缺乏合适的防御手段的情况下，对抗攻击的影响范围急剧扩大，危害性与日俱增。

1. 白盒攻击

根据对抗样本的生成方式，白盒攻击可以分为四个子类：基于优化扰动的攻击方法、基于约束扰动的攻击方法、基于决策边界的攻击方法以及其他白盒攻击方法。

1) 基于优化扰动的攻击方法

对抗样本的生成算法本质上是寻找对抗扰动并以此产生有效对抗样本的过程[14]。从攻击隐蔽性角度出发，扰动强度应愈小愈好。因此，与训练神经网络类似，对抗样本的生成过程可定义为求解一个优化问题，通过固定模型及其超参数，搜索足以改变模型预测的最小扰动。以有目标的 l_2 范数攻击为例，优化目标定义为最小化扰动 r 的 l_2 范数度量 $||r||_2$，且需同时满足两个条件：① 将模型预测 $f(x+r)$ 修改为指定类别 y^T；② 对抗样本 $x+r$ 取值范围合法。

Szegedy 等人首次证实深度学习模型中对抗样本的存在并给出定义，同时验证具有可迁移性的对抗样本对不同网络的危害[5]。由于难以直接优化 l_2 范数攻击的扰动限制条件，Szegedy 等人提出了第一种基于优化扰动的攻击方法 Box-constrained L-BFGS（Limited Memory Broyden-Fletcher-Goldfarb-Shanno，一种拟牛顿算法），其利用拉格朗日松弛法将 $f(x+r)=y^T$ 限制条件近似为 $\text{loss}_f(x+r, y^T)$ 进行优化，并将优化目标修改为

$$\text{minimize } c\|r\|_2 + \text{loss}_f(x+r, y^T), \text{ s.t. } x+r \in [0,1]^m \tag{6.4}$$

其中，loss_f 表示交叉熵损失，y^T 表示目标类别。为满足凸优化方法中的盒约束条件，输入图像被裁剪归一化在 $[0,1]$ 范围内，进而可以利用 L-BFGS 算法近似求解上述目标。该损失函数一方面限制扰动大小；另一方面约束对抗样本 $x+r$ 与目标类别 y^T 的分类误差，即 loss_f 越小，$x+r$ 被分类成 y^T 的可能性越大。最终通过最小化上述公式，得到最优对抗扰动 r 及其对应的对抗样本 $x+r$。

另一种更为著名的 C&W（Carlini & Wagner，取自两位作者名字的首字母）攻击[15]则可以认为是对 L-BFGS 的攻击算法进行改进与扩展，其能够生成攻破蒸馏防御网络[16]的对抗样本。一则 C&W 攻击放宽对攻击类型的限定，所提出的攻击算法泛化为满足上文提及的 l_0、l_2 和 l_∞ 3 种范数攻击的形式；二则该算法通过增加目标函数的可选范围来增加最优解空间的大小，根据实验结果确定目标函数的最终定义：

$$\text{minimize } \|\delta\|_p + c \cdot f(x+\delta, y), \text{ s.t. } x+\delta \in [0,1] \tag{6.5}$$

$$f = \max(\max\{z(x+\delta)_i : i \neq t\} - z(x)_t, -\kappa) \tag{6.6}$$

其中，目标函数式(6.5)的第一项用于最小化对抗扰动的大小，第二项用于衡量分类误差，其详细形式如式(6.6)所示。其中$z(\cdot)_i$表示网络 Softmax 层的输入，即未归一化的预测输出，i表示标签类别，t表示有目标攻击中攻击者指定的目标类，κ表示调节因子，迫使对抗扰动向着最小化方向优化。该损失函数考虑了目标类和其他类别之间的关系，至今仍常被用于对抗样本生成算法的设计。C&W 攻击使用了 Adam 优化算法来求解最优扰动，这样可以避免优化过程陷入局部最优解中。

与 C&W 方法中优化单个目标函数不同，Baluja 等人以自监督的方式训练多个前馈神经网络以生成针对一个或一组目标网络的对抗样本，从而在一定程度上提升了对抗扰动的通用性[17]。他们提出的 ATN(Adversarial Transformation Network，对抗转换网络)算法所定义的联合损失包括两部分：其一要求对抗样本和原图像在输入空间中保持感知相似性；其二要求对抗样本的分类结果匹配目标类。

针对l_1攻击的研究空缺，Chen 等人沿用 C&W 攻击的目标函数，增加弹性网络正则化项以解决高维特征选择问题[18]，形式上表现为l_1和l_2惩罚项的线性组合，从而将对抗样本攻击深度神经网络的过程表述为弹性网络正则优化问题。该方法被称为 EAD(Elastic net Attacks to DNN，针对 DNN 的弹性网络攻击)，其对应的损失函数如下：

$$\text{minimize } c \cdot f(\boldsymbol{x}+\boldsymbol{\delta}, \boldsymbol{y}) + \beta \|\boldsymbol{\delta}\|_1 + \|\boldsymbol{\delta}\|_2^2, \text{ s.t. } \boldsymbol{x}+\boldsymbol{\delta} \in [0,1] \tag{6.7}$$

2) 基于约束扰动的攻击方法

与前一类攻击不同，基于约束扰动的攻击放宽了限制条件，将扰动大小设置为优化问题的约束，常常通过对扰动进行裁剪操作来满足扰动阈值的限制。该类攻击依托于损失函数的梯度信息寻找可行扰动，具体地，在无目标设置下，首先公式化目标函数并获取相对于输入的损失函数梯度，其梯度方向是损失函数的最快上升方向，即从原始样本向对抗样本转变的最优方向，同时也是扰动可行解的方向。扰动大小常常为攻击者指定的小标量值。

Goodfellow 等人通过线性化网络损失函数，提出快速梯度符号法(Fast Gradient Sign Method，FGSM)[13]。该项工作意义深远，后续相当多的研究由此发展而来。具体来说，在无目标攻击中，利用梯度上升法得到扰动，并与原图像组成加性关系从而构成对抗样本。FGSM 算法可描述为

$$\boldsymbol{x}' = \boldsymbol{x} + \varepsilon \cdot \text{sign}(\nabla_x J(\boldsymbol{x}, \boldsymbol{y})) \tag{6.8}$$

其中：ε为超参数，表示为一步攻击的扰动大小；sign($\cdot$)为符号函数。故该算法对标l_∞范数攻击。FGSM 算法沿着目标样本产生的梯度符号方向进行单步优化，使扰动朝着增大损失函数的最快方向优化更新。虽然单步优化高效，却容易错过扰动范围内的最优解，因为损失函数在优化空间上并不是一个线性函数。

自然地，多步攻击应运而生。Kurakin 等人对 FGSM 方法进行简单改进[19]，将攻击过程细分为多个具有较小步长的迭代步骤，在每个步骤之后更新扰动方向，同时通过裁剪操作确保中间结果像素值的合法性。该方法称为基础迭代法(Basic Iterative Method，BIM)，又名 I-FGSM(Iterative Fast Gradient Sign Method，迭代快速梯度符号法)。其核心步骤可表示为

$$\boldsymbol{x}_{N+1}^{\text{adv}} = \text{clip}\boldsymbol{x} + \alpha \cdot \text{sign}(\nabla_x J(\boldsymbol{x}_N^{\text{adv}}, \boldsymbol{y})) \tag{6.9}$$

相较于 FGSM 攻击，I-FGSM 方法在一定程度上提高了攻击成功率。不过，这种方法

也牺牲了对抗样本的迁移性，因为得到的对抗样本更容易陷入局部极大值点。

为此，Dong 等人将动量思想集成到攻击的迭代过程中，并立足于 I-FGSM 方法，提出 MI-FGSM(Momentum Iterative Fast Gradient Sign Method，动量迭代快速梯度符号法)[20]。动量迭代一方面利用原梯度前的超参数系数稳定扰动方向的更新；另一方面利用本次迭代中求得的梯度方向规避较差的扰动局部极大点，达到提升对抗样本迁移性的目的，并且该方法在黑盒模型中也被证实能发挥良好的攻击效用。

直至目前，投影梯度下降法(Project Gradient Descent，PGD)[21]仍是攻击效果较佳的一类一阶白盒攻击。相对于 I-FGSM，PGD 从不同的随机初始化起点将整个对抗样本生成过程重复多次，极大地提升了攻击效果。同时，现有很多工作也是基于 PGD 开展的。例如，Ma 等人基于不平衡梯度现象，根据攻击进程动态调整损失函数构成，研究出两阶段攻击[22]。Sriramanan 等人则向损失函数中引入具有可行梯度方向指导意义的松弛项，从而提高了攻击效能[23]。

3) 基于决策边界的攻击方法

基于决策边界的攻击方法旨在寻找距离样本最近的某类决策边界，通过跨越决策边界、改变模型的预测结果，从而完成对抗攻击。下文将介绍 DeepFool[24]和通用对抗扰动 (Universal Adversarial Perturbations，UAP)这两种攻击方法[6]，从优化目标来看，这两种攻击方法也可被认为是基于优化扰动的攻击方法，但由于二者生成扰动的特殊性，这里通过不同的分类准则来体现方法间的差异。虽然这类攻击纠正了基于梯度的算法扰动大小不可控的共性问题，但必须注意这类攻击不具备进行有目标攻击的能力。

Moosavi-Dezfooli 等人首先提出该类别的个体攻击——DeepFool[24]，该方法通过将数据投影至最接近的分类超平面得到足以改变模型预测的最小扰动。由于篇幅所限，此处笔者通过线性二分类问题简述该算法的原理，如图 6.5 所示。首先，$F=\{x:f(x)=0\}$ 表示该问题的线性分类面，其对应的二分类器为 $f(x)=\omega^{\mathrm{T}}x+b$。根据二维平面的几何知识，不难发现所求最小扰动应是方向垂直于分类面、大小为 $\Delta(x_0;f)$ 的扰动。故扰动值由以下闭合形式给出：

$$r_*(x_0):=\arg\min\|r\|_2 \text{ subject to } \mathrm{sign}(f(x_0+r))\neq\mathrm{sign}(f(x_0))=-\frac{f(x_0)}{\|\omega\|_2^2}\omega$$

$$(6.10)$$

其次，推广至线性多分类任务中，所求扰动幅度是原样本距各类分类面距离中的最小值。最后，当分类面为非线性时，通过多次迭代求解距离近似超平面的最小扰动，并以此迭代值计算下次迭代所需的近似超平面，最终累加扰动即为所求。

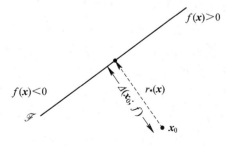

图 6.5　DeepFool 中线性二分类模型的对抗样本示意图[24]

Moosavi-Dezfooli 等人基于 DeepFool 提出针对所有输入图像、多种网络架构的普适性攻击——通用对抗扰动 UAP[6]，使得大多数属于分布 μ 的图像 x 在添加通用对抗扰动 ν 后，模型对其的预测结果发生改变。该方法通过在采样的数据点上进行迭代，基于先前步骤积累的扰动量计算新的对抗扰动。

4）其他白盒攻击方法

不同于上述针对图像中所有像素进行攻击的方法，Su 等人对进行扰动的像素个数进行限制，提出 One-pixel 攻击[25]。首先通过在包含坐标信息 (x, y) 和颜色三通道 (R, G, B) 的 5 维空间初始化种群，具体来说，在 $\mathbb{R}^5$ 空间创建 400 个向量；然后随机修改向量元素以创建子种群，选取概率性预测标签作为适应度标准；最后通过子种群与父代竞争适应度，使幸存的孩子作为对抗攻击问题的解。这种利用差分进化生成对抗样本的方法无须访问目标模型参数或梯度信息，因此可应用于黑盒攻击。

立足于 l_0 范数攻击，Papernot 等人通过扰乱少量像素点以欺骗非循环深度神经网络，提出基于雅克比矩阵的显著图攻击方法 JSMA（Jacobian-based Saliency Map Attack，基于雅克比量显著图攻击）[26]。该算法的核心步骤为：首先对干净图像的某个像素进行修改，再利用网络层前向导数计算显著图，将所得的显著图用于衡量输入特征对输出结果的影响程度，最后干扰影响程度最大的特征点并构建有效的对抗样本。

2. 黑盒攻击

除了前面提到的白盒攻击算法外，研究人员也在黑盒攻击领域投入了大量的精力。由于黑盒设置下攻击者对模型的认知有限，无法了解到模型整体及内部架构以及模型参数等相关信息，并且该种设置更符合实际模型部署情况，故越来越多的研究者把研究重心转移到黑盒攻击领域。实现黑盒攻击的核心思路是通过估计梯度等手段竭力地学习目标模型知识，从而借助白盒攻击等手段完成攻击。根据信息获取程度的不同，黑盒攻击主要分为基于迁移的攻击方法、基于预测软标签的攻击方法、基于预测硬标签的攻击方法和其他黑盒攻击方法。

1）基于迁移的攻击方法

据前文已知，白盒攻击中性能优越的对抗样本通常表现出更佳的迁移性，这种迁移性使得对抗样本可以在不同网络结构的模型上发挥作用。这种思想体现了基于迁移的黑盒攻击的内在逻辑。攻击者可以先利用替代数据集自行训练一个替代神经网络，并对其进行白盒攻击，再将得到的对抗样本用于攻击目标黑盒模型。在这种攻击情景中，攻击者与普通用户别无二致，故该种攻击威胁不容小觑。不仅如此，获取替代模型以及提高对抗样本的迁移性也成为基于迁移攻击方法的两大关键因素[14]。

良好的替代模型对于攻击成功率的提升至关重要，但是在不知目标模型结构信息的情况下为替代模型选择合适的架构并且降低对目标模型的查询成本以便于处理迁移攻击是具有挑战性的。同时由于替代数据集的不完备性，替代模型过拟合现象时有发生。Papernot 等人引入一种合成数据生成技术（Synthetic Data Generation Technique），该技术通过对数据进行扩充来克服上述挑战[27]，同时在扩充数据集上进行多次训练，以提升替代模型与目标模型的相似性。Li 等人一方面利用白盒攻击扩充查询数据集，另一方面利用主动学习框架和多样性准则选择信息量大的样本进行查询，做到在保证攻击成功率的同时，显著提高查询复杂度[28]。针对多步迭代攻击在白盒和黑盒设置下的表现差异以及迭代攻击对网络参数的过拟合现象，Xie 等人受到数据增强策略的启发，提出 DI²-FGSM(Diverse Inputs Iterative Fast Gradient Sign Method，多样化输入-迭代快速梯度符号法)[29]，该方法通过将输入多样性策略与迭代攻击相结合，提升迭代攻击在黑盒设置下的表现。Wu 等人通过注意力机制选取不同模型所关注的关键共性特征来施加扰动，该方法以正则化的方式缓解过拟合问题[30]。

提升对抗样本的迁移性同样也是提升攻击效果的另一个切入点。例如前文提及的 MI-FGSM 白盒攻击方法，由于其较好的迁移性，在黑盒模型中也被证实能发挥良好的攻击效用。Hu 等人使用对抗生成网络学习可迁移的对抗扰动[31]。据前文所知，基于梯度生成的对抗样本与其对应模型的判别区域间有着紧密联系，故对抗样本所表现出的跨模型可转移性与模型间注意力区域的相似性高度相关。鉴于不同模型所对应的识别区域不一致的情况，Dong 等人提出转移不变攻击(Translation Invariant Attack)[32]，该方法将原始图像进行平移变换以扩充训练数据集，在此基础上生成对抗样本，从而增强对抗样本的通用性。模型的多样性在提升攻击性能中发挥了重要作用，但多模型集成的攻击方法所带来的昂贵计算开销也是不可忽视的问题。在 Li 等人的研究中，利用伪影网络进行纵向集成，可降低替代模型的训练复杂度、降低训练成本[33]。为降低集成攻击对算力和内存的要求，Che 等人提出了一种与以往不同的替代模型集成策略——串行小批量集成攻击(Serial Mini Batch Ensemble Attack，SMBEA)[34]，其核心思想是将集成模型分为很多批次进行训练；使用 3 种集成策略以提高批次内的迁移性；继承上一批次的结果作为初始化，使用长期梯度记忆算法累积扰动信息。

替代模型和目标模型间的相似性在一定程度上会影响迁移攻击的效果，对抗样本在迁移的过程中通常会导致更大的失真和较低的攻击成功率。虽然通过集成多个替代模型能够减少攻击性能的折损，但这种攻击方法受限于替代模型的数量以及算力、内存等硬件配置。另外，值得注意的是，为了训练和目标模型表现尽可能一致的替代模型，相似数据集的构建对查询预算的要求较高；同时对抗样本的迁移性与攻击者对训练集数据分布的了解程度紧密相关。

2) 基于预测软标签的攻击方法

此类攻击方法的核心思想是攻击者通过查询目标模型获取模型非归一化的预测向量，以此估算梯度，最后依照白盒攻击流程生成对抗样本。与基于标签信息的迁移攻击不同，目标模型给攻击者提供了更精确的输出结果，是一种相对较弱的实验设定。一般情况下，在样本迁移过程中，样本会失真并且攻击成功率会折损，而基于预测软标签的攻击方法能够规避这种问题。然而，由于软标签的获取以及梯度估算过程的成本往往过高，因此需要精心设计优化策略。

Chen 等人将零阶优化(Zeroth Order Optimization，ZOO)的方法引入对抗攻击，通过每个方向上的有限差分来估计梯度[35]。具体地，该方法通过向目标模型查询成对的扰动样本，近似求解损失函数在样本某一维度上的偏导，进而可以近似估算损失函数在该样本上的梯度，近似计算的过程大致如下：

$$\nabla_{x_i} J(f(\boldsymbol{x}), y) = \frac{J(f(\boldsymbol{x} + h \cdot \boldsymbol{e}_i), y) - J(f(\boldsymbol{x} - h \cdot \boldsymbol{e}_i), y)}{h} \tag{6.11}$$

其中e_i是维度i方向上的单位向量，h是在该方向上扰动的步长常量，J为损失函数，x和y分别是图像样本的输入向量和标签输入向量。尽管 ZOO 的攻击效果和视觉质量可以和白盒攻击相媲美，但其梯度估计步骤需要过多的目标模型访问，因此查询效率较低。

与零阶优化类方法不同，Ilyas 等人发现可以应用自然进化策略（Natural Evolutionary Strategies，NES）和梯度先验提高 Chen 等人所提出攻击方法的查询效率并加快梯度估算速度[37]。为了避免受到连续优化问题中诸如学习率、衰减率等超参数的影响，Moon 等人将连续优化问题重新构造为离散问题从而无须进行超参数更新，并提出一种基于组合搜索的算法，以提高攻击效率[38]。

为缓解低效查询设计带来的错误鲁棒性现象，Tu 等人提出一种基于自动编码器的黑盒攻击通用框架（Autoencoder-based Zeroth Order Optimization Method，AutoZOOM）[36]，该框架通过自适应随机全梯度估计策略高效平衡查询成本和估计误差，并且在获取高攻击成功率的同时，能够保持与原图像的视觉相似性。这种理论驱动的攻击框架一方面考虑了自动缩放技术对降维的效用，另一方面具有较好的兼容性。

3) 基于预测硬标签的攻击方法

另外，针对约束条件最苛刻的硬标签攻击问题，目标模型提供给攻击者的查询结果只是类别标签。模型决策（即模型给出的最终标签）只包含 top1 预测类的指导信息，而隐藏对于深度神经网络来说其余相似类的特征意义。不仅如此，分类标签对于随机小扰动具有鲁棒性且在该种设置下攻击目标非连续从而难以优化。故攻击者进行该类攻击的一般思路为：从扰动幅度较大的初始对抗样本（以是否能改变模型预测作为判断依据）出发，在模型决策边界（分类超平面的交汇线，即对抗性区域和非对抗性区域之间的分界线）附近随机游走，在确保所得样本能误导模型预测的前提下，寻找幅度更小的对抗样本。

Brendal 等人首先进行该类攻击的研究[39]。他们提出方法的核心是使用合适的提议分布 P 进行拒绝抽样，以根据给定的对抗标准 $c(\cdot)$ 逐渐找到较小的对抗扰动。提议分布 P 的基本思想为：① 添加扰动后的对抗样本像素取值需在合理范围内：$o_i^{k-1}+\eta_i^k \in [0,255]$；② 扰动不能太大：$\|\boldsymbol{\eta}^k\|_2=\boldsymbol{\delta}\cdot d(\boldsymbol{o},\tilde{\boldsymbol{o}}^{k-1})$，③ 下一次游走的方向应该要减小和原图片的距离：$d(\boldsymbol{o},\tilde{\boldsymbol{o}}^{k-1})-d(\boldsymbol{o},\tilde{\boldsymbol{o}}^{k-1}+\boldsymbol{\eta}^k)=\varepsilon\cdot d(\boldsymbol{o},\tilde{\boldsymbol{o}}^{k-1})$。对抗标准 $c(\cdot)$ 包括上文所介绍的有目标或者无目标攻击设置。该方法虽具有可观的攻击成功率，但其对目标模型的搜索时间过长且缺乏收敛保证。

Cheng 等人将对抗性优化问题转化为寻找距决策边界最短 l_2 范数距离和最佳方向的问题，并通过零阶优化方法对新问题进行了优化[40]。有关无目标和有目标设置的问题定义分别如下：

$$g(\boldsymbol{\theta})=\mathrm{argmin}_{\lambda>0}\left(f\left(\boldsymbol{x}_0+\lambda\frac{\boldsymbol{\theta}}{\|\boldsymbol{\theta}\|}\right)\neq\boldsymbol{y}_0\right) \tag{6.12}$$

$$g(\boldsymbol{\theta})=\mathrm{argmin}_{\lambda>0}\left(f\left(\boldsymbol{x}_0+\lambda\frac{\boldsymbol{\theta}}{\|\boldsymbol{\theta}\|}\right)=t\right) \tag{6.13}$$

其中，$\boldsymbol{\theta}$ 表示搜索方向，$g(\boldsymbol{\theta})$ 表示沿该方向从初始样本 $\boldsymbol{x}_0$ 到最近的对抗样本间的距离，算法核心为不断搜索方向 $\boldsymbol{\theta}$ 以最小化扰动幅度 $g(\boldsymbol{\theta})$。整个搜索过程中的最优解 $\boldsymbol{\theta}^*$ 则是所需的最优对抗扰动方向，$g(\boldsymbol{\theta}^*)$ 是所对应的扰动值。对抗样本定义如下：

$$x^* = x_0 + g(\boldsymbol{\theta}^*)\frac{\boldsymbol{\theta}^*}{\|\boldsymbol{\theta}^*\|} \tag{6.14}$$

并且，函数 $g(\boldsymbol{\theta})$ 是扰动方向到扰动幅度的连续性实值映射，这种重构使得攻击者可通过任何零阶优化算法评估函数值。Cheng 等人还建议使用随机无梯度法（Randomized Gradient-Free，RGF），该方法通过两点间的差分获得一个估计的方向导数：

$$\hat{\boldsymbol{g}} = \frac{g(\boldsymbol{\theta}+\beta\boldsymbol{u})-g(\boldsymbol{\theta})}{\beta}\cdot\boldsymbol{u} \tag{6.15}$$

其中，$\boldsymbol{u}$ 是随机高斯向量，β 是大于 0 的平滑参数。但其伴随着大量查询，所需要的计算代价是巨大的。

Cheng 等人[40]延续目标函数公式，通过估计梯度的符号而不是真实的梯度，进一步提高了查询复杂度[41]。简单来说，通过在添加细微扰动的新方向上以原先的扰动幅度进行判断，此时形成的中间结果是否具有对抗性，多次查询以确定较为精确的迭代更新方向。

Cheng 等人还通过搜索步长并保持沿决策边界的迭代来应用零阶符号预测，进而改进了 Brendal 等人所提出的攻击方法[39]，提出了查询效率高、没有超参数的迭代算法 HSJA（Hop Skip Jump Attack）[42]，为研究人员评估防御机制提供了新思路。此算法先选择目标类中的某张图像 $\hat{x_t}$ 作为原图像 x 的参考，再通过二分搜索得到恰好位于决策边界上的中间图像 x_t，然后估算此时的梯度并用逐步衰减的扰动步长制作新的中间样本 x_{t+1}，直到中间样本具有对抗性时算法停止。

4）其他黑盒攻击方法

生成式对抗网络（Generative Adversarial Network，GAN）是一种强大、无监督的图像生成架构，其可以用于生成模型无关的对抗样本，因此属于黑盒攻击的范畴。GAN 由生成器和判别器构成，生成器旨在扩大输出样本的预测标签与真实标签间的差距维持输出样本的对抗性，判别器旨在缩小输出样本与原始样本的特征差异以提高扰动质量。Xiao 等人首次将 GAN 网络应用于对抗攻击范畴，他们提出的 AdvGAN 通过学习和近似原始数据分布，生成了具有更高质量的对抗样本[43]。笔者所在团队也在该方向上进行了一些尝试，提出了一种基于置信度的高效无梯度的黑盒攻击 BO-ATP（Bayesian Optimization Attack with Transferable Priors，具有可转移先验的贝叶斯优化攻击）[44]，如图 6.6 所示。首先用预训练的 GAN 学习可迁移扰动的分布、生成初始扰动，然后在生成器低维潜在空间进行贝叶斯优化搜索；迭代多次，最终在节省大量查询的同时取得相当高的攻击成功率。

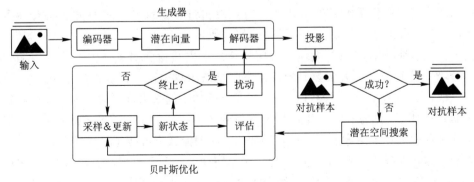

图 6.6　BO-ATP 中对抗样本生成过程[44]

值得注意的是,一些攻击方法都利用先前查询所获得的先验知识或替代模型的梯度先验,这在一定程度上修正了黑盒攻击弊端,提高了攻击性能[44-46]。不仅如此,研究者们也从其他角度对黑盒攻击进行研究,这留待感兴趣的读者自行探索。

6.1.4　对抗防御

对抗防御方法主要有两类形式:一类是基于预处理的主动防御,另一类是基于正则化的被动防御,图 6.7 列举了一些典型策略与算法。

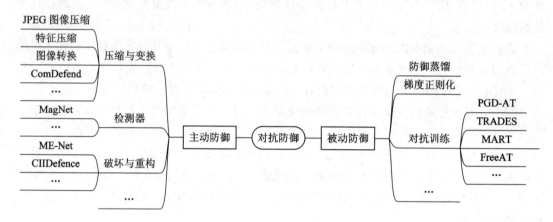

图 6.7　对抗防御中的防御形式

1. 基于预处理的主动防御

基于预处理的主动防御策略旨在利用各种不同的预处理方法对模型输入进行去噪、变换或重构,以减少对抗扰动带来的影响;通过检测器检测的方式对模型输入进行预先检测,并过滤掉认为是有害的输入信息。

1) 基于压缩与变换的防御手段

在基于预处理的主动防御中,最常用的方法是对图像进行压缩与变换,以减少对抗性扰动的干扰。

关于 JPEG 图像压缩技术,Dziugaite 等人首先提出了基于 JPEG 图像压缩的预处理防御方法[47],将输入图像压缩为较低质量的 JPEG 图像,该方法对 FGSM 攻击具有一定的防御效果,但无法抵御更强的攻击。Guo 等人提出使用诸如位深度减少、JPEG 压缩、总方差最小化和图像衍缝等传统图像处理技术对对抗攻击进行防御[48]。这些方法具有不可微和随机特性,在防御黑盒迁移攻击方面具有较好的效果。

关于特征压缩技术,Xu 等人提出采用特征压缩方法检测对抗样本[49],即压缩一些对于模型分类图像而言没有太多必要的特征空间来减少攻击者可以操作的范围。具体而言,通过减少像素的颜色位深度以及进行局部或非局部的空间平滑度来对输入图像的特征空间进行压缩。假如一个图像在被压缩以后模型得到了不一致的预测结果,那么很有可能就是在压缩的过程中破坏了图像上的对抗扰动要素,即图像很有可能是对抗样本。

关于图像转换技术,Xie 等人通过随机调整图像大小和随机填充图像进行 N 次图像转换,然后将其传递给分类器,并将 N 个分类结果的加权平均值作为最终分类结果[10]。该方法对 C&W 和 DeepFool 等优化扰动攻击具有较好的防御效果,但对类似 FGSM 的迭代衍生攻击则效果不佳,且该方法的计算成本增加了 N 倍。Tian 等人发现图像变换用于对抗样本可以很好地消除其对抗因素[50],因为这种变换通常会干扰到潜藏在对抗样本中对抗因素,从而破坏其对抗性。

关于图像压缩模型,Jia 等人提出了一种端到端的图像压缩模型 ComDefend 来防御对抗样本[51]。通过训练一个压缩卷积网络和一个与之对应的重构卷积网络,在每一个样本输入分类器之前由压缩卷积网络对其进行压缩,并在压缩的过程中净化掉对抗样本上的对抗扰动,之后再由重构卷积网络对图片进行重构,从而恢复原有的图像分辨率。该方法使用经过处理后的干净图像代替扰动图像来训练重建网络,从而避免了生成对抗样本集所需的大量计算资源消耗。

关于像素偏转防御技术,Prakash 等人提出了一种像素偏转防御策略[52],该策略利用分类模型对自然图像的鲁棒性,通过强制将输入图像的统计数据与自然图像的统计数据相匹配来抵抗对抗样本。

2)基于破坏与重构的防御手段

除了对图像进行一定的变换与压缩,Yang 等人提出的 ME-Net(Matrix Estimation Network,矩阵估计网络)则选择了更加简单直接的方式,通过破坏图像的方法摧毁对抗样本中的对抗扰动结构[53]。ME-Net 的工作流程如图 6.8 所示。在 ME-Net 中,对抗样本的检测与消除主要通过两个步骤来实现。第一步,ME-Net 将图像中随机的部分像素置零,其目的是破坏对抗样本的结构。因为从对抗样本生成的角度出发,大多数对抗样本均是通过迭代优化的方式一步一步在搜索空间中寻找可行的对抗性扰动最终选取最优解来生成的,而这样的迭代优化过程所产生的对抗性结构往往比较脆弱。因此随机将图像中的部分像素置零,大概率可以破坏对抗样本的对抗性。但与之相对应的,由于对图像置零的操作是在整个图像范围上的一个随机操作,并没有一个保护算法用以保护图像原本的信息结构。因此,在破坏潜在的对抗样本的同时,干净样本的信息结构也会很容易遭到破坏。为了恢复被无故破坏的干净样本,ME-Net 在第二步中利用矩阵估计的方法重建原始图像,从而尽最大可能恢复在第一步平均掩码过程中被破坏的关键信息,避免对正常的干净样本产生过大的影响。

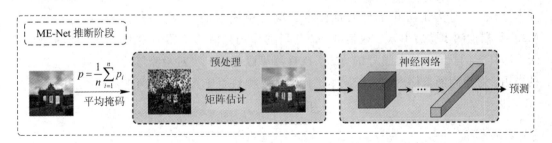

图 6.8　ME-Net 的预处理过程[53]

不同于之前在 ME-Net 中毫不区分地在整个图像的范围中进行破坏与复原,Gupta 等人提出一种相较于破坏并重建整张图片而言计算量相对较小的对抗样本检测与修复技术 CIIDefence(Class-specific Image Inpainting Defence,特定类别的图像绘制防御)[54]。CIIDefence 的工作流程如图 6.9 所示,与 ME-Net 类似,CIIDefence 也是首先通过破坏一部分原始图像来达到去除潜在对抗扰动的目的,并且在之后对图像进行重构以还原可能同样被破坏的干净特征中有用的图像信息。但是相较于 ME-Net 随机对图像中的部分像素置零并重构整张图片的操作,CIIDefence 仅针对图像中对分类器分类判断影响最大的区域进行破坏,这样在后续修复的过程中便可以仅对这一小部分的区域进行图像修复补全以避免进行整个样本范围的图像重建。不仅如此,图像在经过 CIIDefence 的破坏与重构步骤后还会进行更进一步的梯度屏蔽操作,该操作将原始图像经过一个小波去噪以后的副本与重构后的图像相融合,从而达到屏蔽原始图像梯度信息的目的,这使得后续针对分类器的所有基于反向传播的梯度攻击均无法获取到图像的梯度信息从而失效。

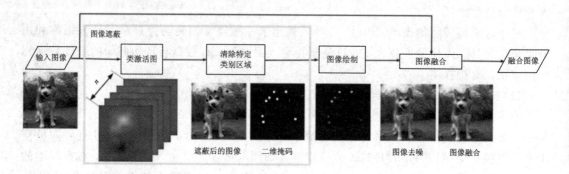

图 6.9　CIIDefence 的工作流程[54](从左到右依次为图像的破坏、重构及融合)

3)基于检测器的防御手段

除了对原始图像进行变换或破坏外,Meng 等人提出了一种包括多个检测器和一个改良器的模型无关防御机制 MagNet[55],这是一个完全独立于受保护模型的基于检测器的对抗样本检测方法。MagNet 的预处理防御流程如图 6.10 所示,输入样本首先要通过所有检测器的检测,再通过一个改良器的重构操作才会被送入最终的目标分类模型之中。在 MagNet 的工作机制中,检测器通过将输入样本与由正常样本组成的低维流型相比对,区分与检测正常样本和对抗样本。在 MagNet 中存在着多个具备检测对抗样本功能的检测器,并且在检测过程中,只要其中任意一个检测器认为当前输入具有对抗性,那么将中断馈入过程。同时为了防止部分对抗样本在绕开检测器的检测后再对分类器进行攻击,MagNet在检测步骤后引入了改良器,改良器的作用是对检测器的输出施加迫使图像趋近于干净样本的扰动。通过这样的方式,改良器可以起到一个对检测器功能扩展和查缺补漏的作用,对检测器未检出的对抗样本进行二次干扰从而使其重新变回正常样本。

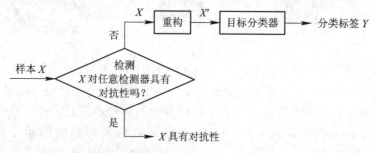

图 6.10　MagNet 的预处理防御流程[55]

4）其他防御手段

除了上述的研究成果，通过发掘模型与数据中更深层次的信息或与前沿技术相结合以检测对抗样本的方法也逐渐被提出。清华大学 Liao 等人提出高阶特征引导降噪器（High-level Representation Guided Denoiser，HGD）防御方法[11]，该方法通过训练一个含有 U-Net 结构的神经网络模型作为专用去噪器对输入样本进行去噪，以减少对抗扰动。Mustafa 等人将小波去噪和图像超分辨率技术应用于模型输入[56]，有效抵御对抗样本的攻击，但该方法对大扰动对抗样本的防御效果并不好。Song 等人提出了 PixelDefend[57]，该方法利用训练数据中已有的分布信息，对施加恶意扰动的图像进行更改移回，从而达到将对抗样本变为干净样本的防御目的。Samangouei 等人提出了 Defense-GAN[58]，该方法通过将生成模型与对抗样本检测相结合，利用生成模型生成新的图像以消除对抗扰动。Zheng 等人利用无监督学习的方式，通过获取深度神经网络隐神经元的输出分布来检测对抗样本，并且由于其完全不用考虑攻击者的任何信息，在黑盒与灰盒情景下都取得了非常好的效果[59]。Ma 等人则发现对抗攻击往往使用两种攻击通道，即起源通道（Provenance Channel）和激活值分布通道（Activation Value Distribution Channel）[60]。利用攻击会引起这两种通道发生改变的特点，提出神经网络的一致性检查方法 NIC（Neural-network Invariant Checking，神经网络不变性检查），以 DNN 中对应两个通道的两种不变量为检测依据，拦截触发不变量变化的样本。

5）思考与小结

基于预处理的主动防御策略具备简单高效的特点，它不依赖于目标模型的信息，因此避免了需重新训练目标模型的烦琐过程。这种策略能够与任意目标模型无缝搭配使用，在黑盒设定下也能够显现一定的防御效果，特别适用于训练代价较高的大型数据集，如 ImageNet。

然而，这种预处理策略存在一个问题，即需要对所有输入样本进行预处理操作，这可能会影响模型对干净样本的分类准确率。此外，这种策略在应对自适应对抗攻击时表现不佳。自适应对抗攻击指的是攻击者了解了防御策略的情况，并能够根据策略的弱点设计新的攻击方式，从而绕过防御机制。这种情况可能导致一定的安全隐患，因此在应用预处理策略时需要慎重考虑其适用范围和安全性。

2. 基于正则化的被动防御

基于正则化的被动防御策略旨在通过模型蒸馏、梯度正则、对抗训练等方法对目标模型进行重新训练，使模型参数更加平滑，从而被动地提高对对抗攻击的鲁棒性。

1）基于模型蒸馏的防御手段

Papernot 等人首次提出防御性蒸馏方法（Defensive Distillation）[16]，利用模型蒸馏技术防御对抗样本攻击。防御性蒸馏方法的结构如图 6.11 所示，该方法用教师模型的预测标签作为“软标签”来训练目标模型，在一定程度上起到了混淆模型梯度信息的作用，从而使攻击者难以获取模型的有效梯度，因此可以抵御部分依赖模型梯度信息值的对抗攻击。

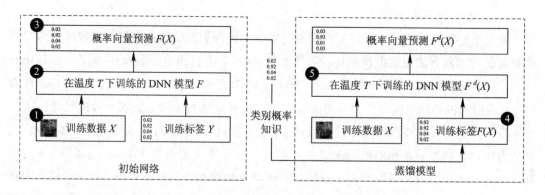

图 6.11　防御性蒸馏[16]的结构示意图

2）基于梯度正则化的防御手段

Ross 等人对输入的梯度进行正则化[12]。对抗样本的一个特点是扰动幅度十分微小，因此其正则化会惩罚输入的微小变化，以获得对微小变化不敏感的模型。一般情况下，相较于其对应的干净样本，对抗样本的扰动幅度往往较小，因此模型对这部分扰动较小的对抗样本具备一定的防御能力，但是在面对扰动幅度较大的对抗样本时则难以发挥令人满意的防御效果。

3）基于对抗训练的防御手段

Goodfellow 等人首次提出对抗训练（Adversarial Training，AT）的防御方法[13]，而对抗训练这种防御模式在后面的研究中得到了长足的发展与扩充，被普遍认为是提升模型鲁棒性最有效的方法之一。对于对抗训练，训练目标模型所需的数据集由对抗攻击所生成的对抗样本和原始的训练数据集共同构成。在训练过程中，模型不仅会接触到干净的原始样本，同时也会接触到含有对抗扰动的对抗样本。通过让模型在训练阶段就"认识"一定数量的对抗样本，从而来提高模型最终的鲁棒性。

在后续对对抗训练的探索上，Madry 等人从优化角度研究神经网络的对抗鲁棒性，为对抗训练的防御方法提供了统一的框架[21]。该项工作将对抗训练归纳成一个内部最大化和外部最小化的鞍点问题，内部最大化问题旨在找到实现最大损失的扰动，外部最小化问题旨在找到使得攻击对抗损失最小化的模型参数。优化公式如下：

$$\min_{\theta}\sum_{i=1}^{n}\max_{\delta\leqslant\varepsilon}L(\theta;\boldsymbol{x}+\delta,\boldsymbol{y}) \tag{6.16}$$

其中，n 表示数据集样本数量，θ 表示模型参数。该鞍点问题给出了理想的鲁棒模型所需要达到的确切目标，即衡量鲁棒性的标准，这个标准在之后的研究中被广泛应用。此后，基于鞍点优化的对抗训练方法成为主流。

尽管对抗训练在提升模型鲁棒性上表现优异，但却一直存在着鲁棒过拟合的问题，即随着对抗训练的进行，模型在训练集上的鲁棒性要显著地高于其在实际测试中的表现。为了解决这个问题，Zhang 等人通过将鲁棒误差分解为自然误差和边界误差之和的形式来作出模型在分类问题上准确性和鲁棒性之间的权衡[61]。基于此，作者进一步提出了对抗训练的新方法 TRADES，通过同时平衡模型的分类损失以及在干净样本与对抗样本之间的鲁棒损失来缓和模型的在对抗训练中的鲁棒过拟合问题。具体而言，在 TRADES 的训练过程中，模型的损失由两项组成：经验风险最小化项和正则化项。前者是标准训练模式下常用的分类损失，用来使得模型可以正常地分类干净样本；而后者用以最大化模型对干净样本和对抗样本预测之间的 Kullback-Leibler 散度值，使得模型具备对对抗样本的鲁棒性。其所用的优化公式如下：

$$\min_{\theta} \sum_{i=1}^{n} L(\theta; \boldsymbol{x} + \boldsymbol{\delta}, \boldsymbol{y}) + \beta \cdot \max_{\delta \leq \varepsilon} KL(f(\boldsymbol{x} + \boldsymbol{\delta}), f(\boldsymbol{x})) \tag{6.17}$$

如图 6.12 所示，相较于普通训练所得的模型[图(a)]而言，经过 TRADES 训练所得到的模型[图(b)]其决策边界要更加平滑，从而在面对对抗样本时具有更强的鲁棒性。

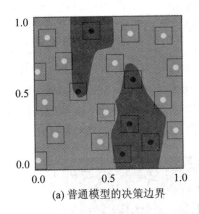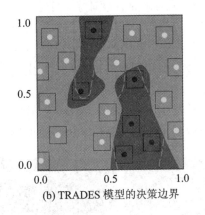

(a) 普通模型的决策边界　　　　　　(b) TRADES 模型的决策边界

图 6.12　不同模型间决策边界对比[61]

Wang 等人提出的 MART(Misclassification Aware Adversarial Training，意识到误分类的对抗训练)在原始对抗训练的基础上聚焦于对抗样本生成的问题[62]。Wang 等人认为以往的对抗训练(如 TRADES 等)在生成对抗样本时忽略了原本就会被模型错误分类的样本以及可以被模型正确的分类样本之间的区别，而前者在生成对抗样本后对模型鲁棒性的影响更大。因此，MART 将模型原本错误分类的样本与模型可以正确分类的样本在训练过程中进行了区分，优化了对抗训练中生成对抗样本的步骤，为对抗训练中的正则化思想引入了新的角度，在此基础之上进行后续的对抗样本生成操作。

然而，随着对抗训练的发展，以 PGD 为代表的各种更有效地生成对抗样本用以训练的方法也带来了越来越大的计算负担。为了缓解对抗训练中计算成本日益增加的问题，Shafahi 等人在原有基于 PGD 标准对抗训练算法的基础上加以改进得到了更为高效的 FreeAT[63]。原有的 PGD 过程中，每次前向后向过程均会计算出对于模型参数和样本输入的梯度，但是在梯度上升生成对抗样本时仅用到了相对于样本输入的梯度，而在梯度下降更新模型参数的过程中却仅用到了模型参数的梯度，这对于计算而言无疑是极大的浪费。FreeAT 则通过在每一次前后向计算过程中，把计算出的模型参数梯度和样本输入梯度同时利用起来，在原先的基础上极大地提高了对抗训练的效率，使得对抗训练在大型问题(如 ImageNet 数据集分类)上的部署更为现实。

Zhu 等人提出的 FreeLB(Free Large-Batch，不受约束的大批量训练)则从另外的角度更高效地获取梯度信息以提升对抗训练的效率[64]。在 FreeLB 中，梯度信息的获取并不依靠传统的对对抗样本的训练，而是舍弃掉对抗样本，直接在原本的梯度信息上得到下一次迭代所需的梯度信息，这样做可以省去对抗样本这一中间信息，从而提高了效率。

除了想办法更加高效率地获取梯度信息外，Zhang 等人提出的 YOPO（You Only Propagate Once，只需传播一次）则在传播次数上作出限制[65]。在 YOPO 中，前向传播的次数被加以限制，通过该算法可以实现一次前向传播对应多次梯度下降，从而提高了对抗训练的效率。

Xie 等人则将特征去噪与对抗训练相结合[66]，在 ImageNet 上显著提高了对白盒和黑盒攻击的鲁棒性。在该方法中，研究者认为对抗样本虽然在像素空间上没有添加过多的扰动（如图 6.13 第一列所示），但是在特征空间中却存在着非常明显的噪声（如图 6.13 第二列所示）。基于此，研究者设计了一个针对 DNN 特征输出的去噪模块，通过该去噪模块对模型中的特征流进行去噪，从而达到提高模型鲁棒性的目的。图 6.14 展示了去噪模块的结构。在去噪模块中，模块的输入可以是任意特征层，其工作逻辑是将一个去噪操作后的输入与原始信号相加得到最终的结果。其中，1×1 的卷积层用来控制去噪后的输入与原始输入在最终输出中所占的比例。研究者通过将去噪模块添加到模型内部的方式，有效地提高了模型对对抗样本的鲁棒性，从图 6.13 第三列的图示可以看出，去噪后对抗样本在特征空间中的噪声得到了有效的清除，从而使得模型最终的分类准确率大大提升。

图 6.13　干净图像和对抗图像在像素空间和特征空间中的对比[66]

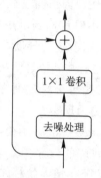

图 6.14　去噪模块的大致结构[66]

4）思考与小结

与基于预处理的防御方法相比，基于正则化的防御策略需要对模型进行重新训练，这在训练计算成本方面可能会带来额外的开销，特别是生成对抗样本的迭代次数会影响训练过程的时间和资源需求。此外，重新训练大规模神经网络同样需要较高的硬件要求。

然而，基于正则化的防御策略通常在抵御对抗攻击方面表现较强。迄今为止，对抗训练被认为是最有效的抵御对抗攻击的方法。因此，在实际的身份认证系统中，将基于预处理的防御方法与基于正则化的防御方法相结合，可以最大限度地增强认证系统对抗样本的鲁棒性。尽管基于正则化的防御策略可能计算成本较高，但高效的对抗训练算法（如 FreeAT）的提出以及硬件计算能力的提升，使得在大规模数据集上训练大规模模型变得更加可行。此外，由于对抗训练可以从头开始训练模型，因此在认证系统开发的早期阶段就可以考虑将其纳入开发计划，选择适当规模的数据集、模型和对抗训练方法进行模型的训练。随着项目的演进，逐步增加对抗样本数量，有助于提升训练效果，同时也避免了从头开始训练未经过正则化防御的大规模模型所需的巨大成本。

6.2　身份认证中的对抗攻击

本节将对身份认证中不同类别认证方式的对抗攻击进行介绍，并对其他领域中的攻击方法为身份认证研究带来的启发进行讨论。

6.2.1　针对人脸识别系统的对抗攻击

在众多生物特征识别技术中，最具代表性的技术就是人脸识别技术[67]。相较于虹膜、耳形等生物特征，人脸对采集设备要求低、易获取，并且用户一般也不会排斥提供此种信息。但关于人脸识别系统的安全性问题也随之而来，比如在社交化互联网中，个人照片、音视频等信息能够被轻易地检索、下载，攻击者可以利用爬取的数据生成伪造人脸以欺骗识别系统。伪造人脸所对应的攻击技术对基于人脸特征信息的深度身份验证体系造成严重威胁，因此近年来关于人脸分析技术和识别系统的可信性研究已受到了广泛关注。例如，有目标攻击可以对输入人脸进行几乎不可见的修改，从而迫使人脸识别系统特异性误分类，即将输入识别为特定的目标体，以便于对其身份加以伪装；无目标攻击也可以诱骗人脸识别系统做出非特异性的异常判断，从而使得基于人脸识别的身份认证系统紊乱、无法正常工作。研究者针对人脸识别系统进行了广泛而充分的研究，下面将主要从数字域和物理域两个方面进行介绍。

1. 数字域对抗攻击

数字域对抗攻击假设攻击者能够直接向深度学习算法馈入数字图像形式的对抗样本[68]。攻击者利用流行的 FGSM、PGD 等梯度优化算法或者 GAN 网络在原始输入的基础上生成对抗样本。

1）针对人脸识别模块的攻击

前文介绍的对抗性攻击的目标模型都是端到端模型，即单纯对输入给出分类结果，并不对外展示中间特征提取过程。我们已经知道端对端网络对对抗样本缺乏鲁棒性，那么像利用深度特征进行生物识别的这类系统是否同样无法免疫攻击呢？Rozsa 等人对此首先进行了研究，提出第一个针对人脸识别模块上深层特征的对抗性攻击[69]，他们的方法通过迭代分层学习形成了模仿目标图像深层特征的对抗样本，简单来说，其定义隐藏层内图像输入的深层特征和目标间的欧几里得距离作为损失函数，使用类似 FGSM 方法生成对抗样本。Goswami 等人设计了对抗样本，并证明了基于深度神经网络的人脸识别算法在面对对抗攻击时具有脆弱性[70]。同时，他们指出依据隐藏层的响应可以设计出具有更高鲁棒性的分类器，这项关于深度特征攻击的研究也给对抗防御提供了新思路。

由于 GAN 网络超越传统神经网络的特征提取性能，并且能够按照原样本的特点生成新的数据，GAN 也常用于人脸识别领域生成对抗样本。Yang 等人利用注意力模块捕获目标面部的更多特征表示，并使用条件式变化自编码器学习输入人脸和目标人脸之间实例级的对应关系，同时将人脸识别网络作为判别器添加到生成框架中，生成与基于强度的攻击不同的对抗性示例，从而完成有目标攻击，最终提出 A³GN（Attentional Adversarial Attack Generative Network，注意力对抗攻击生成网络）[71]。具体来说，为了探究不同人脸的特征分布，Yang 等人使用 Wasserstein GAN 捕获不同人脸的实例信息。为了稳定训练和生成高质量图像，他们采用了以下对抗性损失：

$$\mathcal{L}_{\text{adv}} = E_x[\log D_1(\boldsymbol{x})] - E_{x,z}[D_1(G_1(\boldsymbol{x}, z))] - \lambda_{\text{gp}} E_{x'}[(\|\nabla_{x'} D_1(\boldsymbol{x'})\|_2 - 1)^2]$$

(6.18)

其中，z 是编码函数 E 学习目标图像 $\boldsymbol{y}$ 所获得的潜在编码（$E(\boldsymbol{y}) \rightarrow z$），生成图像 $G_1(\boldsymbol{x}, z)$ 是生成器 G_1 从潜在编码 z 学习得到的，$\boldsymbol{x'}$ 是在一对真实图像和生成图像之间的采样，λ_{gp} 是预设定的实数，样本判别器 D_1 试图区分生成图像 $G_1(\boldsymbol{x}, z)$。为了保持生成图片与原图片的内容一致性，而只是变化实例层面的人脸信息，引入循环一致性损失用于重建原图像：

$$\mathcal{L}_{\text{rec}} = E_{x,z}[\|\boldsymbol{x} - G_2(G_1(\boldsymbol{x}, z))\|_1]$$

(6.19)

其中，生成器 G_2 将生成器 G_1 的输出 $G_1(\boldsymbol{x}, z)$ 作为输入并重构原图像 $\boldsymbol{x}$，重构损失采用 l_1 范数。同时，为了提升与目标图像特征表示的相似性，该方法直接采用人脸识别网络作为身份判别器，并采用余弦损失：

$$\mathcal{L}_{\text{cos}} = 1 - \text{SIM}(\boldsymbol{y}, G_1(\boldsymbol{x}, z)) = 1 - \cos\theta$$
$$= 1 - E_{x,y,z}\left[\frac{D_2(\boldsymbol{y}) \cdot D_2(G_1(\boldsymbol{x}, z))}{\|D_2(\boldsymbol{y})\| \cdot \|D_2(G_1(\boldsymbol{x}, z))\|}\right]$$

(6.20)

其中，D_2 为身份判别器，$D_2(\boldsymbol{y})$ 和 $D_2(G_1(\boldsymbol{x}, z))$ 分别表示 $\boldsymbol{y}$ 和 $G_1(\boldsymbol{x}, z)$ 的特征，使余弦损失最小化可以使生成的图像 $G_1(\boldsymbol{x}, z)$ 与目标图像 $\boldsymbol{y}$ 在特征空间上的差异最小，有利于生成对抗样本。因此，总体目标函数定义为

交替优化样本判别器：

$$\mathcal{L}_{D_1} = -\mathcal{L}_{\text{adv}}$$

(6.21)

交替优化样本生成器：

$$\mathcal{L}_G = \mathcal{L}_{\text{adv}} + \lambda_{\text{rec}} \mathcal{L}_{\text{rec}} + \lambda_{\text{cos}} \mathcal{L}_{\text{cos}}$$

(6.22)

其中 λ_{rec} 和 λ_{cos} 是控制重构损失和余弦损失相对于对抗损失相对重要性的超参数。整个对抗样本生成过程如图 6.15 所示，AVAE（Attentional Variational AutoEncoder，注意力变换自编码器）从目标人脸 $\boldsymbol{y}$ 中捕获潜在编码 z，然后将原始人脸 $\boldsymbol{x}$ 与 z 一同送入注意力生成

器，在注意力生成器中生成 $\hat{x}(G(x,z)\to\hat{x})$。生成人脸 $G(x,z)$ 和原始人脸 x 被送入样本判别器，以判断 $G(x,z)$ 是否为真实的图像，同时 $G(x,z)$ 与目标人脸 y 一起被送入身份判别器，以确定它是否可以被分类为目标人物。

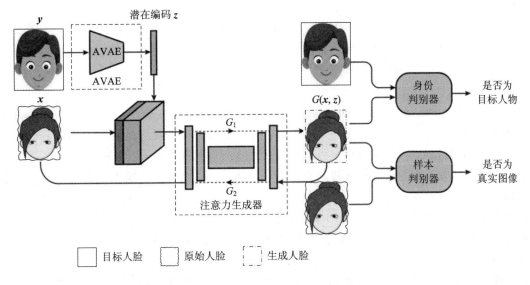

图 6.15　A^3GN 对抗样本生成过程[71]

为了提高对抗人脸图像的视觉质量，Deb 等人提出一种自动对抗人脸生成方法 AdvFaces[72]，该方法仅仅通过扰动显著的面部区域（如眉眼等）可以生成具有迁移性和模型不可知性的高质量对抗样本，并且样本扰动程度可控。图 6.16 所示为 AdvFaces 生成人脸对抗样本的框架。以人脸输入为例，AdvFaces 的生成器 $\mathcal{G}$ 会自动生成对抗掩码并将其与原始图像组合以获得对抗人脸图像。其优化的目标函数由三项组成，分别为 $\mathcal{L}_{adv}$、$\mathcal{L}_{identity}$ 和 $\mathcal{L}_{perturbation}$，目标函数则为三者的线性组合：

$$\mathcal{L} = \mathcal{L}_{adv} + \lambda_i\,\mathcal{L}_{identity} + \lambda_p\,\mathcal{L}_{perturbation} \tag{6.23}$$

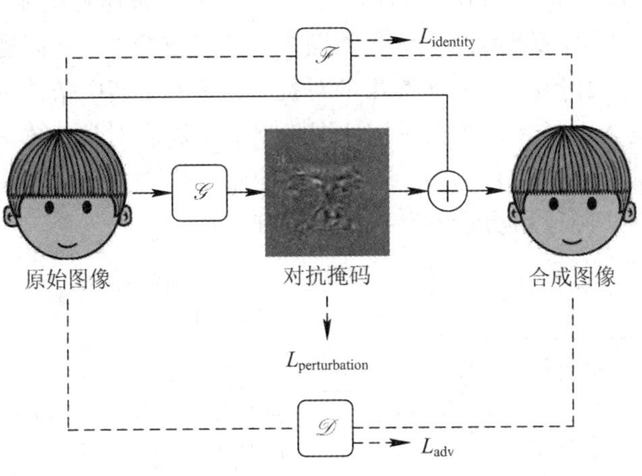

图 6.16　AdvFaces 生成人脸对抗样本框架[34]

首先，为了限制生成器 $\mathcal{G}$ 生成的掩码大小，生成与原始图像视觉表现上尽可能相似的对抗人脸，定义扰动阈值 ε，扰动损失 $\mathcal{L}_{perturbation}$ 可描述为

$$\mathcal{L}_{\text{perturbation}} = E_x\big[\max(\varepsilon,\ \|\ \mathcal{G}(\boldsymbol{x})\ \|_2)\big] \tag{6.24}$$

其次,为了达到模拟目标对象或混淆个人身份的目的,需要一个人脸匹配器 $\mathcal{F}$ 来监督 AdvFaces 的训练。在每次训练迭代中,AdvFaces 尝试通过身份损失函数最小化生成图像 $x+\mathcal{G}(x)$ 和原图像 x 的余弦相似度:

$$\mathcal{L}_{\text{identity}} = E_x\big[\mathcal{F}(x,\ x+\mathcal{G}(\boldsymbol{x}))\big] \tag{6.25}$$

最后,为保证生成图像的感性真实感,使用全卷积网络作为基于补丁的鉴别器 $\mathcal{D}$,通过对抗损失区分原始图像和对抗人脸:

$$\mathcal{L}_{\text{adv}} = E_x\big[\log\mathcal{D}(x)\big] + E_x\big[\log(1-\mathcal{D}(\boldsymbol{x}+\mathcal{G}(\boldsymbol{x})))\big] \tag{6.26}$$

最近,Wang 等人提出一种黑盒可迁移、强度可控的对抗攻击方式 Amora(Adversarial morphing attack,对抗形变攻击)[73],通过专用形变和联合学习通道操控面部内容、增加面部特征的对抗性,在语义级别上以连贯方式在空间内扰动像素,以实现对抗攻击。

另外,还有一些方法基于人脸特性而设计,如五官、面饰等关键点。输入图像的微小旋转、平移或者缩放变化都可能导致相似性的剧烈变化。Dabouei 等人提出一种有效的算法直接操纵面部图像的关键点以产生几何扰动的对抗样本[74]。针对面部模板不可知的灰盒设置,Wang 等人提出一种基于相似性的灰盒对抗技术(Similarity-based Gray-box Adversarial Attack,SGADV)[75],该技术在两个深度人脸识别模型和三个数据集上能够有效泛化。Xiao 等人扩展了现有的基于迁移的攻击技术以生成对抗样本,并且通过对低维数据流形上的对抗性补丁进行正则化[76]。他们提出的 GenAP 算法中的扰动类似于人脸特征,这对于缩小替代人脸识别模型与目标人脸识别模型之间的差距非常重要。黑盒设置下的实验证实了他们所提出方法的优越性。

2) 针对人脸检测模块的攻击

人脸检测作为人脸识别系统的预处理环节,针对其的攻击将对认证系统造成更大的威胁——恶意的人脸图像无法被捕捉,从而后续的人脸识别模块将无法对该恶意人脸进行识别,该攻击者就会成为认证系统的"漏网之鱼"。针对人脸检测模型 Fast R-CNN(Fast Region-based Convolutional Neural Network,基于区域的快速卷积神经网络)[77],Bose 等人通过使用对抗式生成网络求解约束优化问题来生成对抗样本,从而逃避人脸检测模型的检测[78]。图 6.17 展示了 Bose 等人所提出的对抗攻击流程。其中条件生成器 G 用于生成扰动,将扰动添加至输入图像 $\boldsymbol{x}$ 以产生对抗性图像 x';再联合对抗样本和原始样本间的 l_2 距离以及误分类损失训练条件生成器 G。但作为一种白盒攻击方法,因其对目标模型的依赖程度过高,该方法在实际应用场景中发挥的作用有限。

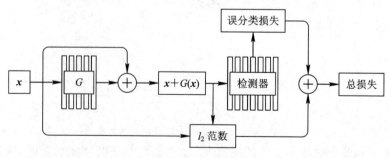

图 6.17 对抗攻击流程[78]

　　针对攻击适用性有限的问题，Yang 等人借鉴 Focal 损失的思想，提出一种针对不同攻击目标的通用对抗补丁[79]。Rozsa 等人对面部属性这类新兴的软生物识别技术的攻击手段进行研究，提出一种快速属性翻转算法(Fast Flipping Attribute,FFA)[80]，其在迭代过程中使用非离散像素值以获得更好的对抗质量，最终成功误导了人脸属性检测模型。

2. 物理域对抗攻击

　　物理域对抗攻击关注在真实目标体上部署对抗样本，在这种情况下，对抗样本总是被摄像头或传感器捕获。在该方面同样存在很多关于攻击方法的研究，相较于数字域上的攻击手段，其面临更多的挑战，如打印后图像颜色失真、对抗图像的移位旋转及形变、现实空间中复杂的光照环境、拍摄设备的角度变化等复杂情况下对攻击性能的影响等。

　　1) 针对人脸识别模块的攻击

　　数字域中的对抗样本在物理域中同样可以发挥效用。Sharif 等人首先设计并打印出一种特殊的眼镜图案(如图 6.18 所示)来攻击基于深度神经网络的人脸识别模型，攻击实验从白盒设置延伸到更贴近实际的黑盒设置[81]。

图 6.18　Sharif 等人设计的对抗眼镜图案[81]

　　以有目标攻击为例，在攻击时考虑了以下三种损失的结合：

　　(1) 分类损失：通过寻找能够最大化输入 x 被判为目标类别可能性的扰动 r，即通过最小化分类损失让加入噪声后的预测类别与目标类别尽可能接近。

$$\underset{r}{\arg\min}\ \text{softmaxloss}(f(x+r),c_t) \tag{6.27}$$

其中：

$$\text{softmaxloss}(f(x),c_x)=-\log\left(\frac{e^{\langle h_{c_x},f(x)\rangle}}{\sum_{c=1}^{N}e^{\langle h_c,f(x)\rangle}}\right) \tag{6.28}$$

h_{c_x} 表示图像 x 所对应真实标签 c_x 的独热编码，$\langle\cdot,\cdot\rangle$ 表示向量间内积。

　　(2) 平滑损失：摄像机不太可能准确捕捉到扰动中相邻像素之间的极端差异，非平滑的扰动在物理上不太可能实现。为了保持扰动的平滑性，使用变化总量(Total Variation,TV)对坐标 (i,j) 处的像素值 $r_{i,j}$ 进行约束，其函数定义如下：

$$\text{TV}(r)=\sum_{i,j}\left((r_{i,j}-r_{i+1,j})^2+(r_{i,j}-r_{i,j+1})^2\right)^{\frac{1}{2}} \tag{6.29}$$

　　(3) 色域损失：由于打印机的色域比数字域上的色域窄，并且很可能数字域上的效果与实际打印的效果不一致，因此又加入对噪声色域的约束。$\text{NPS}(\hat{p})$ (Non-Printability Score,不可打印得分)直观定义为所有像素颜色差值之和：

$$\text{NPS}(\hat{p})=\prod_{p\in P}|\hat{p}-p| \tag{6.30}$$

其中，$\hat{p}$ 表示数字域中对抗样本的颜色值，p 表示物理域中能呈现的颜色值，P 是 p 所对应的可选超集。

虽然该方法是针对人脸识别模型所设计的，但也可应用于人脸检测模块中，从预处理环节侵害人脸识别系统，从而存在更严重的隐患。当对抗镜框设计得不具备真实性时，易被人眼乃至检测模块发觉，故提升对抗图案的视觉质量和合理性是重中之重。

物理域中简单、非特异性形状的对抗样本同样可以发挥作用。为了提高在不同拍摄角度下攻击的鲁棒性，Komkov 等人提出一种简单可复制的实用对抗攻击 AdvHat[82]，其攻击流程大致如图 6.19 所示。首先对生成的对抗图案做非平面转换，以模仿粘贴至额前可能发生的形变从而增强对抗图案的鲁棒性；然后使用空间变换层将对抗贴纸投影至人脸图像上并按照基于 ArcFace[83] 损失（Additive Angular Margin Loss，附加角裕度损失）的人脸识别系统的输入模板对图像进行微调；最后用余弦相似度损失和前文提及的 TV 损失评估对抗贴纸的优劣，利用损失函数的梯度符号调整下一步攻击迭代的方向。该方法会生成矩形样式的对抗样本，而无须进行额外的特殊剪裁。

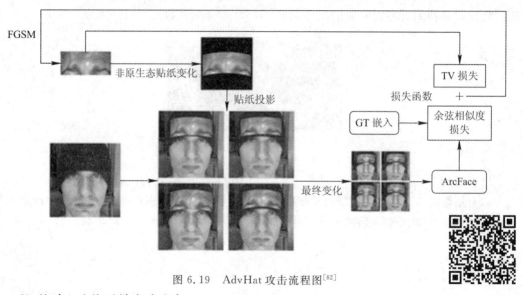

图 6.19　AdvHat 攻击流程图[82]

2) 针对人脸检测模块的攻击

与此同时，在物理域上关于图像检测系统的对抗攻击研究也取得了一些进展。Zhou 等人首次阐明红外人脸对抗性样本对人脸检测模型所造成的严重威胁[84]，他们发现附着在帽檐上甚至隐藏在发丝中的红外线 LED 灯可以通过投射红外点至面部关键区域，微妙地改变目标体的面部特征，从而逃避检测。图 6.20 展示了附着 LED 灯的鸭舌帽以及 LED 的部分部件。相对于贴纸类攻击，这种基于红外的隐形面部变形在扰动体量和隐蔽性上都更具优势。然而该方法要求企图躲避检测者创造可穿戴的人工制品，并且捕捉红外线的能力与镜头功能密切相关，廉价的镜头常常会有损扰动传播，使得对抗样本的效率降低。同时，扰动的产生依赖于白盒假设，假设相对较强、实用性欠佳。再者，出于攻击者自身考虑，长时间的红外线接触会影响健康，并且不同测试者人脸特征点间的差异也会影响攻击成功率。

Kaziakhmedov 等人利用一批包含不同人脸位置信息、不同亮度的图像训练对抗样本，减少因数据不完备造成的损失，提出一种针对 MTCNN[86]（Multi-Task Convolutional Neural Network，多任务卷积神经网络）人脸检测模型的攻击方法[85]，其算法逻辑简单，

(a) 安装攻击设备的鸭舌帽　　　　　　　(b) LED 及其透镜

图 6.20　红外攻击装置[84]

但由于其白盒设置，利用梯度信息优化对抗扰动，因此并不适用于商用模型。

景慧昀等人提出一种黑盒设置下的物理域对抗攻击方法[68]，利用集成学习算法提取多种人脸检测模型的共同特征，利用公共注意力热力图发起攻击，尽可能地将攻击效果和测试者个体解耦。如图 6.21 所示，当攻击者脸上贴有刻意生成的对抗贴纸时，人脸检测系统将无法正常工作，后续的身份识别系统也相应失效。

图 6.21　支付宝刷脸支付人脸检测系统的逃逸结果[68]

人脸识别系统本质上是一个多分类的深度学习模型[87]，因此经分类模型验证有效的主流攻击方法可以很好地扩展到人脸识别系统中。值得注意的是，针对人脸识别的攻击要领是攻击人脸关键点，常见的手段是佩戴特殊眼镜、面部粘贴贴纸等，试图干扰人脸识别系统提取人脸关键点以得到特征向量。

6.2.2　针对语音身份验证平台的对抗攻击

近年来，由机器学习驱动的声学个人设备越来越受欢迎。当语音成为主要的交互方式时，为了填补其中的安全漏洞，有关部门常常会部署语音身份验证系统，其由声纹识别子系统和反欺骗子系统两部分构成，前者用来进行用户身份认证，后者的任务是区分真实和伪造的语音。声纹识别（Voiceprint Recognition，VPR），又称自动说话人识别（Automatic Speaker Recognition，ASR），顾名思义，是根据音频中说话人的非文本特异性生物信息来判别讲述者身份的一项生物特征识别技术，并且目前大部分声纹识别系统都立足基于频谱的声学特征进行工作。经过数十年的研究，声纹识别系统取得了不俗的性能表现，其应用场景也颇为广泛，常作为智能设备、电子商务、远程访问、刑事调查等领域的后备身份认证系统。然而，受到说话人自身的生理波动、传输设备的硬件缺陷、繁杂多样的环境噪声等各种不确定性因素的制约，当前的声纹识别系统可靠性不足。与其他基于深度学习的识别系统类似，声纹识别系统同样易受到对抗攻击。

1. 针对声纹识别子系统的对抗攻击

声纹识别的判定机理建立在未知输入语音和已注册语音的特征相似性上，在一般的声纹识别任务中，注册语音集和待测试语音一同馈入系统。简言之，有三种代表性框架：端到端方法、基于高斯混合模型（Gaussian Mixture Model，GMM）i-vector 以及基于神经网络的说话人嵌入系统。对于真实的模型攻击，攻击者只扰动待测试语音并且保持注册语音集的干净性。自 2017 年以来，很多研究者就涉足于声学系统[88-90]的对抗攻击的研究。

第一个研究声纹识别系统中对抗样本的工作是由 Kreuk 等人开展的，他们使用 FGSM 生成对抗语音，以攻击数字域端到端声纹识别网络[91]。研究者在语音信号的频谱表示中引入扰动，随即利用反变换恢复对抗音频。

针对基于神经网络的多类说话人嵌入系统，Cai 等人首先通过实验验证 SampleRNN 和 WaveNet 的能力不足以生成有效愚弄识别系统的对抗样本[92]。受到 GAN 的启发，Cai 等人通过修改 Wasserstein GAN 损失函数，提出了一种能够执行有目标和无目标攻击的半监督方法。Li 和 Xie 等人都使用估计的房间脉冲响应（Room Impulse Response，RIR）模拟由于声音传播所造成的失真并将其集成到对抗性示例训练过程中，以生成在物理域也能发挥效用的对抗音频[93-94]。但这二者都属于白盒攻击范畴。其他工作主要关注基于 x-vector 的模型及其对对抗样本的脆弱性[95-96]。假设在波形可以直接输入目标的前提下，基于粒子群优化和梯度下降的 SirenAttack 适用于白盒和黑盒设置下多种端到端声学模型[97]，其中就包括声纹识别模型。简而言之，针对白盒场景，SirenAttack 在第一阶段采用启发式算法搜索粗粒度扰动，在第二阶段利用梯度信息精细调整对抗扰动，以进行有目标/无目标的对抗性攻击；针对黑盒场景，使用强大、迭代和无梯度的算法来进行有目标/无目标的对抗性攻击，需要注意的是，SirenAttack 不适用于语音欺骗对策模块。Jati 等人则利用多种先进的白盒攻击对声纹识别模型进行评估，同时提出多种防御策略并分析其性能[98]。与其他攻击所研究的方向不同，Abdullah 等人制作出用户无法理解但声纹认证模型能正确进行推断的对抗音频[99]。对与文本无关的说话人验证模型，Luo 等人采用余弦相似度部署生成器，以产生具有轻微扰动的有效对抗样本[100]。

从跨特征、跨模型设置的角度出发，Li 等人简单采用 FGSM 方法验证说话人识别系统面对对抗攻击时的脆弱性，并借助 i-vector 和 x-vector 模型（基于神经网络框架的分支）研究了对抗语音在声纹识别架构上的可转移性，完成针对白盒设置和黑盒设置下的攻击[101]。为弥补语音对抗攻击实际应用场景下的研究空缺，FAKEBOB 语音攻击演示了一个全黑盒场景中的攻击[102]，其整体攻击流程如图 6.22 所示。

简而言之，将对抗性样本的生成公式化为一个优化问题，以平衡对抗语音的强度和隐蔽性，为不同攻击类型（即有目标的和无目标的）和任务的说话人识别系统指定具体的损失函数，采用自然进化策略 NES 和基本迭代法 BIM 求解优化问题。一方面施加尽可能少的扰动、使用 l_∞ 范数限制音频信号中每个采样点处的最大失真以增加攻击的不可察觉性，另一方面保证物理域的实用性。同时研究者在 i-vector、x-vector 等模型上验证了该方法的迁移性。

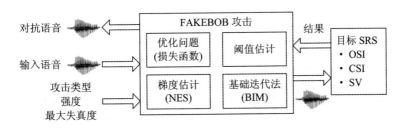

图 6.22　FAKEBOB 攻击流程[102]

大多数现有攻击需要对整个输入音频进行修改，这暗含两个不合实际的假设：① 生成的对抗音频与输入音频持续时间相同、具有同步性；② 输入音频的特征对攻击者可见，可提供先验知识。在面对流式音频输入的系统时，一般的对抗攻击方法将束手无策。AdvPulse关注物理接入场景，并提出了一种基于惩罚的通用方法[103]，其攻击流程如图6.23所示。为了避免对语音内容和时间的限制，亚秒级通用对抗扰动可以在语音流的任何时候注入，随机时间延迟也被纳入优化过程。

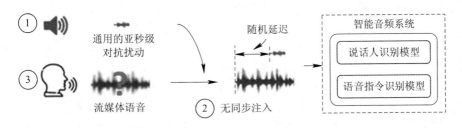

图 6.23　AdvPulse 攻击流程[103]

2. 针对语音欺骗对策模块的对抗攻击

作为语音身份验证系统防御攻击的城池堡垒，语音欺骗对策模块通常也无法成功抵御对抗攻击，并且这方面的研究还没有得到足够的关注。Liu 等人从完整性考虑，采用快速梯度符号法(FGSM)和投影梯度下降法(PGD)在白盒和黑盒两种场景设置下首次对语音欺骗对策模块的可靠性进行评估，证明深度语音欺骗对策模块对于对抗音频的非鲁棒性[104]。Andre 等人开发了第一个针对语音欺骗对策模块的实际攻击[105]，以生成对抗样本作为攻击策略，将生成针对语音欺骗对策模块对抗噪声的问题归约为一个受威胁模型约束的优化问题。Zhang 等人的目标是使用迭代集成优化和阴影模型集合来增强迁移性[106]。Gomez-Alanis 等人联合考量声纹识别子系统和反欺骗子系统，研究整个语音身份验证平台对对抗性攻击的鲁棒性[107]；同时，他们提出一种新的生物特征反欺骗生成对抗网络(Generative Adversarial Network for Biometric Anti-spoofing，GANBA)，所采用的判别器是包含自动说话人认证和表示攻击检测(Presentation Attack Detection，PAD)的完整生物识别系统，其显示出更高的欺骗语音生物识别系统的能力。

相较于传统语音验证组件，基于深度神经网络的语音身份认证系统具有更高的判别准确度，然而深度学习的安全问题就像一把悬顶之剑，给应用深度神经网络的实际场景带来了各种安全隐患。故重新审视现有的评估协议与相应的评估数据集，并设计新的方法来评估模型鲁棒性、超越传统度量，这一点变得至关重要。因而发生在模型推理阶段，测试模型精度下限的对抗攻击作为评估手段是合宜的。研究人员也在更深入地探究提升攻击性能的方法，这也会是今后很长一段时间的研究重点。

6.2.3　针对远距离识别技术的对抗攻击

1. 针对步态识别的对抗攻击

步态识别是一种新兴的生物特征辨别技术，旨在利用人类行走的姿态实现身份辨识，相较于其他的生物识别技术，步态识别有着非接触式远距离的优势，其在社会治安、远程监视领域有着广泛的应用。就目前而言，有关该生物特征学分支的研究工作较少，该类识别技术抵御恶意攻击时所表现出的鲁棒性不足问题同样值得关注。现有攻击方法大多基于生成式对抗网络，故下面将从 GAN 网络与对抗攻击的相关性展开叙述，继而介绍两种针对步态识别的攻击方法。

生成式对抗网络是一种利用生成器和判别器相互博弈的非监督式架构，在计算机视觉任务中表现出色，例如人脸图像编辑和动作序列实现。其生成与真实样本相近数据的内在逻辑为：生成器以生成尽可能类似于真实样本的随机样本为目标，而判别器致力于区分二者。自然而然地，通过诸如修改判别器损失函数、引入对抗扰动的指导性信息等手段，GAN 也可用于在短时间内生成大量高质量的对抗图像、甚至是合成特定场景中视觉自然的步态视频。

因此，Jia 等人提出一种结合 GAN 在合成视频方面的优势与步态识别中先验知识的攻击方法，从特定目标的源步态序列和目标场景图像中渲染出伪造视频[108]。在构建融合多尺度特征的生成器架构的基础上，通过两个并行的编码器-解码器流分别处理前景与场景图像，从而提高视频帧的逼真度；并且专门设计轮廓条件损失，保持源视频和伪造视频中目标的静态和动态一致性，以鼓励生成器产生更合理的结果。图 6.24 为 Jia 等人所提出方法中的生成器架构示意图，它将检测到的前景序列、所对应的轮廓结构和目标场景图像作为输入，经过多次卷积和向上采样，最终得到包含原始帧、估计流图和权重图的输出，并基于该权重图渲染最终攻击帧。通过在前景序列上滑动窗口，逐帧生成整个视频。

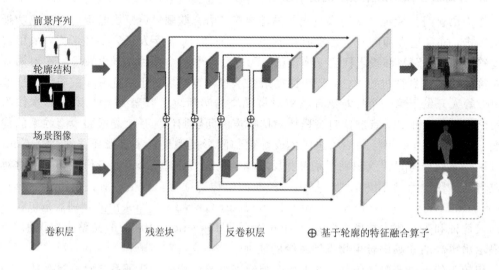

图 6.24　生成器架构示意图[108]

步态识别研究中常采用的单通道黑白轮廓图与普通三通道图像在数据上存在较大差异，同时目标主体间的步态差异很难在黑白轮廓图中体现[87]。He 等人采用基于 GAN 的架构生成语义上高质量的步态轮廓或视频帧[109]，通过少量替换或插入对抗性步态轮廓以实现时域稀疏性，并且构建比有界约束扰动更好的无限制对抗步态轮廓，从而确保了其不可见性。

2. 针对行人重识别的对抗攻击

作为远距离身份认证方法之一，行人重识别是利用计算机视觉技术比对不同方位角度下行人外表特征，从而判断图像或者视频序列中是否存在某些特定行人的技术。通常该方法可被认为是一个图像检索的子问题，通过检索跨设备下的行人图像，判别目标行人是否出现。重识别是一项度量分析任务，其基本目标是学习有区别的距离度量。该项技术旨在克服实际生活中固定摄像设备的拍摄盲区问题，并能与行人监测/跨镜追踪技术相结合，智能串联由不同设备采集的图像信息，推断行人轨迹，因此可广泛应用于智能商业、人机交互和智能安防等领域。

行人重识别是一个开放集问题，其中训练和测试图像属于不同的身份，故重识别被定义为不同于分类问题的排序问题。Zheng 等人较早研究了关于行人重识别之类的开放集识别(Open-set Recognition)问题的对抗攻击，提出 ODFA(Opposite-Direction Feature Attack，反向特征攻击)方法[110]，该方法通过使对抗样本的特征向量偏向原始查询样本特征向量的对立方向以扰乱候选样本排序，从而完成攻击。

由于行人重识别模型在测试过程中舍弃了分类决策边界的概念，关于分类攻击的相关工作难以复用到该领域，因此重识别模型采用度量函数计算图像间的相似度并给出判断。针对行人重识别现有距离度量的脆弱性，Bai 等人首次对行人重识别中的对抗效应进行了系统且严格的调查，并提出对抗性度量攻击[111]。

受到基于扰动的对抗攻击的启发，Ding 等人通过减少扰动对训练模型的偏置，提出适用于行人重识别算法的通用对抗扰动[112]。由于排序结果非光滑和不可微分，故研究者提出可微分形式的攻击目标平均精度(Average Precision，AP)来实现生成对抗扰动，并利用独立于模型架构的总变化(Total Variation，TV)正则避免扰动落入局部极值点，从而提高了攻击的泛化性。针对行人重识别模型制作的对抗样本通常存在两个问题：① 每张行人图像均有其定制的对抗样本，对抗行人图像与源图像高度相关，缺乏通用性；② 对抗扰动依赖于模型，在模型之间攻击效果的迁移性差。针对上述问题，Ding 等人提出一种更加通用的对抗性扰动(More Universal Adversarial Perturbation，MUAP)方法，用于图像不可知和模型不敏感的行人重识别攻击[113]。该方法的损失函数包括两个部分：① 列表级信息的平均精度 AP，用于实现图像无关的攻击；② 模型不敏感的正则化项$\mathcal{L}_{MI}$，用于增强交叉模型之间的攻击效果。MUAP 方法生成的对抗性扰动不仅是图像无关的，而且是模型无关的。实验结果表明其具有较好的攻击效果，尤其对于交叉模型(Cross-model)攻击场景。

不同于攻击图像分类模型，攻击图像检索系统面临更大挑战。Zhao 等人提出一种基于 GAN 的无监督对抗攻击方法 UAA-GAN(Unsupervised Adversarial Attacks method with GAN)[114]，其在攻击行人重识别模型方面也有着不俗的表现。整个 UAA-GAN 框架的总体架构如图 6.25 所示，包含生成对抗样本的生成器、区分真伪图像的鉴别器和计算输入图像深度特征的目标网络。其中生成器生成与查询图像相关、不均匀的扰动，意在给定固定噪声水平的情况下实现对检索结果的最大干扰；对攻击者而言，目标网络则是黑盒的。通过考虑三种不同的损失，确保对抗样本实现三个目标：GAN 损失强制要求因扰动而改变的对抗性样本视觉上表现得应尽可能自然；Metric 损失用于在深层特征空间中将对抗样本推离原始查询样本；Reconstruction 损失则作为一种正则，限制添加到原始查询图像的扰动水平。

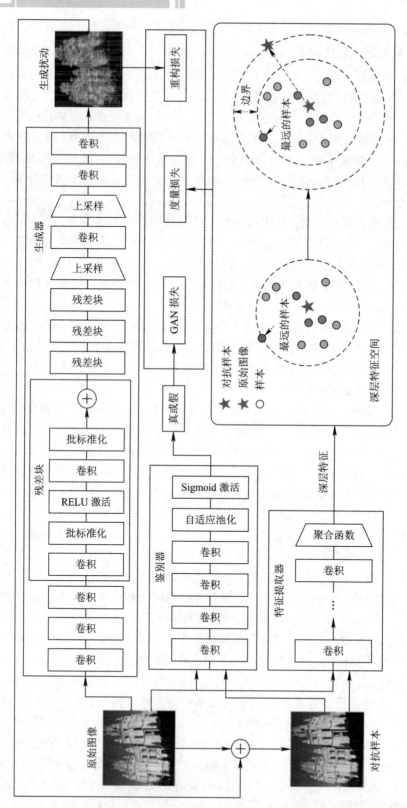

图 6.25　UAA-GAN 框架的总体架构[114]

不约而同地，Wang 等人采用生成对抗网络建模行人重识别模型的黑盒攻击过程以提升对抗扰动的泛化和迁移性[115]。其攻击示意图如图 6.26 所示，旨在产生一些噪声 $\mathcal{P}$ 来干扰输入图像 I，被干扰的图像 $\hat{I}$ 能够通过改变视觉相似性来欺骗行人重识别系统 T。其中，$\hat{I}_c^k$ 表示小批次中第 k 个 ID 中的第 c 个图像，I_{c_s} 和 I_{c_d} 是来自相同 ID 和不同 ID 的样本，它们分别形成相同 ID 数据集 $\{I_{c_s}\}$ 和不同 ID 数据集 $\{I_{c_d}\}$。示意图中的四种损失从不同维度对训练过程提出以下要求：① 错误排名损失 $\mathcal{L}_{\mathrm{adv\_etri}}$ 专为行人重识别开放集任务而设计，通过拉近不同目标体的 l_2 距离、推远同一目标体的距离度量完成攻击目的；② 误分类损失 $\mathcal{L}_{\mathrm{adv\_xent}}$ 放宽无目标攻击限制；③ 感知损失 $\mathcal{L}_{\mathrm{VP}}$ 保证生成图像的视觉质量；④ GAN 损失 $\mathcal{L}_{\mathrm{GAN}}$ 形式化生成器 $\mathcal{G}$ 和判别器 $\mathcal{D}$ 的博弈原理。

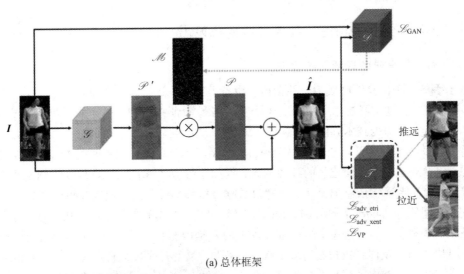

(a) 总体框架

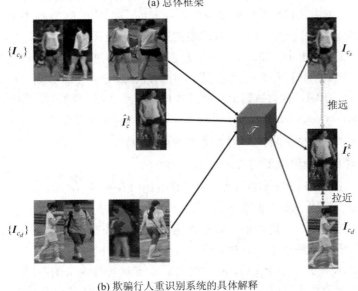

(b) 欺骗行人重识别系统的具体解释

图 6.26　利用对抗网络建模攻击过程[115]

与针对人脸识别系统的物理域攻击方法类似，将数字域中生成的对抗图案打印出来同样可以在行人重识别系统中发挥攻击效用，逃避监控设备的捕捉，即当被侦测目标携带具有对抗性图形特征的物品经过监控区域时，行人重识别和检测算法将会失效，从而成功逃避监测。Wang 等人提出一种针对行人重识别系统的物理域对抗攻击方法，设计了跨摄像头可变、位置可扩展、物理上高鲁棒的对抗性图案，首次实现了物理领域中面向行人重识别系统的目标逃逸攻击与伪装攻击，并证实了其体系的脆弱性[116]。该方法主要考虑了两类攻击场景：① 无目标逃逸攻击，重识别模型可以将攻击目标体识别为任何其他身份，攻击者就像穿着"隐形斗篷"；② 有目标伪装攻击，一种逃逸攻击的扩展形式，重识别模型可以将攻击目标体确定为某一特定身份。同时，为了应对相机失真、捕获位置多变、扰动可见性等挑战，研究者使用图像变换扩充数据集、多位置采样以提高对抗模式在不同位置的可扩展性、预设掩码限制形状以及添加正则化项生成平滑斑块等策略。

6.2.4　针对其他生物特征认证系统的对抗攻击

1. 针对手势身份验证的对抗攻击

基于手势的身份验证已成为一种在移动设备上对用户进行身份验证的非侵入式、有效的方法。近年来，深度学习技术应用于基于手势的身份验证系统中，已经取得可喜的成果。其中，有多种分析手势的技术，包括加速度、角运动、3D 运动以及三者的混合。大多数基于手势的身份验证技术主要可以分为依赖触摸屏和动作手势[117]进行识别两类。前者通常分析触摸动态，包括从触摸屏界面记录的各种输入，例如手指大小和压力，或是收集到的手指行为和位置数据；后者通常依靠加速计和陀螺仪数据分析移动设备的加速度和角运动。

支持向量机（Support Vector Machine，SVM）和其他非隐私保护系统多用于基于手势的身份认证以保护移动设备，这些系统对对抗攻击而言是敏感且脆弱的。在现实场景下，目标模型是否可以访问以及训练数据集对攻击者是否可见，这都是需要进行考虑的。Al-Rubaie 等人研究从真实用户数据中重建训练数据集的可能性，并且对使用 SVM 模型的手势安全系统进行随机化攻击实验[118]。鉴于生成式对抗网络的通用性以及强大的攻击能力，GAN 也被用于针对手势身份验证的攻击中。Huang 等人对攻击者有权访问真实用户手势数据的场景进行研究，并收集用户手持智能手机并进行签名操作时的三轴加速计手势数据（Tri-axial Accelerometer Gesture Data，TAGD）作为数据集从而进行相应的预处理；后续采用深度卷积生成对抗网络（Deep Convolution Generative Adversarial Networks，DC-GAN）生成对抗样本，以探究一维卷积神经网络（1D-CNN）这种时间序列分类技术的鲁棒性[119]。

2. 针对生理信号身份验证的对抗攻击

脑电波（Electroencephalogram，EEG）、心电图（Electrocardiogram，ECG）和多模态生理信号等已被证实可用于身份识别和认证[120-122]，这些信号具有持久性、通用性等优点。在针对生理信号的攻击中，攻击者企图通过伪造的生理信号有目标地攻击生物传感器，使其做出特定错误判断，继而允许攻击者获得对系统未经授权的访问权限。

Maiorana 等人分析了基于 EEG 的生物识别系统对对抗攻击的脆弱性，其利用生物识别系统给出的匹配分数重新生成带有对抗性的 EEG 样本，诱导模型将对抗样本预测为受害者类别[123]。这属于基于模型预测置信度的有目标黑盒攻击的范畴。

ECG 是一种可以进行短时间存储的信号，高保真 ECG 信号在稍后的时间可再现对应的生物特征信号。若生物识别系统缺少监督，攻击者可能会对 ECG 信号进行恶意攻击。

Eberz 等人[124]提出一种针对 ECG 生物特征的系统攻击，其基本思想是学习一个映射函数转换待攻击的 ECG 信号，使其尽可能地逼近目标信号；转换后的 ECG 信号可用于欺骗识别系统以进行非法访问，这体现了有目标攻击的思想，将原样本(待攻击的 ECG 信号)转换成对抗样本(目标 ECG 信号)。值得注意的是，该攻击需要明晰目标信号的特征分布且Eberz 等人提出的方法是离线的。与之相对，Karimian 等人提出一种在线表示攻击方法且符合黑盒攻击设定，假设攻击者对 ECG 识别系统的架构、内部信号或中间计算等信息一无所知[125]。Karimian 等人学习到的映射函数是线性的，其只需单个 ECG 波动作为模板，而无须像 Broken hearted[124]那样采用长序列信号计算映射函数，这在提高攻击效率的同时可以降低攻击复杂度。为了证明该方法的有效性、鲁棒性和泛化能力，研究者也在更大量级的数据集上进行了更多次实验。两种方法的区别如图 6.27 所示。

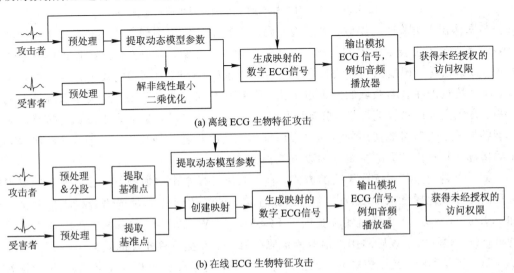

(a) 离线 ECG 生物特征攻击

(b) 在线 ECG 生物特征攻击

图 6.27　两种针对 ECG 信号攻击方法的区别[126]

6.2.5　针对验证码防御设计的对抗攻击

如在第 5.2.4 小节中所分析的那样，现有的验证码面临的主要安全威胁来源于基于深度学习技术的破解攻击，而对抗攻击可以愚弄深度学习模型这一特点也可以为验证码所用，即在验证码设计中加入对抗噪声来抵挡深度模型攻击，从而达到提升验证码鲁棒性的目的。对抗攻击在图像领域的研究时间更早，技术更加成熟，关于对抗攻击在验证码防御中的探索最早出现在以图像形式为主的文本验证码和图像验证码中。在文节验证码设计中，可以通过向目标字符添加对抗扰动，来愚弄攻击者的深度学习识别模型，从而使模型无法正确识别验证码中的字符，增强验证码的抗自动攻击能力，这一原则在图像验证码上同样适用。由于图像的分布具有随机性，相比于字符的规律性和目标性更强(即一个字符对应一个具体的标签，而一个文本验证码中一般同时存在多个字符)，图像验证码的对抗性设计相对文本验证码来说更加容易。事实上，已经存在许多相关工作对图像领域的对抗验证码展开研究[156-157]，证明该思路具备可行性。如图 6.28 所示，研究者利用特定字符作为背景针对文本验证码字符逐个添加扰动，从而生成具备对抗模式识别的文本验证码图像。更多对抗性验证码示例读者可以参阅第 5.2.3 小节。

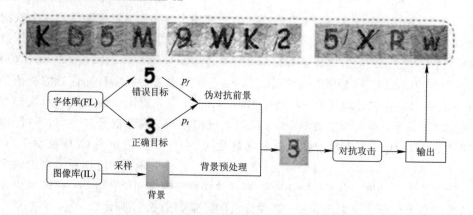

图 6.28　基于对抗样本的文本验证码生成示意图

与图像识别类验证码类似,语音验证码由于其也是以识别任务为主,事实上也同样面临着深度学习识别技术攻击的困扰。正如第 5 章中所介绍,在语音验证码所面临的攻击方式中,以机器学习模型识别算法和自动语音识别系统(ASR)为基础的攻击是主要的攻击方式,而对抗攻击在音频领域的发现也为语音验证码防御带来新的契机。在语音验证码的设计中,音频文件由系统端提供,验证码供应端可以通过向音频验证码中添加对抗扰动来使其能够愚弄攻击者可能使用的自动语音识别器,从而躲避该种攻击。一般来说,向语音验证码增加对抗扰动的方式主要分为以下三种:

第一种是通过基于优化策略的方式,直接向语音样本中增加噪声,目标模型的识别结果反向传播优化梯度从而实现样本的不断优化,最终达到合成对抗语音样本的目的。例如,Shekhar 等人[156-157]通过实验验证了 FGSM、C&W、Deepfool 等方法在语音验证码上的可行性,也证实了该思路用于语音验证码防御确实有提升鲁棒性的效果。

第二种是利用对抗生成式网络的生成能力优势,近年来研究者尝试使用 GAN 对语音验证码添加对抗噪声,希望利用 GAN 模型判别器的优势使生成的语音噪声更自然、样本对听觉的干扰更小。例如,Hossen 等人[159]使用 GAN 模型生成模拟自然界鸟叫声的扰动,从而干扰 ASR 使其错误识别音频内容,故将 GAN 用于语音验证码的对抗生成也是可行的思路。

第三种是通过对语音验证码音频文件本身的解析,如图 6.29 所示,在时域和频域中通过分段处理添加噪声从而实现对目标识别模型的愚弄[158]。该方式从信号处理角度出发,不依赖 ASR 模型的梯度,相较于前两种方式有本质区别。

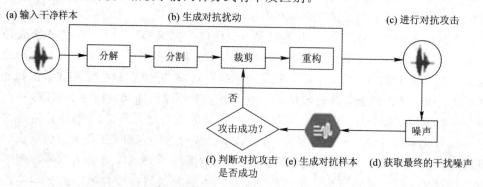

图 6.29　基于对抗攻击的语音验证码生成示意图

"以攻设防"是对抗攻击为验证码身份认证防御带来的新思路,具有针对性,利用深度模型的脆弱性为验证码抵挡来自深度学习模型的攻击,研究前景良好。然而现有的攻击方式由于迁移性受限,即无法同时完全愚弄不同的模型,因此该方向的研究仍然存在局限性,需要未来继续深入探索。

6.2.6　其他领域内对抗攻击方法对身份识别可信研究的参考与意义

上述人脸识别、语音身份验证和远距离识别等都是基于可视信息身份认证的关键技术,关于这些应用领域的对抗攻击研究正在如火如荼地开展。而对抗攻击范畴下其他技术方法在一定程度上也可以为针对生物特征身份认证模型的攻击提供新的探索与发展方向,例如针对目标检测、语义分割和视频分类的攻击。

1. 针对图像领域中不同任务的对抗攻击方法

1)有关目标检测的攻击研究

检测器的工作原理是为可能的目标对象生成边界框,并为每个框生成标签。由于边界框采样模式的复杂性以及特征图缩放对对抗扰动的破坏性,针对检测器与分类器的攻击方法大相径庭。Lu 等人首次成功地对目标检测模型发起对抗攻击[127],虽然扰动幅度较大,但在实验中生成的对抗样本既能在数字域中良好泛化,又能在物理世界中发挥作用。显著性模型是通过注意力机制模拟人类的观察行为的一类模型,常用于目标检测任务中的内容分析。Che 等人提出针对显著性模型的对抗攻击[128],该方法通过攻击高维特征表示产生更为稀疏的扰动,完成有目标和无目标场景下的攻击。以有目标攻击为例,该攻击流程为:首先从被攻击层为对抗样本和目标样本产生的数以千计的小尺度特征图中均匀选取少量相同位置的特征图,然后计算所选稀疏特征映射对之间的损失,最后反向传播损失梯度以生成对抗扰动。该方法的稀疏性包含以下两个含义:其一,从被攻击层的数 千个特征映射中选择一小部分特征映射进行攻击;其二,生成的对抗扰动稀疏且视觉上不可感知。有目标攻击流程如图 6.30 所示。此外,在梯度反传过程中攻击者只需知道被攻击层前的模型架构,这与计算预测置信度损失的图像空间攻击相比,降低了对威胁模型的了解程度。

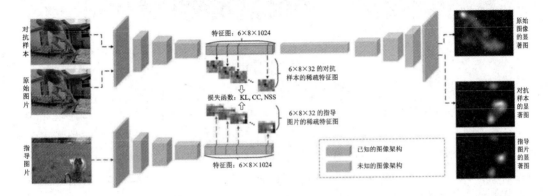

图 6.30　有目标攻击流程[128]

针对目标检测的物理域攻击，Thys 等人证明攻击者可以拿着带有对抗性补丁的纸板来躲避检测器[129]，同时为了维持打印前后对抗补丁的鲁棒性，研究者在把补丁应用到纸板前对其做了一些转换。但该攻击假设对抗图案附着在刚性载体上，由于载体的存在攻击也易被察觉。Xu 等人首次考虑到物理域中由于对象动态行为导致对抗图案发生形变的问题，提出一个最小-最大优化框架来生成通用对抗补丁，并设计出一种带有对抗图案的 T 恤[130]，为设计实用的对抗性人类可穿戴设备提供了新的见解。与由攻击者携带或穿着对抗图案不同，Wiyatno 等人提出对抗图案也可以以不起眼的背景形式呈现在检测器面前，如打印成海报、制作成背景板[131]。当被攻击者在具有对抗图案的海报前移动时，检测器将锁定在对抗图案上，即可达到使检测器脱离其预期目标的最终目的。

2）有关语义分割的攻击研究

语义分割是场景理解的一种重要方法，其同样面临着对抗攻击的风险。一般攻击思路是计算原图像和引导图像的预测分割标签在图像空间中的损失，梯度反转生成对抗样本。因不同输出对象的感受野有较大的重叠部分，故难以为每个对象生成独立的扰动。Hendrik等人提出两种攻击方法，首次证明图像语义分割模型存在与输入无关的通用扰动，其一让模型产生特定的目标输出；其二删除指定目标类的分割部分并保持其余分割结果不变[132]，如图 6.31 所示，与原始图像视觉上高度相似的对抗样本可使模型忽略行人目标。该方法是白盒设置下的有目标攻击，但美中不足的是，由于攻击者对场景数字化表示的高度依赖，该项工作并不能直接迁移至物理世界。

(a) 图像　　(b) 预测　　(c) 对抗样本　　(d) 预测

图 6.31　移除行人类别的语义分割结果[132]

2. 针对视频领域中不同任务的对抗攻击方法

与针对图像领域的攻击方法相比，攻击视频不仅要考虑空间关系，还要考虑视频中的时间结构。同时，为了提高攻击的不可感知性并降低计算成本，攻击者应当施加尽可能少的扰动、保持扰动的稀疏性。Wei 等人认为扰动可以通过帧与帧之间的相互作用进行传播，并将其定义为扰动传播，稀疏性和传播行为相辅相成[133]。立足于视频行为识别任务，Wei 等人首次探索视频领域内的白盒攻击方法，使用 l_1 和 l_2 范数正则限制扰动的幅度，并由优化算法计算攻击帧的具体数量。此外，研究者指出可以根据不同设置通过添加时间掩码采样偏好帧。Li 等人利用生成式对抗网络（GAN）扰动实时视频分类中的每一帧[134]。Naeh 等人同样研究了白盒设置下针对视频行为识别的对抗性攻击，其主要目的是提高视频扰动对人类观察者和基于图像的对抗模式检测器的不可察觉性[135]。该方法通过对每一帧应用统一的红绿蓝三色扰动以制作具有时间不变性的对抗样本，近似光照变化，得以完成有目标和无目标攻击；通过引入三个正则化项，从不同维度限制扰动的感知效果；通过引入改进的对抗损失，更好地集成正则化项和对抗损失。

据前文所知，黑盒攻击需要大量模型查询，而一段视频包含多个图像帧，如果对每个图像帧分别进行黑盒攻击，那么攻击过程必然是繁杂且冗余的，故面向图像的黑盒攻击算法难以直接复用至视频领域。Jiang 等人提出第一个针对黑盒攻击的框架 V-BAD[136]，该方法对目标模型执行较少的查询即可获得良好的梯度估计。整个对抗样本的生成过程如图 6.32所示，具体来说，首先在步骤（a）中使用大数据集预训练的深度神经网络生成试探性扰动；然后在步骤（b）～（d）中 V-BAD 将试探性扰动分块、逐块矫正；最后在步骤（e）中根据矫正后的中间结果执行一步 PGD；整个过程迭代执行，直到生成成功的对抗样本。此外，研究者利用显著性检测选择关键区域和关键帧，并且在零阶优化中只估计梯度的符号而不估计梯度本身，以减少由于视频的高维性而导致搜索对抗扰动的高计算成本。针对另一种黑盒攻击，Wei 等人则提出一种基于启发式的算法[137]，该算法检测视频中每一帧对生成对抗样本的重要程度。根据帧的重要性和显著区域，该算法可搜索应对对抗性攻击更有效的帧子集。

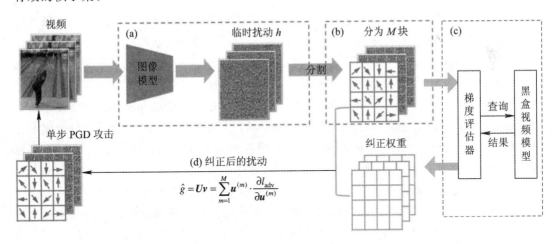

图 6.32　V-BAD 框架概述[136]

3. 有关 Ⅰ 型攻击的研究

上述对人类而言无法区分、但模型预测可以改变的攻击被定义为 Ⅱ 型攻击，与之对应的 Ⅰ 型攻击定义为即便显著地改变输入信息、但预训练的模型仍将其划分为原始类别的攻击。二者的攻击原理应是不同的，Ⅰ 型攻击依赖于被目标分类器所忽略的、但被攻击者所利用的缺失特征；而 Ⅱ 型攻击则侧重于修改对攻击者没有意义但被目标分类器所关注的非必要特征[138]。相较于 Ⅱ 型攻击，有关 Ⅰ 型攻击的研究较少且攻击难度更大，Tang 等人设计了一个有监督的变分自动编码器（Supervised Variational Auto-Encoder，SVAE）模型，以及在潜在空间中使用梯度下降法更新潜在变量来攻击分类器[138]。这样一方面使用解码器可对抗潜在向量从而解码成图像形式，另一方面使用判别器可对梯度进行限制。基于高斯分布的先验知识，在潜在空间中嵌入标签信息可以捕获特征。研究者借助手写数字识别和人脸识别任务进行实验验证。在 6.3.2 小节中提及的 Abdullah 等人针对语音识别认证系统的攻击[99]就是一种成功应用于说话人识别系统的 I 型攻击。原始输入的缩减子集作为特征向量被送入模型以用于训练或测试，攻击者可将扰动施加在被去除的部分，从而达到在维持模型正确预测的同时误导人类的目的。

4. 对抗攻击方法间的区别与联系

上述涉及多领域多任务的对抗攻击技术给基于生物身份的可信身份验证攻击技术提供了一定的思路参考和借鉴意义。

值得注意的是，虽然各个领域内的研究成果可以互相借鉴，但是现有的对抗攻击手段泛化性和通用性有限。例如，图像分类上流行的快速梯度符号法（FGSM）和投影梯度下降（PGD），可能不适合直接应用于步态识别。其原因是：其一，步态识别系统通常把从源视频分割出的轮廓序列作为输入，而信号处理技术可能会去除掉到源视频添加上的扰动；其二，即使攻击者能够修改探针，在原始步态轮廓上添加的范数约束扰动也会破坏其不可见性[109]。

适用于图像分类模型的攻击通常不能直接复用至图像检索系统（如行人重识别），这是因为：

其一，在图像分类任务中，最后一个全连接层的输出即 logits 和 Softmax 激活函数对待分类目标对象上的关键点或区域周围的微小变化非常敏感，这也是基于模型梯度的攻击成功发挥作用的内核机理。微小扰动可以显著减少预训练卷积核的激活，故很多作为局部特征检测器的卷积核不能有效地提取底层特征，从而线性输出层则会在失去部分关键特征的特征图上进行有损分类。而在图像检索任务中，图像是根据经过卷积神经网络多个最大池化层或求和池化层的全局特征数据库进行搜索的，检测器为输入图像的多个目标体划分区分框并进行多分类。因此一般来说，图像检测模型对较小的局部变化更具稳定性和鲁棒性。

其二，分类器的训练依赖于类别标签，而类别标签同样为对抗样本的生成提供了指导意义。据前文有关白盒攻击的叙述所知，通过在分类过程中使用梯度信息可以快速找到使模型预测发生变化的扰动方向，从而将原样本推离决策边界来生成对抗样本，该过程通俗易懂。然而对于图像检索，其目标是将特征表示推离其原始位置及其在特征空间中的原始邻居。由于缺乏定义良好的标签作为参考和梯度信息作为先验，这个问题难以表述[114]。

针对图像预处理的对抗攻击也可能对生物特征识别系统产生威胁。为了符合特定模型的输入限制，图像缩放技术常包含在图像预处理过程中。Xiao 等人利用缩放图像时人类和计算机表现出的视觉认知矛盾，提出一种自动且高效的对抗攻击算法，通过制作对抗样本使得图像的视觉语义在缩放期间发生显著变化以欺骗后续识别模型[139]。由不同相机采集到的人脸、步态等图像的分辨率差异较大，在将采集样本送入识别系统前需对其进行缩放处理，以匹配不同模型的输入模式，因而这类攻击的危害性会传递至后续系统。

6.3　身份认证中的对抗防御

6.3.1　针对识别模块本身的对抗防御

1. 基于正则化的被动防御

对基于正则化的被动防御的研究已有一定进展。例如 Bai 等人针对行人重识别模型的对抗攻击做出了对抗训练的初步尝试，他们用所提出的度量攻击对训练数据进行扩展，以此训练度量保持模型[111]。这种重新训练带来的计算开销不容忽视，因此该方法的应用具有局限性。

2. 基于预处理的主动防御

在实际的身份认证系统中，基于预处理的主动防御策略往往更加易于部署，对多种身份认证方式的适配性也更加灵活。比如针对某个人脸识别系统或是语音身份验证系统，可以在输入经过系统的分类器之前由部署好的预处理防御机制对所有输入进行预处理，包括过滤、筛选、破坏与重构等，尽可能地清除输入中潜在的对抗扰动以确保身份认证系统的安全。对于认证系统而言，无论选择什么样的预处理主动防御算法，输入的预处理主动防御操作与后续的身份认证系统之间都是高度解耦合的。这意味着当现有的预处理手段被破解或是防御能力达不到预期标准的时候，完全可以在不改变模型参数的情况下更换更加高级的预处理防御手段，或者将现有的预处理防御系统直接移植到新的身份认证系统当中。由于身份认证中分类模型的训练往往需要耗费大量的人力与物力资源，因此基于预处理的主动防御策略的"热插拔"机制在灵活性与成本方面更具竞争力与吸引力。例如，王艺萌提出的基于破坏与重构的主动防御方法[140]可以应用于人脸识别模型。基于对抗扰动是添加在原始图像上的相同大小的"掩码"这一假设，首先将原有对抗样本和干净样本相匹配得到其中的差异量，并利用该差异量学习扰动分布，据此使用 GAN 生成对抗样本扩充数据集；然后在此基础上融合知识蒸馏技术训练深度去噪网络 UDDN(U-Net based Deep Denoising Network)。由于行人重识别模型已部署在现实中而难以对其进行修改，对输入进行预处理的防御更切合实际场景，故常禾雨通过变换输入尺寸和添加随机扰动平滑输入空间，以抵消对抗样本造成的影响[141]。这两种防御手段的内在逻辑是调整原先整个图像各点的像素值，利用神经网络的非线性映射，削弱对抗扰动在输出层的影响，同时二者样本、模型不可知，因此泛化通用性较佳。

6.3.2　基于活体检测模块的对抗防御

作为识别系统的协同模块，活体检测可以用于指纹识别、虹膜识别等生物特征识别系统，其中较为通用的是人脸活体检测。检测算法常被用来判断位于拍摄设备前的图像是否为一张真实的人脸而非提前准备好的图片、视频或是面具，并将其认为是虚假的人脸(如打印出来的照片、正在播放的视频)输入拒之在外，不允许这部分虚假人脸数据进入后续的识别系统,从而起到了"防火墙"的作用,能够在一定程度上抵御对抗攻击。鉴于人脸识别系统在生物认证技术中的广泛应用,针对人脸识别系统的对抗攻击以及对应的防御手段是最受研究者追捧的方向之一,在6.2.1小节中已经介绍了关于人脸识别系统的对抗攻击,故本节主要对人脸识别领域的活体检测防御手段进行介绍。

1. 基于手工特征的活体检测

早期研究者使用基于手工制作的特征来进行活体检测,试图找出正常人脸与伪造人脸之间的不同之处,并以此手工设计制作出某些用于区别二者的特征,最后通过这些特征检测人脸的真实性。

在基于手工制作的特征中,变化明显且常被利用的特征是人脸的种种运动。Pan 等人利用眨眼来判断捕捉到的人脸是否为活体[142],他们认为该特征的优势在于其非侵入性以及不需要额外硬件进行辅助,并且眨眼这个活动特征是非常突出显著、易于观察与检测的。研究者通过在一个无定向条件图式框架中对观察和状态之间的依赖关系进行建模用以判断人脸是否为活体,并且嵌入一个新定义的眼睛状态的判别性措施,以加快信息的导入。无独有偶,除了判断眨眼外,Kollreider 等人则使用另一个动态特征,即嘴唇的运动,来作为活体检测的指标[143],如图 6.33 所示。研究者通过使用梯度方向和双角度方向并且忽略梯度大小,实现了在不需要任何预处理(如直方图均衡化)的前提下,使得量化角度特征具备光照不变性,从而极大地减少了处理所需的时间。除此之外,Alsufyani 等人还将活体检测的注意力放到了用户的视线当中[144]。在该项工作中,研究者提出可以通过检测用户视线与一个系统生成的随机移动的视觉刺激(如一个随机移动的光点)是否吻合来检测输入是否为一张真实的人脸。如果受测对象确实是一个真实活体,那么在接收到视觉信号以后用户的视线总是会主动地追踪这个视觉信号,因此如果用户凝视的视线变化与这个随机视觉信号轨迹间的相似度超过了某个设定的阈值,那么可以认为该受测对象是一个活体,而不是事先准备好的照片或是回放的视频。Chetty 提出了一种将音频与视频两种信号相结合的多模态评估策略来检测受测输入是否为活体人脸[145]。与传统的融合技术相比,基于相互依赖模型的人脸-语音特征模糊融合带来了显著的性能提升。

图 6.33　使用嘴唇运动进行活体检测的示意图[143]

除了人脸五官的运动外,人类其他部位的生理信号也被应用到了活体检测当中,例如血液脉搏流量、心率信息等,其主要依赖于远距离扫描技术。相关领域的研究者提出了遥感光度计(Remote Photoplethysmography，rPPG)[146]，这是一种在接触式光体扫描技术(Photoplethysmography，PPG)的基础上发展来的新技术，可以看作是 PPG 在远程不接触受测者的拓展版本。rPPG 可以通过普通的基于 RGB 三色的摄像机来在不接触的前提下测量受测者的心跳，因此可以通过系统自行模拟心跳所引起的细微肤色变化来估算受测者的血液脉搏流量，从而在远程不接触的情况下获取受测者对应的生理信号信息。并且，由于传统的人脸对抗攻击所借助的载体是图片或面具等物件，其往往具备较低的透射率，而rPPG 所使用的信号对这类低穿透率的材料并不感兴趣，相反 rPPG 的活性信号只能通过观察真实活体获得，因此具备假体免疫性的 rPPG 技术无疑是非常适合使用到活体检测当中的。Li 等人利用人脸视频中的心率信息来进行活体检测[147]，其算法主要可以分为两步：第一步，通过检测与区分人脸视频中心率信息在频域上分布的不同来判定输入的人脸信息是一张真实的人脸还是事先准备好的人脸照片；第二步，通过纹理 LBP 分类器进一步对人脸信息进行区分，以排除掉针对人脸的屏幕攻击。在第一步判断中算法过滤掉了绝大多数使用照片进行攻击的对抗样本，而在第二步中则过滤掉了绝大多数基于屏幕的攻击样本，从而更大限度地保障了人脸识别系统的安全性。Heusch 等人对经 rPPG 方法提及的脉冲信号进行长期功率谱统计，并将统计结果交付给一个支持向量机进行二分类，从而根据脉冲信号所蕴藏的鉴别信息对人脸输入进行检测[148]。Liu 等人进一步在 rPPG 的基础之上进行了改进，提出了与 rPPG 具备时间相似性的改进版 TSrPPG(Temporal Similarity of rP-PG)[149]。利用 TSrPPG，检测者可以通过对传统 rPPG 所产生信号的时域波形进行时域分析，能在极短的时间之内获取到受测者的心跳信号，相较于之前在频域中对心跳进行频谱分析的传统分析手段而言，极大地提高了分析提取心跳信号的速度，提升了活体检测的效率。

2. 基于深度学习的活体检测

随着深度学习技术的兴起，通过深度学习对数据进行深层次分析来进行活体检测逐渐成为一个新的研究热点。与传统的基于手工制作特征的活体检测相比，深度学习能够从大量数据中学习到深层次高维度特征，这无疑有着其独到的优势与研究价值。

Yang 等人对将深度学习应用到活体检测上进行了简单的尝试，该研究中使用了一个结构简单的卷积神经网络，试图从人脸图像中抽取深层次的特征值，并且将模型最后的输出经过 Softmax 以后便对真实人脸与虚假人脸进行预测分类[150]。但该方法用于不同的虚假人脸时往往呈现出极大的特征差异，比如使用对抗贴纸的伪造人脸和使用面具的伪造人脸在特征空间中可能会出现极大的差异，并且当时缺乏一个具有较大规模、较好数据多样性的伪造人脸数据集，因此极度依赖训练数据的卷积神经网络很难从这样欠佳的数据集中学习到真正有用的信息，因此该方法的准确性与通用性还有待提高。

为解决这一问题，Atoum 等人提出了一种对传统的 RGB 人脸图像进行处理的方法，使得其在深度神经网络中体现出的特征变得更为明显[151]。具体而言，将原本的 RGB 颜色空间转换到 HSVV、YCbCr 颜色空间，这样做的原因是相对于传统的 RGB 颜色空间而言，真实人脸和虚假人脸在后者上的特征差异上会表现得更加明显，因此更加利于模型对二者进行区分。同时，与之前直接将整张图送往模型进行预测的方法不同，研究者还将图像分割为若干小块，在预测阶段以小块形式送入模型进行分类，这样做的好处是去除了周围其他块所具有的图像信息的干扰，使得卷积神经网络对局部信息的提取更加专注，并且图像分割在一定程度上也可以看作是一种数据增强操作，而这个操作在深度学习领域被广泛应用于提升模型的性能。

除了转换颜色空间与分割图像外，Alotaibi 等人利用非线性扩散——虚假的人脸信息在经过非线性扩散后会丢失掉部分五官的边界信息而真实的活体人脸则会保留这部分信息[152]。因此研究者将非线性扩散与卷积神经网络进行了结合，利用非线性扩散对输入样本进行预处理，再将预处理后的样本输入到模型中进行进一步提取深度特征的操作。

针对基于深度学习的活体检测所面临的数据规模有限这一局限，Tu 等人提出了一种多层级的深度学习抽取方式[153]，即首先在一个较大的数据集（ImageNet）上预训练一个 Resnet50 模型，之后利用预训练模型所学习到的特征抽取能力，从输入的多张连续的人脸图像中抽取出多个连续的空间特征，最后将这些特征送入长短期记忆网络之中进行活体检测。这样做能够生效的原因是相较于卷积神经网络而言，长短期记忆网络可以结合图像信息与其对应的时序信息，一定程度上对数据进行了扩容，从而缓解了因数据规模不够大所导致的深度学习模型学习效果较差的问题，同时，在一个庞大的数据集中预训练具备优异图像特征抽取能力的残差神经网络也能在一定程度上缓解过拟合的影响。

Rehman 等人提出了一种通用的训练策略来提升深度学习模型训练后的性能[154]。原始的深度学习训练往往是将一个庞大的训练集随机打乱，再从打乱后的数据集中随着训练的进行依次拿出一小批数据输入模型进行训练。而研究者在训练过程中改变了这个常用的策略，在每一次迭代中都进行一次随机操作，即在每一次迭代中所使用的小批次数据都是从整个数据集中随机选择的，通过这样的方式，可以显著地缓和训练过程中的过拟合问题。

Ning 等人采取了更加具有针对性的防御手段，即训练了具有不同偏重的 ResNet50 模型来分别抵御不同的攻击类别（如利用照片或视频进行的对抗攻击）[155]。在训练多个具有专项能力的模型后，通过堆栈泛化技术训练一个融合各种模型性能的组合模型，使得对所有的攻击类别都具备一定的防御能力。在训练初期，让模型有针对性地专注防御某一种攻击方式，可提升专项防御能力；在训练后期，使用堆栈泛化方式得到的组合模型能结合各专项模型的优势，进一步提高分类的准确率，并且该组合模型能同时处理多种类型的虚假人脸信息，大大地提高了方法的泛化性和通用性。

参 考 文 献

[1] IDRUS S Z S, CHERRIER E, ROSENBERGER C, et al. A review on authentication methods[J]. Australian Journal of Basic and Applied Sciences, 2013, 7(5): 95-107.

[2] HEIGOLD G, MORENO I, BENGIO S, et al. End-to-end text-dependent speaker verification[C]// 2016 IEEE International Conference on Acoustics, Speech and Signal Processing (ICASSP). IEEE, 2016: 5115-5119.

[3] MAHMOOD Z, MUHAMMAD N, BIBI N, et al. A review on state-of-the-art face recognition approaches[J]. Fractals, 2017, 25(02): 1750025.

[4] LUO H, GU Y, LIAO X, et al. Bag of tricks and a strong baseline for deep person re-identification [C]//Proceedings of the IEEE/CVF conference on computer vision and pattern recognition workshops, 2019: 0-0.

[5] SZEGEDY C, ZAREMBA W, SUTSKEVER I, et al. Intriguing properties of neural networks[J]. arXiv preprint arXiv:1312. 6199, 2013.

[6] MOOSAVI-DEZFOOLI S M, FAWZI A, FAWZI O, et al. Universal adversarial perturbations[C]// Proceedings of the IEEE conference on computer vision and pattern recognition, 2017: 1765-1773.

[7] EYKHOLT K, EVTIMOV I, FERNANDES E, et al. Robust physical-world attacks on deep learning visual classification[C]//Proceedings of the IEEE conference on computer vision and pattern recognition, 2018: 1625-1634.

[8] MCDANIEL P, PAPERNOT N, CEILK Z B. Machine learning in adversarial settings[J]. IEEE Security & Privacy, 2016, 14(3): 68-72.

[9] MENG D, CHEN H. Magnet: a two-pronged defense against adversarial examples[C]//Proceedings of the 2017 ACM SIGSAC conference on computer and communications security, 2017: 135-147.

[10] XIE C, WANG J, ZHANG Z, et al. Mitigating adversarial effects through randomization[J]. arXiv preprint arXiv:1711. 01991, 2017.

[11] LIAO F, LIANG M, DONG Y, et al. Defense against adversarial attacks using high-level representation guided denoiser[C]//Proceedings of the IEEE conference on computer vision and pattern recognition, 2018: 1778-1787.

[12] ROSS A, DOSHI-VELEZ F. Improving the adversarial robustness and interpretability of deep neural networks by regularizing their input gradients[C]//Proceedings of the AAAI Conference on Artificial Intelligence, 2018, 32(1).

[13] GOODFELLOW I J, SHLENS J, SZEGEDY C. Explaining and harnessing adversarial examples [J]. arXiv preprint arXiv:1412. 6572, 2014.

[14] 陈梦轩，张振永，纪守领，等. 图像对抗样本研究综述[J]. 计算机科学，49(2): 92-106.

[15] CARLINI N, WAGNER D. Towards evaluating the robustness of neural networks[C]//2017 ieee symposium on security and privacy (sp). IEEE, 2017: 39-57.

[16] PAPERNOT N, MCDANIEL P, WU X, et al. Distillation as a defense to adversarial perturbations against deep neural networks[C]//2016 IEEE symposium on security and privacy (SP). IEEE, 2016: 582-597.

[17] BALUJA S, FISCHER I. Adversarial transformation networks: Learning to generate adversarial examples[J]. arXiv preprint arXiv:1703. 09387, 2017.

[18] CHEN P Y, SHARMA Y, ZHANG H, et al. Ead: elastic-net attacks to deep neural networks via adversarial examples[C]//Proceedings of the AAAI conference on artificial intelligence. 2018, 32 (1).

[19] KURAKIN A, GOODFELLOW I J, BENGIO S. Adversarial examples in the physical world[M]// Artificial intelligence safety and security. Chapman and Hall/CRC, 2018: 99-112.

[20] DONG Y, LIAO F, PANG T, et al. Boosting adversarial attacks with momentum[C]//Proceedings of the IEEE conference on computer vision and pattern recognition, 2018: 9185-9193.

[21] MADRY A, MAKELOV A, SCHMIDT L, et al. Towards deep learning models resistant to adversarial attacks[J]. arXiv preprint arXiv:1706. 06083, 2017.

[22] MA X, JIANG L, HUANG H, et al. Imbalanced Gradients: A Subtle Cause of Overestimated Adversarial Robustness[J]. arXiv preprint arXiv:2006. 13726, 2020.

[23] SRIRAMANAN G, ADDEPALLI S, BABURAJ A. Guided adversarial attack for evaluating and enhancing adversarial defenses[J]. Advances in Neural Information Processing Systems, 2020, 33: 20297-20308.

[24] MOOSAVI-DEZFOOLI S M, FAWZI A, FROSSARD P. Deepfool: a simple and accurate method to fool deep neural networks[C]//Proceedings of the IEEE conference on computer vision and pattern recognition, 2016: 2574-2582.

[25] SU J, VARGAS D V, SAKURAI K. One pixel attack for fooling deep neural networks[J]. IEEE Transactions on Evolutionary Computation, 2019, 23(5): 828-841.

[26] PAPERNOT N, MCDANIEL P, JHA S, et al. The limitations of deep learning in adversarial settings[C]//2016 IEEE European symposium on security and privacy (EuroS&P). IEEE, 2016: 372-387.

[27] PAPERNOT N, MCDANIEL P, GOODFELLOW I, et al. Practical black-box attacks against machine learning [C]//Proceedings of the 2017 ACM on Asia conference on computer and communications security, 2017: 506-519.

[28] PENGCHENG L, YI J, ZHANG L. Query-efficient black-box attack by active learning[C]//2018 IEEE International Conference on Data Mining (ICDM). IEEE, 2018: 1200-1205.

[29] XIE C, ZHANG Z, ZHOU Y, et al. Improving transferability of adversarial examples with input diversity [C]//Proceedings of the IEEE/CVF Conference on Computer Vision and Pattern Recognition, 2019: 2730-2739.

[30] WU W, SU Y, CHEN X, et al. Boosting the transferability of adversarial samples via attention [C]//Proceedings of the IEEE/CVF Conference on Computer Vision and Pattern Recognition, 2020: 1161-1170.

[31] HU W, TAN Y. Generating adversarial malware examples for black-box attacks based on GAN[J]. arXiv preprint arXiv:1702.05983, 2017.

[32] DONG Y, PANG T, SU H, et al. Evading defenses to transferable adversarial examples by translation-invariant attacks[C]//Proceedings of the IEEE/CVF Conference on Computer Vision and Pattern Recognition, 2019: 4312-4321.

[33] LI Y, BAI S, ZHOU Y, et al. Learning transferable adversarial examples via ghost networks[C]// Proceedings of the AAAI Conference on Artificial Intelligence, 2020, 34(07): 11458-11465.

[34] CHE Z, BORJI A, ZHAI G, et al. A new ensemble adversarial attack powered by long-term gradient memories[C]//Proceedings of the AAAI Conference on Artificial Intelligence, 2020, 34 (04): 3405-3413.

[35] CHEN P Y, ZHANG H, SHARMA Y, et al. Zoo: Zeroth order optimization based black-box attacks to deep neural networks without training substitute models[C]//Proceedings of the 10th ACM workshop on artificial intelligence and security, 2017: 15-26.

[36] TU C C, TING P, CHEN P Y, et al. Autozoom: Autoencoder-based zeroth order optimization method for attacking black-box neural networks [C]//Proceedings of the AAAI Conference on Artificial Intelligence, 2019, 33(01): 742-749.

[37] ILYAS A, ENGSTROM L, ATHALYE A, et al. Black-box adversarial attacks with limited queries and information[C]//International Conference on Machine Learning. PMLR, 2018: 2137-2146.

[38] MOON S, AN G, SONG H O. Parsimonious black-box adversarial attacks via efficient combinatorial optimization[C]//International Conference on Machine Learning. PMLR, 2019: 4636-4645.

[39] BRENDEL W, RAUBER J, BETHGE M. Decision-based adversarial attacks: Reliable attacks against black-box machine learning models[J]. arXiv preprint arXiv:1712.04248, 2017.

[40] CHENG M, LE T, CHEN P Y, et al. Query-efficient hard-label black-box attack: An optimization-based approach[J]. arXiv preprint arXiv:1807.04457, 2018.

[41]　CHENG M, SINGH S, CHEN P, et al. Sign-opt: A query-efficient hard-label adversarial attack [J]. arXiv preprint arXiv:1909. 10773, 2019.

[42]　CHEN J, JORDAN M I, WAINWRIGHT M J. Hopskipjumpattack: A query-efficient decision-based attack[C]//2020 IEEE symposium on security and privacy (sp). IEEE, 2020: 1277-1294.

[43]　XIAO C, LI B, ZHU J Y, et al. Generating adversarial examples with adversarial networks[J]. arXiv preprint arXiv:1801. 02610, 2018.

[44]　ZHANG S, GAO H, SHU C, et al. Black-box Bayesian adversarial attack with transferable priors [J]. Machine Learning, 2022: 1-18.

[45]　ILYAS A, ENGSTROM L, MADRY A. Prior convictions: Black-box adversarial attacks with bandits and priors[J]. arXiv preprint arXiv:1807. 07978, 2018.

[46]　CHENG S, DONG Y, PANG T, et al. Improving black-box adversarial attacks with a transfer-based prior[J]. Advances in neural information processing systems, 2019, 32.

[47]　DZIUGAITE G K, GHAHRAMANI Z, ROY D M. A study of the effect of jpg compression on adversarial images[J]. arXiv preprint arXiv:1608. 00853, 2016.

[48]　GUO C, RANA M, CISSE M, et al. Countering adversarial images using input transformations[J]. arXiv preprint arXiv:1711. 00117, 2017.

[49]　XU W, EVANS D, QI Y. Feature squeezing: Detecting adversarial examples in deep neural networks[J]. arXiv preprint arXiv:1704. 01155, 2017.

[50]　TIAN S, YANG G, CAI Y. Detecting adversarial examples through image transformation[C]// Proceedings of the AAAI Conference on Artificial Intelligence, 2018, 32(1).

[51]　JIA X, WEI X, CAO X, et al. Comdefend: An efficient image compression model to defend adversarial examples[C]//Proceedings of the IEEE/CVF conference on computer vision and pattern recognition, 2019: 6084-6092.

[52]　PRAKASH A, MORAN N, GARBER S, et al. Deflecting adversarial attacks with pixel deflection [C]//Proceedings of the IEEE conference on computer vision and pattern recognition, 2018: 8571-8580.

[53]　YANG Y, ZHANG G, KATABI D, et al. Me-net: Towards effective adversarial robustness with matrix estimation[J]. arXiv preprint arXiv:1905. 11971, 2019.

[54]　GUPTA P, RAHTU E. Ciidefence: Defeating adversarial attacks by fusing class-specific image inpainting and image denoising[C]//Proceedings of the IEEE/CVF International Conference on Computer Vision, 2019: 6708-6717.

[55]　MENG D, CHEN H. Magnet: a two-pronged defense against adversarial examples[C]//Proceedings of the 2017 ACM SIGSAC conference on computer and communications security, 2017: 135-147.

[56]　MUSTAFA A, KHAN S H, HAYAT M, et al. Image super-resolution as a defense against adversarial attacks[J]. IEEE Transactions on Image Processing, 2019, 29: 1711-1724.

[57]　SONG Y, KIM T, NOWOZIN S, et al. Pixeldefend: Leveraging generative models to understand and defend against adversarial examples[J]. arXiv preprint arXiv:1710. 10766, 2017.

[58]　SAMANGOUEI P, KABKAB M, CHELLAPPA R. Defense-gan: Protecting classifiers against adversarial attacks using generative models[J]. arXiv preprint arXiv:1805. 06605, 2018.

[59]　ZHENG Z, HONG P. Robust detection of adversarial attacks by modeling the intrinsic properties of deep neural networks[J]. Advances in Neural Information Processing Systems, 2018, 31.

[60]　MA S, LIU Y. Nic: Detecting adversarial samples with neural network invariant checking[C]// Proceedings of the 26th network and distributed system security symposium (NDSS 2019), 2019.

［61］ ZHANG H, YU Y, JIAO J, et al. Theoretically principled trade-off between robustness and accuracy[C]//International conference on machine learning. PMLR, 2019: 7472-7482.

［62］ WANG Y, ZOU D, YI J, et al. Improving adversarial robustness requires revisiting misclassified examples[C]//International Conference on Learning Representations, 2019.

［63］ SHAFAHI A, NAJIBI M, GHIASI M A, et al. Adversarial training for free! [J]. Advances in Neural Information Processing Systems, 2019, 32.

［64］ ZHU C, CHENG Y, GAN Z, et al. Freelb: Enhanced adversarial training for natural language understanding[J]. arXiv preprint arXiv:1909.11764, 2019.

［65］ ZHANG D, ZHANG T, LU Y, et al. You only propagate once: Accelerating adversarial training via maximal principle[J]. Advances in Neural Information Processing Systems, 2019, 32.

［66］ XIE C, WU Y, MAATEN L, et al. Feature denoising for improving adversarial robustness[C]// Proceedings of the IEEE/CVF conference on computer vision and pattern recognition, 2019: 501-509.

［67］ 卓雅倩, 欧博. 噪声环境下的人脸防伪识别算法研究[J]. 计算机科学, 2021, 48(6A): 443-447.

［68］ 景慧昀, 周川, 贺欣. 针对人脸检测对抗攻击风险的安全测评方法[J]. 计算机科学, 2021, 48(7): 17-24.

［69］ ROZSA A, GÜNTHER M, BOULT T E. LOTS about attacking deep features[C]//2017 IEEE International Joint Conference on Biometrics (IJCB). IEEE, 2017: 168-176.

［70］ GOSWAMI G, RATHA N, AGARWAL A, et al. Unravelling robustness of deep learning based face recognition against adversarial attacks[C]//Proceedings of the AAAI Conference on Artificial Intelligence, 2018, 32(1).

［71］ YANG L, SONG Q, WU Y. Attacks on state-of-the-art face recognition using attentional adversarial attack generative network[J]. Multimedia tools and applications, 2021, 80(1): 855-875.

［72］ DEB D, ZHANG J, JAIN A K. Advfaces: Adversarial face synthesis[C]//2020 IEEE International Joint Conference on Biometrics (IJCB). IEEE, 2020: 1-10.

［73］ WANG R, JUEFEI-XU F, GUO Q, et al. Amora: Black-box adversarial morphing attack[C]// Proceedings of the 28th ACM International Conference on Multimedia, 2020: 1376-1385.

［74］ DABOUEI A, SOLEYMANJ S, DAWSON J, et al. Fast geometrically-perturbed adversarial faces [C]//2019 IEEE Winter Conference on Applications of Computer Vision (WACV). IEEE, 2019: 1979-1988.

［75］ WANG H, WANG S, JIN Z, et al. Similarity-based Gray-box Adversarial Attack Against Deep Face Recognition[C]//2021 16th IEEE International Conference on Automatic Face and Gesture Recognition (FG 2021). IEEE, 2021: 1-8.

［76］ XIAO Z, GAO X, FU C, et al. Improving transferability of adversarial patches on face recognition with generative models[C]//Proceedings of the IEEE/CVF Conference on Computer Vision and Pattern Recognition, 2021: 11845-11854.

［77］ GIRSHICK R. Fast r-cnn[C]//Proceedings of the IEEE international conference on computer vision, 2015: 1440-1448.

［78］ BOSE A J, AARABI P. Adversarial attacks on face detectors using neural net based constrained optimization [C]//2018 IEEE 20th International Workshop on Multimedia Signal Processing (MMSP). IEEE, 2018: 1-6.

［79］ YANG X, WEI F, ZHANG H, et al. Design and interpretation of universal adversarial patches in face detection[C]//European Conference on Computer Vision. Springer, Cham, 2020: 174-191.

[80]　ROZSA A，GüNTHER M，RUDD E M，et al. Facial attributes：Accuracy and adversarial robustness[J]. Pattern Recognition Letters，2019，124：100-108.

[81]　SHARIF M，BHAGAVATULA S，BAUER L，et al. Accessorize to a crime：Real and stealthy attacks on state-of-the-art face recognition[C]//Proceedings of the 2016 acm sigsac conference on computer and communications security，2016：1528-1540.

[82]　KOMKOV S，PETIUSHKO A. Advhat：Real-world adversarial attack on arcface face id system [C]//2020 25th International Conference on Pattern Recognition (ICPR). IEEE，2021：819-826.

[83]　DENG J，GUO J，XUE N，et al. Arcface：Additive angular margin loss for deep face recognition [C]//Proceedings of the IEEE/CVF conference on computer vision and pattern recognition，2019：4690-4699.

[84]　ZHOU Z，TANG D，WANG X，et al. Invisible mask：Practical attacks on face recognition with infrared[J]. arXiv preprint arXiv：1803.04683，2018.

[85]　KAZIAKHMEDOV E，KIREEV K，MELNIKOV G，et al. Real-world attack on MTCNN face detection system [C]//2019 International Multi-Conference on Engineering，Computer and Information Sciences (SIBIRCON). IEEE，2019：0422-0427.

[86]　ZHANG K，ZHANG Z，LI Z，et al. Joint face detection and alignment using multitask cascaded convolutional networks[J]. IEEE signal processing letters，2016，23(10)：1499-1503.

[87]　彭春蕾，高新波，王楠楠，等. 基于可视数据的可信身份识别和认证方法[J]. 电信科学，2020，36 (11)：1-17.

[88]　ALZANTOT M，BALAJI B，SRIVASTAVA M. Did you hear that? adversarial examples against automatic speech recognition[J]. arXiv preprint arXiv：1801.00554，2018.

[89]　CARLINI N，WAGNER D. Audio adversarial examples：Targeted attacks on speech-to-text[C]// 2018 IEEE security and privacy workshops (SPW). IEEE，2018：1-7.

[90]　CISSE M M，ADI Y，NEVEROVA N，et al. Houdini：Fooling deep structured visual and speech recognition models with adversarial examples [J]. Advances in neural information processing systems，2017，30.

[91]　KREUK F，ADI Y，CISSE M，et al. Fooling end-to-end speaker verification with adversarial examples [C]//2018 IEEE international conference on acoustics，speech and signal processing (ICASSP). IEEE，2018：1962-1966.

[92]　CAI W，DOSHI A，VALLE R. Attacking speaker recognition with deep generative models[J]. arXiv preprint arXiv：1801.02384，2018.

[93]　LI Z，SHI C，XIE Y，et al. Practical adversarial attacks against speaker recognition systems[C]// Proceedings of the 21st international workshop on mobile computing systems and applications，2020：9-14.

[94]　XIE Y，SHI C，LI Z，et al. Real-time，universal，and robust adversarial attacks against speaker recognition systems[C]//ICASSP 2020-2020 IEEE international conference on acoustics，speech and signal processing (ICASSP). IEEE，2020：1738-1742.

[95]　VILLALBA J，ZHANG Y，DEHAK N. x-Vectors Meet Adversarial Attacks：Benchmarking Adversarial Robustness in Speaker Verification[C]//INTERSPEECH，2020：4233-4237.

[96]　WANG Q，GUO P，XIE L. Inaudible adversarial perturbations for targeted attack in speaker recognition[J]. arXiv preprint arXiv：2005.10637，2020.

[97]　DU T，JI S，LI J，et al. Sirenattack：Generating adversarial audio for end-to-end acoustic systems [C]//Proceedings of the 15th ACM Asia Conference on Computer and Communications Security，

2020：357-369.

[98]   JATI A, HSU C C, PAL M, et al. Adversarial attack and defense strategies for deep speaker recognition systems[J]. Computer Speech & Language, 2021, 68：101199.

[99]   ABDULLAH H, GARCIA W, PEETERS C, et al. Practical hidden voice attacks against speech and speaker recognition systems[J]. arXiv preprint arXiv:1904.05734, 2019.

[100]   LUO H, SHEN Y, LIN F, et al. Spoofing Speaker Verification System by Adversarial Examples Leveraging the Generalized Speaker Difference [J]. Security and Communication Networks, 2021, 2021.

[101]   LI X, ZHONG J, WU X, et al. Adversarial attacks on GMM i-vector based speaker verification systems[C]//ICASSP 2020-2020 IEEE International Conference on Acoustics, Speech and Signal Processing (ICASSP). IEEE, 2020：6579-6583.

[102]   CHEN G, CHENB S, FAN L, et al. Who is real bob? adversarial attacks on speaker recognition systems [C]//2021 IEEE Symposium on Security and Privacy (SP). IEEE, 2021：694-711.

[103]   LI Z, WU Y, LIU J, et al. Advpulse：Universal, synchronization-free, and targeted audio adversarial attacks via subsecond perturbations[C]//Proceedings of the 2020 ACM SIGSAC Conference on Computer and Communications Security, 2020：1121-1134.

[104]   LIU S, WU H, LEE H, et al. Adversarial attacks on spoofing countermeasures of automatic speaker verification[C]//2019 IEEE Automatic Speech Recognition and Understanding Workshop (ASRU). IEEE, 2019：312-319.

[105]   KASSIS A, HENGARTNER U. Practical attacks on voice spoofing countermeasures[J]. arXiv preprint arXiv:2107.14642, 2021.

[106]   ZHANG Y, JIANG Z, VILLALBA J, et al. Black-Box Attacks on Spoofing Countermeasures Using Transferability of Adversarial Examples[C]//INTERSPEECH, 2020：4238-4242.

[107]   GOMEZ-ALANIS A, GONZALEZ-LOPEZ J A, PEINADO A M. GANBA：Generative Adversarial Network for Biometric Anti-Spoofing[J]. Applied Sciences, 2022, 12(3)：1454.

[108]   JIA M, YANG H, HUANG D, et al. Attacking gait recognition systems via silhouette guided GANs[C]//Proceedings of the 27th ACM International Conference on Multimedia, 2019：638-646.

[109]   HE Z, WANG W, DONG J, et al. Temporal sparse adversarial attack on sequence-based gait recognition[J]. Pattern Recognition, 2023, 133：109028.

[110]   ZHENG Z, ZHENG L, YANG Y, et al. Query attack via opposite-direction feature：Towards robust image retrieval[J]. arXiv preprint arXiv:1809.02681, 2018.

[111]   BAI S, LI Y, ZHOU Y, et al. Adversarial metric attack and defense for person re-identification [J]. IEEE Transactions on Pattern Analysis and Machine Intelligence, 2020, 43(6)：2119-2126.

[112]   DING W, WEI X, HONG X, et al. Universal adversarial perturbations against person re-identification[J]. CoRR abs/1910.14184, 2019.

[113]   DING W, WEI X, JI R, et al. Beyond universal Person Re-identification attack [J]. IEEE transactions on information forensics and security, 2021, 16：3442-3455.

[114]   ZHAO G, ZHANG M, LIU J, et al. Unsupervised adversarial attacks on deep feature-based retrieval with GAN[J]. arXiv preprint arXiv:1907.05793, 2019.

[115]   WANG H, WANG G, LI Y, et al. Transferable, controllable, and inconspicuous adversarial attacks on person re-identification with deep mis-ranking [C]//Proceedings of the IEEE/CVF conference on computer vision and pattern recognition, 2020：342-351.

[116]   WANG Z, ZHENG S, SONG M, et al. advPattern：physical-world attacks on deep person re-

identification via adversarially transformable patterns[C]//Proceedings of the IEEE/CVF International Conference on Computer Vision, 2019: 8341-8350.

[117]　CLARK G D, LINDQVIST J. Engineering gesture-based authentication systems[J]. IEEE Pervasive Computing, 2015, 14(1): 18-25.

[118]　AL-RUBAIE M, CHANG J M. Reconstruction attacks against mobile-based continuous authentication systems in the cloud[J]. IEEE Transactions on Information Forensics and Security, 2016, 11(12): 2648-2663.

[119]　HUANG E, TROIA F D, STAMP M. Evaluating Deep Learning Models and Adversarial Attacks on Accelerometer-Based Gesture Authentication[M]//Cybersecurity for Artificial Intelligence. Springer, Cham, 2022: 243-259.

[120]　AGRAFIOTI F, GAO J, HATZINAKOS D, et al. Heart biometrics: Theory, methods and applications[J]. Biometrics, 2011, 3: 199-216.

[121]　BIANCO S, NAPOLETANO P. Biometric recognition using multimodal physiological signals[J]. IEEE Access, 2019, 7: 83581-83588.

[122]　THOMAS K P, VINOD A P. Toward EEG-based biometric systems: The great potential of brain-wave-based biometrics[J]. IEEE Systems, Man, and Cybernetics Magazine, 2017, 3(4): 6-15.

[123]　MAIORANA E, HINE G E, LA ROCCA D, et al. On the vulnerability of an EEG-based biometric system to hill-climbing attacks algorithms' comparison and possible countermeasures[C]//2013 IEEE Sixth International Conference on Biometrics: Theory, Applications and Systems (BTAS). IEEE, 2013: 1-6.

[124]　EBERZ S, PAOLETTI N, ROESCHLIN M, et al. Broken hearted: How to attack ECG biometrics[J], 2017.

[125]　KARIMIAN N, WOODARD D, FORTE D. Ecg biometric: Spoofing and countermeasures[J]. IEEE Transactions on Biometrics, Behavior, and Identity Science, 2020, 2(3): 257-270.

[126]　WU D, XU J, FANG W, et al. Adversarial attacks and defenses in physiological computing: A systematic review[J]. arXiv preprint arXiv:2102.02729, 2021.

[127]　LU J, SIBAI H, FABRY E. Adversarial examples that fool detectors[J]. arXiv preprint arXiv: 1712.02494, 2017.

[128]　CHE Z, BORJI A, ZHAI G, et al. Adversarial attacks against deep saliency models[J]. arXiv preprint arXiv:1904.01231, 2019.

[129]　THYS S, VAN RANST W, GOEDEMé T. Fooling automated surveillance cameras: adversarial patches to attack person detection[C]//Proceedings of the IEEE/CVF conference on computer vision and pattern recognition workshops, 2019: 0-0.

[130]　XU K, ZHANG G, LIU S, et al. Adversarial t-shirt! evading person detectors in a physical world [C]//European conference on computer vision. Springer, Cham, 2020: 665-681.

[131]　WIYATNO R R, XU A. Physical adversarial textures that fool visual object tracking[C]// Proceedings of the IEEE/CVF International Conference on Computer Vision, 2019: 4822-4831.

[132]　HENDRIK METZEN J, CHAITHANYA KUMAR M, BROX T, et al. Universal adversarial perturbations against semantic image segmentation[C]//Proceedings of the IEEE international conference on computer vision, 2017: 2755-2764.

[133]　WEI X, ZHU J, YUAN S, et al. Sparse adversarial perturbations for videos[C]//Proceedings of the AAAI Conference on Artificial Intelligence, 2019, 33(01): 8973-8980.

[134]　LI S, NEUPANE A, PAUL S, et al. Adversarial perturbations against real-time video

classification systems[J]. arXiv preprint arXiv:1807.00458, 2018.

[135] NAEH I, PONY R, MANNOR S. Patternless adversarial attacks on video recognition networks [J], 2020.

[136] JIANG L, MA X, CHEN S, et al. Black-box adversarial attacks on video recognition models[C]// Proceedings of the 27th ACM International Conference on Multimedia, 2019: 864-872.

[137] WEI Z, CHEN J, WEI X, et al. Heuristic black-box adversarial attacks on video recognition models[C]//Proceedings of the AAAI Conference on Artificial Intelligence, 2020, 34(07): 12338-12345.

[138] TANG S, HUANG X, CHEN M, et al. Adversarial attack type I: Cheat classifiers by significant changes[J]. IEEE transactions on pattern analysis and machine intelligence, 2019, 43(3): 1100-1109.

[139] XIAO Q, CHEN Y, SHEN C, et al. Seeing is not believing: Camouflage attacks on image scaling algorithms[C]//28th USENIX Security Symposium (USENIX Security 19), 2019: 443-460.

[140] 王艺萌. 具有隐私保护的深度学习人脸识别研究[D]. 北京: 华北电力大学, 2019.

[141] 常禾雨. 基于深度学习的行人重识别及其安全性研究[D]. 郑州: 战略支援部队信息工程大学, 2021.

[142] PAN G, SUN L, WU Z, et al. Eyeblink-based anti-spoofing in face recognition from a generic webcamera[C]//2007 IEEE 11th international conference on computer vision. IEEE, 2007: 1-8.

[143] KOLLREIDER K, FRONTHALER H, FARAJ M I, et al. Real-time face detection and motion analysis with application in "liveness" assessment[J]. IEEE Transactions on Information Forensics and Security, 2007, 2(3): 548-558.

[144] ALSUFYANI N, ALI A, HOQUE S, et al. Biometric presentation attack detection using gaze alignment [C]//2018 IEEE 4th International Conference on Identity, Security, and Behavior Analysis (ISBA). IEEE, 2018: 1-8.

[145] CHETTY G. Biometric liveness checking using multimodal fuzzy fusion[C]//International Conference on Fuzzy Systems. IEEE, 2010: 1-8.

[146] HEUSCH G, MARCEL S. Remote blood pulse analysis for face presentation attack detection [M]//Handbook of biometric anti-spoofing. Springer, Cham, 2019: 267-289.

[147] LI X, KOMULAINEN J, ZHAO G, et al. Generalized face anti-spoofing by detecting pulse from face videos[C]//2016 23rd International Conference on Pattern Recognition (ICPR). IEEE, 2016: 4244-4249.

[148] HEUSCH G, MARCEL S. Pulse-based features for face presentation attack detection[C]//2018 IEEE 9th International Conference on Biometrics Theory, Applications and Systems (BTAS). IEEE, 2018: 1-8.

[149] LIU S, LAN X, YUEN P C. Temporal similarity analysis of remote photoplethysmography for fast 3D mask face presentation attack detection[C]//Proceedings of the IEEE/CVF Winter Conference on Applications of Computer Vision, 2020: 2608-2616.

[150] YANG J, LEI Z, LI S Z. Learn convolutional neural network for face anti-spoofing[J]. arXiv preprint arXiv:1408.5601, 2014.

[151] ATOUM Y, LIU Y, JOURABLOO A, et al. Face anti-spoofing using patch and depth-based CNNs[C]//2017 IEEE International Joint Conference on Biometrics (IJCB). IEEE, 2017: 319-328.

[152] ALOTAIBI A, MAHMOOD A. Deep face liveness detection based on nonlinear diffusion using

convolution neural network[J]. Signal, Image and Video Processing, 2017, 11(4): 713-720.

[153] TU X, FANG Y. Ultra-deep neural network for face anti-spoofing[C]//International Conference on Neural Information Processing. Springer, Cham, 2017: 686-695.

[154] REHMAN Y A U, PO L M, LIU M. LiveNet: Improving features generalization for face liveness detection using convolution neural networks[J]. Expert Systems with Applications, 2018, 108: 159-169.

[155] NING X, LI W, WEI M, et al. Face Anti-spoofing based on Deep Stack Generalization Networks [C]//ICPRAM, 2018: 317-323.

[156] SHI C, XU X, JI S, et al. Adversarial captchas[J]. IEEE transactions on cybernetics, 2021.

[157] SHAO R, SHI Z, YI J, et al. Robust text captchas using adversarial examples[J]. arXiv preprint arXiv:2101.02483, 2021.

[158] SHEKHAR H, MOH M, MOH T S. Exploring adversaries to defend audio captcha[C]//2019 18th IEEE International Conference On Machine Learning And Applications (ICMLA). IEEE, 2019: 1155-1161.

[159] HOSSEN I, HEI X. aaecaptcha: The design and implementation of audio adversarial captcha[C]// 2022 IEEE 7th European Symposium on Security and Privacy (EuroS&P). IEEE, 2022: 430-447.